AUTOMOTIVE ENGINES

자동차기관

최인수 지음

GS인터비전

머 리 말

왕복형 피스톤기관은 100여 년 전부터 꾸준히 발달되어 왔으며, 우리 생활과 밀접한 자동차의 주 동력원으로 사용되고 있다. 하지만 20세기 들어 석유계 연료를 사용하는 자동차의 보급이 급격히 확대되면서 배출가스에 의한 대기오염이 사회적인 문제로 대두되었고, 1970년대 두 차례의 오일파동을 겪으면서 연료 소비율 및 유해 배출물의 저감을 위해 전자제어장치들이 개발되면서 자동차기관의 제어장치들은 보다 정교하고 복잡해지게 되었다.

기계공학, 전기공학, 전자공학, 화학공학 등이 어우러진 종합기계인 자동차기관을 처음 접하는 학생들이나 현장기술자들이 기관의 구조, 작동원리, 주변 장치 및 관련 기술 등을 체계적으로 이해하는데 도움이 되도록 이 책을 집필하는데 유의하였다. 따라서 자동차에 관심을 갖고 있는 학생들이 내연기관에 대한 사전 지식이 없더라도 기계공학의 기본 개념만 가지고 있으면 자동차기관의 전반적인 내용을 파악할 수 있도록 이론적인 부분은 가능한 배제하면서 이 책을 집필하였다. 아울러 자동차기관의 부품 명칭은 외래어가 많은데, 국제화시대에 정확한 부품 명칭을 알 수 있도록 삽입된 그림에는 영어로 부품명을 표기하였다.

이 책의 내용은 현재 운행되고 있는 차량에 주로 탑재되는 피스톤기관에 한하여 다음과 같이 4개의 부문으로 나누어져 있다.

제1장부터 제5장까지는 왕복형 피스톤기관 본체의 일반적인 사항을 기술하였다. 제1장과 2장에는 기관의 분류, 작동 원리 및 본체의 기본 구성, 제3장에는 연료의 연소에 필요한 공기를 흡입하고 연소된 가스의 배출, 제4장에는 기관 각부의 윤활을 위한 윤활유 및 공급 장치, 그리고 제5장에는 기관 부품들의 과열을 방지하기 위한 냉각방식, 냉각수 및 수온 제어 등에서 대하여 기술하였다.

제6장부터 제8장에는 승용차에 사용되는 전자제어 가솔린기관, 유해 배출가스 생성 및 후처리 기술, 그리고 근래에 연료소비율을 낮추기 위해 개발되어 상용화된 가솔린 직접 분사기관에 대하여 기술하였다.

제9장부터 제14장까지는 상용차에 주로 탑재되는 디젤기관에 대하여 기술하였다. 제9장에

는 가솔린기관과의 차이, 디젤기관의 특성 및 주변 장치, 제10장에는 디젤기관의 연료 및 연소, 제11장에는 기계식 연료분사를 하는 디젤기관의 연료 분사펌프, 조속기, 타이머, 분사노즐 등, 제12장에는 전자제어 디젤기관인 커먼레일 방식의 장치 구성 및 제어, 제13장에는 디젤 유해물의 생성, 후처리 및 계측 방법, 그리고 제14장에는 기관 출력 증대를 위한 과급 방법, 과급기, 복합 과급 장치 등에 대하여 기술하였다.

마지막 제15장은 자동차기관의 성능 해석을 위한 작동 사이클, 기관 출력 성능과 각종 효율, 성능 평가 등에 대하여 기술하였다.

하지만 이 책은 자동차기관의 전반적인 이해를 돕기 위하여 일반적인 내용만 기술되었으므로, 보다 전문적이고 상세한 학문적인 내용은 우수한 저서 및 참고문헌들을 통해 공부할 것을 추천한다. 아울러 이 책을 집필하는데 나름대로 자동차기관의 길잡이가 되도록 노력하였으나 부족한 부분이 많으리라 생각한다. 미흡한 부분은 앞으로 수정·보완해 나갈 것을 약속드리며, 끝으로 이 책에 인용된 여러 참고문헌들의 저자나 출판을 위해 애써주신 도서출판 GS인터비전 여러분들께 진심으로 감사드린다.

2017년 3월

저 자

차 례

1 자동차기관의 일반

1.1 열기관의 발달

열에너지를 기계적 에너지인 일로 변환시키는 장치를 열기관(heat engine)이라 한다. 이러한 열기관의 발달은 1763년 James Watt(영)가 증기기관을 개량하여 실용화하면서 시작되었으며, 이 후 Robert Street(영)가 연료의 연소에 의해서 작동되는 열기관을 시도하였고, 1823년경에 이르러 Samuel Brown(영)이 최초의 실용기관을 제작하였다.

연료의 연소 에너지를 직접 이용하여 운전할 수 있는 기관을 최초로 고안한 사람은 Lemuel Wright(영)이며, 오늘날의 내연기관과 구조가 비슷하다. 그 후 William Barnett(영)는 점화시키기 전에 혼합기를 압축하는 것이 유리하다는 것을 발견하고 압축식 기관을 발명하였고, 또한 불꽃점화장치도 고안하였다. 이때까지의 기관은 실험적으로만 성공하였고, 1860년 Lenoir(프)가 최초로 실용적인 가스기관을 제작하여 시장에 내놓았으나 압축과정이 없는 전기점화방식으로 열효율은 5%도 되지 못하였다.

현대적인 내연기관의 초기 발전은 1800년대 후반부터 일어났는데, 자동차의 발달과 시기가 일치한다. 1859년 미국에서 원유가 발견되었고, 원유에서 추출한 개량된 탄화수소 연료가 1860년대에 나타나기 시작하였고 내연기관의 출현을 촉진시켰다. 그리고 1888년 John B. Dunlop에 의해 처음으로 공기 고무타이어가 상품화되었으며, 이 발명은 자동차를 보다 실용적으로 사용할 수 있도록 하였다.

자동차기관의 발달과정을 요약하면 다음과 같다.

- 1862년 - Beau De Rochas(프)가 현재의 4행정 기관의 작동이론을 발표하였다. 그는 바로 압축 행정을 도입하여 내연기관의 발달에 위대한 공헌을 한 사람이다.
- 1876년 - Nicholas A. Otto(독)가 Rochas의 4행정 작동이론에 기초하여 왕복기관의 원형인 4행정 오토기관을 발명하였다. 처음에는 압축비가 2.5로 열효율이 10% 정도에 불과하였으나, 점차 압축비를 높여 1894년에는 열효율이 20~26%에 달하였다.
- 1881년 - Duglad Clerk(영)는 2행정 가스기관을 발명하였다.
- 1883년 - G. Daimler(독)는 기화기를 사용하여 가스 대신에 액체 연료인 가솔린을 사용하는 가솔린기관을 제작하였으며, 기관 회전수가 1,000 rpm으로 상당히 고속이었다. 그리고 1887년에는 자동차에 장착하여 주행하게 되었다.

- 1885년 - William Dent Priestman(영)에 의해 기화시키기 힘든 등유를 연료로 하는 석유기관이 개발되었다.
- 1886년 - Herbert Akroyd Stuart(영)는 소구기관을 개발하였다.
- 1893년 - Rudolf Diesel(독)은 공기만을 압축하여 발생하는 열로서 연소시키는 디젤기관을 고안하였고, 1897년 디젤기관을 실용화하었다.
- 1909년 - 미국의 Ford사에서 자동차기관이 대량생산되었다.
- 1954년 - Felix Wankel(독)은 회전 피스톤기관인 로터리기관을 제작하였으며, 1960년에는 자동차기관으로 처음 사용하였다.

1960년 이후에는 모든 면에서 획기적인 발전을 가져왔으며, 기관 성능의 향상과 연료 소비율의 감소, 배출가스의 규제 등으로 전자제어장치까지 장착하게 되었다. 그러나 자동차에 장착된 엔진의 급속한 보급은 사람들에게 많은 편의성을 제공한다는 측면에서 환영할 수 있지만, 또 다른 측면에서는 새로운 문제점을 많이 제기하였다. 첫 번째는 배출가스 중에 포함된 각종 유해물질과 소음 등에 의해 발생되는 공해문제이고, 두 번째는 엔진의 연료원인 석유자원의 고갈 문제이다. 제한된 석유자원으로 폭발적으로 늘어나는 자동차의 연료문제를 해결하기 위해서는 지금까지의 엔진에 대한 연구 성과를 점검하고, 동시에 자동차 엔진구동에 대한 혁신적인 발상의 전환과 지속적인 기술개발 노력이 요구되고 있다.

사진 1.1 가솔린기관 구동 최초 차량 (1886년, Karl Benz)
(수냉식 4행정 수평기관, 실린더 내경 116 mm, 행정 160 mm, 3/4HP)

1.2 열기관의 분류

열에너지의 공급으로 동력을 발생시키는 원동기는 내연기관 (Internal Combustion engine)과 외연기관 (External Combustion engine)으로 분류한다. 이는 연료의 연소가스가 작동유체로 작용하는지 여부에 따라 구별되는데, 외연기관은 연소가스가 직접적으로 기관을 작동시키지 않으며 왕복운동형인 증기기관과 회전운동형인 증기터빈이 있다. 내연기관은 실린더 내에서 발생한 연소가스의 열에너지를 직접적으로 이용하여 기계에너지로 변환하는 원동기로, 왕복운동형인 피스톤기관, 회전운동형인 로터리기관 및 가스터빈, 그리고 분사추진형인 제트기관 등이 있다.

자동차기관은 대부분 왕복형 피스톤기관으로 연료의 연소과정에서 발생한 열에너지(가스의 팽창력)가 피스톤에 작용하여 크랭크축을 회전시켜 기계적인 에너지(동력)로 변환시켜 외부에 일을 하는 장치이다. 자동차에 사용되는 왕복형 피스톤기관은 다음과 같은 사항에 의해 여러 가지로 분류할 수 있다(표 1.1 참조).

1.2.1 행정 수에 의한 분류

(1) 4행정 기관 (4-stroke cycle engine)

기관이 1사이클을 수행하는 동안 크랭크축이 2회전하고, 피스톤은 흡입, 압축, 동력(폭발), 배기의 4행정에 의하여 1사이클을 완성한다. 현재 자동차용 기관들은 대부분 이에 속한다.

표 1.1 열기관의 분류

(2) 2행정 기관 (2-stroke cycle engine)

기관이 1사이클을 하는 동안 크랭크축이 1회전하고, 피스톤은 상승과 하강의 2행정으로 1사이클을 완성한다. 따라서 4행정 기관과 같이 흡기 및 배기를 위한 독립된 행정은 없다.

1.2.2 점화방식에 의한 분류

(1) 전기점화 기관 (Spark Ignition engine)

점화플러그를 사용하여 고온의 전기 불꽃을 방전시켜서 연료와 공기의 혼합기체를 점화시키는 방식으로, 가솔린기관, LPG기관 및 로터리기관이 이에 속한다.

(2) 압축착화 기관 (Compression Ignition engine)

실린더 내의 공기를 고압, 고온으로 압축한 후, 고압의 연료를 미세한 안개처럼 분사시켜 자연발화시키는 방식으로, 디젤기관이 이에 속한다.

1.2.3 사용연료에 의한 분류

(1) 가솔린 기관

가솔린(휘발유)을 연료로 사용하는 전기점화기관이다. 고속, 경쾌한 운전을 요구하는 승용차에 주로 사용된다.

(2) 디젤 기관

경유를 연료로 사용하는 압축착화기관이다. 열효율이 높고 연료소비율이 낮은 고속 디젤기관은 SUV, 상용차에 많이 사용된다. 중류를 사용하는 저속 디젤 기관은 산업용 및 선박용으로 주로 사용된다.

(3) 가스 기관

주로 액화석유가스를 연료로 사용하며, 가솔린기관과 구조가 거의 같다. 다만, LPG와 같은 가스 연료를 공급하기 위한 연료장치가 필요하다.

1.2.4 급열과정에 따른 분류

(1) 정적 사이클 (Otto cycle) 기관

가솔린기관의 기본 사이클이며, 일정한 체적하에서 폭발적인 연소가 이루어지는 기관이다. 전기점화방식의 가솔린기관과 LPG기관이 여기에 속한다.

(2) 정압 사이클 (Diesel cycle) 기관

저속 디젤기관의 기본 사이클이며, 일정한 압력하에서 폭발적인 연소가 이루어지는 기관이다. 압축착화방식의 저속 디젤기관이다.

(3) 복합 사이클 (Sabathe cycle) 기관

고속 디젤기관의 기본 사이클이며, 연소과정의 일부는 정적조건에서 그리고 나머지는 정압조건에서 이루어지는 기관이다. 압축착화방식의 차량용 디젤기관이 이에 속한다.

1.2.5 실린더 배열에 의한 분류

실린더 배열에는 모든 실린더를 일렬 수직으로 설치한 직렬형(in-line type), 직렬형 실린더 2조를 V형으로 배열시킨 V형, 이를 펴서 양쪽 실린더 블록이 수평면 상에 있는 수평 대향형, 실린더가 공통의 중심선에서 방사선 모양으로 배열된 방사형 등이 있다.

대부분의 차량기관은 직렬형이고, 실린더 수가 6개 이상인 경우에 기관 크기를 줄이기 위하여 V형을 채택하고 있다. V형 피스톤 기관의 장점은 직렬형에 비하여 크랭크축의 길이를 이론상 절반으로 줄일 수 있다는 점이다. 크랭크축의 길이가 짧으면 비틀림 강성이 커지므로 베어링 저널의 수를 적게 할 수 있어 마찰에 따른 동력손실이 줄어든다. 또한 상용 회전속도에서의 공진이 발생하지 않아 기관의 소음이 낮아진다.

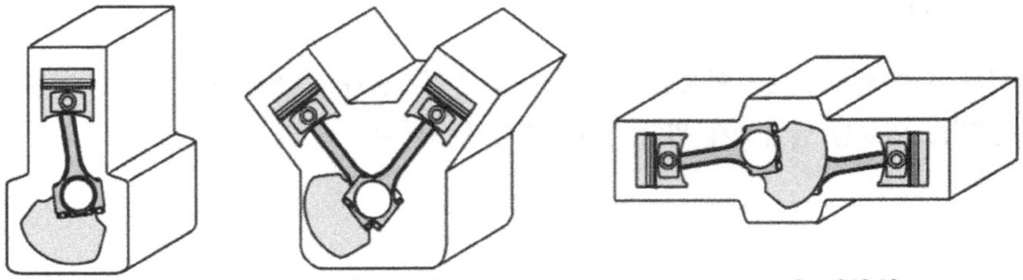

(a) 직렬형 (b) V형 (c) 수평 대향형

그림 1.1 왕복형 피스톤기관의 실린더 배열

1.2.6 밸브 배열에 의한 분류

실린더에 대한 밸브 배열에 의하여 그림 1.2와 같이 I, F, L, T-헤드형 등이 있다. 최근에는 대부분 실린더 헤드에 흡기와 배기 밸브를 모두 설치한 I-헤드형이 사용된다. 실린더헤드에 설치된 캠축의 캠에 의해 흡·배기밸브를 직접 개폐하는 형식인 OHC(Over Head Camshaft) 방식을 자동차기관에서 주로 채택하고 있다.

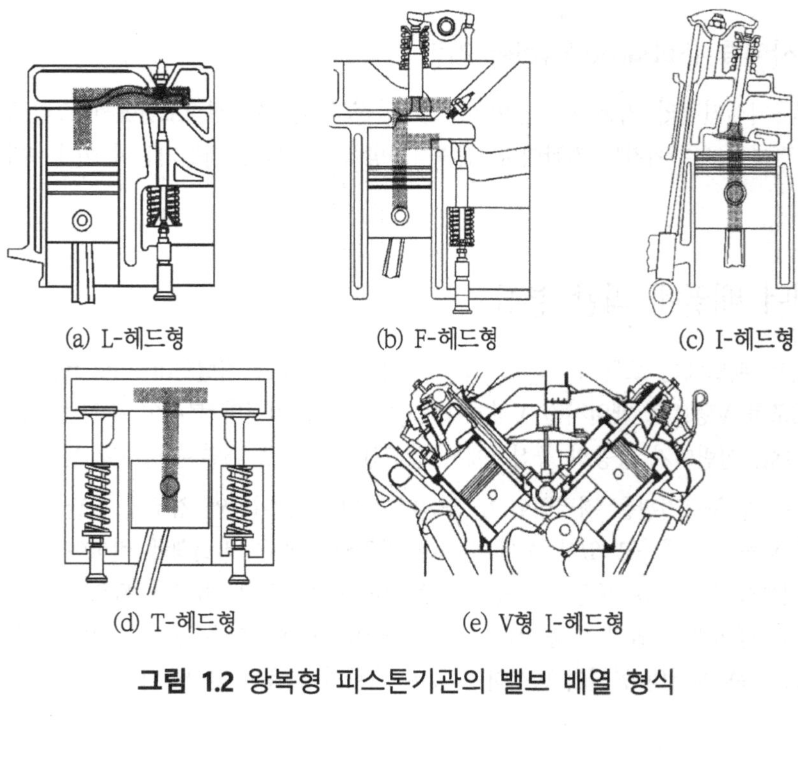

(a) L-헤드형 (b) F-헤드형 (c) I-헤드형

(d) T-헤드형 (e) V형 I-헤드형

그림 1.2 왕복형 피스톤기관의 밸브 배열 형식

1.2.7 기타 분류

이 외에도, 급기 도입방식, 실린더 수, 기관의 출력 및 속도, 냉각방식, 연료공급방식, 실린더 직경과 행정 길이의 비, 피스톤 운동방식 등에 의한 다양한 분류가 있다.

1.3 기관의 기본 정의

1.3.1 기관의 주요 명칭

이 책의 대부분은 왕복형 피스톤기관에 관한 내용으로, 일반적으로 자주 사용되는 기관 용어들의 이해를 돕기 위하여 그림 1.3의 기관 개념도에 그 기호들을 표시하였다. 왕복형 기관은 피스톤이 실린더 내의 두 지점인 상사점과 하사점을 왕복 운동하고, 커넥팅로드와 크랭크 기구를 통하여 동력을 전달하는 구조이다.

① 상사점 (TDC ; Top Dead Center) : 피스톤 운동의 상한점, 즉 피스톤이 최대한 상승한 후 내려오려고 하는 지점을 의미한다.

② 하사점 (BDC ; Bottom Dead Center) : 피스톤 운동의 하한점, 즉 피스톤이 최저로 하강한 후 올라가려고 하는 지점을 의미한다.

③ 행정 (S ; Stroke) : 피스톤이 상사점과 하사점 사이를 움직이는 거리를 의미하며, 행정 길이라고도 한다. 크랭크 회전 반경(r)의 2배가 되는 길이이다.

④ 실린더 치수 : 직경(B) × 행정(S)로 표시하며, 단위 표기가 없으면 [mm]이다.

⑤ 실린더 체적 (V) : 피스톤이 하사점에 도달한 상태의 실린더 내 공간을 의미하며, 간극체적과 행정체적의 합이다.

⑥ 간극체적 (V_c ; clearance volume) : 피스톤이 상사점에 도달하여 연소가 이루어지는 공간을 말하며, 연소실 체적이라고도 한다.

⑦ 행정체적 (V_s ; swept volume) : 하사점과 상사점간에 피스톤의 움직임에 의해 배제되는 공간을 의미하며, 배기량(V_d ; displacement)은 행정체적에 실린더 수(z)를 곱한 값이다.

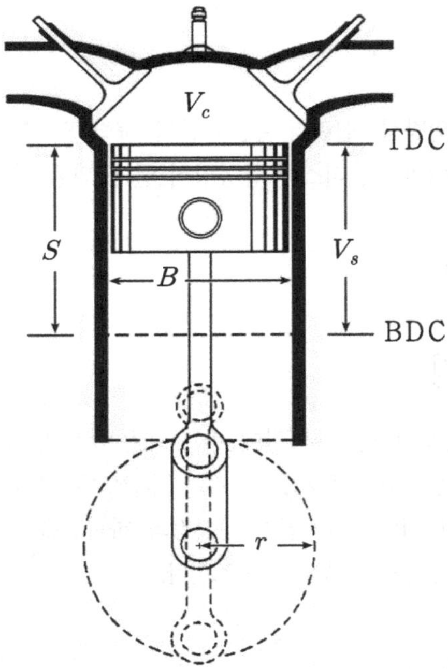

그림 1.3 왕복형 피스톤기관의 기본 개념도

$$V_d = z\,V_s = z \times \frac{\pi B^2}{4} \times S \tag{1.1}$$

⑧ 압축비 (ϵ ; compression ratio) : 간극체적에 대한 실린더 체적의 비로 정의하며, 왕복형 내연기관의 성능에 가장 큰 영향을 미치는 인자이다. 전기점화기관의 압축비는 8~14 정도이고, 압축착화기관의 압축비는 15~22 정도이다.

$$\epsilon = \frac{V}{V_c} = \frac{V_c + V_s}{V_c} = 1 + \frac{V_s}{V_c} \tag{1.2}$$

⑨ 피스톤 평균 속도 (v_p) : 피스톤이 운동방향을 바꾸는 순간 정지하므로 상사점과 하사점에서 피스톤의 속도가 0이지만, 중간 부분에서는 최대가 되므로 이 피스톤의 이동속도를 평균화한 것을 말한다. 최근 엔진들의 피스톤 평균 속도는 12~13 m/s 정도이고, 식 (1.3)과 같이 나타낸다. 이는 엔진이 1회전할 때 피스톤이 움직인 거리(행정의 2배)에 엔진회전수(Nrpm)를 곱한 것이다.

$$v_p = \frac{2SN}{60} \text{ [m/s]} \tag{1.3}$$

1.3.2 실린더의 번호 체계

다기통 기관에서 실린더 번호를 정하는데, 대부분의 경우 그림 1.4에 나타낸 바와 같이 플라이휠에서 가장 먼 측(크랭크축 풀리 측)의 실린더가 제1번 실린더가 된다. 그 다음은 일렬 순서로 정해진다. 일반적으로 기관의 앞쪽은 타이밍 벨트(timing belt)가 장착되는 크랭크축 풀리 (crankshaft pulley)측을 의미하며, 기관의 뒤쪽은 플라이휠(flywheel)측을 의미한다. 그리고 기관의 회전방향은 앞쪽에서 본 것을 기준으로 한다.

V형 또는 대향형 기관에서는 그림 1.5에 나타낸 바와 같이 기관의 뒤쪽(flywheel 측)에서 앞쪽을 보고 좌측열(left bank) 및 우측열(right bank)로 칭하고, 실린더 번호는 기관의 앞쪽에서부터 좌우 교대로 부여한다. 하지만 제작사에 따라서는 이러한 일반적인 규칙을 따르지 않는 경우도 있다.

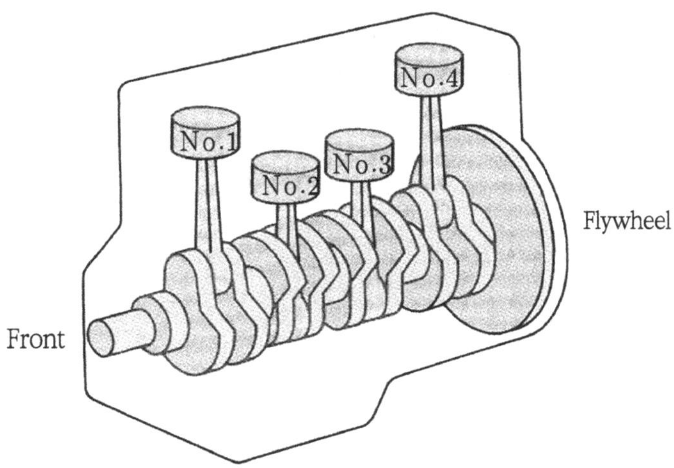

그림 1.4 직렬형 피스톤기관의 실린더 번호

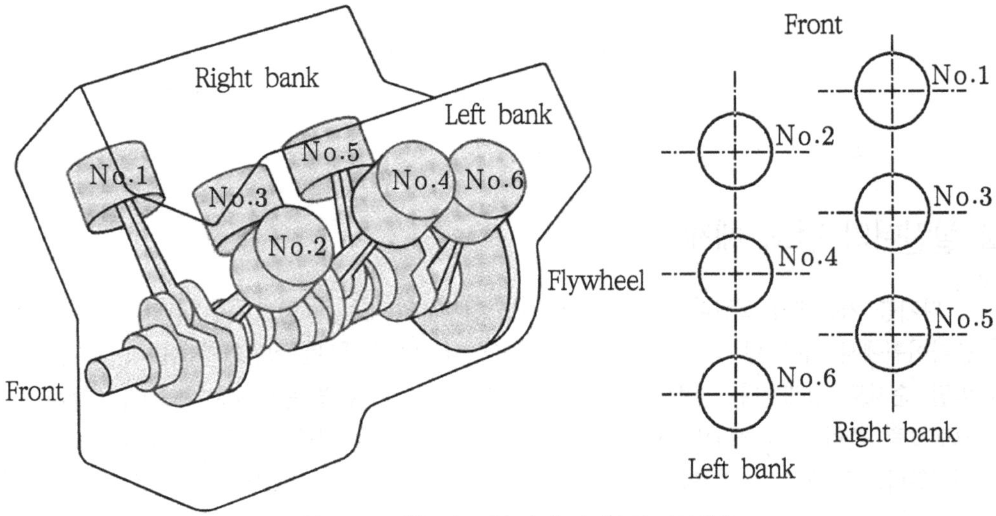

그림 1.5 V형 피스톤기관의 실린더 번호

1.4 4행정 사이클 기관의 작동

4행정 사이클 기관(4-stroke cycle engine)은 크랭크축이 2회전할 때, 피스톤은 흡입, 압축, 연소(폭발), 배기의 4행정을 하여 1사이클을 완성한다. 즉, 4행정 사이클 기관이 1사이클을 완료하면, 크랭크축은 2회전하고 캠축은 1회전하며 흡기밸브와 배기밸브는 각각 1회 개폐하게 된다.

1.4.1 4행정 기관의 작동 순서

(1) 흡입행정

흡입행정(intake stroke)은 작동 사이클을 시작하는 행정으로, 흡기밸브는 열리고 배기밸브는 닫혀 있으며 피스톤은 상사점(TDC)에서 하사점(BDC)로 하강한다. 하지만 공기의 효율적인 흡입을 위하여 흡기밸브는 상사점 전(BTDC) 10~20°에서 열리기 시작하여 하사점 후(ABDC) 40~50° 부근에서 닫힌다. 피스톤이 하강함에 따라 실린더 내에는 부압(부분 진공)이 생겨, 가솔린기관은 연료와 공기의 혼합기를 그리고 디젤기관을 공기만을 흡입하게 된다.

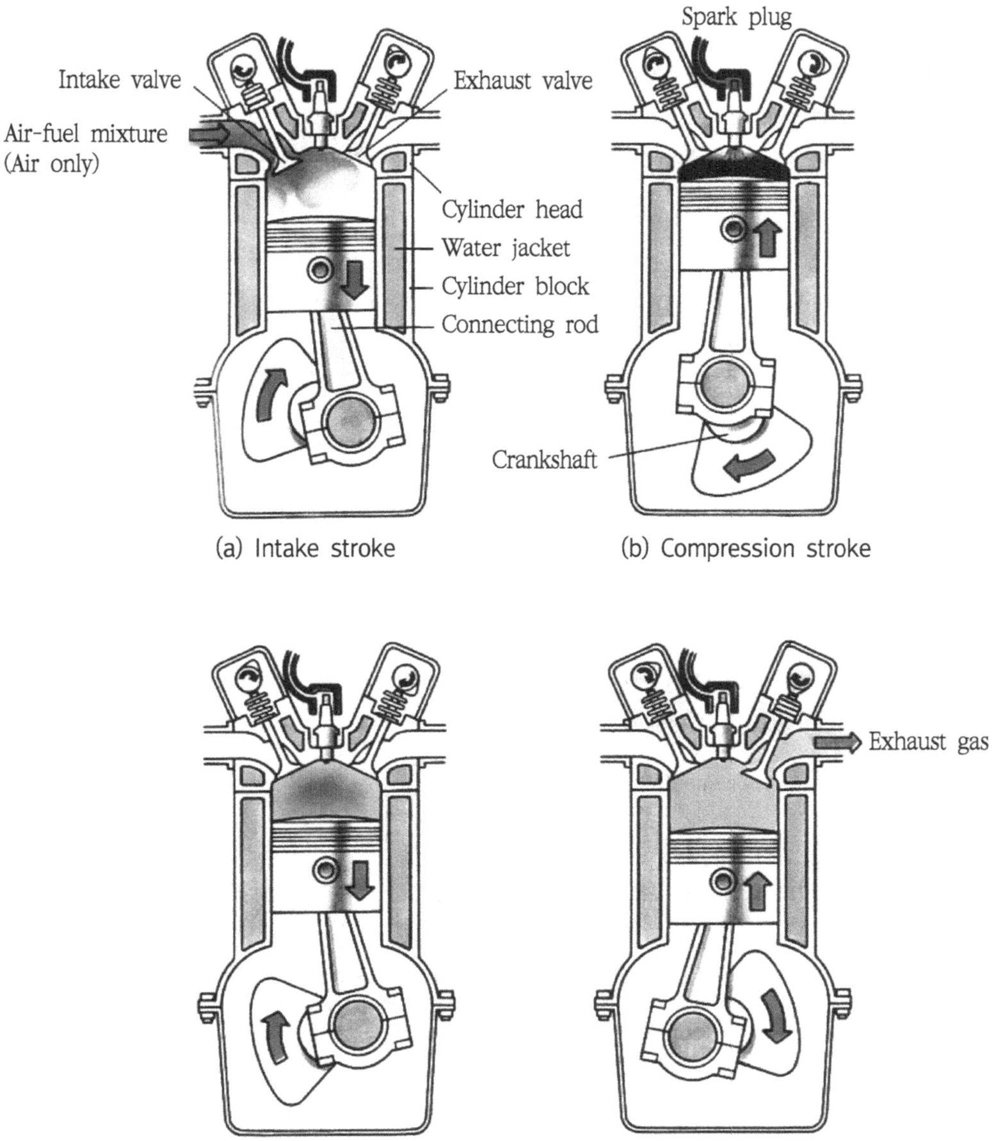

(a) Intake stroke (b) Compression stroke

(c) Power stroke (d) Exhaust stroke

그림 1.6 4행정 사이클 기관의 작동 순서

(2) 압축행정

압축행정(compression stroke)은 흡기밸브와 배기밸브가 모두 닫혀있는 상태에서 피스톤이 하사점에서 상사점으로 올라가며 이루어진다. 이에 따라 가솔린기관은 혼합기를, 디젤기관은 공기만을 압축하며, 압축행정 말기에 가솔린기관의 경우 압축압력은 0.8~1.0 MPa(8~10 kg_f/cm^2)이고 압축온도는 120~140℃ 정도이다.

압축을 하는 목적은 혼합기나 공기의 온도를 상승시켜 연소를 쉽게 하고 폭발 압력을 증대시키기 위함이다. 그리고 디젤기관은 자기착화방식이기 때문에 고압축하여 분사된 연료가 자연발화할 수 있는 온도 이상으로 압축온도를 높여준다.

(3) 동력(폭발)행정

동력행정(power stroke)에서 가솔린기관은 점화플러그에서 방전된 전기불꽃으로 압축된 혼합기를 점화하고, 디젤기관은 압축된 고온의 공기에 연료를 고압 분사시켜 자연발화시키게 된다. 연소과정을 통해 실린더 내의 압력은 상승하고, 연소된 가스의 팽창력이 피스톤에 가해지고 커넥팅로드를 거쳐 크랭크축을 회전시켜서 동력을 얻는다.

폭발행정 중에 흡기밸브와 배기밸브는 모두 닫혀 있으며, 피스톤은 상사점에서 하사점으로 내려간다.

(4) 배기행정

배기행정(exhaust stroke)은 배기밸브가 열리면서 동력(폭발)행정에서 일을 한 연소가스를 실린더 밖으로 배출시키는 행정이다. 이때 피스톤은 하사점에서 상사점으로 올라가며, 배기밸브는 하사점 전(BBDC) 40~50°에서 열리기 시작하여 상사점 후(ATDC) 10~20° 정도에서 닫힌다.

1.4.2 4행정 기관의 장·단점

(1) 장점

① 저속에서 고속까지 넓은 범위의 회전속도 변화가 가능하다.

② 연료소비율이 낮으며, 흡기를 위한 충분한 시간이 주어지므로 체적효율이 높다.

③ 기관의 시동이 쉬우며, 저속 운전이 원활하다.
④ 실화발생이 적으며, 흡입행정 중 냉각효과가 커서 열부하가 작다.

(2) 단점

① 밸브기구가 기계적으로 복잡하므로 부품수가 많고 충격이나 기계적 소음이 많다.
② 폭발 횟수가 적으므로 실린더 수가 적은 경우에는 작동이 원활하지 못하다.
③ 동일 출력일 경우 2행정 사이클 기관에 비하여 무겁다.
④ 회전력이 균일하지 못하다.

1.4.3 4행정 기관의 점화순서

크랭크축의 비틀림 진동이 일어나지 않도록 폭발간격(위상각)을 일정하게 점화순서를 채택한다. 또한 열충격을 줄이기 위하여 인접한 실린더에 연이어서 폭발이 발생하지 않도록 하며, 혼합기가 각 실린더에 균등히 분배되도록 한다.

이 때 위상차는 식 (1.4)와 같이 4행정 기관의 1사이클(2회전) 동안에 회전하는 각도를 실린더 수로 나눈 크랭크 각이다.

$$\theta = \frac{2 \times 360^\circ}{\text{실린더 수}} \tag{1.4}$$

(1) 직렬 4기통 기관

직렬 4기통 기관에서 위상차는 180°이고, 점화순서는 1-3-4-2 또는 1-2-4-3이다. 그림 1.7과 같이 제1번과 제4번, 그리고 제2번과 제3번의 크랭크 핀 및 피스톤이 동일한 위치에 있으므로, 제1번 피스톤이 하강하면 제4번 피스톤도 하강 행정을 하며, 제2번과 제3번 피스톤은 상승 행정을 한다. 하지만 피스톤이 2개씩 그룹으로 동일한 위치에 있더라도 서로 수행하는 행정은 다른데, 제2번 피스톤이 배기행정을 수행하면 제3번은 압축 행정을 한다.

다음 그림은 국내에서 생산되는 직렬 4기통 기관에 주로 채택되고 있는 점화순서 1-3-4-2의 경우에서 점화순서와 각 피스톤이 수행하는 행정을 비교한 것이다.

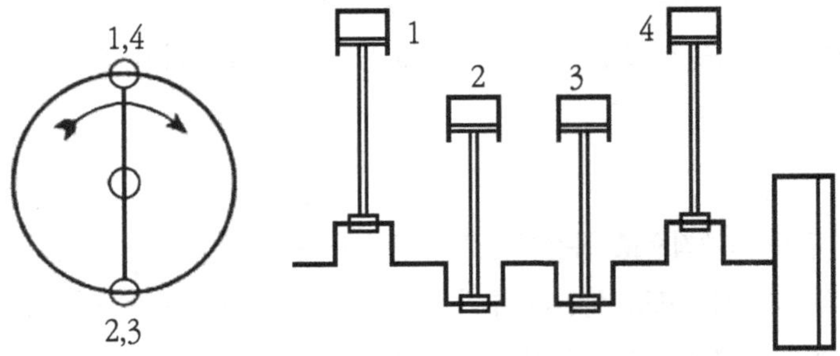

크랭크 각도 / 실린더번호	1회전		2회전	
	0~180°	180~360°	360~540°	540~720°
1	폭발	배기	흡입	압축
3	압축	폭발	배기	흡입
4	흡입	압축	폭발	배기
2	배기	흡입	압축	폭발

그림 1.7 직렬 4기통 기관의 점화순서

(2) 직렬 6기통 기관

직렬 6기통 기관은 위상차가 120°이고, 우수식의 점화순서는 1-5-3-6-2-4이고, 좌수식의 경우는 1-4-2-6-3-5이다. 그림 1.8과 같이 제1번과 제6번의 크랭크 핀을 상사점으로 하였을 때, 제3번과 제4번의 크랭크 핀이 오른쪽에 있는 것이 우수식이고, 제3번과 제4번의 크랭크 핀이 왼쪽에 있는 것이 좌수식이다.

점화순서가 1-5-3-6-2-4인 우수식 기관에서는 제1번 피스톤이 상사점에서 하강하면서 폭발행정을 시작한다면 제6번 피스톤은 흡입행정을 시작한다. 이 때 제5번 피스톤은 압축행정을 1/3정도 수행중이고, 제2번 피스톤은 배기 행정을 1/3정도 수행한 위치이다. 그리고 제3번 피스톤은 흡입행정을 2/3정도 완료한 상태이고, 제4번 피스톤은 폭발행정을 2/3정도 완료한 위치에 있게 된다.

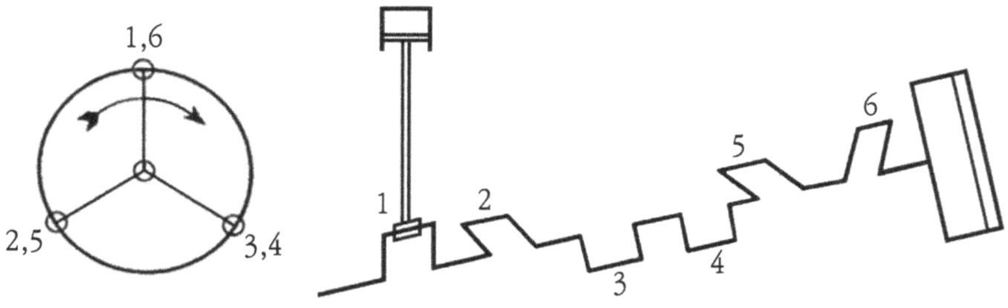

No.	1회전						2회전					
각도	~60°	~120°	~180°	~240°	~300°	~360°	~420°	~480°	~540°	~600°	~660°	~720°
1	폭 발			배 기			흡 입			압 축		
5	압 축		폭 발			배 기			흡 입			압축
3	흡입	압 축			폭 발			배 기			흡 입	
6	흡 입			압 축			폭 발			배 기		
2	배 기		흡 입			압 축			폭 발			배기
4	폭발	배 기			흡 입			압 축			폭 발	

(a) 우수식 1-5-3-6-2-4

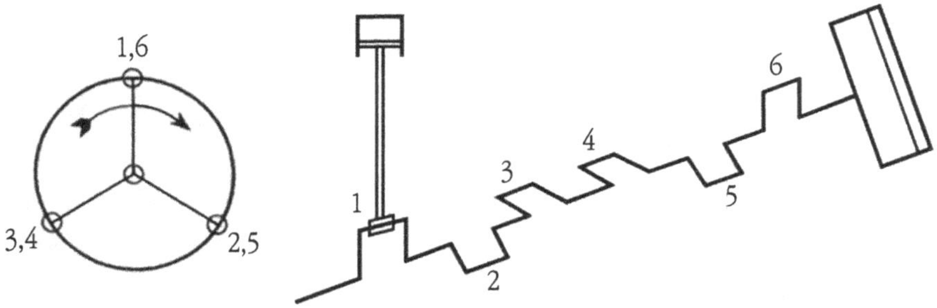

(b) 좌수식 1-4-2-6-3-5

그림 1.8 직렬 6기통 기관의 점화순서

(3) V형 6기통 기관

V형 6기통 기관은 좌측열과 우측열의 실린더 중심선이 60° 또는 90° 각도를 이루는 방식이 있다. 유럽에서는 90° V형 기관을 많이 채용하지만, 국내에서는 일반적으로 60° V형을 선호한다. 90° V형은 흡기저항을 적게 받도록 설계가 다소 용이하고, 60° V형은

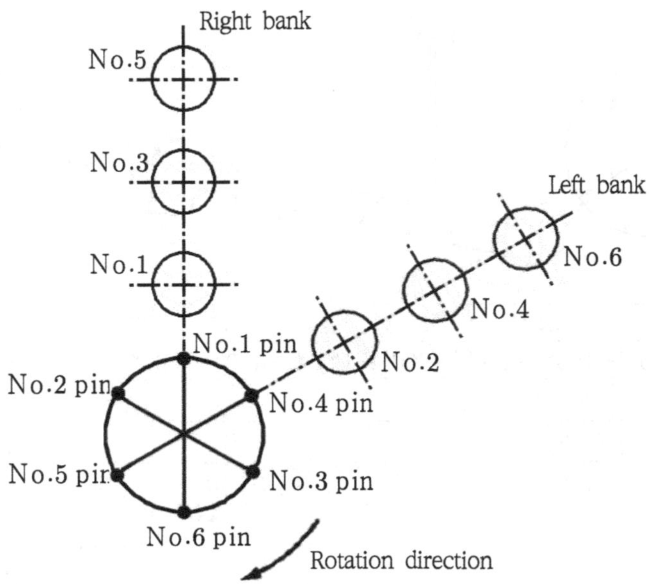

No.			1회전						2회전			
각도	~60°	~120°	~180°	~240°	~300°	~360°	~420°	~480°	~540°	~600°	~660°	~720°
1		폭 발										
3						폭 발						
5										폭 발		
2				폭 발								
4								폭 발				
6	폭발										폭 발	

그림 1.9 V형 6기통 기관의 점화순서

중량이 작은 장점이 있다. 60° V형 6기통 기관의 점화순서는 1-2-3-4-5-6으로 되어 있으며, 그림 1.9와 같이 실린더 배열은 우측열에는 홀수번 그리고 좌측열에는 짝수번의 실린더들이 60° 각도를 이루고 배열되어 있다.

(4) V형 8기통 기관

V형 8기통 기관은 좌·우측열의 실린더 중심선이 대부분 90° 각도를 이루는 방식이고, 일부 180° V형(수평대향형) 기관이 있다. 8기통 기관의 위상차는 90°이므로 각 크랭크핀

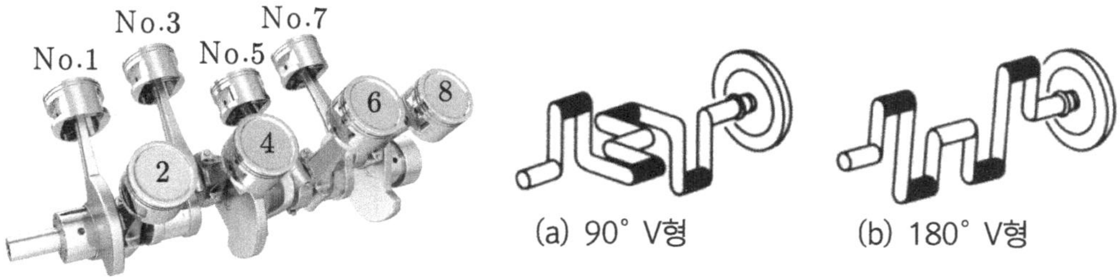

그림 1.10 V형 8기통 기관의 실린더배열 및 크랭크축

에 좌우로 2개의 피스톤을 연결하여도 폭발간격이 동일해지며 크랭크축의 길이를 매우 짧게 할 수 있다. 크랭크 핀의 배열은 그림 1.8과 같이 90° V형은 4방향이고, 180° 수평대향형은 2방향이다.

90° V형 8기통 기관의 점화순서는 1-2-7-3-4-5-6-8 또는 1-2-7-8-4-5-6-3 등이 있고, 점화 간격은 크랭크각 90°로 동일하다. 하지만 점화순서 1-2-7-3-4-5-6-8의 경우 우측열 실린더의 점화순서는 1-7-3-5이고, 좌측열의 점화순서는 2-4-6-8로 기존의 직렬형이나 V형 6기통 기관과 같이 동일한 간격으로 점화가 이루어지지 않는다. 그러나 4개의 크랭크핀에 제1번과 제2번에서 제7번과 제8번 피스톤이 90° 각도로 차례로 체결되어 그림 1.10의 오른쪽 그림과 같이 고르게 배열된다.

180° V형 8기통 기관의 점화순서는 1-2-3-6-7-8-5-4 또는 1-8-5-4-7-2-3-6 등이 있고, 좌측열과 우측열 실린더의 피스톤은 직렬 4기통 기관과 같이 각각 2개씩 짝을 이루어 작동한다.

1.5 2행정 사이클 기관의 작동

2행정 사이클 기관(2-stroke cycle engine)에서 크랭크축이 1회전할 때, 피스톤은 상승과 하강의 2행정으로 1사이클을 완료하며, 흡입 및 배기를 위한 독립된 행정이 없다. 현재는 이륜자동차 기관의 일부와 대형 저속 디젤기관에서 2행정 사이클을 채택하고 있다. 2행정 사이클 기관이 1사이클을 완료하면, 크랭크축과 캠축은 모두 1회전하며 밸브가 장착된 기관의 경우 밸브는 1회 개폐한다.

1.5.1 2행정 기관의 작동 순서

2행정 사이클 기관은 그림 1.11과 같이 피스톤이 하사점에서 상사점으로 상승함에 따라 먼저 소기포트(scavenging port)를 막고, 다음에 배기포트를 막음에 따라 혼합기나 공기를 압축한다. 이 때 흡입포트를 통하여 혼합기나 공기가 크랭크실로 유입된다.

피스톤이 상사점에 도달하면 가솔린기관에서는 점화플러그에서 전기 불꽃방전을 하여 점화 연소하고, 디젤기관은 연료분사 노즐에서 연료가 분사되어 자기착화하여 고온·고압의 폭발을 일으켜 팽창하면서 피스톤이 하강운동을 하도록 한다. 피스톤이 하강하면서 배기포트를 열어 연소가스를 배출시키고, 이어서 소기포트가 열리면서 혼합기나 공기가 실린더 내로 들어가며 다시 피스톤이 상승하면서 소기포트를 닫아 압축·폭발행정으로 이어진다.

피스톤의 하강행정에서 배기포트는 대체적으로 하사점 전 50°에서 열리고 연소가스가 배출된다. 소기포트는 하사점 전 35~47°에서 열리며 피스톤의 상승행정에서 소기포트는 하사점 후 35~47°에서 닫히고, 배기포트는 하사점 후 50~63°에서 닫힌다. 과급 기관에는 소기포트의 위쪽에 자동밸브 또는 관제밸브가 있으므로, 실린더 내의 가스압력이 흡입압력보다 낮으면 열리게 된다.

저속 대형 디젤기관에서는 소형 기관과 달리 실린더 하부에 위치한 흡기구와 실린더헤드에 설치된 배기밸브를 사용한다. 따라서 소형 기관의 횡류식에 비하여, 대형 기관은 공기와 배기가 단일 방향으로 흐르는 단류식의 소기과정이 이루어진다.

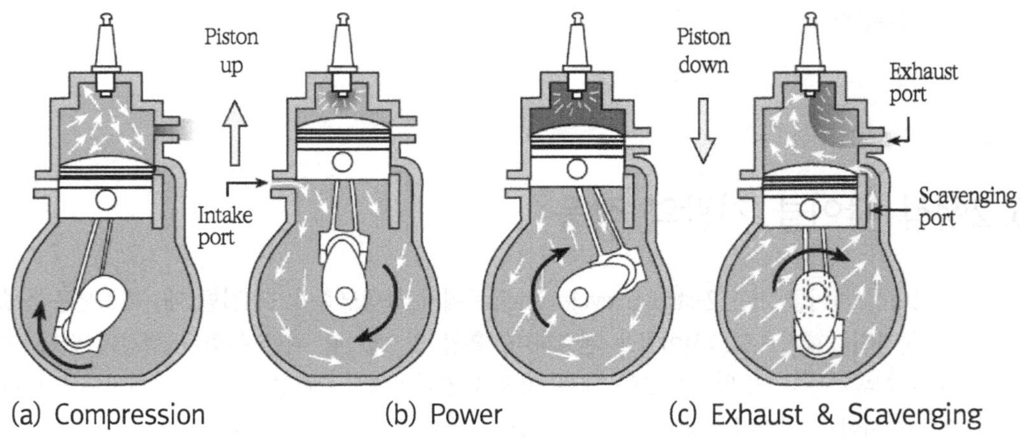

그림 1.11 2행정 사이클 기관의 작동순서

1.5.2 2행정 기관의 장 · 단점

(1) 장점

① 밸브기구가 없거나 간단하여 출력당 무게가 적으며, 취급이 용이하다.

② 크랭크축 1회전마다 동력이 발생하므로 회전력의 변동이 적다. 그러므로 실린더 수가 적어도 작동이 원활하다.

③ 동일 배기량일 때 4행정 사이클 기관에 비하여 1.6~1.7배의 출력이 높다.

(2) 단점

① 배기행정이 불안정하고 유효행정이 짧으며 연료소비율이 크다.

② 역화현상이 일어나기 쉬우며, 평균유효압력과 효율을 높이기 어렵다.

③ 피스톤 및 피스톤 링의 손상이 크다.

최근에 열효율 향상 및 유해 배출가스 규제강화로 인하여 자동차기관으로 2행정 사이클 기관이 사라지고 있다. 또한 2행정 기관은 고속에서 운전되는 자동차기관으로는 내구성도 떨어지는 단점이 문제이다.

이상의 장단점이 있으나 대형 기관일수록 2행정 방식은 그 장점이 더욱 뚜렷하다. 현재 2행정 기관은 베어링, 윤활, 소기법, 소기펌프 등이 4행정 기관과 비교할 때 어려운 점들도 있으나 최근 이러한 난점을 타개하여 발전을 거듭했고 그 진보는 앞으로도 기대된다. 현재 저속 대형 디젤기관에서는 흡기포트와 배기밸브를 사용하는 2행정 사이클 기관이 대부분 채택되고 있다. 이는 기관 회전속도가 낮아 연소시간이 충분하고 기관 출력당 무게가 낮은 장점 때문이다.

연습문제 1

1.1 전기점화기관과 압축점화기관의 설계 및 작동 특성에서 차이점은 무엇인가?

1.2 자동차기관의 밸브 배열에서 I-헤드형의 특징은 무엇인가?

1.3 L-헤드형 기관의 부품 중에 I-헤드형 기관에서 생략된 것은 무엇인가?

1.4 행정이 150 mm인 4행정 기관이 2600 rpm으로 작동할 때, 피스톤의 평균속도는 몇 m/s인가?

1.5 4행정 사이클 기관이 3000 rpm으로 회전하면, 크랭크축 및 캠축은 1초당 몇 회전을 하는가?

1.6 4행정 기관에서 실린더 수가 6일 때, 크랭크축의 회전 각도를 기준으로 폭발행정이 발생하는 위상차는 얼마인가?

1.7 가솔린기관에서 혼합기에 전기 점화된 후 최대압력에 이를 때까지 2 ms가 소요된다. 만약 기관이 2500 rpm으로 작동하면 2 ms동안 크랭크축의 회전각도는 몇 도인가?

1.8 실린더 내경이 80 mm이고, 크랭크축과 크랭크핀의 중심 거리가 35 mm인 4기통 4행정 기관의 총배기량은 몇 cc인가?

1.9 어떤 4기통 4행정 가솔린기관의 총 배기량이 2000 cc이고, 각 실린더의 간극체적(연소실 체적) 50 cc이면 이 기관의 압축비는 얼마인가?

1.10 2행정 기관이 4행정 기관에 비하여 우수한 점은 무엇인가?

1.11 점화순서가 1-3-4-2인 4기통 4행정 가솔린기관에서 제4번 실린더가 폭발행정일 때, 제2번 실린더의 행정은 무엇인가?

1.12 6기통 4행정 가솔린기관의 점화순서가 1-5-3-6-2-4이다. 제3번 실린더가 폭발행정 초기일 때, 제4번 실린더는 어떤 행정을 수행하는가?

2

기관의 기본 구성

2.1 기관의 구성 개요

차량용 왕복형 기관은 대부분 4행정 기관으로 많은 부품들이 조립된 장치인데, 동력을 발생하는 부분인 본체로 실린더 블록, 실린더 헤드, 피스톤 및 커넥팅 로드, 크랭크축과 베어링, 플라이 휠 등이 있다. 그리고 본체의 부속장치로 흡·배기장치, 연료장치, 점화장치, 윤활장치, 냉각장치, 시동장치 등의 보조기구로 대별된다.

그림 2.1은 SOHC 4기통 가솔린기관의 구조를 보여주고 있으며, 그림 2.2는 DOHC 5기통 과급 디젤기관을 보여준다. 가솔린기관과 디젤기관의 본체 구성은 차이가 없으며, 전기점화를 하는 가솔린기관에서는 점화장치가 필요한 반면, 디젤기관은 고압 연료분사장치와 출력 증강을 위한 배기 과급기 등이 장착된다.

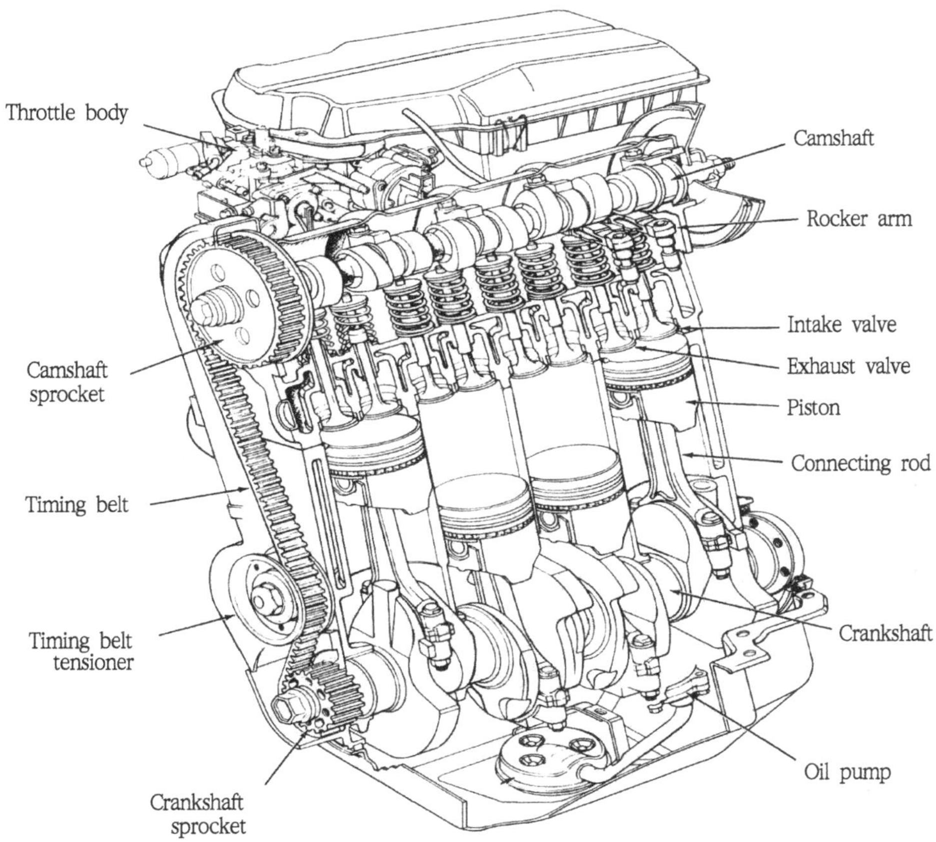

그림 2.1 SOHC 가솔린기관의 구조

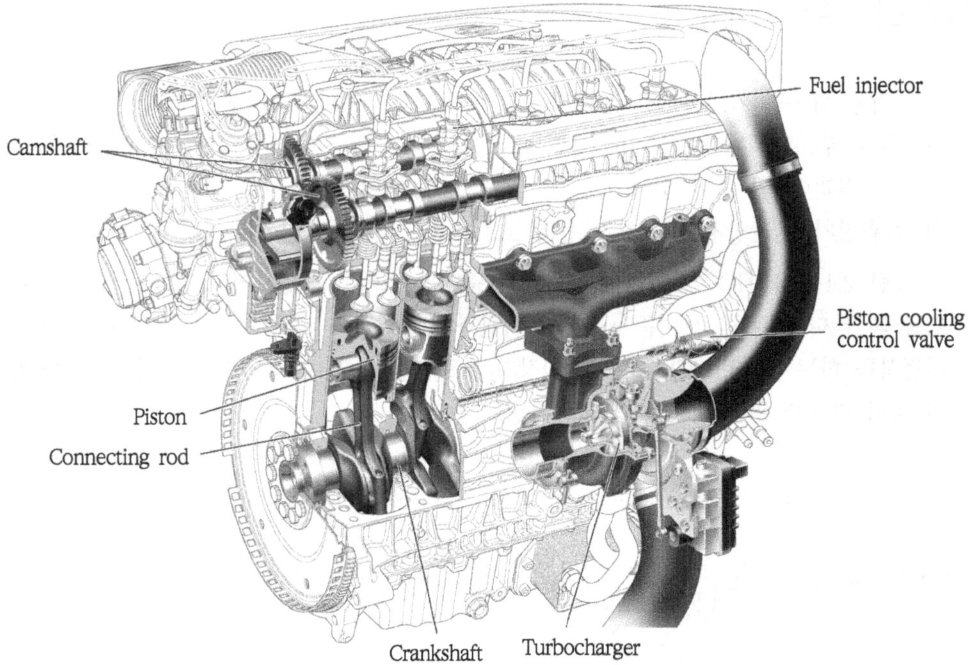

그림 2.2 DOHC 과급 디젤기관의 구조

2.2 실린더 블록

실린더 블록(cylinder block)은 엔진의 기초가 되는 가장 중요한 부분으로, 자동차용은 일체형으로 주조된 구조물로 기관 구성 부품 중에서 가장 무거운 부품이다. 실린더 블록의 재질은 내마모성과 내부식성이 좋고 가공이 용이한 주철이 대부분이지만, 최근에는 엔진의 경량화를 위하여 알루미늄 합금의 주물도 많이 사용된다. 또한 주물의 균열을 방지함과 동시에 기계적 마모에 대한 저항을 높이기 위하여 열처리가 되어 있다.

실린더 블록의 상부에는 실린더 헤드(cylinder head)가 설치되고, 하부의 중앙부에는 베어링을 사이에 두고 크랭크축이 장착된다. 실린더 블록의 내부에는 피스톤이 왕복운동을 하는 실린더가 마련되어 있고, 실린더 냉각을 위한 냉각수 재킷(cooling water jacket)이 실린더를 둘러싸고 있다. 실린더 블록의 하부에는 개스킷을 사이에 두고 오일팬(oil pan)이 설치되어 크랭크실(crank chamber)을 형성하며 엔진 오일이 담긴다. 그리고 외부에는 각종 보조기구들이 장착된다.

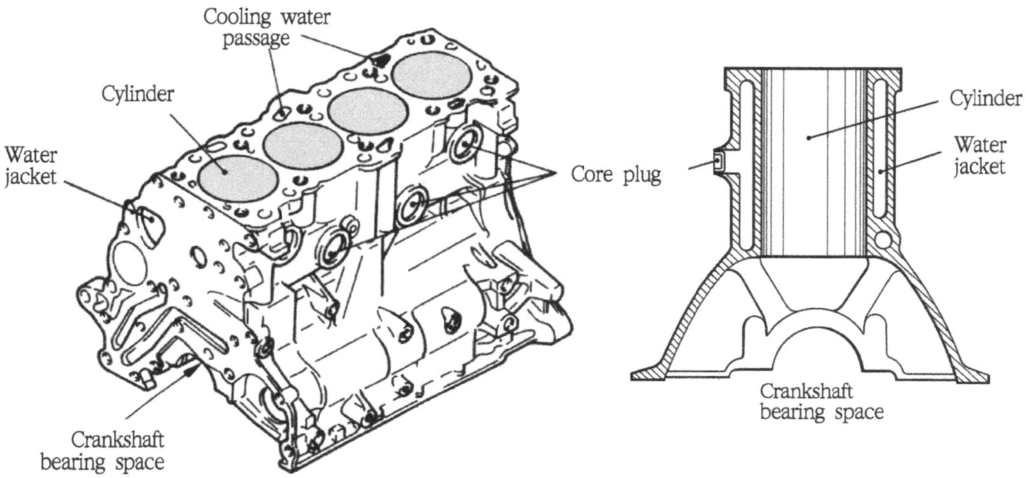

그림 2.3 실린더 블록의 구조 및 단면 형상

실린더는 피스톤이 기밀을 유지하면서 연소가스로부터 얻은 에너지로 왕복운동을 하면서 크랭크기구의 회전운동으로 변환하여 동력을 발생시키는 부분이다. 실린더는 긴 원통형으로 그 길이는 피스톤 행정의 약 2배이다. 실린더 벽은 피스톤의 미끄럼 운동에 의한 마멸과 마찰이 적도록 정밀하게 연마 다듬질(honing)되어 있다. 그리고 실린더는 기관이 작동할 때 고온의 연소가스로부터 받은 열을 외부로 방출하기 위하여 수냉식 기관에서는 워터 재킷이나 공냉식에서는 냉각핀이 설치되어 있다.

실린더에는 실린더 블록과 동일한 재질로 만든 일체형과 별도의 재질로 만들어 끼우는 라이너(liner)식이 있다.

2.2.1 일체형 실린더

일체형 실린더는 실린더 블록과 같은 재질로 실린더를 일체로 제작한 형식이며, 실린더 벽이 마멸되면 보링(boring)을 하여야 한다. 승용차용으로 주로 사용하며, 다음과 같은 특징이 있다.

- 냉각수 누출의 염려가 없으며, 가공성, 강성 및 강도가 크다.
- 부품 수가 적고, 무게가 가볍다.

- 실린더 사이의 거리를 좁게 할 수 있어, 소형화가 가능하다.
- 라이너식 실린더보다 내 마멸성과 정비성이 떨어진다.

2.2.2 라이너식 실린더

라이너식 실린더는 실린더 블록과 실린더 라이너를 별로도 제작한 후 실린더 블록에 끼우는 형식으로, 일반적으로 보통 주철 또는 알루미늄 합금의 실린더 블록에 특수주철로 만든 라이너를 사용한다. 라이너식 실린더의 종류에는 그림 2.4와 같이 습식과 건식이 있다.

(1) 건식 라이너

건식은 라이너가 냉각수와 직접 접촉하지 않고 실린더 블록을 통하여 냉각되는 형식이며, 실린더 벽을 여러 번 보링(boring)하여 실린더 벽의 두께가 너무 얇아져 더 이상 보링을 할 수 없는 경우에 실린더 재생용으로 사용되었다. 그러나 최근에는 제작할 때부터 건식 라이너를 사용하는 형식도 있다. 건식 라이너는 실린더 블록과 마찰력으로 고정되기 때문에 삽입할 때 내경 100 mm당 2~3 ton의 힘이 필요하며, 삽입한 후에 호닝(honing)을 하여야 한다. 라이너의 두께는 2~3 mm 정도로 냉각수와 간접적으로 접촉하며, 가솔린기관에 주로 사용한다.

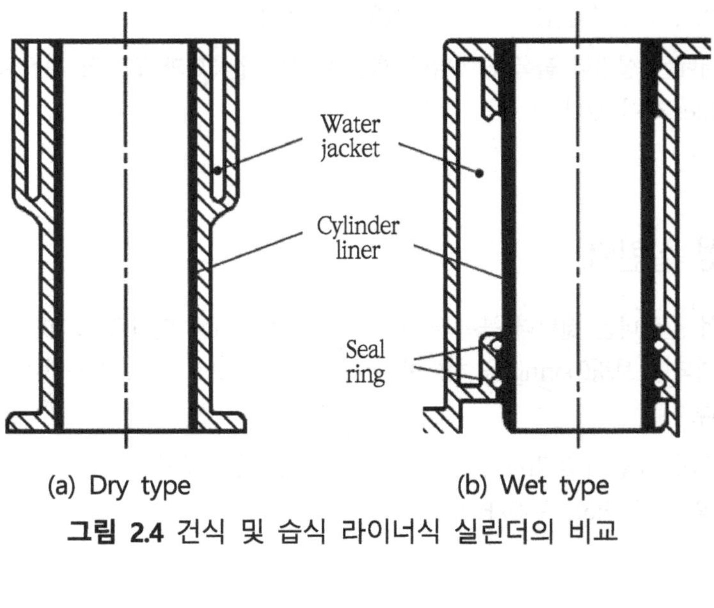

(a) Dry type (b) Wet type

그림 2.4 건식 및 습식 라이너식 실린더의 비교

(2) 습식 라이너

습식은 라이너 바깥둘레가 냉각수 재킷의 일부분으로 되어 냉각수와 직접 접촉하는 형식이며, 주로 대형 디젤기관에서 사용한다. 습식 라이너의 두께는 5~8 mm 정도로 실린더헤드와의 기밀과 수밀을 유지하기 위해 실린더 블록의 윗면보다 라이너의 윗면이 약간 높게 되어 있다. 또한 열변형에 의해 냉각수가 크랭크실로 누수되는 것을 방지하기 위해서 실린더 블록과 접촉하는 라이너 하부에는 2~3개의 실링(seal ring)이 설치되어 있다.

2.3 실린더 헤드

실린더 헤드(cylinder head)는 실린더 블록(cylinder block) 위에 볼트로 설치되며, 가스나 냉각수가 새는 것을 방지하기 위하여 헤드 개스킷(head gasket)을 사이에 두고 실린더 블록과 결합되어 피스톤과 함께 연소실을 형성한다. 실린더 헤드에는 밸브기구, 점화플러그 또는 연료분사 노즐이 장착되며, 흡기다기관 및 배기다기관이 연결된다. 또한 냉각수가 흐르는 냉각수 재킷(water jacket)이 마련되어 있다. 그림 2.5는 자동차용으로 사용되고 있는 I-헤드형 실린더 헤드의 구조 및 조립된 상태를 나타내고 있다.

연소실 모양은 밸브의 설치 위치에 따라 그림 1.2에 나타낸 바와 같이 오버헤드식(overhead, I-head type), 사이드 밸브식(side-valve, L and T-head type)이 있으나, 현재는 체적효율이 가장 우수한 오버헤드 밸브식이 주로 사용되고 있다. 실린더 헤드의 재질은 일반적으로 주철이나 알루미늄 합금이다. 특히 알루미늄 합금은 주철에 비하여 가볍고 열전도성이 매우 좋으나, 내구성이 다소 떨어지는 단점이 있다. 하지만 최근에는 이

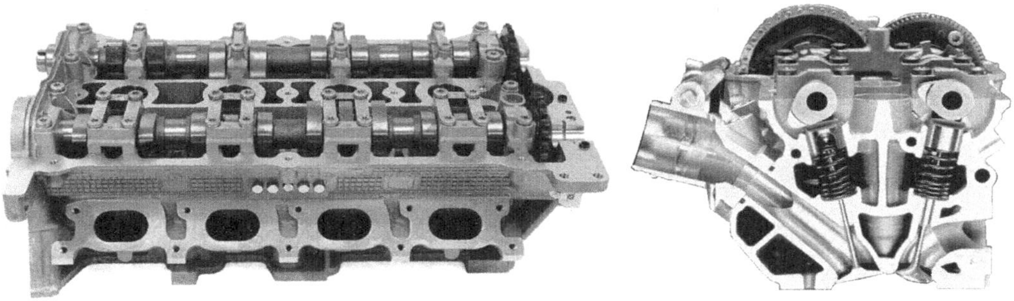

그림 2.5 일체형 실린더 헤드의 구조

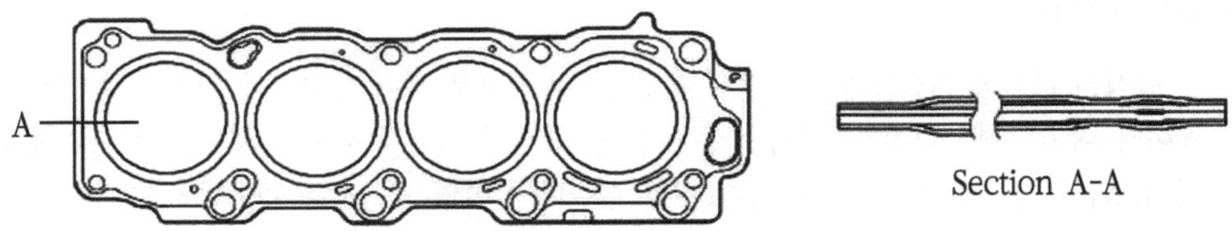

그림 2.6 헤드 개스킷의 구조

런 결점을 보완할 수 있는 구조로 설계되어 거의 모든 기관에서 사용되고 있다.

실린더 블록과 실린더 헤드 사이에 조립되는 헤드 개스킷은 그 접촉면을 밀착시켜 기밀을 유지하고 냉각수나 엔진 오일이 새는 것을 방지한다. 종류에는 구리판이나 강철판에 석면을 감싸서 제작한 일반 개스킷, 강철판의 양쪽 면에 흑연을 혼합하여 석면을 압착한 표면에 다시 흑연을 발라서 제작하며 고열, 고부하 및 고압축에 잘 견디는 스틸 베스토 개스킷(steel besto gasket), 그리고 그림 2.6과 같이 강철판으로만 얇게 제작한 스틸 개스킷(steel gasket) 등이 사용되고 있다.

2.4 피스톤

2.4.1 피스톤의 구조

피스톤(piston)은 실린더 안에서 상하 왕복운동을 하면서 연료의 연소로 발생한 에너지를 커넥팅 로드를 통하여 크랭크축에 전달하여 회전력을 발생시킨다. 피스톤은 연소실의 일부분을 구성하고 있기 때문에 연소가스의 폭발압력을 적절하게 유지해야 하며, 가스 및 오일의 누출을 방지하고, 고온에서 내모성 및 내열성이 우수하고 충분한 기계적 강도를 유지하여야 한다.

피스톤의 재질은 특수 주철 또는 알루미늄 합금이 있는데, 현재는 주로 알루미늄 합금을 사용한다. 주철은 강도가 높고 열팽창율이 적어 피스톤 간극을 적게 할 수 있어 블로바이(blow-by)나 피스톤 슬랩(piston slap)을 감소시킬 수 있으나, 무게가 무거워 관성이 크므로 고속에서는 부적합하다. 하지만 알루미늄 합금은 무게가 가볍고 열전도성이 커서 피스톤 헤드의 온도가 낮아져 고속 기관에 적합한 반면에 강도가 약간 낮다.

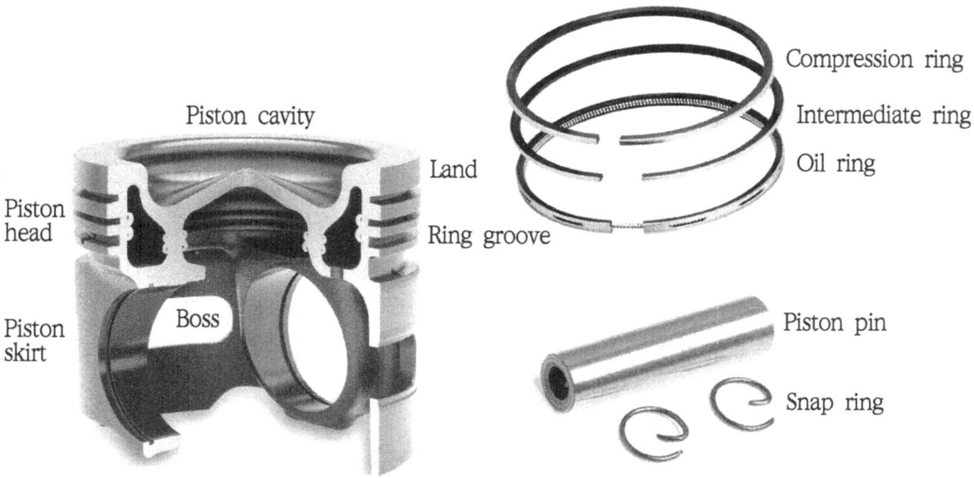

그림 2.7 피스톤의 구조

피스톤은 기관의 작동 중에 열팽창을 고려하여 상온에서 실린더와의 사이에 어느 정도 간극을 주어 조립한다. 피스톤 간극(piston clearance)은 실린더 내경과 피스톤의 최대 외경(스커트부 지름)과의 차이를 나타내며, 피스톤의 재료, 형상, 기관의 냉각 상태 등에 따라서 결정되지만, 일반적으로 알루미늄 합금의 피스톤에서는 실린더 안지름의 0.05% 정도이다.

피스톤 간극이 너무 작으면 기관의 가동 중 열팽창으로 인하여 실린더와 피스톤 사이에 소착(융착)이 발생할 수 있다. 반면에 간극이 너무 크면 압축 압력의 누설, 블로바이 가스 증가, 엔진 오일의 소비 증가 및 피스톤 슬랩 발생으로 출력이 감소되는 원인이 될 뿐만 아니라 피스톤 사이드 노크(piston side knock)라는 이상음이 발생하기도 한다.

피스톤은 그림 2.7과 같이 헤드(head)부와 스커트(skirt)부로 나누어지고, 피스톤 링이 끼워지는 부분을 링 홈이라 하며, 링 홈과 홈 사이의 턱으로 피스톤 운동시 실린더와 접촉하지 않도록 하는 랜드(land)가 있다. 또한 피스톤과 커넥팅 로드 소단부의 연결 부분인 보스(boss)부가 있어 피스톤을 보강한다.

2.4.2 피스톤의 형상

알루미늄 합금의 피스톤은 열팽창이 크므로 상온에서 일정 간극을 주어야 하므로 온도 상승에 따른 열팽창을 고려한 복잡한 형상을 갖게 된다. 알루미늄 합금 피스톤의 가장 대표적인 형식인 캠 연마 피스톤(cam ground piston)은 그림 2.8과 같이 상온에서 피스톤 보스부를 짧은 지름 (a), 스커트부를 긴 지름 (b)로 하는 타원형으로 되어 있다. 하지만 기관의 온도 상승에 따라 보스부의 지름이 증대되어 정상 작동온도에서는 진원에 가깝게 되어 전면이 접촉하는 피스톤으로 알루미늄 피스톤의 대표적인 형식이다. 피스톤 헤드부의 지름 (c)도 스커트부의 지름 (d)보다 약간 작으며, 테이퍼 형상의 스커트부의 지름 (e)가 가장 크다.

반면에 스커트부에 홈(slot)이 없고, 통형(solid)으로 상하의 지름이 동일한 솔리드 피스톤(solid piston)도 있다. 이 피스톤은 열팽창에 의한 여유가 없으므로 모든 운전에서 적절한 간극을 유지할 수 없지만, 기계적 강도가 높아 가혹한 운전조건의 디젤기관에서 주로 사용된다.

2.4.3 피스톤 링

피스톤 링은 압축 및 동력 행정에서 기밀을 유지하기 위하여 링 홈에 3~4개 정도 삽입되는 금속제 링이다. 피스톤 링은 피스톤에 조립되어 실린더 내를 왕복 운동하면서 실린더 벽과 밀착되어 실린더와 피스톤 사이의 가스 누설(blow-by)를 방지하는 밀봉작용, 실

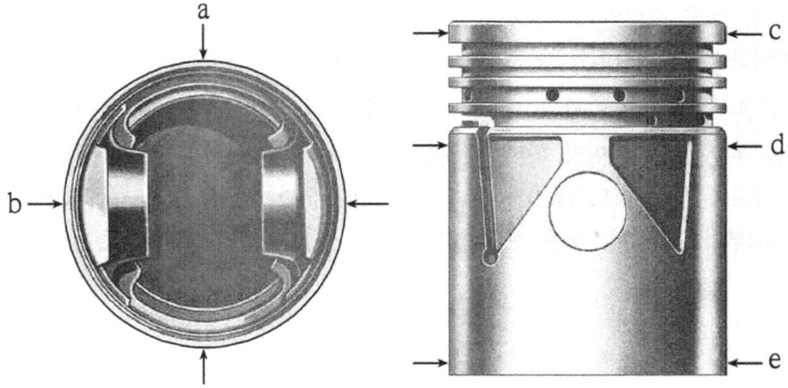

그림 2.8 알루미늄 합금 피스톤의 형상

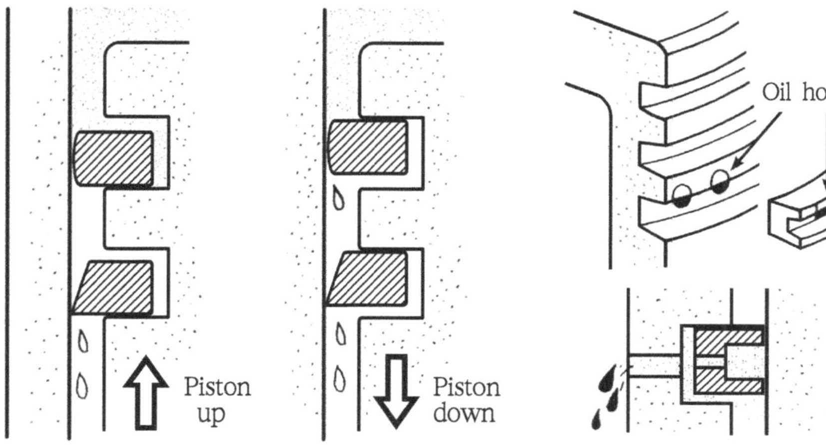

(a) Compression and Intermediate rings (b) Oil ring

그림 2.9 피스톤 링의 작용

린더와 피스톤 사이의 엔진 오일을 긁어내려 연소실로 유입되는 것을 방지하는 오일 제어 작용 그리고 피스톤 헤드가 받은 열을 실린더 벽으로 전달하는 냉각작용 등 3가지 주요 작용을 한다.

그림 2.9와 같이 압축링은 피스톤 상승시에 연소실의 가스 누설을 방지하고, 중간링은 피스톤 하강시에 기밀 작용 외에 일부 오일을 긁어내리는 작용도 하므로 테이퍼 단면의 링으로 되어 있다. 그리고 오일링은 실린더 벽의 과잉 오일을 긁어내려 유막을 조절하고 ㄷ자 단면의 링 둘레에 파져 있는 오일 구멍을 통해 피스톤 안쪽으로 떨어지도록 되어 있다. 또한 기관의 속도가 높아지면 오일 제어작용이 곤란하게 되므로 링의 장력을 증가시킴과 동시에 유연성을 향상시키기 위하여 팽창링(expander ring) 또는 U-플렉스(U-flex)링을 삽입한 것이 있다.

피스톤 링의 재질은 조직이 치밀한 특수 주철이며, 원심주조법으로 제조한다. 그리고 실린더 벽의 마멸을 감소시키기 위해 피스톤 링의 재질은 실린더 벽 재질보다 다소 경도가 낮아야 한다. 또한 링 면은 실린더와 같이 길이 잘 들고 긁힘에 의한 마멸을 최소화하기 위하여 코팅을 하며, 링 면에는 흑연, 주석, 산화철 등을 부착하거나 특수 코팅을 한다. 그리고 압축링과 오일링에는 크롬(Cr)도금을 하여 내마멸성을 높이고 있다.

링 이음부는 기관 작동 중 열팽창을 고려하여 간극을 두며, 피스톤 바깥지름과 관계된다. 링 이음부 간극이 규정치보다 크면 블로바이가 일어나고 엔진 오일의 소모가 증가한다. 반면에 이음부 간극이 작으면 열팽창으로 인해 링 이음부가 접촉하여 고착을 일으키거나 실린더 벽을 긁게 된다. 링 이음부 간극은 제1번 압축링을 가장 크게 하고, 간극은 실린더에 링을 끼우고 피스톤 헤드로 밀어 넣어 수평 상태로 한 후 틈새 게이지(feeler gauge)로 측정한다. 이 때 마멸된 실린더의 경우에는 가장 마멸이 적은 부분에서 측정하여 0.2~0.4 mm(한계 1.0 mm)이면 양호하다.

아울러 링을 피스톤에 조립할 때 각 링의 이음부 방향이 한쪽으로 일직선상에 있게 되면 블로바이가 발생하기 쉽고, 엔진 오일이 연소실로 상승한다. 이를 방지하기 위해서는 링 이음부의 위치가 서로 120~180° 방향이 되도록 끼워야 하며, 링 이음부가 측압쪽을 향하지 않도록 해야 한다.

2.4.4 피스톤 핀

피스톤 핀은 피스톤 보스부에 끼워져 피스톤과 커넥팅 로드의 소단부를 연결해주는 부품이며, 피스톤이 받은 폭발력을 커넥팅 로드로 전달한다. 피스톤 핀의 재질은 저 탄소 침탄강, 니켈-크롬강이며, 내마멸성을 높이기 위하여 표면을 경화시키고 내부는 그대로 두어 인성(toughness)을 유지시킨다. 피스톤 핀은 무게를 가볍게 하고 오일 통로로 사용하기 위하여 중공관(hollow tube)으로 제작하고 있다.

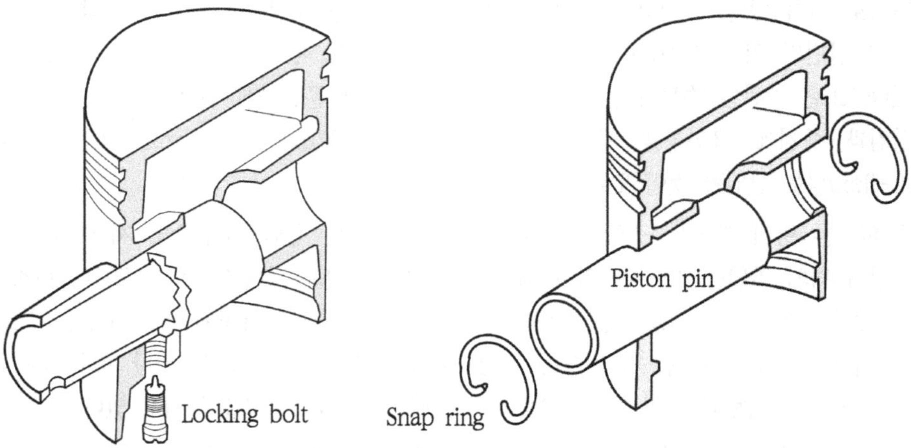

(a) Locking type (b) Floating type

그림 2.10 피스톤 핀의 장착 방식

피스톤 핀의 장착 방식에는 그림 2.10과 같이 고정식(locking type)과 부동식(floating type)이 있다. 고정식은 피스톤 핀을 피스톤 보스부에 고정시키는 방식이며, 커넥팅 로드 소단부에 구리 합금의 부시(bush)가 들어간다.

반면에 부동식은 피스톤 보스부나 커넥팅 로드 소단부 등 어느 부분에도 고정시키지 않는 방식으로, 양쪽 보스부에 홈을 내고 핀의 양끝에 스냅 링(snap ring)이나 엔드 와셔(end washer)를 끼워 넣어 핀이 밖으로 이탈되는 것을 방지한다. 그리고 알루미늄 합금의 피스톤의 경우 알루미늄 자체가 양질의 베어링 재료이므로 고정식과 같이 부시는 사용하지 않는다.

2.5 커넥팅 로드

연결봉(connecting rod)은 피스톤과 크랭크축을 연결하는 부품으로, 피스톤의 왕복운동을 크랭크축의 회전운동으로 전달하는 역할을 한다. 피스톤 핀으로 지지되는 부분을 소단부(small end)라 하며, 부동식인 경우 황동 부시(bush)를 삽입한다. 그리고 크랭크 핀에 결합되는 부분을 대단부(big end)라 하며, 대단부에는 일반적으로 분할형 평면 베어링이 사용되고 베어링 캡을 볼트로 고정시켜 지지한다.

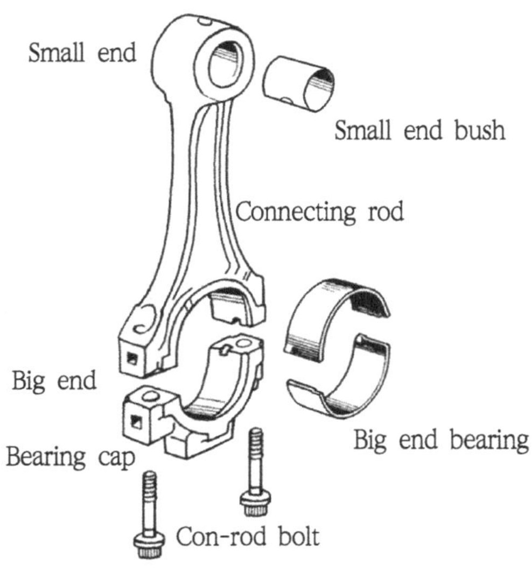

그림 2.11
커넥팅 로드의 구조

커넥팅 로드는 압축력, 인장력, 휨 등의 하중을 되풀이해서 받으므로 이런 하중에 충분히 견딜 수 있는 강도와 강성을 가진 재료가 필요하다. 커넥팅 로드 및 베어링 캡의 재질로는 니켈-크롬(Ni-Cr)강, 크롬-몰리브덴(Cr-Mo)강 등의 특수강을 형단조(die forging)하여 제작한다. 최근에는 경량화를 위하여 두랄루민(Al+Cu+Mg의 알루미늄 합금)을 사용하기도 한다.

커넥팅 로드의 형상은 무게를 가볍게 하고 충분한 기계적 강도를 얻기 위해 주로 I형 단면으로 만든다. 또한 커넥팅 로드의 중심 부분에는 양끝을 관통하는 오일 구멍이 뚫려 있으며, 이것은 오일에 의하여 피스톤의 냉각과 함께 베어링부의 윤활을 겸한 것이다.

커넥팅 로드의 길이는 소단부 중심에서 대단부 중심간의 길이로 표시하며, 피스톤 행정의 1.5~2.3배 또는 크랭크 회전반경의 3.0~4.5배 정도이다. 커넥팅 로드의 길이가 길면 실린더 벽에 작용하는 피스톤의 측압이 작아 실린더 벽의 마멸이 감소하여 기관 수명에 유리하나 강도나 무게 측면에서 불리하고 기관의 높이도 높아진다. 반대로 길이가 짧으면 기관 높이가 낮아지고 무게도 줄일 수 있기 때문에 최근에는 대부분 짧은 길이의 커넥팅 로드를 사용한다.

다기통 기관에서는 각 실린더마다 조립된 피스톤과 커넥팅 로드의 무게 차이가 크면 크랭크축을 중심으로 한 운동 부분의 중량에 불균형이 생겨서 운전 중 진동이 발생하고 기관 각부에 나쁜 영향을 준다. 따라서 각 실린더의 피스톤과 커넥팅 로드의 조립체 무게 차이는 가능한 작아야 하고, 자동차기관의 경우 그 차이는 2% (15~20g) 이내로 유지한다.

아울러 V형 기관의 경우 좌·우측열 실린더의 중심이 편심(off-set)된 경우와 좌우 대칭인 경우에 커넥팅 로드의 종류가 달라질 수 있다. 그림 2.12와 같이 하나의 커넥팅 로드

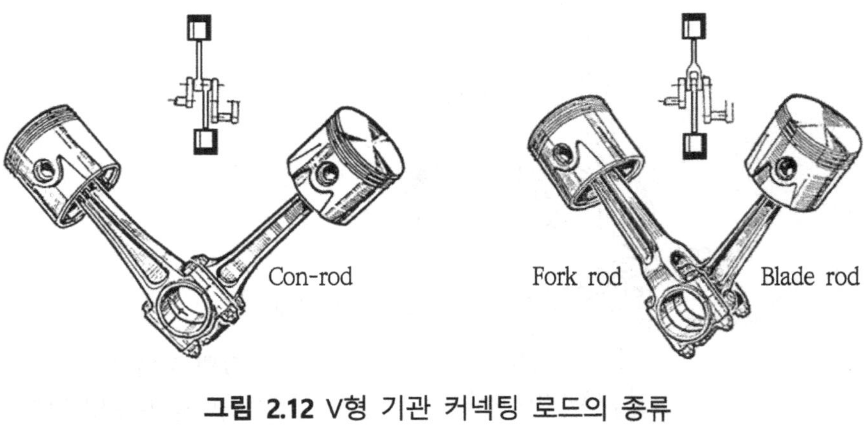

그림 2.12 V형 기관 커넥팅 로드의 종류

에 좌·우측열 실린더의 커넥팅 로드 2개가 조립되는 경우, 편심된 배열에서는 동일한 커넥팅 로드 2개를 나란히 배치시킨다. 하지만 실린더수가 많아지면 크랭크축의 길이를 보다 줄이기 위하여 좌·우측 실린더들의 배열을 편심없이 대칭으로 하고, 그림 2.12의 오른쪽 그림과 같이 포크 로드(fork rod)에 블레이드 로드(blade rod)가 끼워지도록 배치한다.

2.6 크랭크축

크랭크축(crankshaft)은 실린더 블록의 하부(그림 2.3 참조) 반원 부분에 설치되는 메인 베어링(main bearing)에 의해 지지되고, 각 실린더의 동력 행정에서 발생한 피스톤의 동력을 회전운동으로 변환시키며, 반대로 다른 행정에서는 피스톤에 운동을 가하여 연속하여 동력을 발생하는 기능을 가지고 있다.

크랭크축의 구조는 그림 2.13과 같이 커넥팅 로드의 대단부와 결합되는 크랭크 핀(crank pin), 회전중심을 형성하는 축 부분인 크랭크 저널(crank journal), 크랭크 저널과 크랭크 핀을 연결하는 부분인 크랭크 암(crank arm) 등이 일체형으로 되어 있고, 회전 균형을 유지하기 위해 크랭크 암에 평형추(balance weight)가 부착되어 있다. 직렬형 기관의 크랭크축에서 크랭크 핀의 수는 실린더 수와 일치하나, V형 다기통 기관은 크랭크 핀을 실린더 수의 1/2로 둔다. 이것은 1개의 크랭크 핀에 좌우 2개의 커넥팅 로드가 연결되기 때문이다. 크랭크 저널은 크랭크축의 양 끝부분과 각 크랭크 핀과 핀 사이에 1개씩 두는 것이 일반적이지만, 크랭크 핀 2개나 3개에 1개씩 두기도 한다. 크랭크 저널은 분할형인 메인 베어링 상반부와 하반부에 의해 지지되며 메인 베어링 캡(main bearing cap)으로 실린더 블록에 볼트로 장착된다.

또한 크랭크축 앞부분에는 캠축 구동용의 타이밍 기어 또는 타이밍 벨트 구동용 스프로킷(sprocket)과 냉각수 순환펌프 및 발전기 구동을 위한 크랭크축 풀리(pulley)가 설치되며, 뒷부분에는 플라이휠(flywheel)의 설치를 위한 플랜지와 클러치 축 지지용 파일럿 베어링을 끼우는 구멍이 있다. 내부에는 커넥팅 로드 대단부 베어링으로 오일 공급을 하기 위한 오일 구멍 및 오일 통로가 있고, 크랭크 실의 오일 누출을 방지하기 위한 오일 실(oil seal)을 두고 있다.

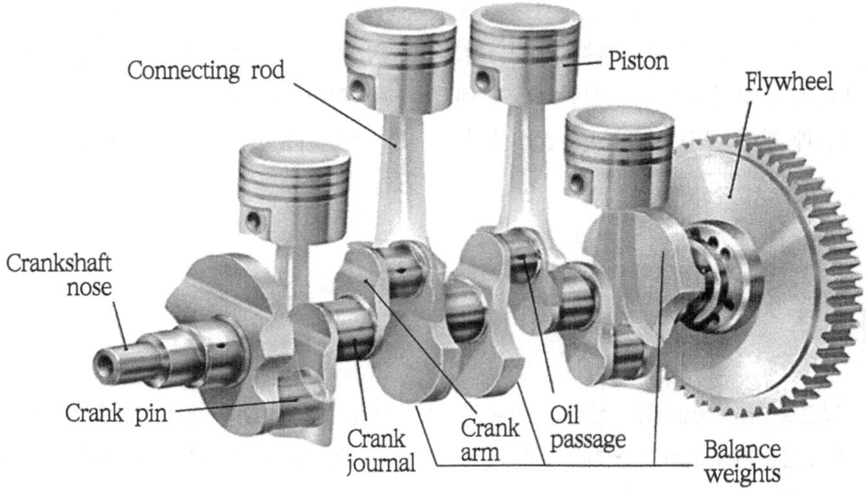

그림 2.13 크랭크축의 구조

크랭크축은 큰 하중을 받으면서 고속에서도 원활하게 회전되어야 하기 때문에 크랭크축 재료의 강도나 강성이 충분하고 내마모성이 커야 한다. 그러므로 재질은 일반적으로 고 탄소강, 크롬-몰리브덴(Cr-Mo)강, 니켈-크롬(Ni-Cr)강 등으로, 단조하여 제작한다. 최근에는 기관의 고속화 경향으로 실린더 직경 대비 피스톤 행정 비율이 작은 단행정기관이 주류를 이루며, 그에 따라 크랭크 저널과 크랭크 핀의 중심거리가 짧은 오버랩(over-lap) 크랭크축을 사용한다. 오버랩 크랭크축은 높은 강성이 요구되므로, 미하나이트 주철(meehinite cast iron) 또는 구상 흑연 주철(nodular graphite cast iron) 재료들도 사용된다.

주철제 크랭크축은 형단조에 비해 성형하기 용이하고 가공 공정이 적어 값이 싸며 베어링의 마멸도 적다. 또한 진동 흡수성도 좋은 장점이 있으나, 고도의 주조기술이 필요하다. 크랭크축은 솔리드(solid)로 제작하는 것이 일반적이나 주조제품에서는 회전 부분의 무게를 줄이기 위하여 크랭크 핀부에 강관(steel pipe)을 넣고 중공(hollow)으로 일체 주조한 경우도 있다. 그리고 크랭크 핀과 저널부는 2~3 mm의 깊이로 고주파 표면경화처리를 하여 내마모성을 증가시키고, 내부의 경화되지 않은 부분과 함께 인성(toughness)을 갖도록 한다.

크랭크축의 형식은 실린더 수, 실린더 배열, 메인 베어링 수, 점화순서 등에 따라 달라지며, 제1장의 기관의 점화순서에서 기술한 바와 같이 실린더 수가 많아짐에 따라 각 실린더의 폭발순서에 알맞도록 크랭크 핀은 일정한 각도로 정렬되어야 한다.

2.7 크랭크축 베어링

2.7.1 베어링의 개요

크랭크축의 크랭크 핀과 크랭크 저널을 지지하는 메인 베어링은 평면 베어링(plain bearing)으로 대부분 분할형이 사용된다. 크랭크축 베어링은 윤활장치에서 공급되는 엔진 오일에 의해 윤활되며, 그림 2.14의 베어링 오일 구멍은 실린더 블록의 오일 구멍과 일치되어 이 구멍을 통해 공급된 오일이 베어링 안쪽의 홈을 따라 흐르면서 저널(journal)과 베어링 면 사이를 윤활하게 된다. 그러므로 크랭크축 저널의 지름을 베어링 안지름보다 조금 작게 하며, 이를 오일간극이라 한다. 오일간극이 커지면 오일의 유출량이 증가하고 윤활장치의 유압이 저하되며, 실린더 벽에 과잉 공급된 오일은 연소실로 상승하여 연소되므로 윤활유 소비율이 높아진다. 반대로 오일간극이 너무 작으면 저널과 베어링 사이에 윤활막이 충분하지 못하여 금속 사이의 직접적인 접촉이 일어나기 쉬우므로, 일반적으로 0.02~0.04 mm(한계 0.1 mm) 정도의 오일간극을 둔다.

베어링의 고정용 돌기(bearing lug)는 하우징(housing) 속에서 축 방향이나 회전 방향으로 움직이지 못하도록 하는 것이며, 하우징에 있는 홈에 끼워진다. 베어링 스프레드(bearing spread)는 베어링 하우징의 지름과 베어링을 끼우지 않았을 때 베어링 바깥쪽 지름과의 차이를 말한다. 이는 조립할 때 베어링이 제자리에 밀착되게 하기 위함이고, 크러시(crush; 베어링의 바깥 둘레와 하우징 둘레와의 차이)가 압축됨에 따라 안쪽으로 찌그러지는 것을 방지한다.

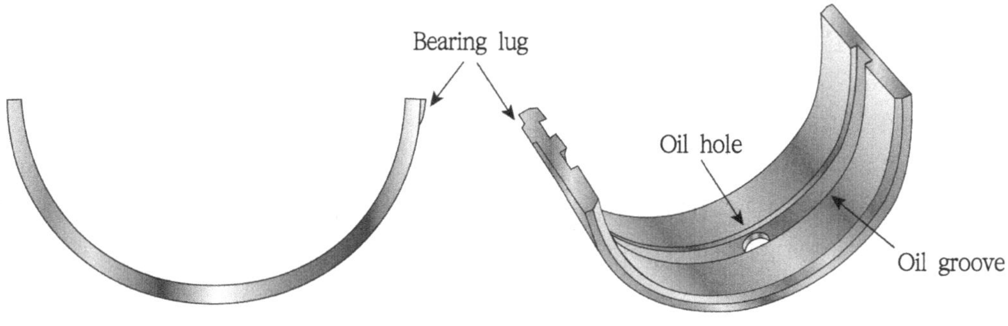

그림 2.14 메인 베어링의 구조

2.7.2 베어링 합금의 종류

베어링의 재료에는 구리, 납, 아연, 은, 카드뮴, 알루미늄 등의 합금인 배빗 메탈, 켈밋 합금, 알루미늄 합금 등이 있으며, 어느 것이나 저널의 재질보다 융점이 낮고 연하므로 한계윤활 상태가 되면 자체가 소모되어 저널의 마멸을 방지한다.

(1) 배빗 메탈 (Babbitt metal)

배빗 메탈은 주석(Sn) 80~90%, 안티몬(Sb) 3~12%, 구리(Cu) 3~7%가 표준 조성이다. 특성은 취급이 쉽고 매입성, 길들임성, 내부식성 등은 우수하나 고온 강도가 낮고 피로강도, 열전도성이 좋지 못하다. 현재는 켈밋 합금이나 트리메탈(tri-metal)의 코팅(coating)용으로 사용된다.

(2) 켈밋 합금 (Kelmet alloy)

켈밋 합금은 구리(Cu) 60~70% 및 납(Pb) 30~40%가 표준 조성이다. 켈밋 메탈은 배빗 메탈보다 열전도성이 양호하고 융착되지 않아 고속의 고온 및 고 하중에 잘 견디나 경도가 커서 매입성, 길들임성, 내부식성 등이 떨어진다. 그러므로 켈밋 메탈을 사용하는 기관의 크랭크 저널과 핀은 반드시 표면경화처리가 되어 있다.

(3) 알루미늄 합금 (Aluminium alloy)

알루미늄과 주석의 합금이며, 배빗 메탈과 켈밋 합금이 지니는 각각의 장점을 구비한 베어링이다. 그러나 길들임성과 매입성은 배빗 메탈로 표면층을 만들어서 개선하고 있다.

이러한 베어링 합금은 그림 2.15에 나타낸 바와 같이 반원통의 강철재에 녹여 붙인 후 알맞게 다듬질하여 전체 두께를 1~3 mm로 하고, 합금층의 두께는 배빗 메탈은 0.1~0.3 mm, 켈밋 합금은 0.2~0.5 mm로 한다. 베어링 합금층이 두꺼우면 길들임성과 매입성은 좋아지나 내피로성이 낮아지며, 두께가 너무 얇으면 매입성이 떨어져 베어링 표면이나 저널에 긁힘이 생긴다.

베어링 합금층의 두께는 가능한 얇을수록 유리하며, 베어링의 두께는 반원부 중앙부 두께로 표시한다. 베어링 양끝 부분은 중앙부보다 조금 얇게 되어 있는데, 그 이유는 조립을 쉽게 하고, 유막이 끊어지는 것을 방지하기 위함이다.

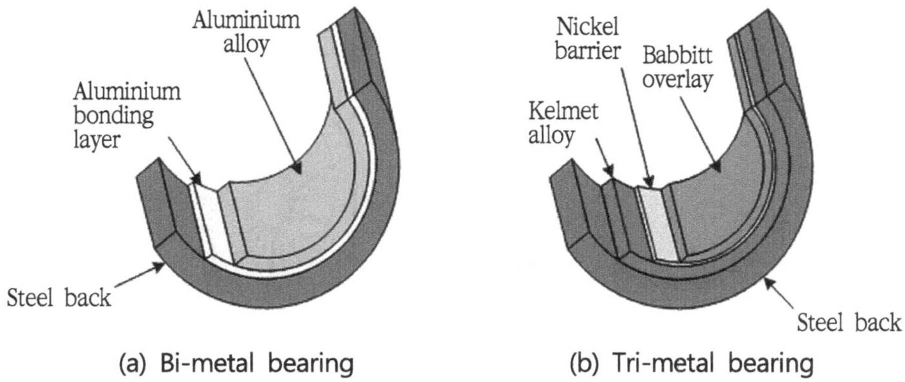

그림 2.15 메인 베어링의 종류

2.8 플라이휠

플라이휠(flywheel)은 동력 행정 중에 회전 관성에너지를 저장하였다가 그 밖의 행정에서도 크랭크축의 회전을 원활히 하기 위하여 크랭크축 뒤쪽의 플랜지에 볼트로 고정된다. 플라이휠은 운전 중 관성이 크고 자체 무게는 가벼워야 하므로 중앙부는 두께가 얇고 주위는 두껍게 한 원판으로 되어 있으며, 플라이휠의 무게는 회전속도와 실린더 수에 따라 달라진다.

재질은 주철이나 강철이며 수동변속기 기관의 경우 그림 2.16과 같이 플라이휠 뒷면은 클러치의 마찰면으로 사용되며, 플라이휠의 런 아웃(run-out) 점검시 다이얼 게이지(dial gauge)로 측정한 한계값 0.1~0.2 mm 이상이 되면 수정하거나 교환을 해야 한다. 플라이휠의 바깥둘레에는 기관을 기동할 때 기동전동기(starting motor)의 피니언과 물려 회전력을 받는 링 기어(ring gear)가 가열 끼워맞춤되거나 볼트로 고정되어 있다. 그리고 디젤 기관에서는 플라이휠에 피스톤 상사점이나 분사시기를 표시하는 분사시기 표지(timing mark)가 파져 있다.

자동변속기를 장착한 차량의 기관에서는 토크 컨버터의 회전 관성이 크기 때문에 플라이휠 대신에 구동판을 사용한다.

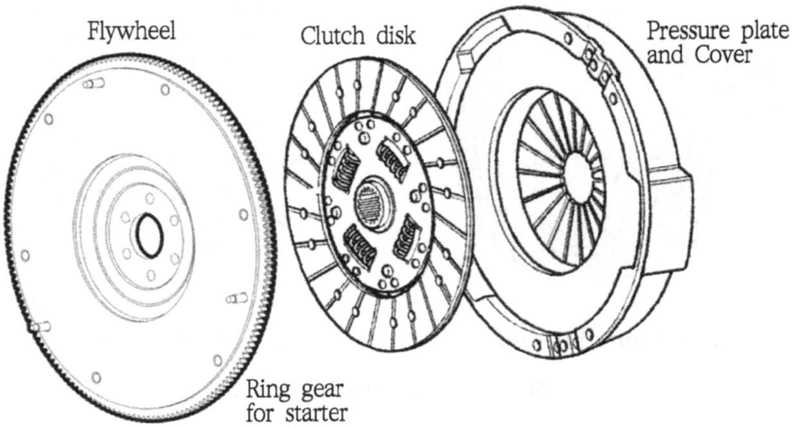

그림 2.16 플라이휠 및 클러치 조립체

2.9 비틀림 진동 댐퍼

크랭크축 풀리(crankshaft pulley)는 구동벨트를 통하여 냉각수 펌프, 발전기, 동력 조향장치의 오일 펌프, 에어컨 압축기 및 공기 압축기 등을 구동하는 풀리이며, 가솔린기관에서는 점화시기 표지가 있다.

비틀림 진동 댐퍼(torsional vibration damper)는 크랭크축 앞 끝에 크랭크축 풀리와 일체로 설치된다. 작동은 크랭크축이 일정한 회전속도로 회전할 때에는 댐퍼 플라이휠(damper flywheel)이 크랭크축과 일체로 회전하지만, 크랭크축에 비틀림 진동이 발생하면 댐퍼 플라이휠은 계속해서 일정한 속도로 회전하려고 하기 때문에 크랭크축 풀리와 댐퍼 플라이휠 사이에 미끄럼이 생겨 비틀림 진동을 감쇄시킨다. 이 때 진동은 마찰열로 바뀌어 대기 중으로 방출된다. 그리고 비틀림 진동은 크랭크축의 회전력이 클 때, 크랭크축의 길이가 길 때, 그리고 크랭크축 강성이 작을수록 크다.

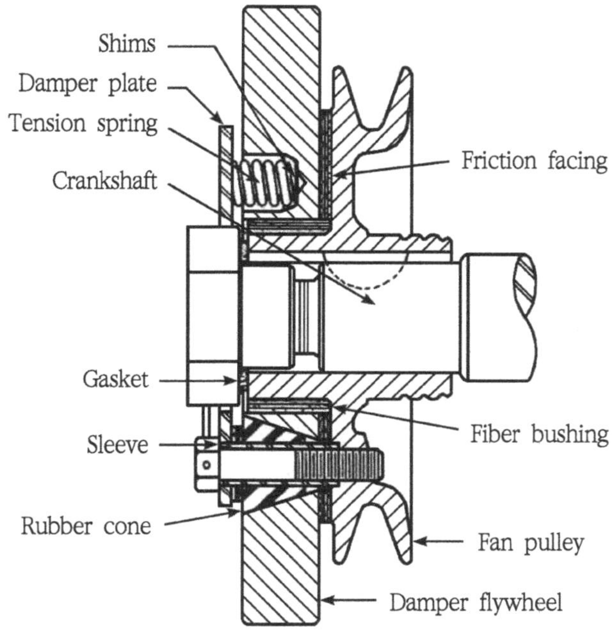

그림 2.17 비틀림 진동 댐퍼의 구조

연습문제 2

2.1 실린더 블록의 동파 및 부식을 방지하기 위한 부품은 무엇인가?

2.2 실린더 라이너와 피스톤 링의 주조법은 무엇인가?

2.3 가솔린기관의 부품 중에 피스톤 핀의 오프셋(off-set)이 큰 이유는 무엇인가?

2.4 피스톤의 구비조건은 무엇인가?

2.5 피스톤 링의 3대 작용은 무엇인가?

2.6 피스톤 링의 절개구를 서로 120° 방향으로 엇갈리게 끼우는 이유는 무엇인가?

2.7 피스톤의 표면에 주석 도금을 하는 이유는 무엇인가?

2.8 크랭크축 베어링 하우징의 지름과 베어링을 끼우지 않았을 때 베어링 바깥쪽의 지름의 차이를 무엇이라고 하는가?

2.9 실린더가 국부적으로 마모되는 주요 이유는 무엇인가?

2.10 실린더의 마모가 심할 때 일어나는 현상은 무엇인가?

2.11 기관의 회전을 원활하게 하는 부품은 무엇인가?

3

기관의 흡 · 배기 계통

3.1 흡·배기 장치의 구성

기관의 동력을 얻기 위해서는 실린더 내에 새로운 공기를 흡입시켜 연료를 공급한 후 연소를 통해 에너지를 얻고, 연소된 가스를 배출하여야 한다. 이를 위한 흡기 장치는 공기의 유로를 형성하고 물의 흡입을 방지하는 에어 덕트(air duct), 공기 중의 먼지를 제거하는 공기 청정기, 각 실린더 간의 흡입 행정에 의한 흡기 압력 파동의 간섭을 완화시켜주는 서지 탱크(surge tank), 각 실린더에 혼합기 또는 흡입공기를 분배하는 흡기 다기관(intake manifold) 등으로 구성되어 있다.

그리고 배기장치는 각 실린더에서 배출되는 연소가스의 유로를 형성하는 배기 다기관(exhaust manifold), 기관의 진동이 배기관을 통하여 실내로 전달되는 것을 방지하고 배기 계통의 열팽창을 흡수하는 주름관(bellows), 배출가스를 정화시키는 촉매변환장치, 배기소음을 줄여주는 소음기(muffler)와 배출가스를 자동차 뒤쪽으로 유도하는 배기 파이프 등으로 구성되어 있다.

3.1.1 공기 청정기 (Air cleaner)

실린더에 흡입되는 공기와 함께 혼입되는 먼지와 같은 이물질은 실린더 벽, 피스톤 링, 피스톤, 흡기 및 배기밸브 등의 마멸을 촉진시키며, 엔진 오일에 유입되어 각 윤활부의 마멸을 촉진시킨다. 공기 청정기는 흡입공기 중의 먼지 등을 여과하는 작용 이외에 흡기 소

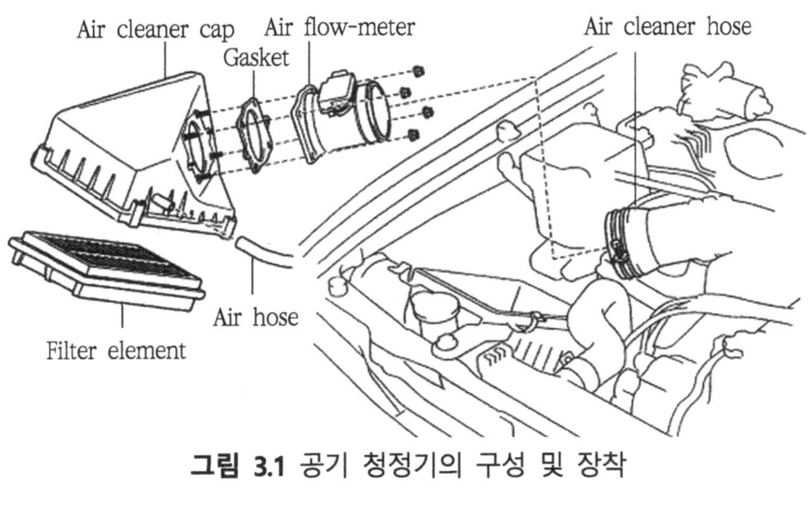

그림 3.1 공기 청정기의 구성 및 장착

음을 감소시키는 역할도 한다. 공기 청정기는 케이스(case)와 분리하여 청소나 교환이 가능한 여과 엘리먼트(filter element)로 구성되고, 종류에는 건식과 습식이 있는데 일반적으로 건식은 가솔린기관에 주로 장착되며 유조(oil bath)가 있는 습식은 디젤기관에 장착된다. 건식 공기청정기는 여과 엘리먼트로 여과지나 합성 섬유를 주로 사용하며, 습식 공기청정기는 스틸 울(steel woo1)이나 천(gauze)을 사용한다.

3.1.2 흡기 다기관

흡기 다기관(intake manifold)은 혼합기 또는 공기를 실린더 내로 안내하는 통로이며, 실린더 헤드 측면에 설치된다. 흡기 다기관은 공기가 각 실린더에 균일하게 분배되도록 하여야 하고, 공기의 충돌을 방지하여 흡기효율이 저하되지 않도록 가능한 굴곡이 적어야 한다.

기관 작동 중 흡기 다기관은 실린더 내에서 피스톤의 흡입작용으로 항상 진공상태에 있으며, 공전 상태에서 450~530 mmHg의 진공을 유지하여 크랭크실 환기장치 등을 작동시킨다. 자동차 가속에 따른 응답성을 좋게 하거나 저속시의 원활한 운전을 위해서는 흡기 다기관의 지름을 작게 하고 흡기의 유입속도를 빠르게 하는 것이 좋다. 하지만 고속 운전에서는 높은 출력이 필요하므로 흡기의 유동저항이 작도록 흡기관의 유동 단면적을 크게 하여 흡입 효율을 높이는 것이 바람직하다.

보다 많은 공기량의 흡입을 위해 흡기 다기관의 지름과 길이 및 소음이 설계상 가장 중요한 변수인데, 흡기 다기관은 벽두께 3~4 mm 정도의 주철 또는 알루미늄 합금재로 주조되며, 유동 단면적은 실린더 직경의 25~35%가 적당하다.

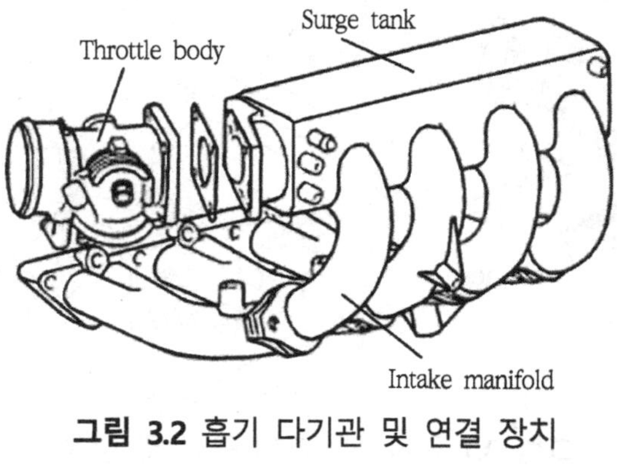

그림 3.2 흡기 다기관 및 연결 장치

3.1.3 배기 다기관

연소된 가스가 실린더 내에 잔류하는 경우 불활성가스가 신기 중에 많이 포함되므로 연소 속도와 연소 효율이 저하된다. 유해 배출가스 저감을 위해 특별히 잔류가스를 많게 하는 경우를 제외하고는 연소가스의 잔류량은 가능한 적은 것이 좋으며, 연소가스를 충분히 배출하도록 배기 계통이 설치되어야 한다. 이와 같이 가스교환과정은 기관의 연소와 출력에 영향을 미치는 중요한 요소이다. 배기 계통은 연소가스를 완전히 배출하기 위한 배기관의 직경과 길이, 소음 및 유동 저항이 적도록 배기관 내의 압력, 즉 배압(back pressure)을 낮추는 것이 설계상 중요한 변수이다.

배기 다기관(exhaust manifold)은 고온·고압 가스가 지속적으로 통과하므로 내열성이 좋은 주철제나 스테인리스 강제를 사용하며, 실린더에서 배출되는 연소가스를 모아서 소음기로 보내는 곳으로 지나치게 고온이 되는 것을 방지하기 위해 냉각핀을 둔 형식도 있다. 또한 다른 실린더의 배기 간섭을 방지하기 위하여 기통마다 길게 늘리거나 완만하게 구부린 형태로 배기관을 배열하는데, 제14장 디젤기관의 과급에서 자세히 기술한다.

배기 계통에는 그림 3.3에 나타낸 바와 같이 기관의 배출가스 중에 함유된 유해 성분을 정화시키기 위하여 삼원 촉매장치(catalytic converter)와 같은 정화장치를 의무적으로 장착하는데, 이는 제7장 가솔린 연소 및 후처리 및 제13장 디젤 배출가스 후처리에서 기술한다. 그리고 기관의 진동 및 배기 계통의 열팽창을 흡수하여 배기 관로를 보호하는 신축관이음(bellows 또는 expansion joint)이 있고, 차량 소음 중 가장 큰 비중을 차지하는 배기 소음을 감쇄시키는 공명기(resonator) 및 소음기(muffler)가 설치된다.

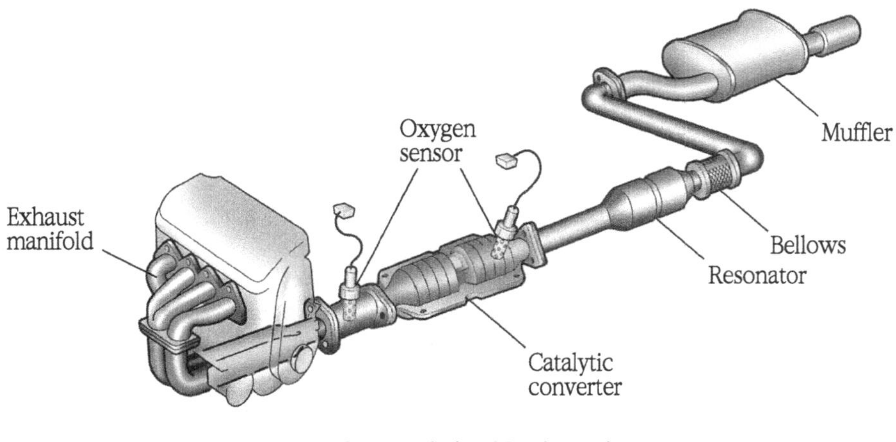

그림 3.3 배기 계통의 구성

3.1.4 배기 소음기

기관의 흡기 소음은 공기의 맥동효과 때문에 발생하며, 실린더 내의 공명과 흡기 다기관에 의해 변경된다. 높은 주파수의 소음은 스로틀 밸브(throttle valve)에 의해 생기는 유동의 와류에 의해 발생하며, 흡기 계통의 공명기와 공기청정기에 의해 소음이 감소된다.

하지만 배기 소음은 방사소음, 투과소음 등 여러 종류가 있으며 배기관 내에서 소음이 줄어들거나 압력파를 흡수하는 형식으로 소음기를 설계한다. 현재의 차량기관은 고출력화와 탑재방법의 다양화로 인하여 흡·배기계의 소음이 증대되고 있고 이의 제거를 위해 여러 장치가 개발되고 있다.

배기장치는 기관에서 음속에 가까운 속도로 배출되는 고온의 배출가스의 온도와 압력을 600~750℃, 3~5 kg_f/cm^2 정도로 줄이는 역할을 하며, 소음기(muffler)는 배기 압력파가 전달되는 통로에서 음파의 감쇄 목적으로 사용된다. 일반적으로 사용하는 소음기는 흡음재를 사용하는 방식, 공명에 의한 방식, 단면적을 달리하는 방식 등이 있고 이것을 조합하여 원하는 소음 저감 특성을 얻는다. 소음기의 체적은 기관 배기량의 12~20배 정도가 일반적이며, 기본 구조는 그림 3.4와 같이 원형 또는 타원 단면을 가진 형태로서 격벽(partition plate)으로 나누어진 공명실(resonance chamber)과 작은 구멍들이 있는 내부관들(inner tubes)로 조합되어 있다.

흡음형 소음기는 내부에 유리섬유(glass wool), 암면(rock wool), 철솜(steel wool)과 같은 흡음재를 사용하여 흡음재와 음파와 마찰에 의한 음향에너지가 감쇄된다. 그리고 일부 소음기들은 소음기 내부의 부식을 일으키는 응축수를 제거하도록 설계되어 있다.

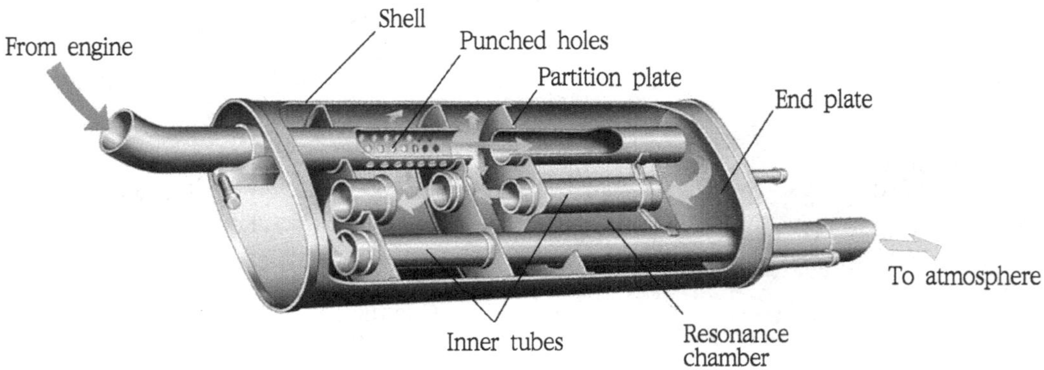

그림 3.4 소음기의 기본 구조

3.2 흡기 용량

기관의 최대 흡입 공기량은 흡기 계통의 형상 및 상태, 밸브 개폐시기 등에 의해 결정된다. 전자제어 가솔린기관의 경우 정상운전 상태에서는 공연비가 거의 일정하게 이론공연비에 가까우므로, 연료 공급량은 흡입 공기량에 비례하고 기관의 출력은 흡입 공기량에 의해 결정된다. 디젤기관의 경우에는 연료 분사량이 흡입공기와 직접 연관은 없지만, 분사된 연료를 완전히 연소시키기 위해서 흡입공기를 충분히 확보할 필요가 있다.

3.2.1 체적효율

기관의 출력은 실린더 내에 흡입되는 혼합기 또는 공기량에 따라 달라진다. 이 흡기량은 이론적으로는 기관 배기량(행정체적)에 흡입공기의 밀도를 곱한 것과 같다. 그러나 실제로 기관의 실린더에 흡입되는 흡기량은 다음과 같은 이유로 인해 이보다 감소된다. 즉,

- 흡기밸브와 배기밸브의 개폐시간의 조정이 불완전하다.
- 흡입공기와 배출가스의 관성이 피스톤 운동을 따르지 못한다.
- 피스톤 링 및 밸브 등에서 가스의 누설이 있다.
- 흡기압력이 대기압보다 낮고, 흡기온도는 대기온도보다 높다.

흡기관에서의 공기 밀도를 $\rho_a\,[\mathrm{kg/m^3}]$, 배기량을 $V_s\,[\mathrm{m^3}]$, 기관 회전수를 $N\,[\mathrm{rpm}]$이라 하면, 이상적으로 흡입할 수 있는 최대 흡기 유량은 식 (3.1)과 같다.

$$
\begin{aligned}
&4\text{행정 기관} \;:\; \dot{m}_i = \frac{\rho_a V_s N}{60 \times 2}\ [\mathrm{kg/s}] \\
&2\text{행정 기관} \;:\; \dot{m}_i = \frac{\rho_a V_s N}{60}\ [\mathrm{kg/s}]
\end{aligned}
\qquad (3.1)
$$

그러나 실제로 흡입한 공기 유량은 이상적인 흡기 유량보다 적으므로, 기관의 흡입 능력의 척도로서 체적효율(η_v ; volumetric efficiency)을 사용하다.

$$\eta_v = \frac{\text{실제 흡기 유량 } (\dot{m}_a)}{\text{이상 흡기 유량 } (\dot{m}_i)} \qquad (3.2)$$

3.2.2 체적효율에 미치는 영향

흡기 온도를 높게 하면 실린더 벽과의 온도차가 감소하므로 흡기의 가열은 적게 되어 체적효율은 증가한다. 한편 부하가 증가하고 냉각수 온도가 높게 되면 벽면 온도가 상승하며 체적효율은 떨어진다. 특히 저속에서 흡입공기의 유입속도가 낮을 때 이런 영향은 현저히 나타난다. 또한 그림 3.5에서 보는 바와 같이 회전속도가 상승하면 흡입공기의 유입속도가 증가하고 마찰저항은 속도의 제곱에 비례하여 커지므로 체적효율은 감소한다. 이로 인하여 고속 기관에서는 최고출력이 제한된다.

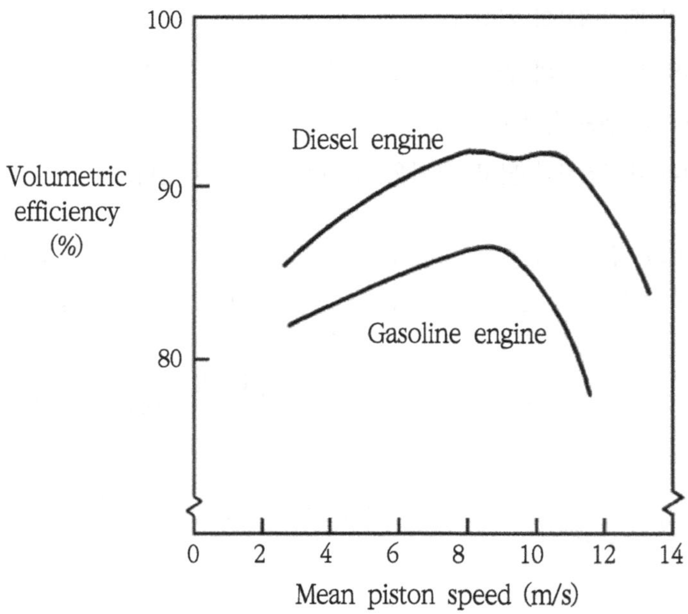

그림 3.5 피스톤 평균 속도 대비 체적효율의 변화

3.2.3 동적인 영향

동적인 영향에서는 맥동 효과(pulsation effect)와 관성 효과(inertia effect)를 생각할 수 있다. 특히 기관의 회전수가 높고 유속이 빠른 경우 관성력의 영향은 매우 크다. 관성력은 가스교환과정을 지연시키는 방향으로 작용하므로 그 영향을 고려하여 밸브 개폐시기를 결정해야 한다.

관성력의 영향은 압력파의 이동을 이용하여 설명된다. 흡입 행정에서 피스톤의 흡입작용에 의해서 흡기밸브에서 음(-)의 압력(부압)이 발생하면 음의 압력파로 되어서 흡기의 흐름과 반대 방향인 흡기관내로 전파되고, 흡기관의 개방된 끝에서 반사되어 양(+)의 압력파가 되어 흡기의 흐름과 같은 방향이 되어 잠시 후에 실린더로 되돌아온다. 양의 압력파가 밸브에 되돌아 왔을 때 흡기밸브가 열려 있으면 이 양의 압력파는 많은 공기를 실린더 내에 공급하게 된다. 이 효과를 관성효과라 하고 압력파의 특성을 이용한 흡기방식을 관성과급이라 한다.

압력파가 흡기관을 왕복하는 시간과 흡기밸브의 개방 시간이 거의 같으면 관성효과가 나타나지만, 그 외에는 의미가 없다. 따라서 압력파가 왕복하는 시간은 음속으로 거의 일정하므로 흡기관의 길이가 중요 설계변수가 된다. 흡기밸브가 닫힌 후에도 잔존하는 흡기

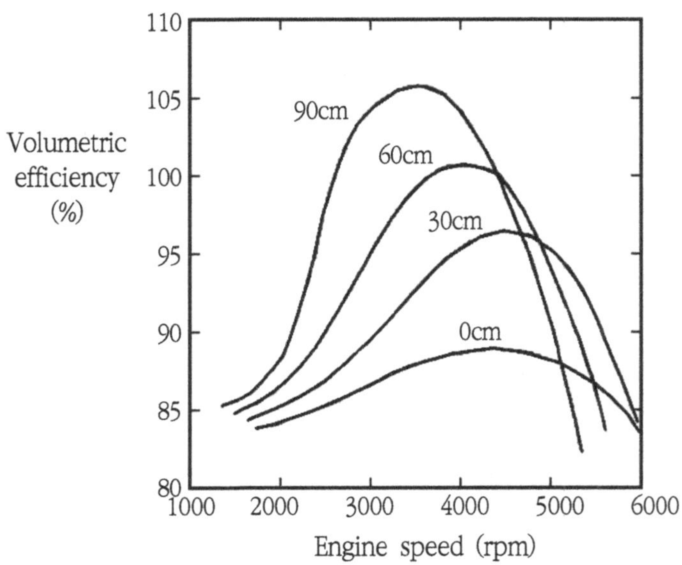

그림 3.6 흡기관 길이에 따른 체적효율 변화
(3.5 ℓ 6기통 기관, 흡기관 직경 40 mm)

관 내의 압력파는 점차 감쇄되어 양(+)의 압력파가 다음 흡기에 동조하면 흡기 말기의 압력을 높여서 체적효율을 증가시킬 수 있고, 음(-)의 압력파가 동조하면 체적효율은 저하된다. 이와 같이 흡기관 내에 존재하는 압력파가 다음 사이클의 흡기과정에 미치는 영향을 맥동효과라 한다. 그러나 중·저속에서는 관성효과와 맥동효과는 적게 되고, 밸브 개폐시기의 결정은 압축성의 영향만을 받는다.

그림 3.6은 기관회전수에 따른 체적효율의 변화를 보여주는데, 저속에서는 흡기관 길이가 길고 고속에서는 짧을수록 유리한 것을 알 수 있다. 이런 특성을 이용하여 기관회전수에 따라 흡기관 길이를 변화시키는 장치가 다음에 설명하는 가변 흡기 장치이다.

3.2.4 가변 흡기 장치

기관이 저속으로 회전시에는 흡입 공기의 유입 속도도 낮으므로 압축 압력이 흡기 관성보다 커서 밸브가 닫히기 전에 공기를 밀어내어 버린다. 이런 경우 흡기관의 길이를 길게 하면 흡기 관성이 관의 길이를 통과하는 만큼 커져서 압축 압력을 이기게 되므로 체적효율이 높아지고 저속 토크가 향상된다. 반면에 고속 회전시에는 흡기의 유입속도가 높아지므로 흡기 저항이 커진다. 따라서 흡기 관로를 짧게 하면 흡기의 유입 관성이 강해져 충분한 공기를 흡입할 수 있다.

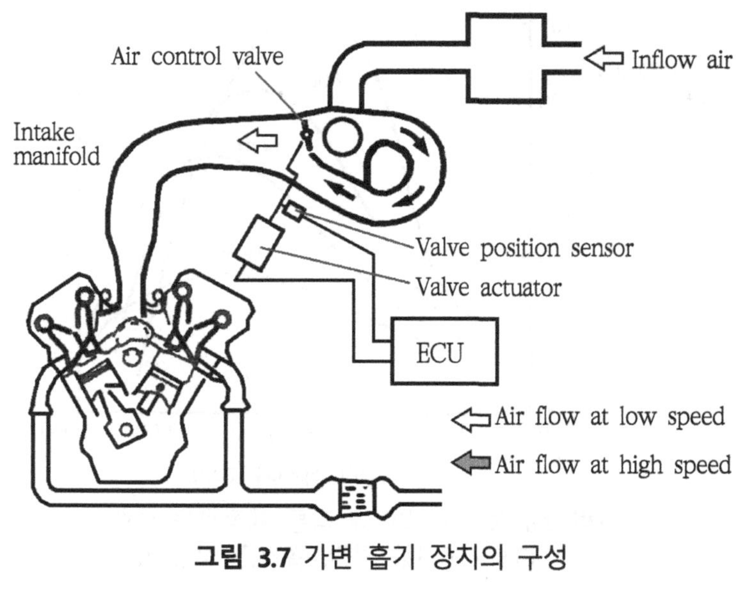

그림 3.7 가변 흡기 장치의 구성

가변 흡기 장치(variable intake system)은 기관 회전속도에 따라 흡입공기의 흐름을 자동으로 조절하여 높은 체적효율을 얻을 수 있도록 저속시에는 흡기 통과 길이를 길게 하고 고속시에는 짧게 한다. 그림 3.7의 가변 흡기 장치의 구성도에서 보여주는 바와 같이, 흡입 공기의 통과 길이를 조절하는 흡기 제어밸브(air control valve)의 구동은 서보 모터(servo motor)와 같은 밸브 액추에이터(valve actuator)로 하고 이 모터는 ECU에 의해 제어된다. 기관회전수에 따라 흡기 제어밸브의 목표치를 설정해 놓고 목표치와 실제 밸브의 열림각 사이에 차이가 생기면 이 차이를 흡기 제어밸브 위치센서(valve position sensor)로 감지하여 모터를 작동시켜 목표치와 실제치가 같도록 제어한다.

3.3 밸브 기구

밸브 기구(valve train)는 각 실린더에 설치되는 흡기 밸브 및 배기 밸브를 캠의 회전운동을 이용하여 개폐시키는 것으로, 밸브의 설치 위치와 연소실의 형상에 따라 다음과 같이 분류한다.

3.3.1 오버헤드 밸브 기구

오버헤드 밸브 기구(over-head valve train)는 캠축이 실린더 블록에 설치되어 있고 흡기밸브 및 배기 밸브는 실린더 헤드에 설치하여 캠축의 회전운동을 롤러 태핏(roller tappet)과 푸시로드(push-rod) 및 로커암(rocker arm)을 통하여 밸브를 개폐시키는 형식이다. OHV형 밸브 기구는 흡기와 배기의 흐름에 대한 저항이 적고 밸브의 크기와 양정을 크게 할 수 있어 흡·배기 효율이 좋다. 또한 연소실을 간단한 형상으로 할 수 있기 때문에 고 압축비가 얻어지며, 열효율을 높일 수 있다. 그러나 밸브 기구가 복잡하고 소음 및 운동 부분의 관성력이 크다.

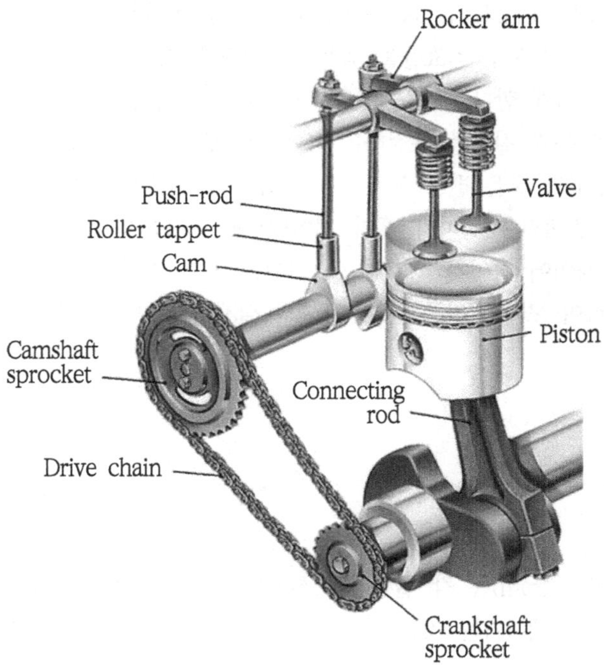

그림 3.8 OHV형 밸브 기구

3.3.2 오버헤드 캠축 밸브 기구

오버헤드 캠축(over-head camshaft) 밸브 기구는 실린더 헤드에 캠축이 1개 또는 2개가 설치되어 밸브를 개폐시키며, 캠이 밸브를 직접 개폐시키는 직접 구동(direct)형, 캠의 회전운동을 스윙 암(swing arm)에 전달하여 밸브를 개폐시키는 스윙 암형, 캠의 회전운동을 로커 암(rocker arm)에 전달하여 밸브를 개폐시키는 로커 암형으로 분류된다.

OHC 밸브 기구의 특징은 밸브 기구의 왕복운동 부분의 관성력이 작기 때문에 밸브의 가속도를 크게 할 수 있어 고속에서도 밸브의 개폐가 안정되므로 성능이 향상되며, 푸시로드가 없기 때문에 밸브의 설치나 흡·배기의 효율을 향상시킬 수 있는 포트의 형상으로 할 수 있다. 하지만 실린더 헤드의 구조가 복잡해지고 캠축의 구동방식이 복잡해지는 단점이 있다.

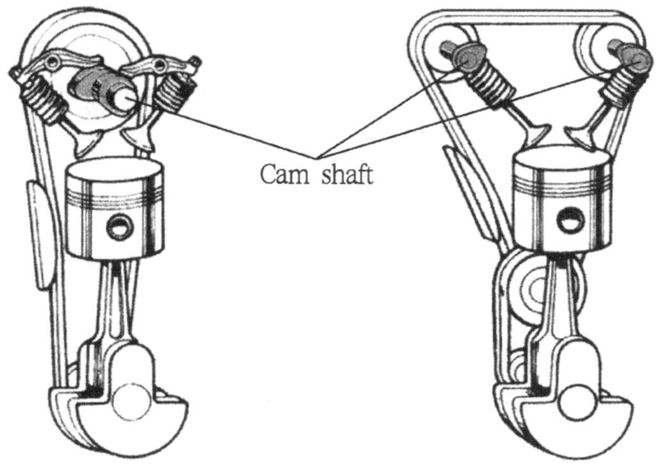

그림 3.9 SOHC 밸브 기구 **그림 3.10** DOHC 밸브 기구

(1) SOHC형 밸브 기구

SOHC(single over-head camshaft)형은 그림 3.9와 같이 캠축에 설치된 캠이 로커암을 통하여 밸브를 개폐시키는 형식으로 밸브의 배치가 직렬형인 경우 쐐기형 연소실이나 욕조형 연소실의 기관에 사용된다. 밸브의 배치를 V형으로 할 경우 2개의 로커암 축(rocker-arm shaft)을 설치하여야 하므로 구조가 복잡하지만 흡·배기 효율이 양호하며, 반구형 연소실 기관에 사용된다. 밸브의 간극은 로커암 한쪽 끝에 설치된 조정 스크루를 이용하여 조정한다.

(2) DOHC형 밸브 기구

DOHC(double over-head camshaft)형은 그림 3.10과 같이 실린더 헤드에 흡기 밸브 개폐용 캠축과 배기 밸브 개폐용 캠축을 각각 설치하고, 밸브 스템 엔드(valve stem end) 위에 설치된 밸브 리프터(valve lifter) 또는 스윙 암(swing arm)을 캠으로 직접 작동시켜 밸브를 개폐시키는 기구이다. 기관의 성능을 향상시키기 위하여 로커암을 사용하지 않으며, DOHC를 트윈 캠(twin cam)이라고도 한다.

DOHC형은 밸브의 경사각도, 흡·배기 포트의 형상, 점화 플러그의 설치 등이 양호하여 기관 출력이 향상되며, 밸브의 양정을 작게 하고 흡입 효율을 향상시키기 위하여 4개의 밸브를 사용한다. SOHC형과 비교하여 캠축이 많아 캠축의 구동 방법 및 실린더 헤드의 구조가 복잡하다.

DOHC 기관의 출력은 SOHC 기관보다 20% 정도 높지만, 중·저속 영역보다는 고속 영역에서 출력이 증가하므로 실제 운전 영역에서는 그 차이를 느끼기 어렵다. 또한 고속 영역에서의 운전 빈도가 증가하면서 밸브 장치의 마찰손실이 증가하므로 연료소비율은 SOHC 기관보다 다소 악화된다.

3.3.3 캠축

캠축(camshaft)은 OHV 기관의 경우에는 실린더 블록의 측면 그리고 OHC 기관의 경우는 실린더 헤드에 설치되며, 크랭크축에서 전달되는 동력을 이용하여 밸브의 개폐 및 배전기, 연료 펌프, 오일 펌프 등을 구동하는 역할을 한다.

그림 3.11과 같이 캠축에는 밸브를 개폐시키는 캠이 밸브의 수와 동일하게 설치되어 있고, OHV 기관의 경우 배전기 및 오일 펌프를 구동시키기 위한 헬리컬 기어가 설치되어 있다. 또한 캠축은 3~7개의 베어링으로 지지되어 있으며 앞부분에 크랭크축에서 전달되는 동력을 받기 위한 스프로켓(sprocket)이나 헬리컬 기어(helical gear)가 설치되어 있다.

캠은 캠축과 일체로 되어 있으며, 캠의 재질은 내마모성이 큰 주철, 탄소강, 크롬강 등을 사용한다. 캠은 캠축의 회전운동에 의해 밸브를 개폐시키는 것으로 기초원(base circle)과 노우즈(nose)원을 직선이나 원호로 연결한 형상이다. 캠 면은 로커암이나 밸브 리프터

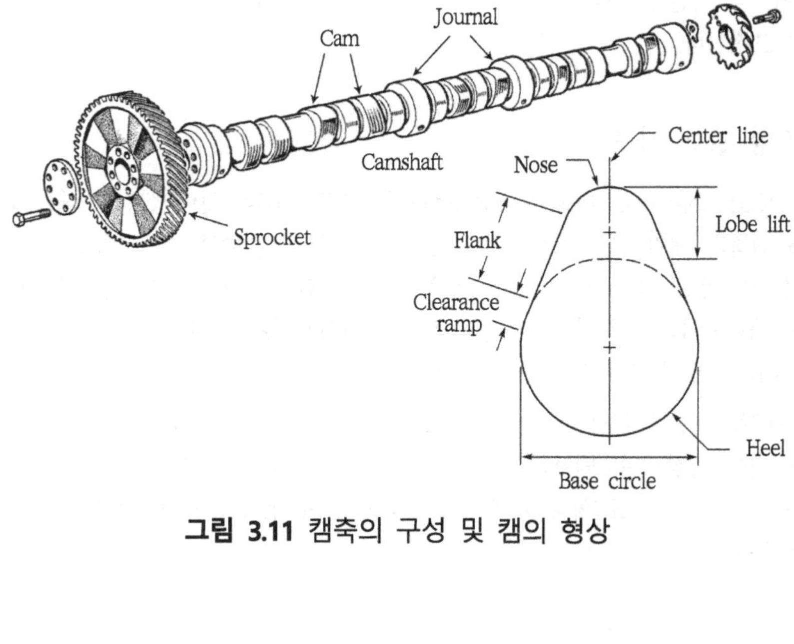

그림 3.11 캠축의 구성 및 캠의 형상

와 접촉되며, 밸브의 운동 상태, 열림 기간, 밸브의 양정 등은 캠의 모양에 따라서 정해진다. 캠의 형상은 기초원과 노우즈 원을 연결하는 곡선에 따라 접선 캠, 볼록 캠, 오목 캠으로 분류된다.

밸브 리프터나 로커암과 접촉하는 캠 면은 내마모성을 향상시키기 위하여 표면 경화처리되며, 양정(lobe lift)은 캠 높이에서 기초원을 뺀 값으로 일반적으로 OHC형인 경우는 6.5~8.5 mm 정도이고, OHV형인 경우는 6.1~6.5 mm 정도이다.

3.3.4 로커암 축 조립체

로커암 축 조립체(rocker arm shaft assembly)는 밸브 스템 엔드(valve stem end)를 눌러 밸브를 개폐시키는 로커암, 로커암이 작동 중에 원호운동을 하기 때문에 축방향으로 이동하는 것을 방지하는 로커암 스프링, 내부는 중공으로 되어 오일 통로의 역할과 로커암을 지지하는 로커암 축, 로커암 축을 실린더 헤드에 지지하는 서포트(support) 등으로 구성되어 있다.

로커암은 축을 중심으로 원호운동을 하기 때문에 굽힘력이 작용되므로 위쪽에 리브를 두어 강성을 크게 하며, 밸브 또는 캠축과 접촉되는 부분은 마찰이 발생되므로 크롬강이 사용된다. 또한 로커암은 밸브 측을 캠 또는 푸시로드 측보다 OHV 기관에서는 1.4~1.6배 정도, OHC 기관에서는 1.3~1.6배 정도 길게 되어 있다.

로커암에는 기관의 운전 중에 밸브의 열팽창에 의하여 밸브 시트와 밸브 페이스의 밀착 불량으로 가스가 누출되는 것을 방지하기 위하여 밸브 간극을 조정하기 위한 조정 스크루가 설치되어 있다.

3.3.5 밸브

밸브(valve)는 공기 또는 연료-공기 혼합기를 실린더에 유입하거나 연소 가스를 배기 포트로 배출하는 동시에 압축 및 동력 행정에서는 밸브 시트(valve seat)에 밀착되어 가스의 누출을 방지하는 역할을 한다. 밸브가 열릴 때에는 캠 등의 밸브 기구에 의해서 이루어지고, 닫힐 때는 스프링의 장력에 의해서 닫힌다.

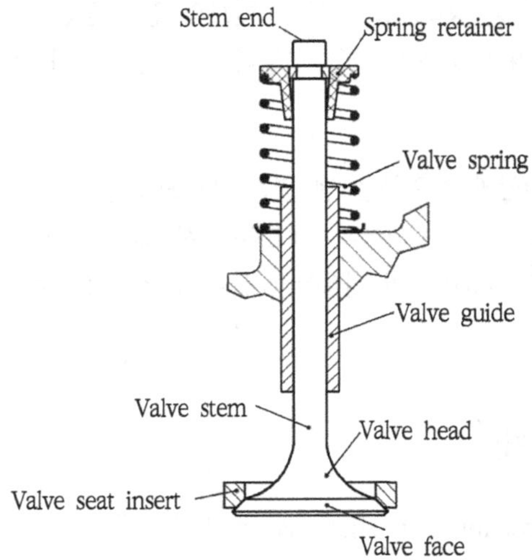

그림 3.12 밸브 및 주변 부품

밸브는 밸브 헤드(valve head)과 밸브 봉(valve stem)을 가진 버섯 모양의 포펫 밸브(poppet valve)가 주로 사용되며, 4행정 사이클 기관에는 공기 또는 혼합기가 실린더에 흡입되는 흡기 포트를 개폐시키는 흡기 밸브와 연소 가스가 배출되는 배기 포트를 개폐시키는 배기 밸브가 설치되어 있다. 포펫 밸브는 그림 3.12와 같이 밸브 헤드, 밸브 페이스(valve face), 밸브 스템(valve stem), 스템 엔드(stem end) 등으로 이루어져 있다.

기관이 작동할 때 밸브 헤드는 고온·고압가스에 노출되어 흡기 밸브는 450~530℃, 배기 밸브는 700~800℃를 유지하고 있기 때문에 매우 높은 열 하중에 견디면서 변형을 일으키지 않으며, 공기의 흡입 또는 연소가스의 배출 과정에서 유동저항이 적은 통로를 형성하여야 한다. 또한 내구성이 높고 열전도가 잘되어야 하며, 관성이 증대되지 않도록 경량이어야 한다.

밸브의 재질은 페라이트(ferrite) 또는 오스테나이트(austenite) 계열의 내열강을 사용하며, 금속 조직의 흐름이 끊어지지 않도록 업셋 단조(up-set forging) 제조법으로 만들어진다. 하지만 오스테나이트계는 내열성, 내식성은 우수하지만 페라이트계보다 경도가 부족하여 내마모성이 떨어지므로, 최근에는 오스테나이트계의 밸브 헤드부와 페라이트계의 밸브 봉을 맞대어 전기 용접하기도 한다. 그리고 밸브 스템은 고착 현상(valve stick)을 방지하기 위하여 크롬 도금하거나 질화처리를 하여 윤활 성능, 내식, 내마모성의 향상을 도모한 것도 있다.

아울러 밸브 헤드의 냉각을 향상시키기 위하여 중공(hollow)의 밸브 봉을 사용하여 그 속에 열전도성이 좋은 금속 나트륨을 40~60% 정도 봉입하여 제작한 내부 냉각 밸브도 있다. 융점이 95℃ 그리고 비등점이 882.9℃인 나트륨은 기관 운전 중에 액화되어 밸브 운동에 따라 내부에서 유동하면서 밸브 헤드부의 열을 밸브 봉부에 전달하여 보다 빠르게 방열되도록 한다. 따라서 밸브 헤드부의 온도를 약 100℃ 정도 낮출 수 있으며, 일부 고성능 기관에서 사용된다.

한편 기관의 출력을 증대시키기 위해서는 밸브 헤드의 직경을 크게 하여야 한다. 따라서 흡기밸브 헤드의 직경은 흡입 효율(체적 효율)을 증대시키기 위하여 배기밸브 헤드의 직경보다 크게 하며, 배기밸브 헤드의 직경은 열손실을 감소시키기 위하여 작게 제작한다. 보통 밸브 헤드의 직경은 2밸브식일 경우 실린더 내경의 48~50% 정도이고, 4밸브식일 경우 실린더 내경의 35~37% 정도이다.

밸브 양정(valve lift)은 밸브 헤드 직경의 1/4 정도로 하지만, 흡기밸브 양정은 밸브 헤드 직경의 21~26% 정도이고 배기밸브의 양정은 밸브 헤드 직경의 25~30% 정도이다. 아울러 4밸브 방식은 밸브 양정을 적게 하면서 흡입 효율을 증대시키기 위하여 사용된다.

3.3.6 밸브 가이드

밸브 가이드(valve guide)는 밸브가 작동할 때 밸브 페이스(valve face)와 밸브 시트(valve seat)의 접촉이 바르게 되도록 밸브 스템을 안내하는 역할을 한다.

밸브 가이드와 스템의 간극은 보통 0.015~0.07 mm 정도로, 간극이 크면 윤활유가 연소실에 유입되고 밸브 페이스와 밸브 시트의 접촉이 불량하여 블로-백(blow back)현상이 발생된다.

밸브 가이드 끝 부분에는 밸브 스템을 통하여 오일이 연소실에 유입되는 것을 방지하기 위하여 고무제의 실(seal)이 설치되어 있다.

3.3.7 밸브 스프링

밸브 스프링(valve spring)은 기관 작동 중에 밸브가 캠의 형상에 따라서 정확하게 작동이 되도록 하며, 밸브가 닫혀 있는 동안 밸브 시트와 밸브 페이스를 밀착시켜 기밀을 유지하는 역할을 한다. 밸브 스프링은 스프링 강을 원형으로 감은 코일형을 사용하며, 가혹한 조건에서 사용되기 때문에 탄성이 좋은 니켈(Ni)강 또는 규소-크롬(Si-Cr)강이 사용된다. 하지만 장력이 너무 강하면 밸브를 여는데 큰 힘이 필요하기 때문에 기관 출력의 손실을 야기하고 밸브와 밸브 기구 부품의 마모를 촉진시킨다. 반대로 장력이 너무 약하면 밸브 페이스와 시트의 밀착이 불충분하게 되어 흡기 밸브에서는 압축 부족으로 기관 출력이 저하되고, 배기 밸브는 연소가스의 블로바이(blow-by)에 의해 소손이 생기며 밸브 서징(surging)을 일으키기 쉽다.

밸브의 서징은 캠에 의한 밸브의 개폐 횟수가 밸브 스프링의 고유 진동수와 같거나 또는 그 정수배가 되었을 때 캠에 의한 밸브 스프링의 강제 진동과 스프링 자체의 고유 진동이 공진하여 캠에 의한 작동과 관계없이 파상 진동을 일으키는 현상이다. 서징 현상이 발생되면 밸브의 개폐가 불안정해지고 동시에 밸브 스프링의 일부에 과도한 압축력과 변형이 발생되며, 이로 인하여 스프링이 파손될 수 있다.

밸브의 서징 현상을 방지하기 위해서는 고유 진동수가 서로 다른 스프링을 내외로 조합시킨 2중 스프링(double spring)을 사용하여 공진을 상쇄시키고, 정해진 양정 내에서 충분한 스프링 정수를 얻도록 하거나 부등 피치의 스프링을 사용한다. 또한 밸브 스프링의 고유 진동수를 높게 하거나 부등 피치의 원추형 스프링(conical spring)을 사용하여 서징을 방지한다.

3.3.8 밸브 간극

기관 작동 중 밸브 기구의 열팽창을 고려하여 밸브 스템 엔드와 로커암(또는 밸브 리프터) 사이에 적당한 간극이 유지되어야 하는데, 이를 밸브 간극(valve clearance)이라 하며 밸브의 재질, 캠의 형상, 기관의 형식 등에 따라 달라진다. 일반적으로 흡기밸브는 흡입되는 새로운 공기 또는 혼합 가스에 의해서 냉각되어 배기밸브보다 열팽창이 적으므로 0.15~0.35 mm이고, 배기밸브는 열을 수반하는 연소가스와 접촉되어 열팽창이 크므로 0.25~0.4 mm 정도이다.

밸브 간극은 냉간 상태에서 조정 스크루로 조정할 수 있으며, 간극이 너무 작으면 밸브 기구의 온도 상승시 밸브와 밸브 시트 사이의 밀착 상태가 불량하여 블로-백(blow back)현상이 발생되어 기관 출력이 저하된다. 반대로 간극이 너무 크면 밸브 양정이 작아 흡기 및 배기 효율이 떨어지고, 로커암과 밸브 스템 엔드의 접촉이 충격적으로 이루어지기 때문에 마멸 및 소음이 발생하게 된다.

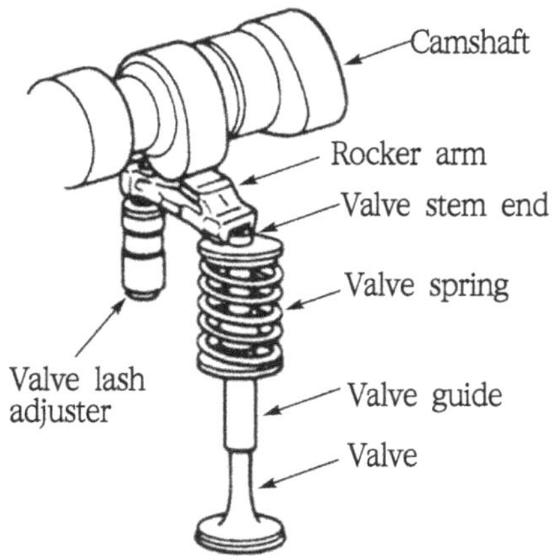

그림 3.13 밸브 간극 제어 기구

따라서 기관의 성능을 유지하기 위해 적당한 밸브 간극이 유지되어야 하는데, OHV 기관의 유압식 밸브 리프터(hydraulic valve lifter)는 기관의 온도 변화와 무관하게 밸브 간극을 항상 영(zero)으로 자동 조정하여 밸브 간극 조정이 불필요하다. 이와 유사한 유압기구로 윤활유의 비압축성 성질과 체크 밸브(check valve)를 이용하여 그림 3.13과 같이 OHC 기관의 밸브 간극을 제어하는 밸브 래시 조절기(valve lash adjuster)가 있으며, 오일의 완충작용으로 밸브 개폐기구의 운전이 정숙하고 내구성도 향상된다.

3.3.9 밸브 회전 기구

밸브 회전 기구(valve rotator)는 밸브가 열릴 때마다 밸브를 부드럽게 회전시키기 위한 장치를 말하며, 밸브 개폐시마다 밸브 면과 밸브 시트 접촉면의 위치를 변경시켜 밸브 스프링에 의한 밸브 면과 시트의 편마모를 방지할 수 있다. 그리고 밸브 면이나 스템에 연소 퇴적물이 고착되는 것을 방지하고 밸브 헤드의 온도를 고르게 유지시킬 수 있다.

밸브 로테이터는 그림 3.14와 같이 시팅 칼라(seating collar), 플렉시블 와셔(flexible washer), 로테이터 볼(rotator ball) 등으로 구성되어 있다. 밸브 캠의 회전운동으로 로커암이 밸브를 누르면 시팅 칼라에 큰 압력이 작용하고 플렉시블 와셔를 눌러 볼에 힘이 전달된다. 따라서 볼이 리테이너 캡(retainer cap)의 경사 홈을 굴러 내려가면서 리테이너가 조금씩 회전하게 된다. 다시 밸브가 닫혀 스프링 압력이 감소되면 볼이 제자리로 되돌아가고 다음의 밸브 운동을 시작한다.

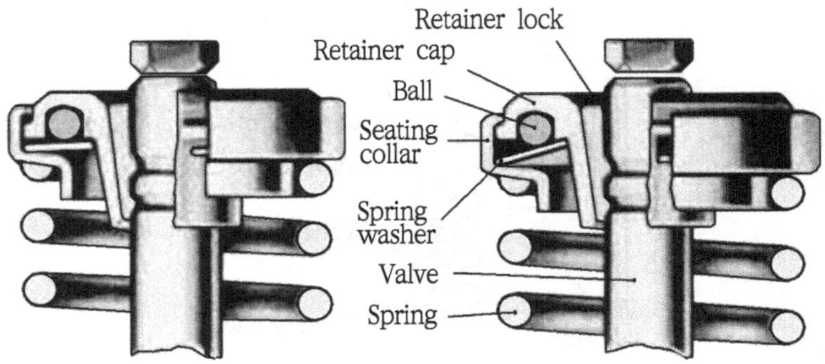

그림 3.14 밸브 회전 기구

3.4 밸브 개폐 시기

흡기밸브 및 배기밸브의 개폐시기(valve timing)는 4행정 기관의 경우 상사점 및 하사점에서 각기 개폐하는 것으로 되어 있으나, 실제 기관에서는 기관 회전속도, 연료 분사장치의 종류, 연소실의 형상, 밸브의 상태에 따라 밸브 개폐시기가 달라진다.

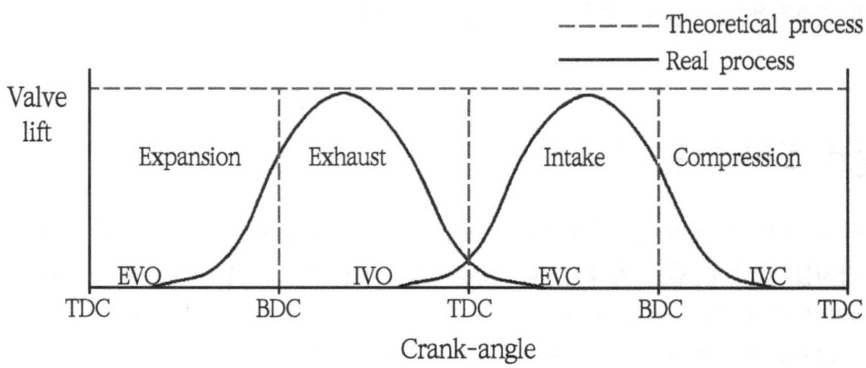

그림 3.15 4행정 기관의 밸브 개폐 시기

(1) 흡기밸브의 열림 시기 (Intake Valve Open 또는 SVO)

흡기밸브가 열리는 시기는 기관에 따라 상사점을 지나 열리는 것과 상사점 전에 열리는 것과 상사점에 열리는 것이 있는데, 실린더 내의 압력이 어느 정도 하강한 상태에서

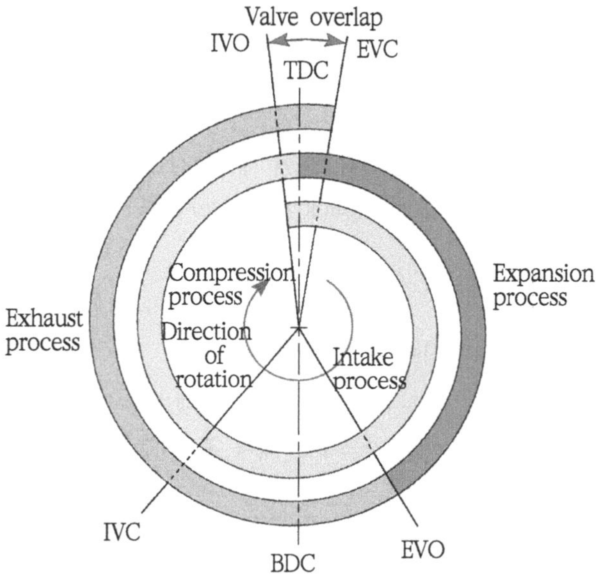

그림 3.16 4행정 기관의 밸브 개폐 선도

흡기밸브를 열면 압력 차이로 인하여 신기의 유입이 좋아지므로 대체적으로 상사점 전 7~10°에서 흡기밸브를 개방한다. 하지만 근래에 와서 기관의 회전속도가 높아지고, 특히 흡입공기의 밀도를 높이기 위하여 과급기를 부착하면서 고속 영역에서는 15~20° 정도 상사점 전에 여는 것이 보통이다.

(2) 흡기밸브의 닫힘 시기 (Intake Valve Close 또는 SVC)

흡기밸브가 닫히는 시기는 보통 하사점을 지나 크랭크축이 30~45° 회전한 지점이며, 이것은 흡입 포트의 좁은 통로와 유입저항 등에 의하여 피스톤이 하사점 근처일 때 공기의 유입관성이 가장 크기 때문이다. 따라서 피스톤이 하사점을 지나 상승하게 되어도 즉시 실린더 내의 압력은 높아지지 않으며 흡입 포트에서 공기 또는 혼합가스가 흡입된다. 그러므로 실린더 내외의 압력이 평형을 이루기까지 흡기밸브를 열어놓아 충분한 신기를 실린더에 흡입시키기 위함이다.

(3) 배기밸브의 열림 시기 (Exhaust Valve Open)

배기밸브는 하사점 전 30~45°인 지점에서 열리는데, 이것은 연소가스의 팽창에너지를 충분히 이용하지 못하는 것처럼 생각되나, 연소가스를 상사점에서부터 하사점까지 완전히 팽창시키면 실린더나 피스톤이 과열된다. 또한 배기행정에서 배출가스가 연소실에 남아 피스톤의 상승을 방해함으로써, 즉 배압(back pressure)이 증가하여 오히려 열효율이 저하된다.

(4) 배기밸브의 닫힘 시기 (Exhaust Valve Close)

배기밸브의 닫힘 시기는 보통 상사점을 지나 크랭크축이 4~15° 회전하였을 때이며, 이것은 신기의 유입력을 이용하여 간극체적 내에 존재하는 연소가스를 가능한 완전히 배출시켜 잔류가스를 없애기 위함이다.

이상과 같이 밸브가 사점(dead center) 전에 개폐하는 것을 밸브의 앞당김(lead)이라 하며, 사점을 지난 후에 개폐하는 것을 밸브의 지연(lag)이라 한다. 일반적으로 밸브의 열림 각도는 SOHC 기관의 경우 235° 정도이고, DOHC 기관의 경우는 256~315° 정도이다. 또한 배기밸브가 닫히기 전에 흡기밸브가 열려 양 밸브가 동시에 열려 있는 기간을 밸브 중첩기간(valve overlap period)이라고 한다. 이 기간은 보통 고속 기관일수록 크고, 과급 디젤기관의 경우에는 더욱 크다.

연습문제 3

3.1 왕복형 피스톤 기관의 경우 중속 영역에서 체적효율이 가장 양호한 이유는 무엇인가?

3.2 흡기계통으로 유입되는 공기량과 배기계통의 배압은 기관의 성능에 어떤 영향을 미치는가?

3.3 가변 흡기 장치(variable intake system)의 기본 원리를 설명하라.

3.4 고속 회전을 하는 가솔린기관에서 흡기밸브와 배기밸브의 치수는 어떻게 하는가? 그리고 그 이유를 설명하라.

3.5 캠축이 실린더 헤드 위에 설치된 기관은 무엇인가? 또한 그와 같은 기관의 장점은 무엇인가?

3.6 자동차기관에서 캠축의 캠 수는 무엇과 관계가 있는가?

3.7 자동차기관에서 가장 많이 사용하는 밸브의 형태는 무엇인가?

3.8 밸브의 서징 현상과 그의 방지책에 대하여 설명하라.

3.9 배기밸브의 스템을 중공으로 만들고 금속 나트륨을 40~60% 정도 봉입하여 사용하는 이유는 무엇인가?

3.10 4행정 가솔린기관에서 흡기 밸브가 상사점 전 20°에서 열리고 하사점 후 40°에서 닫히면, 흡기 밸브의 총 열림 각도는 얼마인가?

3.11 밸브 중첩(valve overlap) 기간의 정의와 목적에 대하여 설명하라.

4

기관의 윤활 계통

4.1 기관 윤활의 개요

왕복형 피스톤 기관의 크랭크 기구나 밸브 기구 등은 많은 결점을 가지고 있으므로 그를 대체할 수 있는 많은 기구들이 고안되었다. 하지만 거의 대부분이 실용화에는 실패로 끝났는데, 가장 큰 이유는 윤활상의 어려운 점이 있기 때문이고, 왕복형 피스톤 기관은 다른 기계장치에 비해서 다음과 같은 특수성을 가지고 있다.

- 복잡한 운동이 빠른 속도로 반복된다.
- 소형, 경량에서 큰 출력을 목적으로 하므로 미끄럼면의 하중이 크다.
- 미끄럼면의 온도가 높아 오일이나 재료의 내열성에 의해서 성능이 제한된다.
- 온도분포가 일정하지 않으므로 가끔 변형, 열응력 등의 장해를 일으킨다.
- 실린더에 충분히 윤활유를 공급하면, 그 소비가 과대하게 된다.
- 연소가스는 고온 외에도 마찰면에 대해서 유해한 성분을 포함하고 있다.

마찰이란 미끄럼운동을 하는 두 물체 사이에 작용하는 저항력을 말하며, 고체 마찰, 경계 마찰, 유체 마찰 등이 있다. 엔진 윤활은 각 운동부에 윤활유를 공급하여 마찰의 손실과 부품의 마모를 감소시켜 기계효율을 높여주고, 아울러 기관 작동 중 출력 일부가 마찰열로 인해 감소되며 이 열에 의하여 베어링이 소결될 수 있으므로 운동부에 유막을 형성하여 고체 마찰을 유체 윤활로 바꾸는 것이다.

(1) 고체 마찰 (unlubricated friction)

금속 재료의 표면은 아무리 매끈하게 다듬질하여도 반드시 요철이 있으므로 두 면이 접할 때는 돌기부들이 직접 접촉한다. 그 부분을 실제 접촉 면적이라 하며 전체의 외견 면적보다 훨씬 작으므로 국부적으로 대단히 큰 응력이 된다. 처음에는 한쪽 또는 양면이 소성변형하여 서로 맞물린 상태로 전단되므로 큰 에너지를 필요로 하나, 그것이 열이 되어서 결국엔 융점이 낮은 쪽의 금속이 융점에 달하여 양면은 용착 또는 응착하여 돌출부분이 전단된다.

이와 같은 고체 마찰은 가급적 피해야 하지만, 경계 윤활이라도 부분적으로 유막이 끊어져 금속끼리의 접촉을 일으키는 것은 피할 수 없다. 마모가 아주 작은 부분으로 그치면 미끄럼면은 정상이므로 내구성도 충분하지만, 경우에 따라서는 용착부에 큰 마모 상처가 생겨서, 면이 거칠어지든가 양면이 눌어붙어서 미끄럼면으로서 역할을 수행하지 못하게 된다. 이것을 스커핑(scuffing)이라고 부른다.

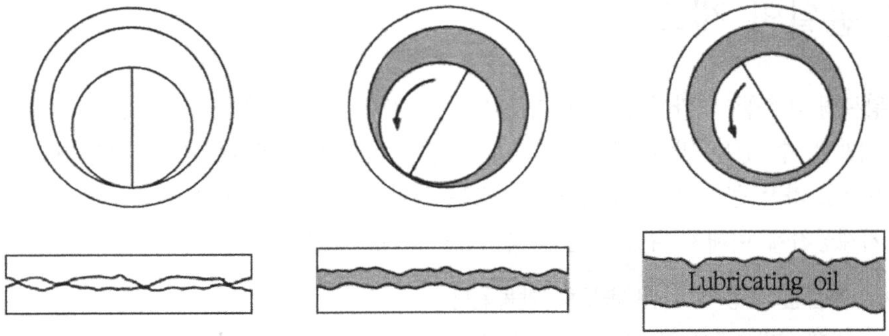

(a) Unlubricated friction (b) Boundary lubrication (c) Hydrodynamic lubrication

그림 4.1 고체 마찰, 경계 윤활 및 유체 윤활의 미끄럼면

(2) 유체 윤활 (hydrodynamic lubrication)

상대운동을 하는 2개의 고체면 사이에 충분한 양의 윤활유가 존재할 때 오일 층 사이의 점성에 기인하는 윤활이다. 실린더와 피스톤 또는 링 및 미끄럼 베어링에 있어서의 이상적인 윤활상태는 유체 윤활이고, 미끄럼면에 작용하는 하중은 모두 유막 내에서 발생하는 유압에 의해서 지탱하므로 마모가 없고 마찰력도 작다. 그러나 하중이 크고, 점성이 작으며 속도가 낮을 때 유막은 얇아지고 결국엔 표면의 거친 돌기부가 금속 접촉(고체 마찰)을 일으키게 된다.

(3) 경계 윤활 (boundary lubrication)

윤활유의 유막이 표면 거칠기 정도가 되더라도 바로 금속 접촉으로 인하여 응착 마모를 일으킨다고는 할 수 없으며, 일반적으로 경계층에 의해서 윤활이 이루어진다. 경계층은 윤활유가 금속 표면에 분자력으로 강하고 견고하게 결합하고 있어서 금속 접촉을 차단하는 것이다. 특히 윤활유 속에는 분자의 일단에 화학적 친화력이 강한 COOH (carboxyl group)와 같은 원자단이 있어서 금속면에 결합하여 마치 융단의 털이 한쪽에 고정되어 다른 쪽의 상대와 미끄러지기 쉽게 되어 있는 것 같은 작용을 하고 있다.

이와 같은 층에서의 미끄럼운동을 경계 윤활이라고 부르고, 이 때 마모는 일어나지 않지만, 마찰계수는 고체와 유체 윤활의 중간으로 0.05~0.2의 범위이므로 하중이나 속도에 의해서 그다지 변하지 않는 특성을 가졌다. 다만 이 경계층은 온도가 상승하면 갑자기 결합력을 잃는 성질을 가지고 있다.

4.2 기관 윤활유

4.2.1 윤활유의 종류

일상적으로 사용하고 있는 윤활유에는 동식물유와 광유(mineral oil)가 있으며, 내연기관용 윤활유는 일반적으로 탄화수소(HC)계열의 광유를 사용하지만, 최근에 합성유(synthetic oil)를 일부 사용하기도 한다. 식물성 윤활유로 피마자유(caster oil)가 엔진 오일로 사용된 적이 있다. 피마자유의 윤활성은 비교적 좋지만 고온에서 고무 모양의 물질을 생성하는 결점이 있고, 특히 피스톤과 피스톤 링의 미끄럼 마찰부에 눌어붙는 문제점이 발생하기 때문에 현재는 사용되지 않는다.

기관 윤활유로 널리 사용되고 있는 광유는 석유에서 정제된 것으로서 원유의 생산지에 따라서 파라핀계와 올레핀계로 분류된다. 올레핀계 윤활유는 파라핀계보다 쉽게 완전 연소해서 슬러지(sludge)라고 부르는 퇴적물이 잘 발생되지 않는다. 여기서 슬러지는 연소실의 온도가 고온으로 올라가기 때문에 윤활유가 변질되어 불순물과 혼합된 퇴적물을 말한다. 일반적으로 파라핀계 윤활유는 소비량이 적고 밀봉성(sealing)이 양호하다.

4.2.2 윤활유의 작용

- 마찰 감소 및 마멸 방지 작용 : 기관 윤활유의 본질적 기능이며, 미끄럼운동 부분에 유막을 형성하여 마찰운동 부분의 표면 마찰을 감소시켜서 마멸을 줄여주는 작용을 한다.
- 밀봉 및 기밀 유지 작용 : 실린더와 피스톤 사이에 유막을 형성하여 블로바이(blow-by)가 발생하지 않도록 기밀을 유지시켜주는 작용을 한다.
- 냉각 작용 : 미끄럼운동 부위에서 마찰로 인하여 발생한 열을 흡수하여 오일 팬이나 오일 냉각기를 통하여 냉각시키는 작용을 한다.
- 청정 작용 : 기관 각부를 순환하는 오일에 의해 먼지, 카본 및 금속 분말 등의 불순물을 흡수하여 오일 팬으로 운반한다. 오일 팬에서 다시 윤활 부분으로 공급될 때 오일 여과기를 거쳐 공급되므로 깨끗한 오일이 공급된다.
- 완충(응력 분산) 작용 : 동력 행정 또는 노크 등으로 인하여 순간적으로 큰 충격이 가해질 때 유막이 파손되어 고착을 일으키게 된다. 엔진 오일은 액체의 성질로서 부분적인 압력을 윤활액 전체에 분산시키는 작용을 한다.

- 방청 작용 : 유막을 형성하여 외부의 공기나 수분의 침투를 막아 금속이 부식되는 것을 방지하는 작용을 한다.
- 소음 완화 작용 : 기관이 가동될 때 각부에서 발생되는 충격 및 오일 간극에서 발생하는 소음을 흡수하는 작용을 한다.

4.2.3 윤활유의 구비 조건

- 점도 지수가 커서 온도와 점도와의 관계가 적당할 것.
- 인화점 및 자연 발화점이 높을 것.
- 강인한 유막을 형성할 것. (유성이 좋을 것)
- 응고점이 낮을 것.
- 비중(0.86~0.91)과 점도가 적당할 것.
- 기포 발생 및 카본 생성에 대한 저항력이 클 것.

점도(viscosity)는 액체를 유동시킬 때 발생하는 액체의 내부 저항 또는 마찰을 말하며, 윤활유의 가장 중요한 성질중 하나이다. 일반적인 공학설계에서는 점도의 단위로 절대점도(단위 : cP)를 사용하지만, 대부분의 경우 오일의 동점도(단위 : cSt)를 사용한다. 그리고 유성(oiliness)은 윤활유가 금속 마찰면에 부착하여 유막을 형성하는 성질을 말한다.

액체인 윤활유는 온도가 상승하면 점도는 낮아지고 온도가 하강하면 점도는 높아지는 성질이 있는데, 점도지수(VI ; Viscosity Index)는 온도 변화에 따른 윤활유의 점도 변화 정도를 표시하는 것이다. 점도 지수가 높은 윤활유일수록 온도 변화에 따른 점도 변화가 작다. 일반적인 기관 윤활유의 점도지수는 120~140 정도이다.

4.3 윤활유의 분류

자동차기관에 사용하는 윤활유의 분류에는 점도에 따른 분류인 SAE 분류, 기관의 사용 조건 및 온도에 따른 분류인 API 분류와 SAE 신 분류가 있다.

4.3.1 SAE 분류

미국의 SAE(Society of Automotive Engineers)에는 기관용 윤활유의 점도를 0W에서 60W까지 11단계로 나누고, 여기에서 W(winter)는 동계를 의미하며 저온용으로 사용된다. SAE 번호가 클수록 점도가 높은 오일이며, SAE 분류는 다음과 같다.

(1) 겨울철용 엔진 오일

겨울철에는 기온이 낮아서 오일의 유동성이 떨어지기 때문에 낮은 점도의 오일이 필요하다. 만약 점도가 너무 높은 오일을 사용하면 크랭크축의 회전 저항이 커서 시동이 어려울 수 있다. 일반적으로 겨울철에는 SAE 5W, 10W, 20W, 10, 20을 사용한다. 여기서 문자 W가 있는 경우는 점도 측정을 -17.78℃에서 한 것이고, 문자 W가 없는 경우는 100℃에서 점도를 측정한 것이다.

(2) 여름철용 엔진 오일

여름철은 기온이 높기 때문에 오일의 점도가 높아야 하며, SAE 40을 주로 사용하고, 중동지방의 혹서지역에서는 SAE 50을 사용한다.

(3) 범용 엔진 오일

이 오일은 저온에서 기관이 시동될 수 있도록 점도가 낮고, 고온에서도 오일의 기능을 발휘할 수 있다. 전 계절용 또는 다급 오일(multi-grade oil)이라고도 부르며 SAE 5W-20, 10W-30, 20W-40 등이 있다.

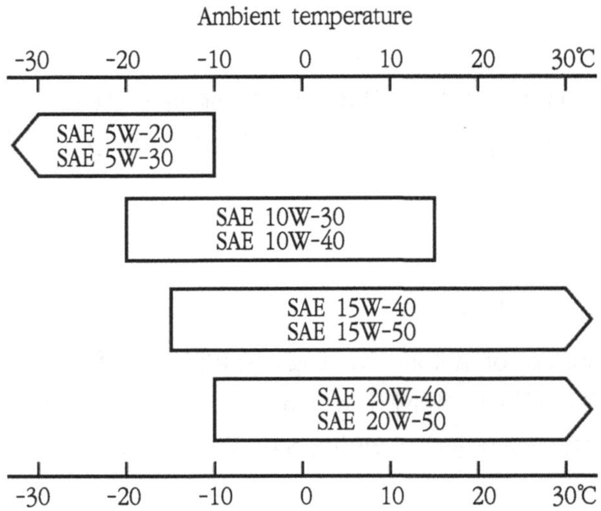

그림 4.2 외기온도와 SAE 오일 분류

4.3.2 API 분류

차량기관용 윤활유의 품질규격에서는 API(American Petroleum Institute ; 미국석유협회)의 분류를 일반적으로 사용하며, 가솔린 기관용(ML, MM, MS)과 디젤 기관용(DG, DM, DS)으로 구분되어 있다.

(1) 가솔린 기관용

- ML (Motor Light) : 가장 좋은 조건(경부하용)에서 사용한다.
- MM (Motor Moderate) : 중부하용 오일로 승용차 등의 장거리용으로 사용한다.
- MS (Motor Severe) : 고온, 고부하 등 가혹한 운전 조건의 기관에서 사용한다.

(2) 디젤 기관용

- DG (Diesel General) : 적당한 운전의 마멸 문제가 없는 기관에서 사용한다.
- DM (Diesel Moderate) : 일반 경유를 사용하고 중부하 운전 조건에서 사용한다.
- DS (Diesel Severe) : 고부하, 장시간 연속 운전 등의 가혹한 조건이며, 저질 경유를 사용하거나 과급기가 부착된 디젤기관에서 사용한다.

4.3.3 SAE 신 분류

이것은 SAE가 ASTM(미국재료시험협회), API 등과 협력하여 새로 제정한 오일 분류이다. 가솔린 기관용은 S(Service), 디젤 기관용은 C(Commercial)로 하여 다시 A, B, C, D 등의 알파벳순으로 그 등급을 정하고 있다. SAE 신 분류와 API 분류의 관계는 다음과 같다.

(1) 가솔린 기관용

SAE 신분류	API 분류	비 고
SA	ML	경부하용, 광물성 오일 사용
SB	MM	중부하용, 산화방지제 사용
SC, SD, SE	MS	고온 · 고부하용, 산화안정성 및 내마모성 개량
SG, SH	MS	기관의 고성능, 고급 지향에 대응한 오일

(2) 디젤 기관용

SAE 신분류	API 분류	비 고
CA	DG	소형 디젤기관용 오일
CB, CC	DM	경부하에서 중부하용으로 소 · 중형 기관용 오일
CD, CE	DS	고속 · 고부하 및 과급기가 부착된 기관용 오일

4.4 기관 윤활 방식

대부분의 차량기관에서는 윤활유를 엔진 내로 강제 순환시키는데, 윤활유를 대량으로 공급하기 때문에 안정된 윤활상태를 유지할 수가 있지만, 윤활유의 열화로 주기적인 교환이 필요하다. 차량기관에서는 오일 펌프(oil pump)를 이용하여 오일을 가압하고 각 윤활부에 대량으로 공급하고, 소형기관에서는 비산식 윤활법도 이용된다.

4.4.1 비산식

이 방식은 오일 펌프가 없으며, 커넥팅 로드 대단부에 붙어 있는 오일 주걱(oil dipper)을 사용하여, 오일 팬의 윤활유를 크랭크축이 회전할 때 오일을 퍼서 비산시킴으로써 크랭크축 베어링, 캠축, 실린더 벽과 피스톤 링, 피스톤 핀, 밸브 등에 오일을 공급한다. 이 방식은 주로 소형기관에 이용된다.

4.4.2 압송식 (강제 순환식)

오일 펌프에 의하여 오일 팬(oil pan) 내에 있는 오일을 가압하여 각 윤활부에 강제 순환시키는 방법이다. 오일 펌프에 의해 흡입된 윤활유는 실린더 블록 및 실린더 헤드의 오일 통로(oil passage)로 들어가고, 다시 크랭크 저널베어링, 캠축으로 공급된다. 압송식은 경주용차 등 특수차량에 많이 이용된다.

4.4.3 비산압송식

현재 자동차기관에서 가장 많이 사용되는 방식이다. 그림 4.3과 같이 크랭크축 베어링, 캠축 베어링, 밸브 등은 오일 펌프를 사용한 압송식으로 윤활시키고, 실린더 벽과 피스톤 핀 등은 비산식에 의해 윤활시키는 방법이다.

4.5 윤활장치의 구성

윤활장치의 전체적인 구성은 그림 4.3과 같이 오일 펌프, 오일압력 조절기, 오일 여과기, 블로바이 가스(blow-by gas) 환원장치 등 여러 가지 항목으로 구성되어 있다. 오일 펌프가 작동되면 오일 스트레이너(oil strainer)를 통해 윤활유가 압송되어 오일 여과기(oil filter)를 거치고, 실린더 블록의 주 오일 공급통로(main oil gallery)를 통하여 크랭크축으로 공급되고 실린더 헤드의 오일 통로로 압송된 오일은 흡·배기 캠축으로 오일이 전달된다.

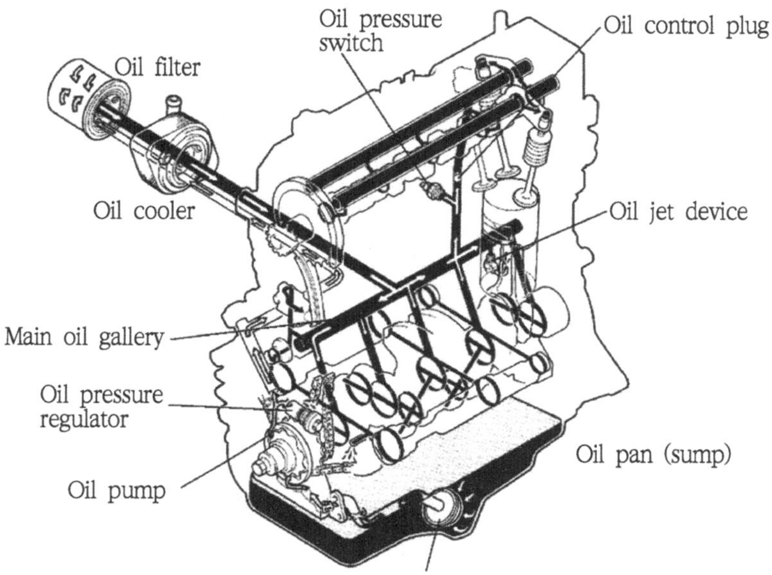

그림 4.3 윤활장치의 구성

4.5.1 오일 팬

오일 팬(oil pan)은 윤활유가 저장되는 용기이며, 외부로 열을 발산하여 오일의 온도를 낮추는 역할도 한다. 재질은 강판을 주로 사용하고 프레스(press) 가공으로 제작되어 실린더 블록 하부에 개스킷을 대고 볼트로 고정된다.

오일 팬에는 언덕길을 주행할 때 기관이 기울어져도 윤활유가 고여 있도록 섬프(sump) 구조로 되어 있다. 또한 연료 탱크 내와 같이 윤활유의 출렁거림을 방지하기 위해 요동 방지판(baffle plate)을 두기도 한다. 또 아래쪽에는 오일을 교환할 때 오일을 배출시키기 위한 드레인 플러그(drain plug)가 있다.

4.5.2 오일 펌프

오일 펌프(oil pump)는 오일 팬에 있는 오일을 빨아 올려 기관 각부에 압송하는 펌프이며, 구동은 크랭크축이나 캠축에 의해 기어나 체인으로 구동하는 방식이 많다. 펌프의

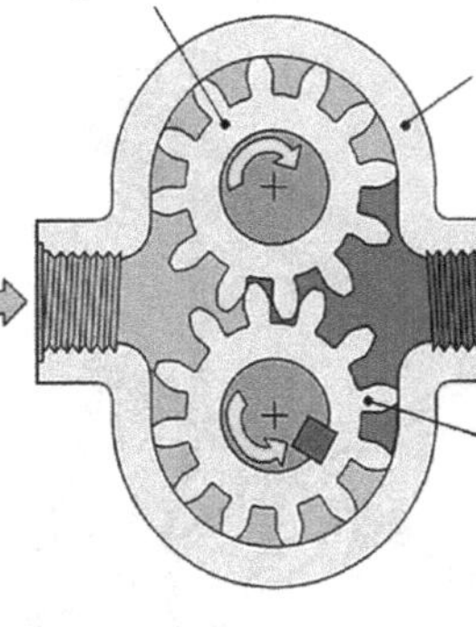

그림 4.4 외접형 기어펌프의 구조

종류에는 기어 펌프, 로터리 펌프(trochoid pump), 플런저 펌프, 베인 펌프 등이 있다. 4행정 기관에서는 로터리 펌프와 기어 펌프가 주로 사용되고, 2행정 기관에서는 플런저 펌프, 디젤기관에서는 일부 베인 펌프가 사용된다.

현재의 가솔린기관에서 많이 사용하는 외접형 기어 펌프(external gear pump)는 그림 4.4와 같이 캠축을 동력으로 하여 안쪽 기어(drive gear)와 바깥쪽 기어(idler gear)가 맞물려 돌아가면서 기어 사이의 공간을 이용하여 압송하는 구조로 되어 있다. 이 형식은 구조가 간단하고 내구성이 양호하며 저속에서도 윤활공급 능력이 우수하다는 장점이 있다.

용적효율은 기어와 펌프 몸체의 간극, 송출압력, 오일의 점도에 따라 달라지며 보통 60~65% 정도이다. 고장 원인으로는 펌프 몸체와 기어 사이의 마모로 인한 오일의 압력저하와 공동(cavitation) 현상이다. 이의 방지를 위해 펌프의 오일 통로는 넓게 하여 유동저항을 적게 하고 흡입관 안의 평균유속은 3.5 m/s 이하로 한다.

4.5.3 유압 조절기

유압 조절기(oil pressure regulator)는 오일 펌프에 접속되어 있으며, 윤활 관로 내의 유압이 과도하게 상승하는 것을 방지하는 역할을 한다. 일반적으로 가솔린기관의 경우 2000 rpm에서 $2 \sim 3\ \mathrm{kg_f/cm^2}$의 오일 압력이 유지되도록 한다.

조절기의 작동은 스프링의 장력을 받고 있는 체크 밸브에 작용하는 유압이 스프링 장력보다 커지면 밸브가 열려 과잉 오일을 오일 팬으로 되돌아가게 해 준다. 즉 유압이 규정값 이상일 경우에는 체크 밸브가 열리고, 규정값 이하로 유압이 내려가면 다시 닫히도록 되어 있다. 유압 조정은 조정 스크루를 조이면 유압이 상승한다.

4.5.4 오일 여과기

오일 여과기(oil filter)는 오일 통로에 설치되어 수분, 카본, 금속분말, 오일 슬러지 등 불순물을 제거하는 세정작용을 한다. 여과기는 그림 4.5와 같은 일체식과 분리식이 있으며, 분리식은 여과 엘리먼트만 교체할 수 있다. 구조는 모두 비슷하게 여과기 케이스, 여과 엘리먼트, 바이패스 밸브 등으로 구성되어 있다.

여과기로 들어온 오일은 여과 엘리먼트(filter element)를 거쳐 중심부로 들어간 후 출구로 나가게 되며, 엘리먼트를 거칠 때 오일에 함유된 불순물이 여과된다. 엘리먼트로는 여과지, 면사 등을 사용하며, 엘리먼트가 막혀 오일 통과가 어려우면 바이패스 밸브가 열려 엘리먼트를 통과하지 않고 윤활부로 오일을 공급하게 된다.

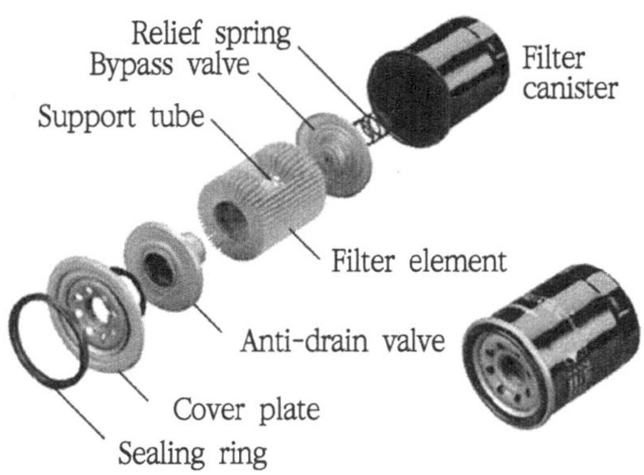

그림 4.5 오일 여과기의 구조

4.5.5 오일 압력 스위치

오일의 점도는 온도에 따라 변하고, 기관 회전수의 변화에 따라 오일 펌프의 송출 유량도 달라진다. 변화되는 오일량은 오일 압력 조절기에 의해 유압이 일정하도록 조절되지만, 이의 확인은 오일 압력 스위치가 한다.

오일 압력 스위치는 실린더 블록에 부착되어 기관 각부로 압송되는 윤활유의 압력을 측정하며, 냉간시에는 높은 점도로 인하여 높게 나타나며 충분한 웜업(warm-up)이 끝나면 오일 압력의 변화는 거의 없다. 자동차기관에서 오일 압력이 내려가는 경우는 거의 없으나, 유압이 어떤 원인에 의해 내려가면 대시 보드(dash board)에 있는 유압 경고등이 점등된다. 적정 유압이 확보되지 않으면 윤활계통이 원활하게 작동되지 않으며, 오일 압력 스위치의 작동압력은 0.2~0.4 kg_f/cm^2이다.

이와는 별도로 엔진 오일의 양이나 상태를 파악하는 오일 레벨 게이지(oil level gauge, oil gauge stick)가 있고, 윤활장치 내를 순환하는 오일 압력을 나타내는 계기들도 있다.

4.5.6 오일 냉각기

엔진 오일은 온도가 상승하면 점도가 낮아져 윤활 성능이 떨어지고, 반면에 저온에서는 점도가 높아져 윤활 부분에 충분한 양의 오일이 공급되지 못한다. 이를 방지하기 위하여 오일을 항상 알맞은 온도로 일정하게 유지시켜 주는 장치이다. 오일 냉각기는 주로 라디에이터 아래쪽이나 여과기 앞쪽에 설치되며 오일이 냉각기를 거쳐 흐를 때 기관 냉각수로 냉각이 되거나 가열되어 윤활 부분으로 공급된다.

4.6 윤활유의 여과 방식

4.6.1 전류식 여과 (Full flow filtering)

대부분의 자동차기관에서 사용하는 방식으로, 오일 펌프에 의해 압송된 오일의 전량이 여과기를 거쳐서 여과된 후 윤활 부분으로 보내지는 방식이다. 이 방식은 항상 여과된 윤활유만 윤활부에 공급한다는 장점이 있지만, 여과 엘리먼트 등이 막히면 급유 부족 현상이 일어날 수 있다. 따라서 여과기에 바이패스 밸브(by-pass valve)를 설치하여 여과기가 막혔을 경우 여과되지 않은 윤활유가 공급되도록 한다.

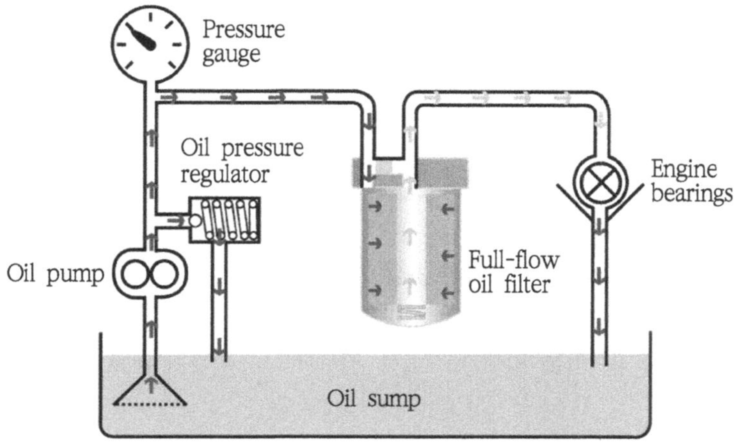

그림 4.6 전류식 여과방식의 구성

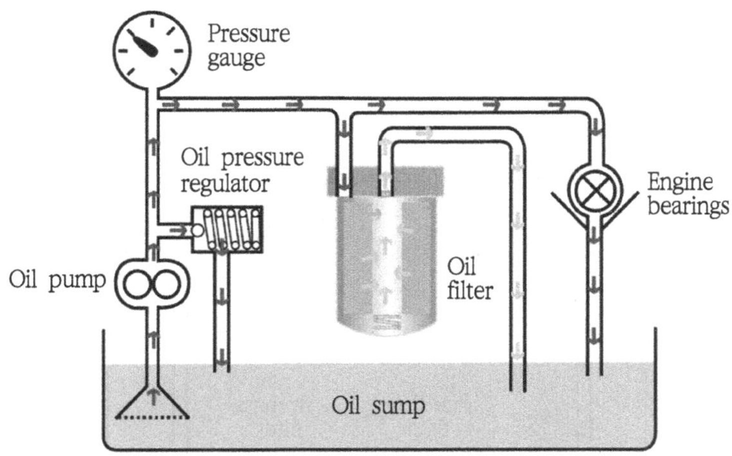

그림 4.7 분류식 여과방식의 구성

4.6.2 분류식 여과 (By-pass filtering)

분류식은 오일 펌프에서 압송된 오일의 10~20% 정도만 여과하여 오일 팬으로 보내고, 나머지는 그대로 윤활 부분으로 보내는 방식이다. 이 방식은 여과기가 막혀도 윤활부의 윤활에는 직접적인 영향이 없으므로 바이패스 밸브는 설치되지 않는다. 대체적으로 1시간 정도의 기관 운전에 오일 전체가 약 6~8회 정도 여과기를 통과하도록 설계되고, 오일은 천천히 그러나 미세 여과된다. 하지만 이 방식은 여과기를 거치지 않은 오일이 윤활 부분으로 공급되므로 베어링이 손상될 염려가 있다.

4.6.3 복합식 여과 (Combination filtering)

복합식은 그림 4.8과 같이 하나의 윤활 회로 내에 전류식과 분류식을 조합한 형식이다. 1차 전류(full flow) 여과기는 오일의 전량을 여과하는데 다소 거친 입자들을 걸러 내고 2차 분류(by-pass) 여과기는 미세 입자들을 여과하므로 오일의 교환 주기를 보다 길게 가져갈 수 있다.

이 여과 방식은 디젤기관에서 주로 사용되며, 정밀도가 아주 높고 여과도 빠르게 이루어진다. 이 경우에도 1차 전류 여과기 앞에는 바이패스 밸브가 설치되며, 하나의 여과기통에 1차 및 2차 여과기 모두가 설치된 것도 있다.

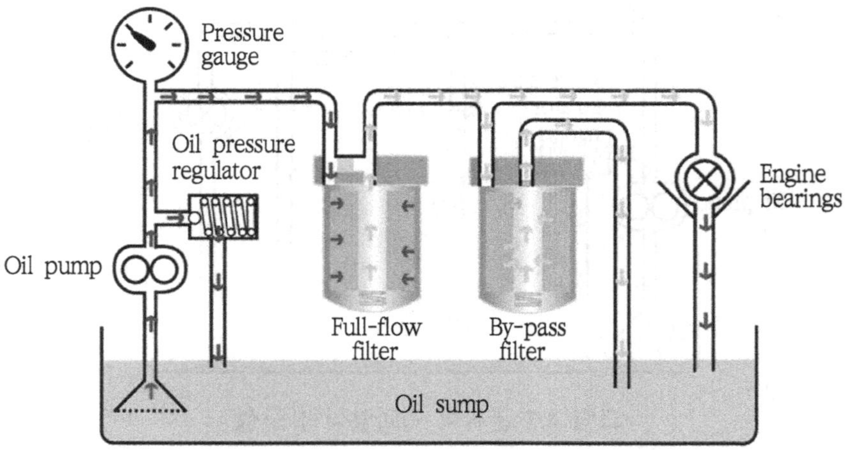

그림 4.8 복합식 여과방식의 구성

연습문제 4

4.1 상대운동을 하는 2개의 금속면에서 유체 윤활이란 무엇인가?

4.2 기관 윤활유의 구비조건을 나열하라.

4.3 기관 윤활유의 주요 작용은 무엇인가?

4.4 온도 변화에 따른 윤활유의 점도 특성에 대하여 간략히 설명하라.

4.5 윤활유의 점도지수에 대하여 설명하라.

4.6 금속 마찰면에 윤활 피막을 이루도록 하여 금속의 고체 마찰이나 융착을 방지하는 윤활유 첨가제는 무엇인가?

4.7 윤활유의 분류에서 SAE번호가 클수록 점도의 성질은 어떻게 되는가?

4.8 압송식 급유법의 장점은 무엇인가?

4.9 유압 조절기(oil pressure regulator)의 역할은 무엇인가?

4.10 자동차기관에 주로 채택하고 있는 윤활방식을 간략히 설명하라.

5

기관의 냉각 계통

5.1 기관 냉각의 개요

냉각장치는 기관 부품들의 과열을 방지하고 항상 적정 온도를 유지할 수 있도록 하기 위해서 필요하다. 그림 5.1은 기관이 정상적인 운전 상태일 때 각부의 온도 분포를 보여 준다. 일반적으로 실린더 내의 연소가스 온도는 2000~2500℃에 이르는데, 이 열의 대부분은 실린더 벽면과 실린더 헤드, 피스톤, 밸브 등으로 폭 넓게 전달된다. 기관의 온도를 항상 일정하게 유지시키는 문제는 연소 효율과 유해 배출가스, 엔진 오일의 윤활성과 열화 정도, 부품의 내열성 등과 밀접한 관계가 있기 때문이다.

연소실 주변의 온도가 너무 높아지면 재료의 기계적 강도가 저하되어 고장이 발생하거나 수명이 크게 단축된다. 심각한 경우에는 노킹이나 조기점화가 발생하고 기관의 출력도 저하된다. 그러나 연소실 주변의 온도가 지나치게 낮으면 과냉으로 인하여 손실되는 열량이 크기 때문에 기관 효율이 떨어지고, 불완전 연소에 의한 연료 소비량이 증가하는 등의 문제가 야기된다. 따라서 기관의 온도를 75~95℃ 정도로 유지하여 연소 효율을 향상시키고 동시에 부품들의 기계적 강도를 유지시킬 수 있는 기관 냉각이 필수적이다.

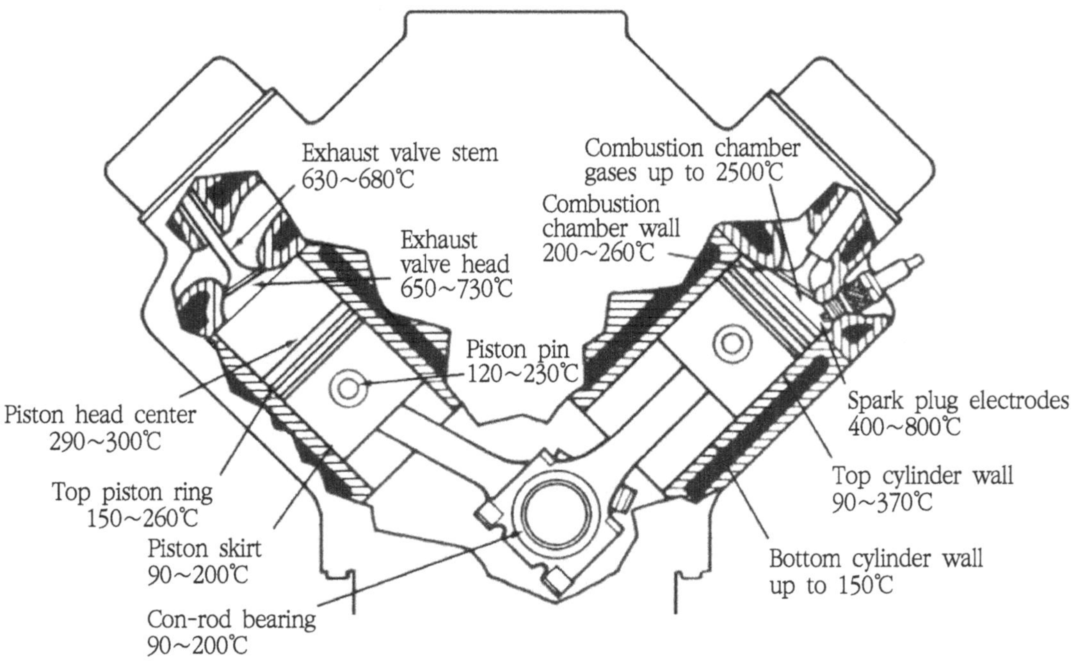

그림 5.1 기관 각부의 온도 분포

5.2 기관의 냉각 방식

기관을 냉각시키는 방식에는 공기로 기관 외부를 냉각시키는 공랭식과 냉각수를 순환시켜 기관 내부를 냉각시키는 수냉식이 있는데, 대부분의 자동차기관은 수냉식을 채택하고 있다.

5.2.1 공랭식

공랭식은 기관을 주위 공기와 직접 접촉시켜서 냉각시키는 방법으로 구조가 간단하여 취급이 쉬운 장점이 있으나, 기후 및 운전 상태 등에 따라 기관의 온도가 변화하기 쉽고 냉각이 균일하지 못한 단점이 있다.

(1) 자연 통풍 방식

자연 통풍 방식은 자동차가 주행할 때 받는 공기로 냉각시키는 것으로 실린더 블록과 헤드와 같이 과열되기 쉬운 부분에 냉각 핀(cooling fin)을 두고 있다.

(2) 강제 통풍 방식

강제 통풍 방식은 냉각 팬(cooling fan)을 사용하여 많은 양의 공기를 기관으로 보내어 강제 냉각시키는 방식이다. 냉각 팬은 크랭크축과 벨트로 연결되어 구동되며, 기관을 균일하게 냉각시키기 위하여 기관 주위를 덮개로 감싸고 이곳에 냉각 공기가 지나가게 되어 있다.

5.2.2 수냉식

수냉식은 냉각수를 사용하여 기관을 냉각시키는 방식이며 냉각수는 연수를 사용하여야 한다. 수냉식은 냉각수를 순환시키는 방식에 따라 자연 순환 방식, 강제 순환 방식, 압력 순환 방식, 밀봉 압력 방식 등이 있다.

(1) 자연 순환 방식

자연 순환 방식은 냉각수를 온도차에 의한 대류에 의해 순환시키는 것이며, 현재의 고성능 기관에는 부적합하다.

(2) 강제 순환 방식

강제 순환 방식은 냉각수 펌프(cooling water pump)로 실린더 블록과 헤드에 설치된 냉각수 재킷(water jacket) 내에 냉각수를 순환시켜 냉각시키는 것이다.

(3) 압력 순환 방식

압력 순환 방식은 밀폐된 냉각 계통의 냉각수가 가열되어 팽창할 때의 압력 상승으로 냉각수의 비등점을 높여 비등에 의한 손실을 감소시킬 수 있는 방식이다. 이때 냉각수 압력의 조절은 라디에이터 캡(radiator cap)의 압력 밸브로 한다. 이 방식의 특징은 라디에이터 크기를 작게 제작할 수 있고, 냉각수 보충 횟수를 줄일 수 있으며 기관의 열효율도 높일 수 있다.

(4) 밀봉 압력 방식

압력 순환 방식은 라디에이터 캡으로 압력이 조절되지만 냉각수가 가열 팽창하였을 때 냉각수 팽창 탱크로 냉각수가 배출된다. 하지만 밀봉 압력 방식은 라디에이터 캡을 밀봉하고, 냉각수의 팽창을 수용할 수 있는 크기의 보조 물탱크를 설치하여 냉각수가 팽창하였을 때 외부로 배출되지 않도록 한 방식이다. 특징은 냉각수 유출에 의한 손실이 적어서 장시간 냉각수 양을 점검 및 보충하지 않아도 된다.

5.3 수냉식 장치의 구성

수냉식 기관에서는 그림 5.2와 같이 냉각수 펌프가 냉각수를 강제 순환시키는 구조이다. 냉각수는 실린더 블록 및 실린더 헤드에 일체 구조로 된 통로인 냉각수 재킷(water jacket)을 순환하면서 주변의 실린더 벽, 실린더 헤드의 밸브 시트, 밸브 가이드 및 연소실 벽 등의 열을 흡수하여 냉각시킨다.

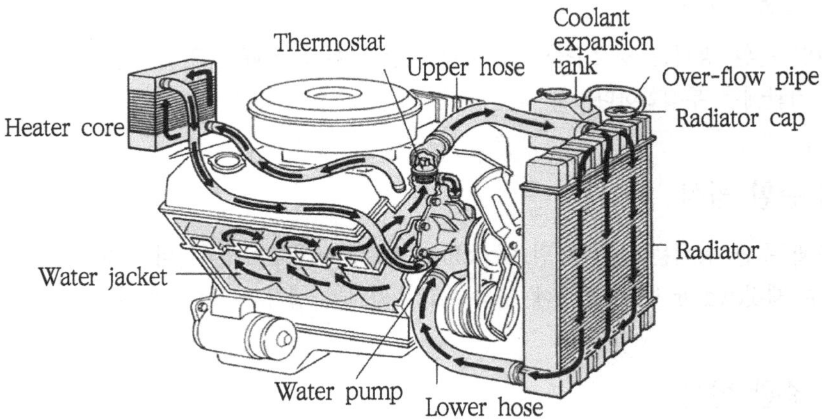

그림 5.2 밀봉 압력 방식의 냉각 장치 구성

5.3.1 냉각수 펌프

냉각수 펌프(cooling water pump)는 구동 벨트를 통하여 크랭크축에 의해 구동되는 원심 펌프(centrifugal pump)이다. 이 펌프는 크랭크축 풀리(crankshaft pulley)와 연결되는 V-벨트(belt)에 의해서 구동되기 때문에 기관 회전 중에는 냉각수가 항상 순환된다. 또한 펌프가 작동되지 않더라도 펌프의 벌류트 케이싱(volute casing)과 회전차(impeller) 사이를 통해 냉각수가 자연 순환되어 과열을 방지한다.

냉각수 펌프는 기관 회전수의 1.2~1.6배의 속도로 회전하고, 펌프 능력은 회전수에 따른 송출량(ℓ/min)으로 표시한다.

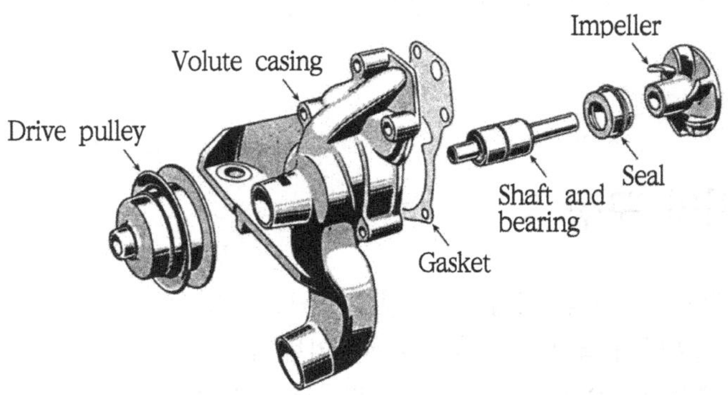

그림 5.3 냉각수 펌프의 구조

5.3.2 냉각 팬

냉각 팬(cooling fan)은 강철판이나 플라스틱으로 만든 4~6개의 날개로 되어 있고, 라디에이터(radiator) 뒤쪽에 약간의 간격을 두고 설치되어 있다. 최근에는 냉각 팬의 회전을 자동적으로 조절하여 냉각 팬의 구동으로 소비되는 기관의 출력을 최소로 하고 기관의 과다한 냉각이나 냉각 팬의 소음을 감소시키기 위해 팬 클러치 방식이나 전동기 방식이 사용된다.

(1) 팬 클러치 방식

팬 클러치 방식(fan clutch type)은 반자동 팬이라고도 하며, 냉각 팬의 회전을 기관의 온도에 따라 자동적으로 조절하여 냉각 팬의 구동 손실을 가능한 감소시키고 기관의 과다한 냉각이나 소음을 줄이기 위해 사용한다. 팬 클러치 방식에는 유체 커플링과 팬 클러치 방식이 있다.

유체 커플링 방식은 냉각수 펌프와 냉각 팬 사이에 실리콘 오일을 봉입한 유체 커플링을 설치한 것이며, 동력 전달은 실리콘 오일의 저항을 이용한다. 유체 커플링은 기관이 저속으로 회전할 때에는 냉각팬이 냉각수 펌프와 같은 속도로 회전하지만, 고속 회전에서는 냉각 팬의 회전 저항이 증가하고 유체 커플링에 미끄럼이 발생하여 냉각 팬의 회전속도는 냉각수 펌프의 회전속도보다 낮아지므로 소음이나 냉각 팬의 구동손실을 줄일 수 있다.

팬 클러치 방식은 냉각수 펌프와 냉각 팬 사이에 바이메탈에 의한 온도조절기가 설치되며, 냉각 팬의 회전속도는 라디에이터를 통과하는 공기의 온도에 의해 결정된다. 그리고 냉각 팬의 작동은 분배판 조절 구멍으로 유동하는 실리콘 오일량에 비례하는 회전력으로 결정되며 오일량이 많아지면 회전력이 증가하여 냉각 팬의 회전속도가 높아진다.

(2) 전동기 방식

전동기 방식(motor driven type)은 전동기로 냉각 팬을 구동시키는 것이며 축전지 전원으로 작동하며, 전륜 구동 차량의 기관에서 널리 채택하고 있다. 작동은 수온센서로 냉각수 온도를 감지하여 설정 온도에 도달하면 냉각 팬이 작동되고, 설정 온도 이하가 되면 정지되도록 한다.

이 방식의 장점은 라디에이터 설치 위치가 자유롭고 일정한 풍량을 확보할 수 있어 기관이 공전하거나 복잡한 시내를 주행할 때에도 충분한 냉각 효과를 얻을 수 있다. 그러나 값이 비싸고 냉각 팬을 구동하는 소비 전력과 소음이 큰 단점이 있다. 전동기 방식은 일반적으로 냉각수 온도가 85℃이상이 되면 전동기가 구동되고, 75℃이하이면 전동기의 구동이 정지된다.

5.3.3 구동 벨트

구동 벨트(drive belt)는 이음새가 없는 고무제 벨트를 사용하며, 크랭크축 풀리와 발전기 풀리, 냉각수 펌프 풀리 등을 연결 구동한다. V-벨트는 각 풀리의 양쪽 경사진 부분에 접촉되어야 하며 풀리 밑바닥에 닿으면 미끄러지며 접촉면의 각도는 40°이다. 최근에는 V-벨트 대신 안쪽에 돌기를 둔 벨트와 풀리도 사용하고 있다.

5.3.4 방열기 (Radiator)

(1) 방열기의 구조

방열기는 큰 방열 면적을 이용하여 실린더 블록 및 실린더 헤드에서 뜨거워진 냉각수의 열을 외기로 방열시키는 열교환기이다. 라디에이터는 그림 5.4와 같이 위쪽에 상부 탱크, 라디에이터 캡(radiator cap) 및 냉각수 유입관이 있고, 중간에는 수관(core tube)들이

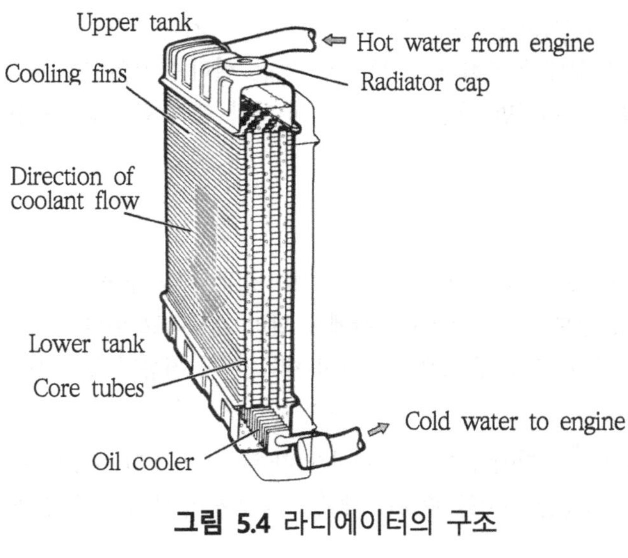

그림 5.4 라디에이터의 구조

있으며, 아래쪽에는 하부 탱크, 유출관 및 냉각수 배출용 드레인 플러그(drain plug)가 설치되어 있다.

냉각수는 수관을 통해 흐르는 동안 냉각 핀(cooling fin)과 차량의 주행속도와 냉각 팬에 의하여 유입되는 대기와의 열교환이 이루어져 냉각된다. 냉각 효과는 라디에이터와 함께 냉각 팬 및 냉각수 펌프의 성능에 따라 좌우된다.

(2) 수관의 재질 및 구조

수관(core tube)는 냉각수가 흐르는 관과 방열 면적을 늘려주는 냉각 핀(cooling fin)으로 구성되어 있다. 관의 재질은 열전도성이 좋은 구리나 황동이고, 냉각 핀의 재질은 주로 알루미늄을 사용한다. 냉각 핀의 종류에는 평면 판을 일정한 간격으로 설치한 플레이트 핀, 핀이 파도 모양으로 된 코루게이트 핀(corrugate fin) 그리고 수관이 벌집 모양으로 된 리본 셀룰러 핀(ribbon cellular fin) 등이 있다.

라디에이터를 통과하는 냉각수 온도는 5~10℃ 정도 하강하는 것이 적당하고, 라디에이터 코어 막힘이 20% 이상이면 교환해야 한다. 코어 막힘율은 식 (5.1)과 같이 신품의 냉각수 유량에 대한 유량 차이로 정의한다.

$$\text{라디에이터 코어 막힘율} = \frac{\text{신품 유량} - \text{고품 유량}}{\text{신품 유량}} \times 100\,[\%] \qquad (5.1)$$

(3) 라디에이터 캡 (radiator cap)

라디에이터 캡은 냉각수 주입구 뚜껑이며, 냉각장치 내의 비등점을 높이고 냉각 범위를 넓히기 위하여 압력식 캡을 사용한다. 냉각 계통의 냉각수가 냉각된 상태로 압력이 낮으면, 압력 밸브(pressure valve)와 진공 밸브(vacuum valve)는 밸브 스프링의 장력으로 각각 시트에 밀착되어 냉각장치의 기밀을 유지한다.

기관의 운전으로 냉각장치 내의 냉각수 온도가 110~120℃ 정도로 상승하면서 압력이 0.8~1.2 $\mathrm{kg_f/cm^2}$(계기압)으로 되면, 그림 5.5 (a)와 같이 압력 밸브가 스프링 장력을 이기고 열린다. 이에 따라 과잉 압력의 냉각수가 넘침관(over-flow pipe)을 거쳐 보조탱크로 배출된다. 압력 밸브의 주작용은 냉각수의 비등점을 상승시키는 것이므로, 밸브 스프링이 파손되거나 장력이 약해지면 비등점이 낮아진다.

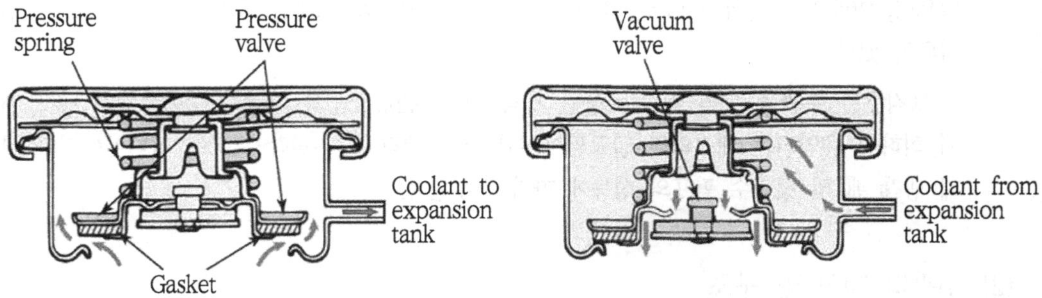

(a) Pressure valve open (b) Vacuum valve open

그림 5.5 라디에이터 캡의 작동

이와 반대로 기관의 온도가 낮아져 냉각수가 냉각되어 냉각장치 내의 압력이 -0.07 kg_f/cm^2 정도의 부압으로 되면, 그림 5.5 (b)와 같이 대기 압력으로 인하여 진공 밸브가 열리고 보조탱크 내의 냉각수가 유입되게 된다.

5.4 냉각수 온도 제어

기관을 초기 구동하는 단계에서는 냉각장치의 냉각수 온도가 높지 않아서 냉각시킬 필요가 없으므로, 냉각수는 방열기를 거치지 않고 기관 내부로만 순환하게 된다. 그러나 기관의 온도가 일정 온도 이상으로 상승하면 냉각이 필요하므로, 냉각수 온도 조절기(thermostat)는 냉각수가 라디에이터를 통해 흐르도록 하고, 냉각수는 라디에이터에서 방열(열교환)을 하게 된다. 냉각수 온도 제어 방식은 수온 조절기의 위치에 따라 출구 제어와 입구 제어 방식의 두 가지로 나누어지지만, 현재는 입구 제어 방식이 많이 사용하고 있다. 그림 5.6은 입구 제어와 출구 제어 방식의 냉각수 흐름을 나타내고 있다.

5.4.1 출구 제어 방식

출구 제어 방식에서는 냉각수의 온도가 88℃에 도달하면 냉각수가 라디에이터로 유입되도록 수온 조절기가 작동하기 시작한다. 그림 5.6 (a)와 같이 라디에이터에서 방열하여 냉각된 냉각수는 냉각수 펌프, 실린더 블록 및 실린더 헤드를 거쳐 순환한 후 다시 수온 조절기에 도달하게 되므로, 수온 조절기가 열려 있는 시간이 길어진다. 따라서 냉각수의 순환 유량이 많아지고, 냉각수의 온도 변화도 크게 되어 온도분포가 불균일해지면 연료량의 보정이 부정확해져서 유해 배출가스 저감에 불리하게 작용한다.

5.4.2 입구 제어 방식

입구 제어 방식에서는 냉각수 온도가 82℃에 도달하면 냉각수가 라디에이터로 유입되도록 수온 조절기가 작동하기 시작한다. 그림 5.6 (b)와 같이 라디에이터에서 방열된 냉각수가 수온 조절기를 통하여 곧바로 기관으로 들어가기 때문에 수온 조절기가 열려 있는 시간이 짧게 된다. 따라서 냉각수의 온도 분포가 비교적 균일해지고 온도조절을 정밀하게 할 수 있다는 장점이 있다.

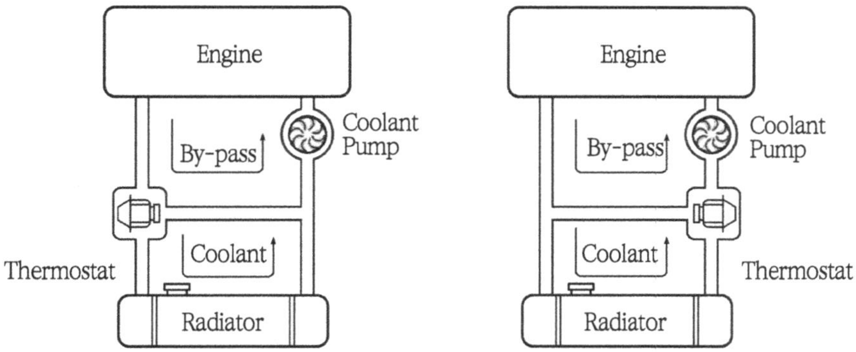

(a) 출구 제어 방식 (b) 입구 제어 방식

그림 5.6 기관 냉각수의 흐름도

5.4.3 수온 조절기 (Thermostat)

수온 조절기(또는 정온기)는 실린더 헤드의 냉각수 재킷(water jacket) 부분에 설치되어 냉각수 온도에 따라 냉각수 통로를 개폐하여 기관의 온도를 적절하게 유지시키는 장치이다. 작동은 그림 5.7과 같이 냉각수의 온도가 낮을 때는 수온 조절기가 닫혀서 라디에이터 쪽으로 냉각수가 흐르지 못하게 하고, 냉각수가 가열되면 점차 열리기 시작하여 정상

온도가 되면 완전히 열려서 냉각수가 라디에이터로 순환한다. 수온 조절기의 종류에는 바이메탈형, 벨로우즈형, 펠릿형 등이 있으며, 펠릿형이 수압의 영향을 적고 받고 냉각수 온도를 보다 정확하게 제어할 수 있어서 많이 사용되고 있다.

(1) 벨로우즈형 (bellows type)

그림 5.7 (a)와 같이 벨로우즈 속에 휘발성이 큰 에테르나 알코올을 봉입하여 냉각수 온도에 따라 봉입한 액체가 팽창 또는 수축하며 여기에 고정된 밸브가 냉각수 통로를 개폐하는 방식이다. 밸브는 65℃ 정도에서 열리기 시작하여 85℃에서 완전히 열린다. 이 형식은 수압의 영향을 받기 쉬워 현재는 거의 사용하지 않는다.

(2) 펠릿형 (pellet type)

펠릿형 수온 조절기의 작동은 그림 5.7 (b)와 같이 케이스 내에 왁스(wax)와 합성고무를 봉입하고, 냉각수 온도가 설정치까지 상승하면 왁스가 합성고무 막을 압축함으로써 고정된 스핀들(spindle)에 의해 펠릿이 스프링을 누르고 내려가므로 밸브가 열려 냉각수 통로를 열어 준다. 반대로 냉각수 온도가 낮아지면 팽창했던 왁스가 수축되고 합성고무의 압축이 이완되면서 펠릿은 스프링에 의해 원위치로 돌아가고 밸브는 닫히게 된다. 이 형식은 내구성이 우수하며, 85℃에서 열리기 시작하고 100℃ 정도에서 완전히 열린다.

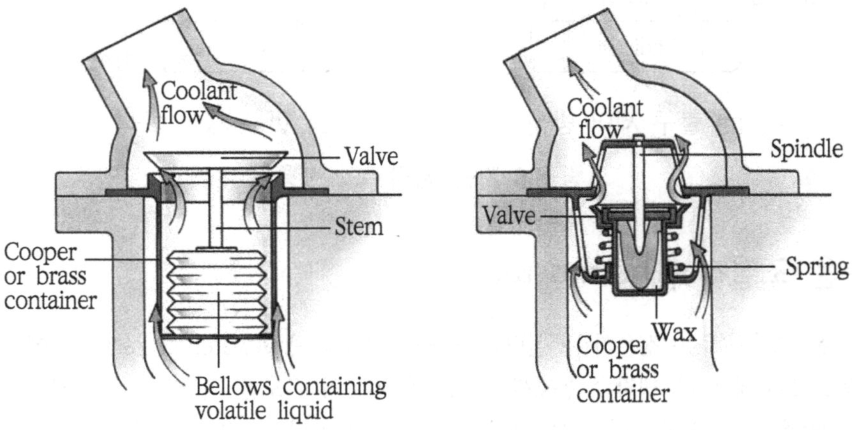

(a) Bellows type (b) Pellet type

그림 5.7 냉각수 온도 조절기의 구조

5.5 냉각수와 부동액

5.5.1 냉각수

자동차기관에서 사용하는 냉각수로는 칼슘 이온이나 마그네슘 이온의 함유량이 적은 연수(soft water)를 사용하는데, 그 이유는 열을 잘 흡수하고 구입이 용이하기 때문이다. 물은 0℃서 얼고 100℃에서 비등하며, 물 때(scale)가 생기기 쉽고, 금속을 부식시키는 결점이 있다. 따라서 물만을 냉각수로 사용하면 냉각장치의 고장을 유발할 수 있으므로 다음을 보완해야 한다.

- 가압 후 냉각수의 비등점을 올려야 한다.
- 부동액을 사용하여 냉각수의 응고점을 내려야 한다.
- 물의 수질에 따라 첨가제를 사용해야 한다.

5.5.2 냉각액

수냉식 냉각장치에는 대부분 물을 사용해 왔으나, 무게를 줄이기 위한 알루미늄 라디에이터의 사용으로 인하여 부식의 문제가 있어 방청제, 부식방지제, 동결방지제 등이 첨가된 냉각액이 사용된다. 이러한 냉각액을 LLC(Long Life Coolant)라 한다. 이것은 에틸렌글리콜(Ethylene glycol, $C_2H_6O_2$)에 방청제, 부식방지제 및 산화방지제를 첨가하여 장시간 사용할 수 있는 냉각액으로, 금속부식을 방지하고 동결과 과열을 방지하면서 부동액의 역할도 하여 별도의 부동액을 쓸 필요가 없다.

5.5.3 부동액

물은 0℃가 되면 얼기 시작하고 체적이 10% 정도 증가하므로 기관이 파손될 수가 있다. 그러므로 겨울철에는 냉각수에 빙점이 낮은 부동액(anti-freeze)을 첨가하여 기관의 동파를 방지해야 한다.

부동액은 에틸렌글리콜(빙점 : -12.9℃, 비등점 : 197.3℃)에 청색 물감과 안정제를 넣어 만든다. 표 5.1과 같이 물과의 혼합 비율에 따라 혼합액의 비등점 및 빙점이 달

표 5.1 에틸렌글리콜 농도와 비등점 및 빙점 관계

농 도 (%)	0	20	30	40	50	60	70	80	100
비등점 (℃)	100	102	103	104	107	110	116	124	197
빙 점 (℃)	0	-9	-16	-25	-36	-50	-61	-49	-13

라지나, 보통 혼합액의 비율은 체적비로 냉각수 60%와 부동액 40%의 비율로 한다. 이 경우 물과 부동액의 혼합물 빙점은 -25℃이고, 안전 작동온도는 -20℃까지이다.

하지만 부동액 농도가 30% 이하이면 내식성이 떨어지고, 60% 이상이면 부동성과 냉각성이 오히려 감소하여 기관에 나쁜 영향을 미치게 된다.

5.6 냉각수 온도 계측

5.6.1 수온센서

수온센서는 라디에이터에 들어가기 전 수온이 높은 부분에 설치되고, 온도 변화에 따라 전기 저항값이 변하는 서미스터(thermistor) 형식으로 되어 있다. 출력 전압을 기준으로 ECU는 기관의 온도 상태를 파악하고, 특히 냉간시 연료량 보정제어를 한다. 그리고 냉각수 온도가 40℃ 이하일 때는 냉각 팬의 구동 모터를 정지시킨다.

5.6.2 수온 지시계

수온 지시계(coolant temperature indicator)는 수온센서와 같은 곳에 설치되어 냉각수 온도를 계기판(dash-board)에 표시하여 운전시 냉각수 온도를 볼 수 있도록 하는 장치이다. 온도에 따라 저항치가 변하는 서미스터를 사용하고 반도체소자를 이용한 아날로그 형태 또는 전자 회로를 이용한 디지털 형태로 계기판에 표시한다.

그림 5.8은 밸런스 코일식(balance coil type)으로 계기부와 기관 유닛부로 구성되어 있다. 기관 유닛부에는 서미스터를 두고 있으며, 서미스터는 전기저항이 저온에서는 크고

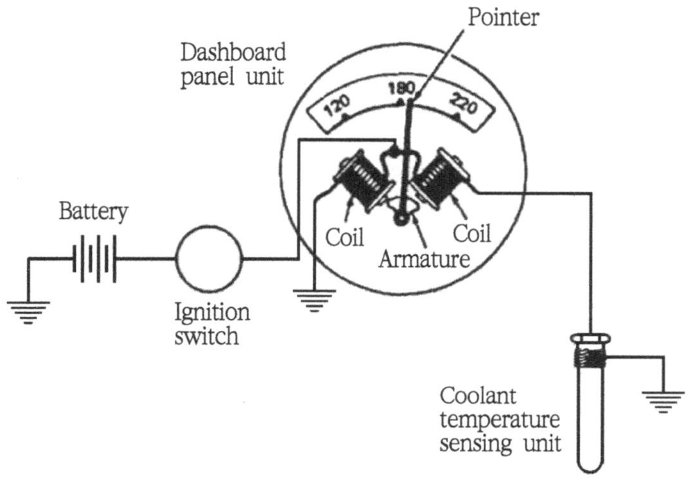

그림 5.8 수온 지시계 (Balance coil type)

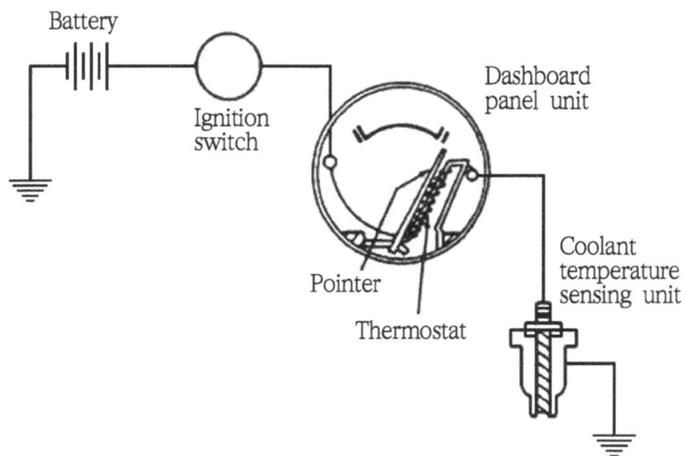

그림 5.9 수온 지시계 (Bimetal thermostat type)

온도가 상승함에 따라 감소하는 성질이 있다. 작동은 그림 5.8에서 양쪽 코일(coil)의 흡입력이 온도에 따라 변화하고, 이에 따라 지침(pointer)가 좌우로 움직이게 된다.

이외에도 그림 5.9와 같은 바이메탈 써모스탯식(bimetal thermostat type), 바이메탈 저항식(bimetal resistance type) 등이 있다.

5.6.3 수온 스위치

수온 스위치는 라디에이터 하부에 설치되어 냉각수 온도를 감지하여 미리 설정된 온도에서 접점이 개폐하도록 되어 있다. 냉각수 온도가 90℃가 되면 쿨링 유니트(cooling unit)에 음(-)의 신호를 주어 냉각 팬의 작동을 낮은(Low) 속도로 유지하고, 냉각수 온도가 100℃가 되면 팬의 작동을 높은(High) 속도로 작동되도록 하는 스위치이다.

연습문제 5

5.1 기관 냉각의 목적은 무엇인가?

5.2 기관 과냉의 원인 및 문제점에 대하여 설명하라.

5.3 기관 냉각계통에서 수온 조절기(thermostat)의 역할에 대하여 설명하라.

5.4 자동차기관에서 많이 사용하는 수온조절기는 어떤 종류인가?

5.5 기관 냉각방식에서 출구 제어와 입구 제어 방식의 차이에 대하여 설명하라.

5.6 방열기(radiator) 입구와 출구에서 냉각수 온도차는 얼마가 적당한가?

5.7 라디에이터 코어 막힘율은 어떻게 정의하며, 그 값이 얼마 이상이면 라디에이터를 교환해야 하는가?

5.8 기관 냉각수의 부동액으로 많이 사용하는 물질은 무엇인가?

5.9 부동액의 구비조건에 대하여 기술하라.

5.10 에틸렌글리콜을 부동액으로 사용할 때 안전 작동온도가 -20℃인 부동액의 농도는 몇 %인가?

5.11 프레스톤(Preston) 냉각법의 이점에 대하여 설명하라.
(참고 : Preston은 에틸렌글리콜의 상표명이다)

5.12 가열된 기관에 냉각수를 보충할 때 가장 좋은 방법은 무엇인가?

6

전자제어 가솔린 기관

6.1 연료 분사방식의 원리

가솔린기관에서 연소실 내에 연료를 공급하는 방식에는 기화기 방식, 흡기포트에 저압으로 분사하는 방식과 실린더 내에 고압으로 직접 분사하는 방식들이 있다.

기화기 방식은 그림 6.1과 같이 스로틀 밸브(throttle valve) 상류에 벤투리관(venturi tube)을 설치하고, 공기가 이 벤투리관을 통과할 때 발생하는 공기의 부압에 의해 플로트실(float chamber)에서 연료가 연속적으로 흡출되면서, 이 연료와 공기가 혼합되어 실린더 내로 공급된다. 이와 같이 기화기 방식은 구조가 간단하고 잘 작동하는 편리한 연료 공급 장치이지만, 혼합비 조정이 불확실하여 출력의 증대, 연료소비율의 감소 및 유해 배출가스 저감 등에 있어서 불충분하다. 그러므로 기화기 방식의 연료 공급 장치는 거의 사용되지 않으며, 현재는 연료 공급펌프에 의하여 노즐을 통해 연료를 흡기관 또는 실린더 내에 직접 분사하는 방식을 사용하고 있다.

연료 분사 방식은 각종 센서들을 통해 기관에서 흡입한 공기량을 측정하고, 그 공기량에 따라 설정된 공기-연료비가 되도록 ECU(Electronic Control Unit)에서 연료의 양을 계산하여 분사밸브에 신호를 주면 이 신호에 따라 연료를 공급한다.

가솔린기관에서 연료 분사 방식은 기화기 방식에 비하여 다음과 같은 장점이 있다.

- 운전 조건에 따른 적절한 연료공급과 균일한 연료분배로 효율이 향상되고, 유해 배출가스의 양을 줄일 수 있다.
- 벤투리관이 없기 때문에 공기저항이 적고, 이상적인 흡기관의 설계가 가능하여 기관의 출력이 향상된다.

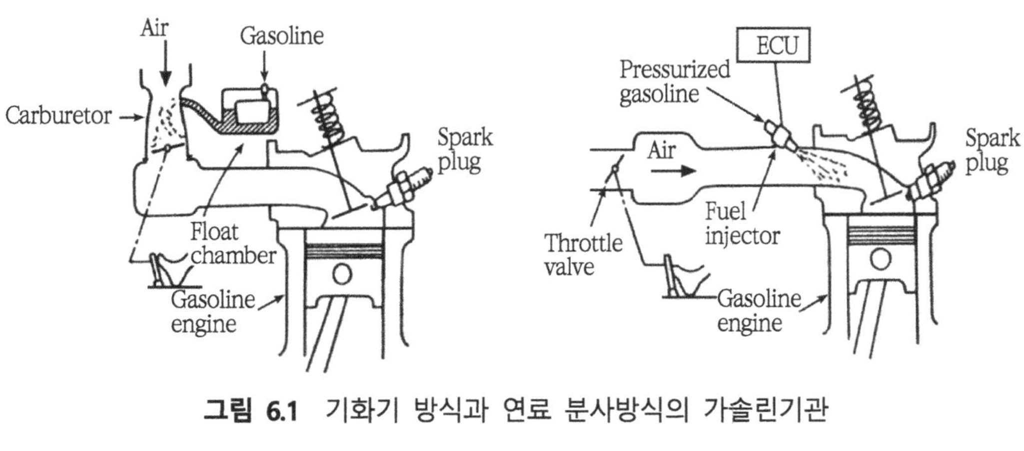

그림 6.1 기화기 방식과 연료 분사방식의 가솔린기관

- 공기흐름에 따른 관성질량이 작아 가·감속시의 응답성이 우수하다.
- 주변 온도 및 압력 등의 변화에 대응하여 운전성이 향상된다.

6.2 연료 분사방식의 종류

가솔린기관에서 연료 분사방식은 흡입공기량 측정방식, 연료 분사의 위치 및 분사밸브의 수, 연료 분사의 시기와 분사 압력 등에 따라 다음과 같이 분류된다.

- 공기량 측정방식
  - 직접측정방식 — 공기량 계량방식
  - 간접측정방식
    - 밀도-속도 방식
    - 스로틀-속도 방식
- 연료 분사 위치
  - 실린더 분사 — Gasoline Direct Injection
  - 흡기관 분사
    - Multi Point Injection
    - Single Point Injection
- 연료 분사 시기
  - 연속 분사
  - 비연속 분사
    - 독립 분사
    - 그룹 분사

그림 6.2 가솔린기관 연료 분사 방식의 종류

6.2.1 공기량 측정방식에 의한 분류

(1) 공기량 계량방식

공기 유량계(air flow meter)로 직접 흡입공기량을 계측하고, 이것을 전기적인 신호로 변환시켜 ECU로 보내 연료 분사량을 결정하는 방식이다. 그림 6.3과 같이 계측된 공기유량을 기관회전수로 나눈 값을 기초로 하여 1회의 사이클당 분사할 연료량을 결정한다. 공기유량센서의 종류에는 다음에 설명할 베인식(vane type), 칼만 와류식(Karman vortex type), 열선(hot wire) 및 열막 방식(hot film type) 등이 있다.

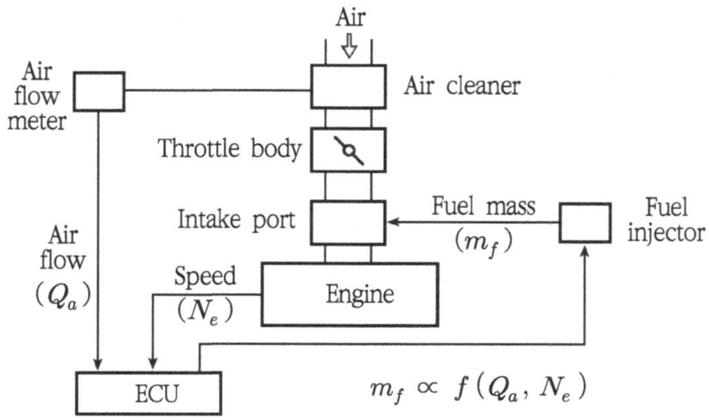

그림 6.3 공기량 계량방식의 공기-연료비 제어

(2) 밀도-속도 방식

흡입공기량을 직접 측정하지 않고, 그림 6.4와 같이 흡기관의 공기 압력과 기관회전수로부터 추정하고, 추정된 공기량을 기초로 하여 연료 분사량을 결정한다. 이 방식은 연료의 공급이 정밀한 장점이 있으나, 흡기관의 공기 압력과 흡입공기량이 단순한 관계가 아니기 때문에 과도상태에서는 보정이 필요한 단점이 있다. 또한 배출가스 재순환(EGR)을 행할 경우 흡기관의 압력이 변하기 때문에 정확한 신기의 흡입량을 추정하기가 용이하지 않다. 흡기다기관 내의 압력은 피에조 압전 소자(piezo-electric element)를 이용한 MAP 센서를 사용한다.

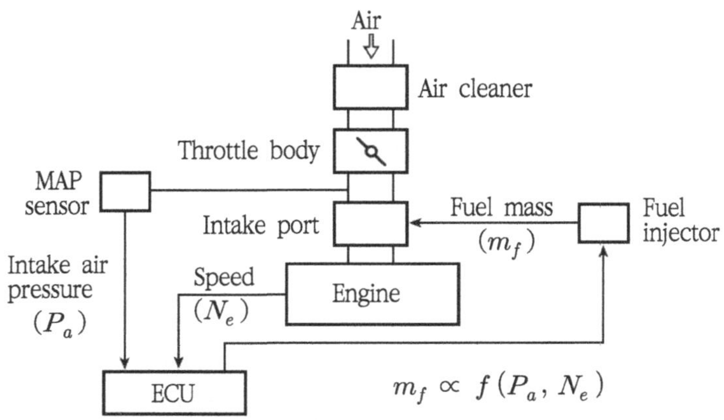

그림 6.4 밀도-속도 방식의 공기-연료비 제어

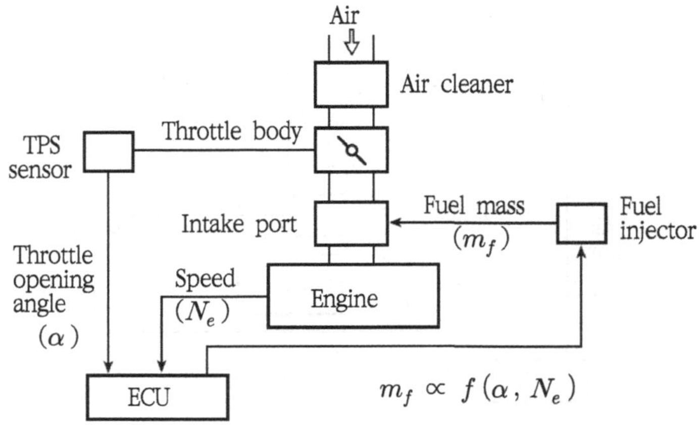

그림 6.5 스로틀-속도 방식의 공기-연료비 제어

(3) 스로틀-속도 방식

그림 6.5와 같이 스로틀 밸브의 열림각(throttle opening angle)과 기관회전수로 흡입 공기량을 추정하여 연료 분사량을 산출하는 방식이다. 스로틀 위치 센서(throttle position sensor)로 직접 스로틀 열림량을 계측하므로 과도상태에서 응답성이 우수하여 경주용 자동차에 사용되기도 하나, 공기량은 스로틀 열림각 및 기관회전수에 대한 관계가 복잡하므로 이의 환산이 용이하지 않다.

6.2.2 연료 분사 위치에 따른 분류

근래에 개발된 실린더 내에 가솔린 연료를 고압으로 직접 분사하는 GDI(Gasoline Direct Injection) 방식은 제8장에서 설명한다. 여기에서는 흡기다기관에 연료를 분사하는 방식인 SPI(Single Point Injection)방식과 흡입포트에 분사하는 MPI(Multi Point Injection)방식을 설명한다.

(1) SPI 방식

그림 6.6 (a)의 구성도와 같이 스로틀 밸브(throttle valve) 상류에 위치한 1~2개의 연료분사기(fuel injector)를 통하여 연료를 분사하므로, TBI(Throttle Body Injection)방식이라고 한다. ECU는 공기유량센서의 출력값과 배기다기관에 부착된 산소센서의 출력값인

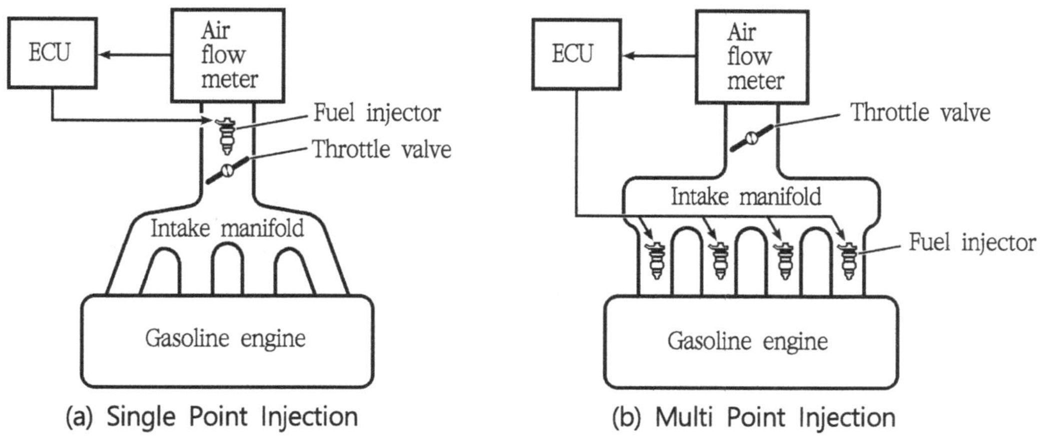

그림 6.6 SPI와 MPI의 분사장치 구성도

배출가스 중의 산소 농도를 기초로 하여 공기-연료비가 14.7 : 1이 되도록 연료분사기를 제어하여 연료 분사량을 조절한다. 하지만 스로틀 밸브 위쪽에 분사된 연료는 흡기다기관을 통해 실린더로 유입되므로, 각 실린더에 공급되는 혼합기 공급의 불균형, 흡기다기관에서의 연료 응축(wall wetting) 등의 결점이 있다.

(2) MPI 방식

그림 6.6 (b)와 같이 흡입 포트에 각각 1개씩의 연료분사기를 설치하여 연료를 공급하므로 각 실린더의 공연비가 일정하고 최적의 성능이 보장된다. 연료는 배기행정 말기에 분사되며, 흡입포트에 분사된 연료는 실린더 내로 유입되어 기화하여 공기와 혼합기체를 형성한다.

6.2.3 연료 분사 시기에 따른 분류

(1) 연속분사 방식

가솔린기관의 운전조건에 관계없이 연료를 계속적으로 분사하는 방식으로 SPI 방식에서만 가능하다. 연속분사는 과거 기계식 분사에서 널리 사용되었던 방법이며, 효율이나 유해 배출가스 측면의 성능이 미흡하여 현재에는 전자식의 비연속분사 방식이 널리 사용되고 있다.

(2) 비연속분사 방식

간헐분사(pulse injection) 방식이라고도 하며, 일정한 시간 간격으로 연료를 분사하는 방법으로, 각 실린더의 분사밸브가 독립적으로 분사하는 독립분사와 점화순서에 따라 몇 개의 그룹으로 나누어 분사하는 그룹분사 방식이 있다. 독립분사는 1회 연소에 필요한 연료량의 분사를 각 실린더별로 최적의 분사시기에 분사하기 때문에 최대 효율을 달성할 수 있다. 하지만 독립적으로 정확한 시기에 연료를 분사하기 위해서는 어느 실린더에 연료가 분사되고 있는지를 판별할 신호가 필요하다.

6.3 전자제어 연료장치의 종류

가솔린기관에서 사용되는 전자제어 연료분사장치는 1967년 독일의 Bosch사가 처음 개발하여 발표하였다. Bosch사가 1962년 전자제어장치를 개발을 시작할 당시에 자동차에 의한 대기오염이 사회적인 문제로 대두되기 시작하였다. 따라서 자동차의 유해 배출가스 저감대책 중의 하나로 정밀한 공기-연료비의 제어가 요구되었고, 그에 따라 전자제어 연료분사장치들이 장착되었다.

6.3.1 K-Jetronic

기계식 연속분사방식인 K-Jetronic은 기관이 회전하면 연료는 분사기로부터 연속해서 분사된다. 여기서 K는 독일어 Kontinuierlich(연속)의 첫 글자이고 Jetronic은 영어의 Injection(분사)과 Electronic(전자)의 합성어로서 독일의 Robert Bosch가가 개발한 전자제어 연료분사장치의 상품명이다.

연료 분사량은 그림 6.7에서와 같이 흡기계통에 설치된 센서 플레이트(measuring plate)에 의해 연료분배기 내의 제어 플런저가 움직여 연료분사기로 통하는 통로의 면적을 변화시켜 제어한다. 하지만 기계식의 연속분사방식이기 때문에 연료소비율의 측면에서 개선되어야 할 문제점을 갖고 있었다.

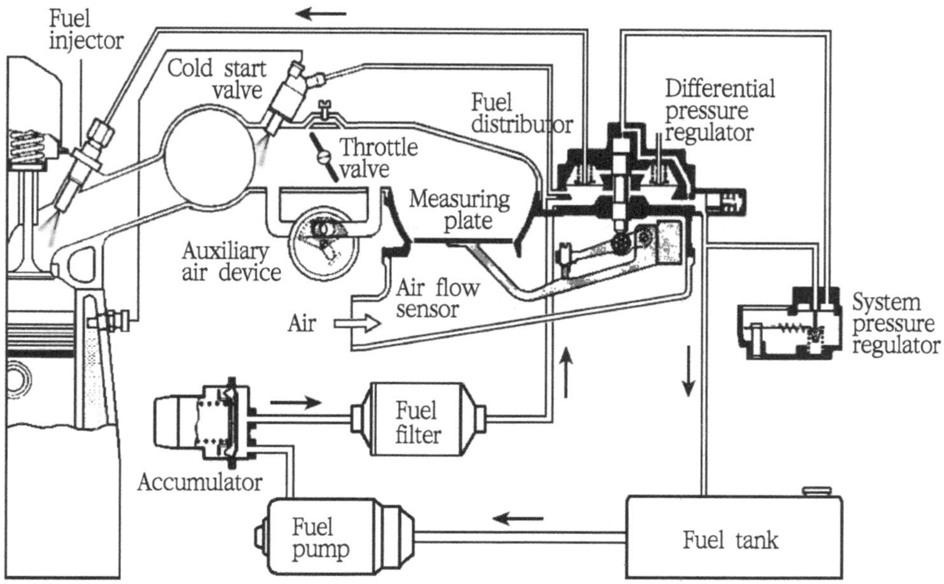

그림 6.7 K-Jetronic 연료분사장치의 구성

6.3.2 D-Jetronic

Bosch사가 개발한 초기의 전자제어 연료분사장치는 D-Jectronic이고, 그 후 L-Jectronic으로 발전되었다. D-Jetronic의 D는 독일어 Druck(압력)의 첫 글자이며, 이 시스템은 그림 6.8과 같이 기관회전수와 흡기관의 공기 압력의 의해 흡입공기량을 측정하는 밀도-속도 방식을 채택하고 있다. 또한 분사위치는 흡기포트이고, 실린더 2개를 하나의 그룹으로 하는 그룹 분사 방식을 채택하였다.

연료분사압력은 2.1 kg_f/cm^2(계기압)으로 일정하고, 분사시점의 검출은 배전기(distributor) 내에 설치된 전용 트리거 스위치(trigger switch)에 의존하였다.

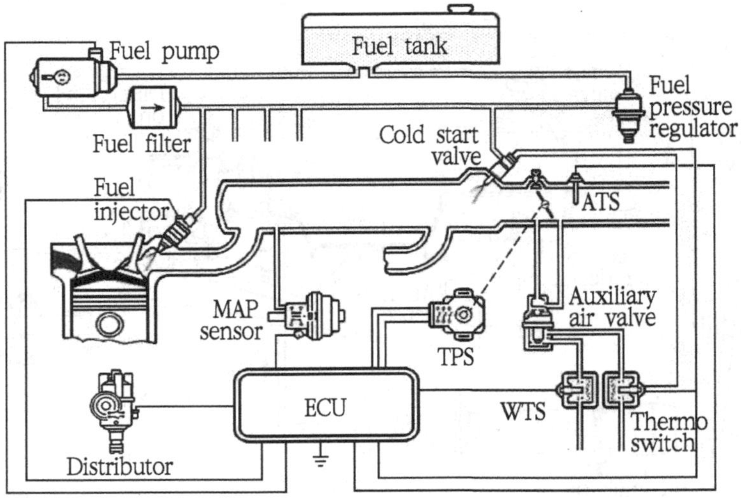

그림 6.8 D-Jetronic 연료분사장치의 구성

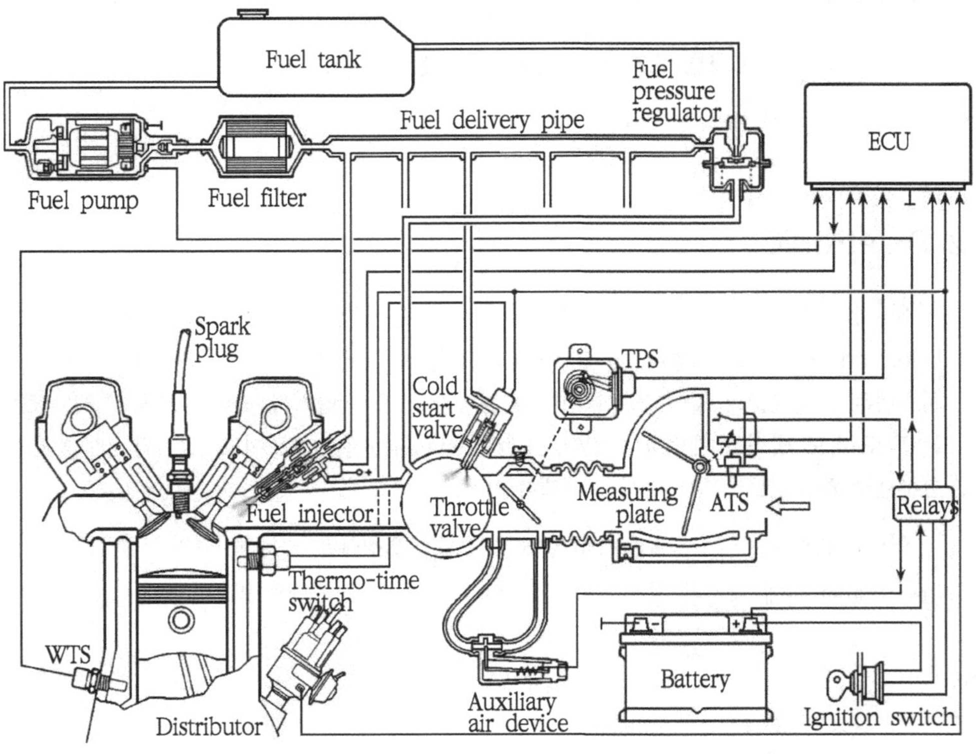

그림 6.9 L-Jetronic 연료분사장치의 구성

6.3.3 L-Jetronic

L-Jetronic은 앞에서 기술한 K-Jetronic과 D-Jetronic의 장점을 결합한 형태로, 현재 가장 널리 사용되고 있는 방식이다. L-Jetronic의 L은 독일어 Luftmengen(공기량)의 첫 글자이며, 그림 6.9와 같이 흡입공기량은 K-Jetronic과 같이 공기유량계에 의하여 직접 계측하고, 분사방식 및 분사위치 등은 D-Jetronic과 같은 비연속분사이며, 그룹분사방식을 택하였다. 또한 연료압력과 흡기다기관 공기압력과의 차압을 2.55 kg_f/cm^2으로 조절하여 기관회전수에 관계없이 일정한 연료 분사율을 유지하도록 하였다.

6.3.4 Motronic

Motronic은 전자제어 연료분사장치 중 현재 가장 발달된 장치이다. 장치의 구성은 그림 6.10과 같이 L-Jetronic과 크게 다르지 않지만, 점화장치와 연료분사장치를 결합하여 전자적으로 제어함으로써 점화장치와 분사장치를 개별적으로 제어하는 경우에 비하여 더 큰 유연성과 보다 많은 기능을 가질 수 있다. 그리고 별도의 저온 시동밸브를 생략하여 연료분사기에서 냉간 시동시 연료량을 추가 분사하고, 점화계통뿐만 아니라 공전속도 및 배출가스 재순환도 함께 제어하므로 다음과 같은 장점들이 있다.

- 난기를 형성할 때까지 농후한 혼합기와 점화시기가 정밀하게 조정되어 연료가 절감된다.
- 전부하 운전시 기관회전수에 따라 분사량이 조절되기 때문에 연료가 절감된다.
- 감속시에 연료를 일시 차단하므로 연료가 절감된다.
- 공회전속도가 안정하다.
- 기관의 유연성이 향상된다.
- 전부하 운전시 점화진각이 최대 회전력에 조정되어 있다.
- 기관의 시동 및 냉간 시동 성능의 신뢰성이 향상된다.
- 배출가스 중의 유해성분이 적다.

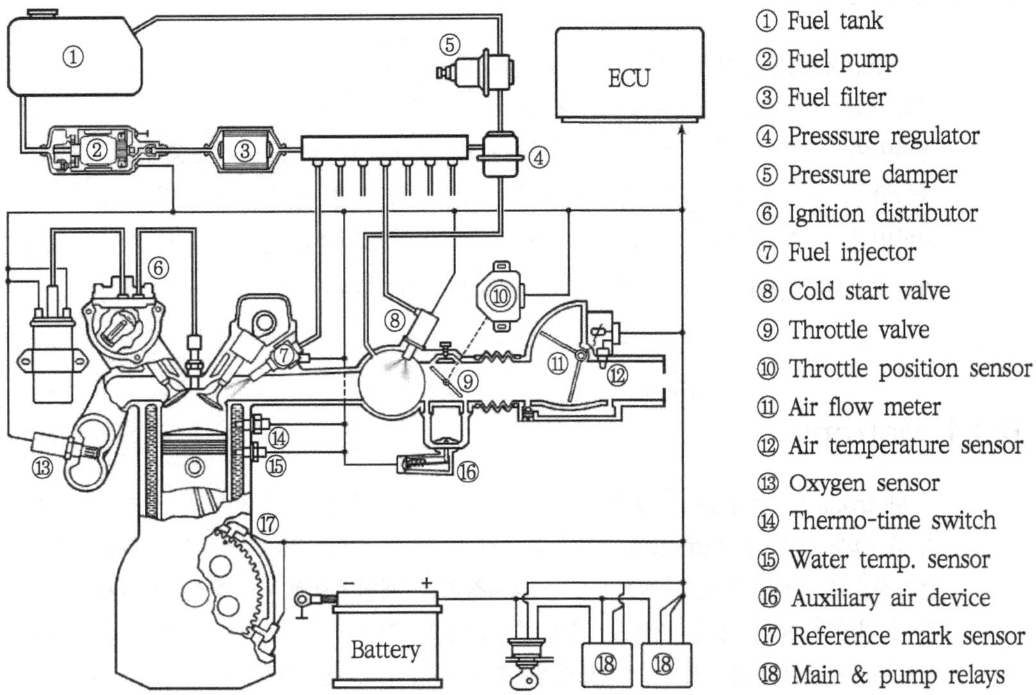

그림 6.10 Motronic 연료분사장치의 구성

6.4 전자제어 연료장치의 구성

전자제어 연료분사장치는 흡입되는 공기량에 맞추어 연료의 분사량을 제어하는 시스템이다. 이러한 제어장치에는 많은 센서 부품들이 적용되고, 이들의 제조사에 따라 종류와 성능이 다르지만 일반적으로 다음과 같이 공기 계통, 연료 계통 및 제어 계통으로 구성되어 있다.

① 공기 계통 : 공기 유량계, 스로틀바디(throttle body), 서지탱크, 흡기다기관
② 연료 계통 : 연료 펌프, 연료 여과기, 분배파이프, 연료 압력조절기, 인젝터 등
③ 제어 계통 : ECU, 수온센서, 흡기온도센서, 스토틀 위치 센서, 크랭크각 센서 등

6.4.1 공기 계통

공기 청정기를 거치면서 여과된 공기는 흡기량 검출을 위한 공기유량센서 및 스로틀바디의 밸브를 통과하여 서지탱크로 유입되고, 각 실린더의 흡기포트로 분배되어 연료분사기에서 분사된 연료와 함께 실린더로 들어간다.

(1) 공기유량센서

흡기 계통에서 중요한 센서는 공기유량센서(air flow sensor)이며, 공기량의 정확한 계측은 공연비 제어에 가장 기본적인 요소이다. ECU는 이 센서에서 보내준 공기량 검출신호를 연산하여 기본 분사량을 결정하고, 분사신호를 인젝터에 보낸다. 공기유량센서의 종류에는 체적유량 계측방식인 가동 베인식과 칼만 와류식, 질량유량 계측방식인 열선식과 열막식 그리고 간접 계측방식인 흡기압력 검출방식 등이 있다.

① 가동 베인식 (Vane or Measuring plate type)

그림 6.11은 L-Jetronic 방식에서 사용되는 베인식 공기유량센서의 구조 및 작동원리를 나타낸다. 기관이 정지되어 있을 때 측정판(measuring plate or flap)은 복귀스프링에 의해 닫혀 있고, 기관이 회전하면 공기의 흐름에 의해 측정판은 열리게 된다. 유입되는 공기량이 많을수록 측정판의 열림각은 커지고, 측정판의 회전축과 연결된 슬라이드(slide)는 저항과 접촉하고 전위차계(potentiometer)에 의해 전압으로 변환되어 ECU로 입력된다.

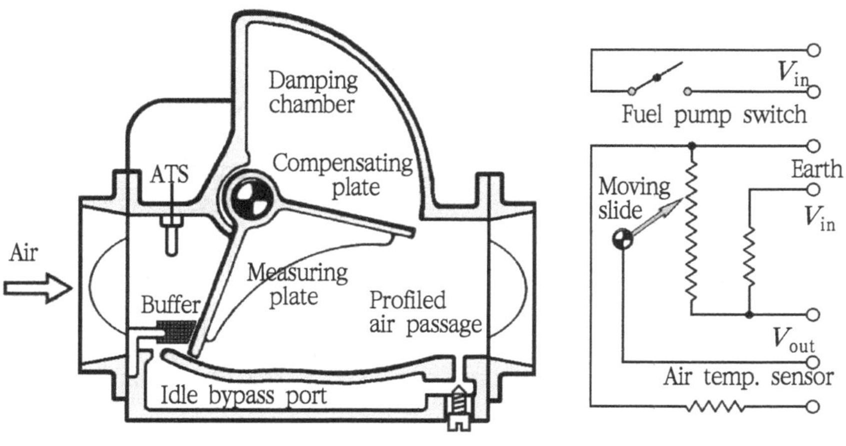

그림 6.11 가동 베인식 공기 유량계의 구조 및 원리

아울러 급격한 공기량의 변화에 대응하여 측정판을 안정시킬 수 있도록 측정판과 일체형으로 만들어진 보상판(compensating plate)이 완충실(damping chamber)을 형성하여 측정판의 진동을 흡수함으로써 보다 정확하게 공기량을 측정한다. 그리고 연료 펌프 스위치, 흡기온도 센서 등이 부착되어 있다.

아울러 공회전시 공연비 조절을 위해 측정판을 통과하지 않고 기관으로 공기를 공급해 주는 우회 통로(idle bypass port)가 있고, 우회 공기량을 조절하는 바이패스 조정나사가 설치되어 있다.

② 칼만 와류식 (Karman vortex type)

이 방식은 공기 여과기 내부에 설치되어 그림 6.12와 같이 칼만 와류 현상을 이용하여 흡입공기량을 측정한 후, 이를 디지털 신호로 바꾸어 ECU에 보내면 ECU는 흡입공기량의 신호와 기관회전수 신호를 이용하여 기본 연료분사량을 연산한다.

칼만 와류(Karman vortex)는 공기 흐름의 중간에 장애물 기둥을 설치해 두면 공기가 유동하면서 저항을 받게 되고, 그에 따라 기둥 후방에서 발생되는 공기의 소용돌이이다. 이와 같은 와류의 발생 현상을 이용하여 컨트롤 릴레이(control relay)에서 전류를 공급받

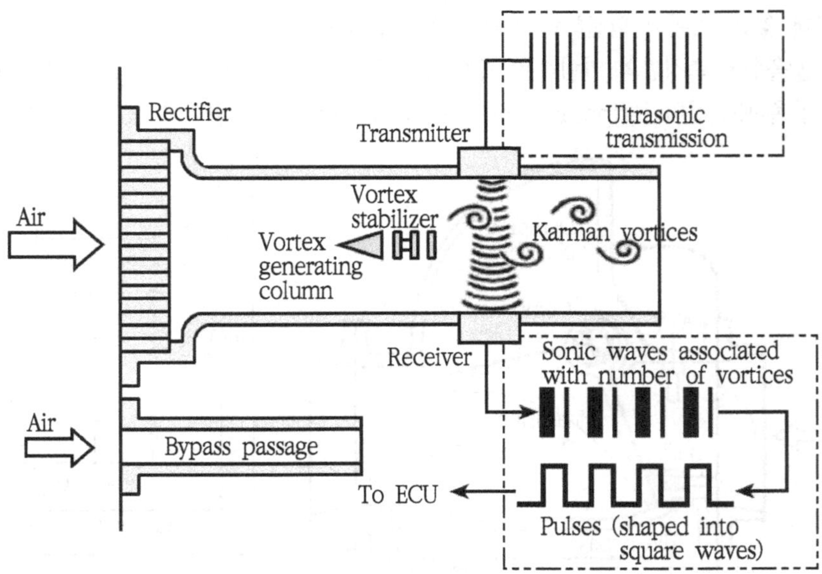

그림 6.12 칼만 와류식 공기 유량계의 구조 및 원리

아 증폭된 일정 간격의 초음파를 발신기에서 수신기로 보내면, 초음파는 수신기로 전달될 때 흡입공기의 유동장에서 발생한 칼만 와류 속을 통과하므로 불규칙한 칼만 와류 수만큼 밀집되거나 분산된 후 수신기로 전달된다. 수신기는 이 신호를 하이브리드(hybrid) IC로 보내며, 여기서 디지털 신호로 검출되어 ECU로 보내진다. 칼만 와류 방식에는 대기압 센서와 흡기온도 센서가 설치되어 있다.

③ 열선식 (Hot wire type)

공기 유동장에 발열체를 놓으면 공기에 의하여 열을 빼앗기므로 발열체의 온도가 변화하며, 온도 변화는 공기의 유동 속도와 비례한다. 이러한 발열체와 공기의 열전달 현상을 이용한 것이 열선(hot wire) 방식이다.

그림 6.13과 같이 열선 방식은 흡입공기 온도를 감지하는 서미스터(thermistor) 구조의 콜드 와이어(cold wire)와 열선(백금으로 된 가는 선)과의 온도 차이를 일정하게 유지되도록 하이브리드 IC로 제어한다. 통과 공기유량이 증가하면 열선이 냉각되어 저항값이 감소하므로 제어회로에서는 즉시 전류량이 증가되며, 이 전류의 증가는 열선의 온도가 원래의 설정온도(약 100℃)가 될 때까지 계속된다.

따라서 ECU는 이 전류의 증감을 감지하여 흡입공기량을 계측한다. 그리고 질량유량에 대응하는 출력을 직접 얻을 수 있기 때문에 보정을 하지 않아도 되는 특징이 있다. 열선 방식은 기관이 흡입하는 공기질량을 직접 계측하므로 공기 밀도의 변화와는 관계없이 정확한 계측을 할 수 있다. 하지만 열선식은 열선, 콜드 와이어, 정밀저항기 등으로 이루어

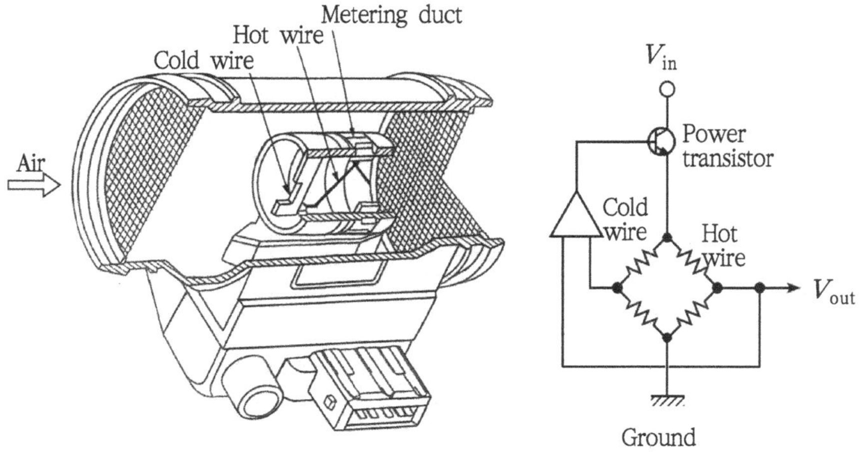

그림 6.13 열선식 공기 유량계의 구조 및 원리

진 고가 제품이고, 이물질을 제거하기 위한 자기청정기능은 가열과 냉각을 반복해 계측의 정밀도가 떨어지는 단점이 있다.

자기 청정(self-cleaning burning)은 열선이 이물질로 오염되면 출력 신호가 변화하므로, 기관의 가동이 정지할 때마다 일정 시간이 경과한 후에 순간적으로 다시 전류를 공급하여 열선을 1000℃ 정도로 가열하여 열선 주위의 퇴적물을 연소시켜 제거하는 기능이다. 이는 기관회전수가 1000 rpm 이상이어야 하며 냉각수 온도가 30℃ 이상에서 기관의 가동이 정지된 경우이다.

④ 열막식 (Hot film type)

열막식은 백금 필름을 플라스틱에 코팅한 것으로 센서부가 측면에 설치되어 있어 오염이 힘든 구조여서 자기청정기능은 필요하지 않으며, 기본 작동원리는 열선식과 같다. 열막은 약 0.2 mm 두께의 얇은 세라믹 기판에 백금선, 온도 센서, 정밀 저항기를 층 저항으로 집적시킨 막으로서, 열선식 센서들을 세라믹 기판에 집적시켜 내부를 간략화 시켰다. 또한 열선식에 비해 열손실이 적기 때문에 냉각체가 작아 중량이 가볍고 백금을 사용하지 않아 가격도 낮고 측정 정밀도도 우수하다.

⑤ 흡기압력 검출방식

흡입공기의 절대압력을 검출하는 MAP 센서(Manifold Absolute Pressure Sensor)는 D-Jetronic에서 사용되며, 기관의 부하 및 회전수 변화에 따라 형성되는 흡기다기관의 압력변화를 계측하여 출력 전압의 신호를 ECU에 보낸다. 이때의 압력 변화는 압전소자(Piezoelectric element)를 사용하여 측정한다.

압전소자는 실리콘 칩(silicon chip)에 몰딩(molding)되어 있으며, 실리콘 칩의 진공실(vacuum chamber)은 흡기다기관의 공기와 약 25 ㎛ 두께의 막을 사이에 두고 있다. 이 얇은 막은 다이어프램(diaphragm)과 같은 역할을 하고, 바깥쪽은 파이렉스 글라스 판(Pyrex glass plate)으로 되어 있다. 흡기다기관의 공기압력이 변화하면 압전소자의 저항이 변화하고 그에 따라 전압이 변화한다. 센서에서 출력된 전압은 압력에 비례하여 커지는데, 기관이 공회전할 때 흡기관 절대압력은 30~40 kPa(진공압 450~530 mmHg)이고 0.9~1.7 V의 전압을 출력하고, 스로틀 밸브가 완전히 열린 상태(WOT)에서는 4~5 V의 높은 전압을 출력한다. 또한 MAP 센서는 대기 압력을 측정하는데도 사용되며, ECU가 자동적으로 고도 조정에 따른 보정도 하게 된다.

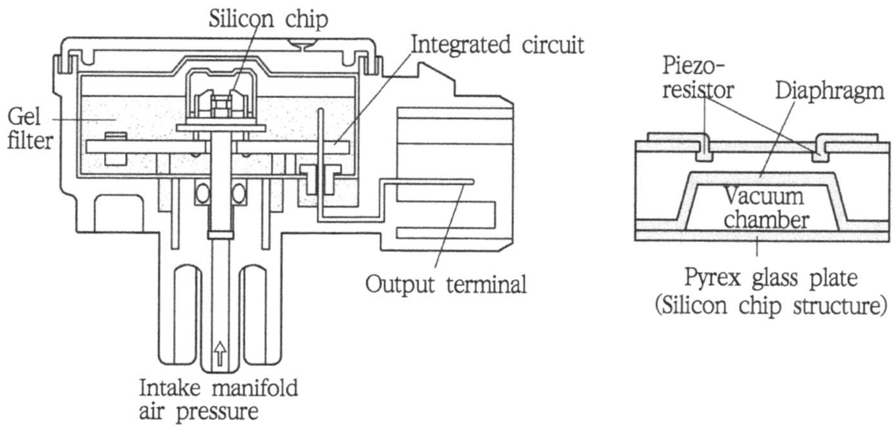

그림 6.14 MAP 센서의 구조 및 원리

(2) 스로틀 보디

스로틀 보디(throttle body)는 공기유량센서와 서지탱크 사이에 설치되어 있고, 운전자의 가속페달 조작에 연동하여 흡기 통로의 단면적을 변화시켜주는 역할을 수행한다. 그림 6.15와 같이 스로틀 밸브(throttle valve) 축에는 스로틀 밸브의 열림 정도를 검출하여 ECU로 입력시키는 스로틀 위치 센서(throttle position sensor)가 있다. 그리고 스로틀 보디 하부에는 한냉시 동결현상을 방지하고 흡입되는 공기 온도를 일정 이상으로 유지하기

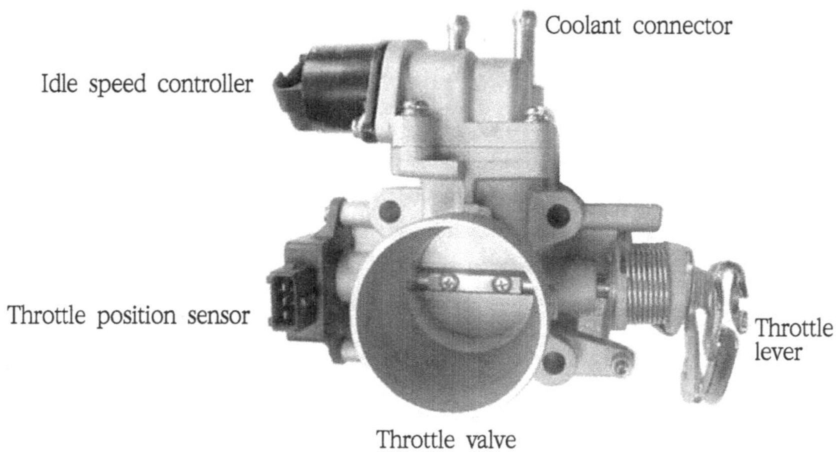

그림 6.15 Throttle body의 구조

위하여 엔진 냉각수가 순환되도록 냉각수 통로가 있다. 또한 스로틀 보디에는 형식에 따라 기관을 급감속할 때 스로틀 밸브의 닫힘을 완만하게 해주는 대시포트(dash-port) 또는 공전 속도 제어장치(idle speed controller) 등이 설치되어 있다.

① 스로틀 위치 센서

TPS(Throttle Position Sensor)는 스로틀 보디에 설치되어 스로틀 밸브의 열림을 계측하여 그 신호를 ECU에 보내는 것이며, 접점방식(switch type), 선형방식(가변저항식, linear type) 및 복합식이 있다.

접점방식은 가속페달의 조작에 따라 스로틀 축과 연결된 가이드 캠의 홈을 따라 접촉되어 작동하며, 가동 접점(중속), 파워 접점(고속) 및 아이들 접점(공회전)으로 구성되어 있다. 스로틀 밸브의 열림 각도는 1.3° 이하, 1.3~75° 및 75° 이상으로 나누어지며, 각각 전폐, 중속 및 전개 상태로 감지하여 개폐 정도를 파악한다. 이 방식은 가변저항식에 비하여 검출성이 나쁘지만 간단하고 저렴한 장점이 있다.

선형방식(가변저항식)은 그림 6.16과 같이 스로틀 밸브와 연동하여 움직이는 2개의 슬라이더(slider)가 있고, 한 개의 접점은 기판에 인쇄된 저항체 위를 미끄럼운동하면서 밸브의 열림에 따른 출력값을 얻고 그 전압의 크기에 따라 열림각을 알 수 있다. 이 방식은 스로틀 밸브의 전폐 상태를 확실히 검출하기 위하여 밸브 전폐 상태일 때만 접점이 작동되는 공전 스위치(idle switch)가 있고, 접점식보다 정확한 개도 상태를 ECU에 보낸다.

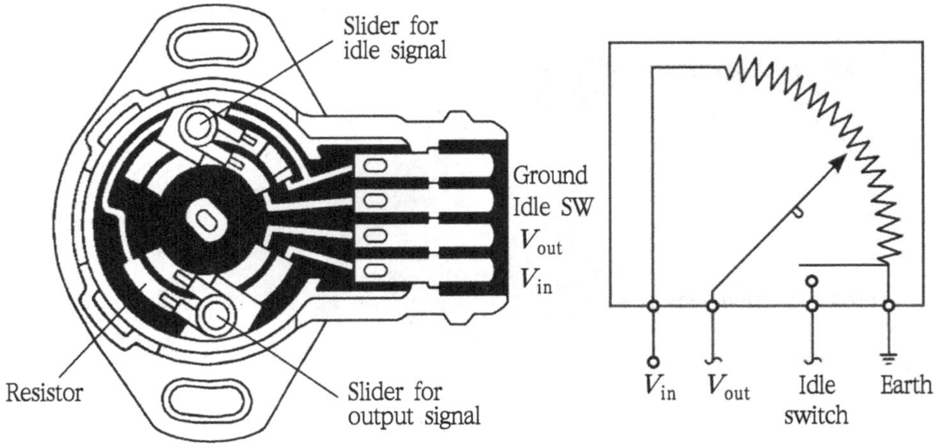

그림 6.16 가변저항식 스로틀 위치 센서의 구조

② 공전속도 조절장치

공전 속도 조절장치(Idle Speed Controller)는 기관에서 매우 중요한 여러 가지 기능이 있다. 공회전 상태에서 최적의 연비 및 정숙성을 유지하고, 에어컨의 작동시나 기관 시동시에 냉각수온도에 따른 연료증량에 맞춘 흡입공기량의 증대, 감속시 대시포트 등의 제어를 위해 공회전 속도를 목표치까지 상승시키는데 필요한 장치이다.

그 종류에는 직접 스로틀 밸브의 열림량을 조절하는 ISC-Servo 방식과 바이패스(by-pass) 통로 면적을 제어하는 공전 액추에이터(actuator) 방식과 에어 밸브(air valve) 방식 등이 있다.

- ISC-Servo 방식

Idle speed control servo는 그림 6.17과 같이 공전속도 조절 모터(motor), 웜 기어(worm gear), 웜 휠(worm wheel), 모터 포지션 센서(MPS), 공전스위치(idle switch)로 구성되어 있다. 공전속도 조절 모터가 ECU의 신호에 의해 회전하면 웜 휠이 회전하여 플런저를 상하 직선운동으로 바꾸어주고, 공전속도 조절 레버를 작동시켜 스로틀 밸브의 열림 정도를 조절한다. 이 방식은 회전수 피드백 제어방법에 속한다.

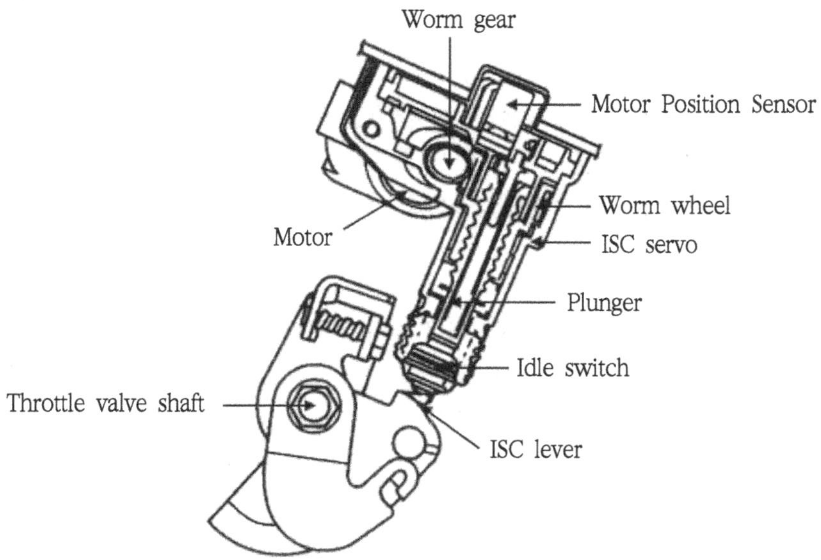

그림 6.17 ISC-Servo의 구조

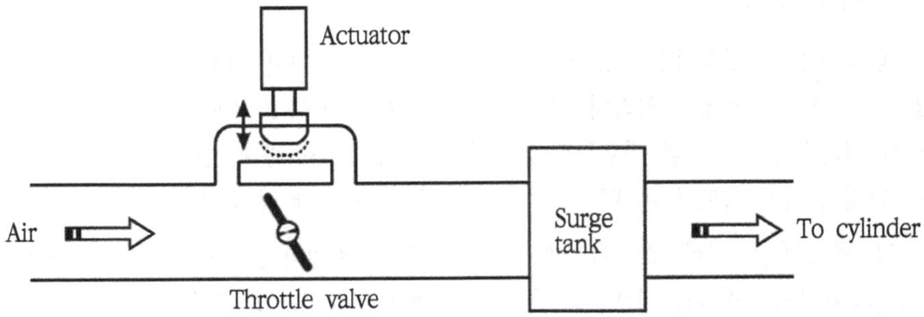

그림 6.18 Idle Speed Actuator의 구성

- **Idle Speed Actuator**

그림 6.18과 같이 ISA는 공회전 상태에서 기관 부하가 작용하여 규정의 공전속도보다 저하되면, 스로틀 밸브를 우회하는 공기량을 기관 상태에 따라 듀티 제어(duty control)하여 공전 상태를 안정시킨다. 목표 회전속도는 냉각수 온도, 에어컨의 가동 유무, 자동 변속기 차량의 변속 범위에 따라 다르게 설정된다. 듀티가 짧으면 공전시 상태이고, 듀티가 길어지면 에어컨 가동이나 대시 포트 기능으로 들어간 것이다.

액추에이터(actuator)는 공기 통로의 단면적을 제어하는 전자밸브이며, 내부에는 전기자에 서로 반대 방향의 2개 코일을 감아 통전시 열고 닫힘을 조절할 수 있도록 구성되어 있다. 제어하지 않을 때는 스프링 장력에 의해 항상 일정하게 열려 있다.

ISA에서 듀티 제어는 규정량 제어를 의미하며, 공전시는 30~32%, 미등 가동시는 32~33%, 에어컨 가동시는 33~35%, 대시 포트일 때는 최대 55% 그리고 냉각수 온도가 20℃ 이하일 때는 45~47%의 규정값으로 제어한다.

- **스텝 모터 및 에어 밸브 방식**

이 방식은 기관이 공회전하는 상태에서 부하가 걸릴 때 부조 현상을 방지하기 위하여, 부하에 따라 스로틀 밸브를 우회하는 통로의 면적을 조절하여 흡입공기량을 제어하도록 한다. 전체적인 구성은 그림 6.19와 같이 스텝 모터(step motor)를 비롯하여 에어 밸브(fast idle air valve) 및 공전속도 조절 나사(speed adjusting screw) 등으로 구성되어 있다. 스텝 모터는 ECU의 작동신호에 따라 솔레노이드 밸브(solenoid valve)가 작동하면서 핀틀(pintle)의 길이가 변화되어 바이패스 통로 면적을 가변시킨다. 한편 에어 밸브는 기관 냉각수 온도가 50℃ 이하일 때 냉각수 온도에 따라 추가 공기가 공급되도록 우회 통로 면적을 조절한다.

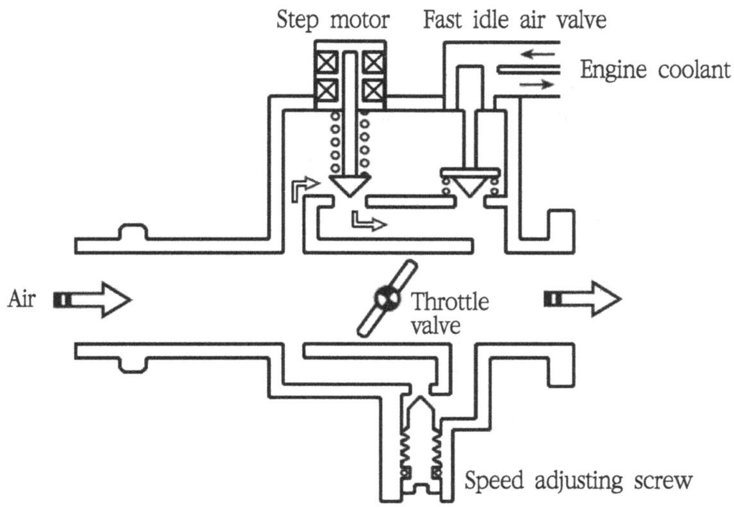

그림 6.19 스텝 모터 및 에어 밸브 장치의 구성

6.4.2 연료 계통

그림 6.20의 연료 계통 구성도에서 보여주듯이, 연료 탱크 내에 설치된 전동식 펌프에 의해 연료는 송출되고 연료 여과기를 거쳐 연료 분배관(delivery pipe)로 보내진다. 여기서 연료는 각 실린더의 연료 분사기(injector)로 공급되고 연료 압력조절기(fuel pressure regulator)로 보내진다. 압력조절기는 흡기다기관의 부압(진공압)에 따라 연료의 공급압력을 조절하고, 과잉의 연료는 연료 탱크로 복귀시킨다. 인젝터는 ECU의 신호에 따라 솔레노이드 코일이 여자되면 내부의 니들밸브가 열려 연료를 분사한다.

최근에는 연료의 증발가스(HC)를 줄이기 위하여 그림 6.20 (b)와 같이 기존의 연료 분배관 끝단에 장착된 압력조절장치 및 연료 복귀관이 없는 무복귀 연료장치(returnless fuel system)가 사용되기도 한다.

(1) 연료 공급펌프

현재 가솔린기관으로 구동되는 차량에서는 연료 펌프를 연료 탱크에 내장하여 소음을 저감하고 연료라인의 맥동, 소음 및 고온에서 증기폐색(vapor lock) 현상을 방지하는 시스템을 채택하고 있다. 그림 6.21은 축전지 전원에 의해 작동되는 연료 펌프의 구조를 나타낸다.

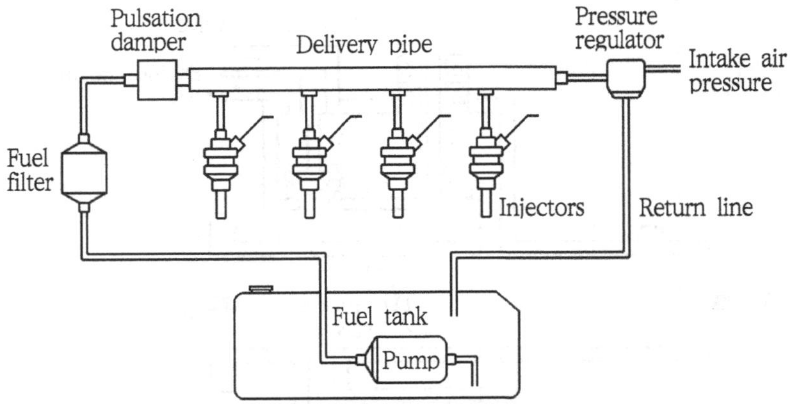

(a) Return-type fuel system

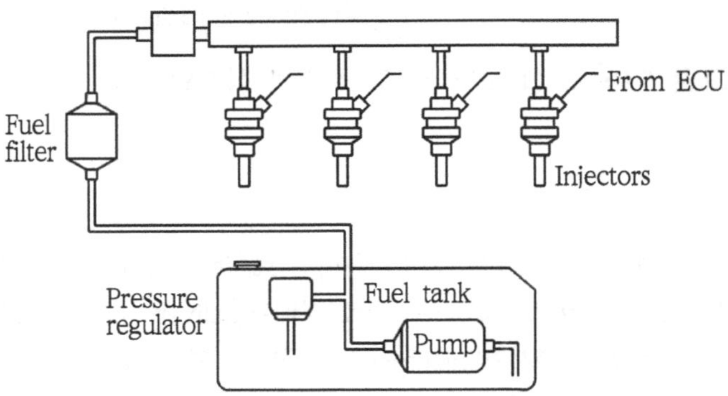

(b) Returnless fuel system

그림 6.20 전자제어 기관의 연료계통 구성

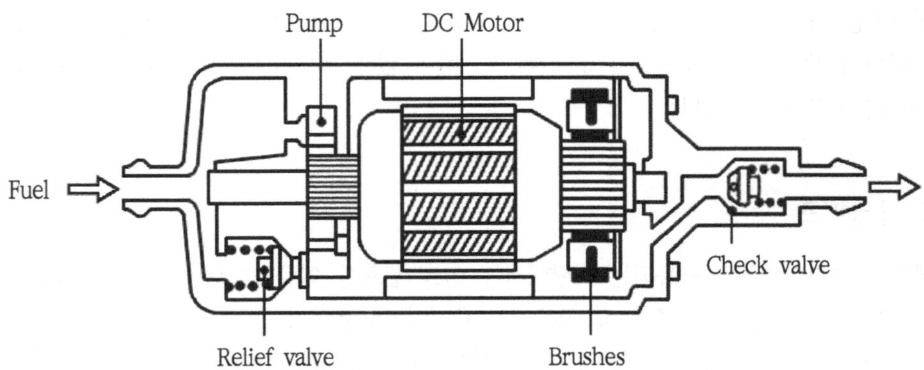

그림 6.21 전동식 연료 펌프의 구조

펌프는 직류모터에 의해 회전하기 때문에 기관 회전속도와는 상관없이 송출되는 연료량은 일정하고, 송출 압력은 3~6 kg_f/cm^2 정도이다. 펌프는 기관이 최대로 요구하는 것보다 더 많은 연료량을 지속적으로 공급해 주고, 연료 계통 내의 압력을 일정한 수준으로 유지시켜 어떤 운전 조건하에서도 연료의 공급 부족현상이 발생하지 않도록 한다. 따라서 기관이 저속으로 운전되면 연료라인에 과대한 압력이 걸리고 라인의 연결부위가 파손될 우려가 있다. 그러므로 릴리프 밸브(relief valve)를 설치하여 과잉 연료는 연료 탱크로 되돌아가게 한다.

체크 밸브(check valve)는 한 방향으로만 연료가 흐르게 하는 역할을 하며, 기관이 정지하면 스프링에 의해 자동으로 닫혀서 연료라인 내의 잔압 유지, 온도상승에 의한 증기폐색 현상 및 연료의 역류를 방지하여 기관의 재시동성을 향상시킨다.

(2) 연료 분사기

인젝터(injector)는 ECU로부터 전달된 전기적 신호에 의해 작동되며, 그림 6.22와 같이 솔레노이드(solenoid) 밸브가 내장된 분사 밸브이다. 니들 밸브(needle valve)와 플런저(plunger)가 일체로 되어 있어 솔레노이드 코일에 전류가 흐르면 솔레노이드 코일이 니들을 들어 올려 노즐 구멍을 열게 되고, 연료는 자체 압력에 의해 분사된다. 그리고 솔레노

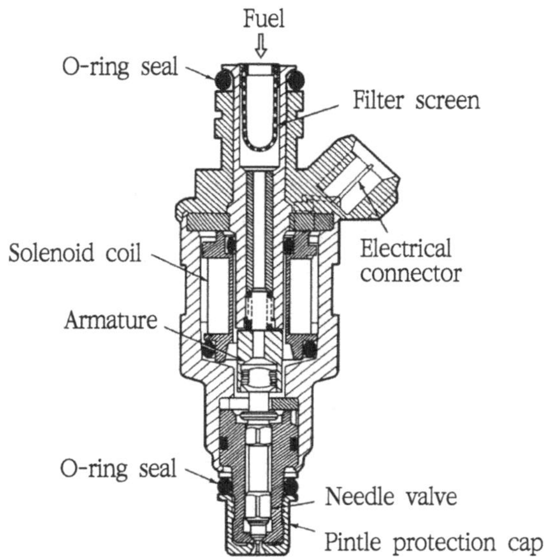

그림 6.22 연료 분사기의 구조

이드 코일에 전류가 차단되면 스프링 복원력에 의해 니들이 분사구를 막아서 연료 분사가 종료된다.

(3) 연료 압력조절기

MPI 기관의 경우 각 실린더의 흡기 포트에 연료분사가 이루어지므로 연료 분사율은 식 (6.1)과 같이, 분사노즐의 유량계수(C_d), 분사구의 단면적(A_n) 및 연료의 밀도(ρ_f)는 일정하므로 연료 압력과 흡기관 공기 압력의 차압($P_{\in j}$)에 의해 결정된다.

$$\dot{m}_f = C_d A_n \sqrt{2 \rho_f P_{\in j}} \qquad (6.1)$$

그림 6.20 (a)의 연료 복귀관이 있는 연료장치에서는, 흡기다기관 내의 공기압력 변화에 대응하여 연료 분사량을 일정하게 유지하기 위하여 인젝터에 걸리는 연료 압력(P_{fuel})을 흡기 압력(P_{air})보다 2.5~3.5 $\mathrm{kg_f/cm^2}$ 정도로 높게 조정한다.

$$P_{\in j} = P_{fuel} - P_{air} = 2.5 \sim 3.5\,\mathrm{kg_g/cm^2} \qquad (6.2)$$

그림 6.23은 연료 압력조절기의 구조를 나타낸 그림인데, 내부는 2부분으로 나누어진다. 한쪽은 설정치로 압축된 스프링이 들어있으며 흡기다기관의 진공이 작동하도록 되어 있고, 다른 한쪽은 연료가 채워져 있다. 연료 압력이 규정 압력보다 높을 때는 다이어프램(diaphragm)이 밀려 올라가 여분의 연료는 복귀관(return line)를 통해 연료 탱크로 회수된다. 고속 운전시에는 연료분사량이 많기 때문에 압력조절밸브의 열림량 및 복귀 연료량이 많지 않으나, 저속시에는 연료소비량이 적으므로 여분의 연료를 연료 탱크로 복귀시켜 연료분사압력이 일정하게 유지된다.

한편 그림 6.20 (b)와 같이 복귀관이 없는 장치(RLFS)에서 연료 압력조절기는 연료 탱크 내에 설치되어 흡기 부압과 관계없이 연료 압력을 설정값으로 일정하게 조절하며 여분의 연료는 탱크 내부에서 복귀되도록 한다.

그림 6.20 (a)의 기존 시스템에서는 연료 압력조절기에 차압이 일정하게 유지되므로, 니들 밸브의 개방시간(솔레노이드 코일의 통전시간)을 조절하여 연료 분사량을 제어한다. 하지만 그림 6.20 (b)의 시스템에서는 연료 압력조절기가 연료 압력만을 일정하게 조절하므로 기관 회전수 또는 부하 변동에 따라 PCM(Powertrain Control Module)이 연료 압

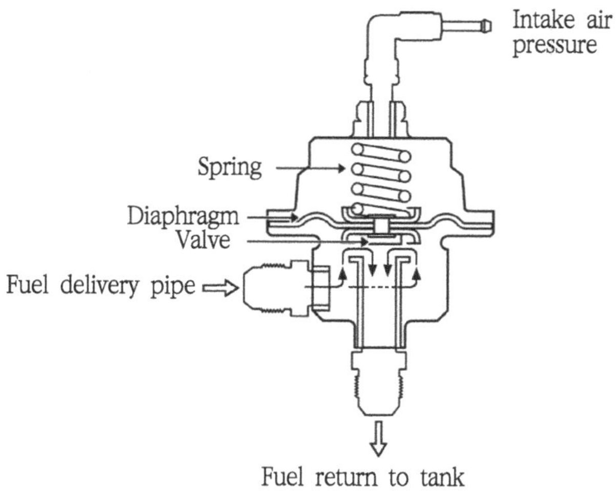

그림 6.23 연료 압력 조절기의 구조

력을 감지하여 연료 분사기간을 제어하거나, 연료 펌프의 회전수 및 그에 따른 연료 공급 압력을 변화시켜 연료 분사량을 제어한다.

6.4.3 제어 계통

(1) 연료 분사량의 제어

ECU(Electronic Control Unit)는 각종 센서의 신호들을 기초로 하여 기관의 운전 상태에 따라 연료 분사량을 결정하고, 이 분사량에 따라 인젝터의 분사기간을 조절하고, 분사시기 및 점화시기 등도 제어한다. MPI 기관에서는 점화순서와 따라 각 실린더별로 1사이클의 점화시기에 동기하여 배기 행정의 말기에 연료를 분사한다. 즉, 각 실린더의 배기 행정에서 인젝터를 구동시키며, 크랭크각 센서의 신호에 동기하여 구동된다. 제1번 실린더의 상사점 신호는 동기분사의 기준신호이며, 이 신호를 검출한 곳에서 크랭크각 신호와 동기하여 연료분사가 이루어진다.

ECU는 기관의 운전 조건 및 배출가스의 상태에 따라 기본 분사량을 보정하고, 각종 센서들의 출력을 종합하여 연료 분사량을 보정한다.

① 기본 분사량

점화코일의 (-)단자 신호 또는 크랭크각 센서의 신호를 기초로 기관회전수 신호를 검출하고, 공기유량센서에 의한 흡입공기량에 의해 기본 분사량을 결정한다.

② 시동시 보정

기관의 시동성을 향상시키기 위하여 크랭킹 신호 (점화스위치, 크랭크각 센서, 점화코일의 1차전류)와 수온센서의 신호에 의해 연료 분사량을 증량시킨다. 증량 지속시간은 냉각수 온도에 따라 달라진다.

③ 냉각수 온도에 따른 보정

저온시의 시동성 및 운전성을 향상시키기 위하여 수온센서로부터 신호를 받아 분사량을 증대시킨다. 냉각수 온도 80℃를 기준으로 하여, 그 이하의 온도에서는 증량 보정하고 그 이상의 온도에서는 기본 분사량으로 한다.

④ 축전지 전압에 따른 보정

축전지의 전압이 낮으면 인젝터의 기계적 작동이 지연되어 실제 분사기간이 짧아진다. 그러므로 축전지 전압이 규정치보다 낮은 경우에는 분사신호기간을 연장하여 실제 분사량이 변화하지 않도록 한다.

⑤ 가속시 보정

스로틀 밸브의 열림각이 커지면 연료공급량이 증가하지만, 액체 연료가 기화하기까지는 시간이 걸리므로 공연비는 목표치보다 희박하게 된다. 이런 희박상태를 보정하기 위하여 스로틀위치 센서의 출력전압 변동과 엔진회전수 변동을 비교 연산하여 연료량을 증량한다.

⑥ 감속시 보정

스로틀 밸브가 닫히면 공연비는 농후(연료는 과다)하게 되다. 따라서 스로틀 밸브가 닫힌 신호에서 기관회전수가 기준값보다 높을 때 인젝터의 작동을 일시 정지시켜 연료분사를 차단한다. 이는 연료의 절약과 미연소가스의 과다 발생 및 삼원촉매장치의 과열을 방지하는 역할을 한다.

⑦ 기타 보정

고지대에서 기압 저하에 따른 산소의 희박함을 보정하기 위한 대기압센서에 의한 보정 및 외기 온도변화에 따른 보정을 위한 흡기 온도센서에 의한 보정 등이 있다.

(2) 공기-연료비의 피드백 제어

배출가스 중의 유해성분(CO, HC, NO_x)을 정화시키기 위하여 삼원촉매장치(three way catalytic converter)를 사용하는데, 이 촉매변환기는 이론공연비인 14.7 : 1부근에서 3가지 유해가스 성분의 정화능력이 가장 양호하다. 그러므로 그림 6.24와 같이 배기다기관에 설치한 산소센서(oxygen sensor)로 배출가스 중의 산소농도를 검출하고, 이 신호를 ECU에 피드백(feedback)시켜 연료 분사량을 증감하여 항상 이론공연비 부근의 좁은 범위에 들도록 자동 조절하는 것을 피드백 제어(feedback control)라 한다. 하지만 운전성, 안전성을 확보하기 위하여 다음과 같은 경우에는 피드백 제어를 하지 않는다.

- 기관을 시동할 때
- 시동 후 냉각수 온도가 낮을 때
- 기관 출력증대를 시킬 때
- 연료 공급을 차단할 때 (희박 또는 농후 신호가 길게 지속될 때)

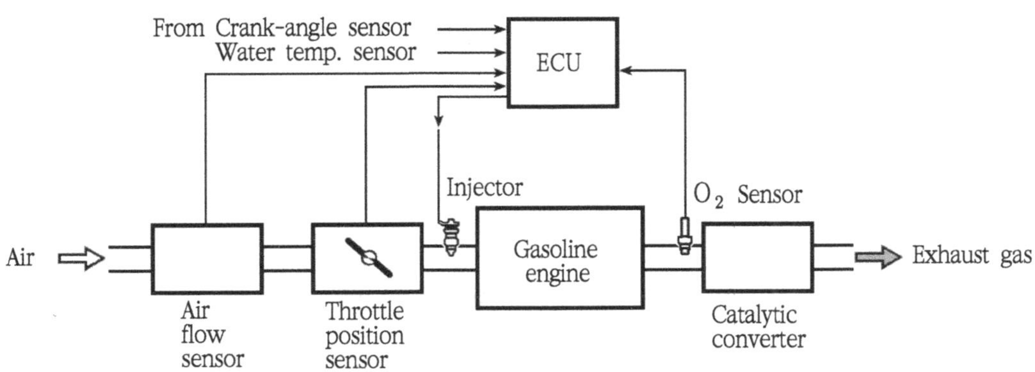

그림 6.24 산소센서를 사용한 공연비의 피드백 제어

(3) 노킹 제어

가솔린기관은 점화플러그의 불꽃으로부터 착화되어 화염이 전파되는데, 화염전파 도중에 압력 및 온도가 비정상적으로 높아질 경우 화염전파에 의해 연소가 진행되지 않고 자기착화(self-ignition)를 하여 일시적으로 연소하는 현상을 노킹(knocking)이라 한다.

노킹의 발생은 점화시기와 밀접한 관계가 있고, 점화시기를 빠르게 하면 최대 연소압력이 상승하여 출력은 높아지지만 노킹이 발생한다. 일반적으로 노킹 발생 한계에 근접한 점화시기에서의 운전은 연소 효율을 향상시켜 출력이나 연소 효율은 좋아지지만 노킹이 발생하기 쉽다. 그러므로 가솔린기관의 노킹 발생을 방지하면서 최대 토크가 발생하도록 점화시기(MBT ; Minimum spark advance for Best Torque)를 제어한다.

노킹 발생 한계를 유지하면서 최대의 토크가 발생되도록 노크 센서(knock sensor)를 사용하여 정교하게 점화시기를 제어한다. 노크 센서로부터의 전기신호는 기계적인 노이즈(noise)도 포함하고 있기 때문에 노킹 검출부분에서 약 7 kHz의 주파수를 가진 노킹신호만을 검출한다. 다음에는 검출된 노킹신호로부터 노킹강도를 판정부에서 점화할 때마다 판정한다. 이 경우 미리 정해진 신호레벨과 입력된 값을 비교해서 정해진 신호레벨보다 높은 신호가 검출되면, 처음에는 일단 노킹으로 판정하고 레벨을 초과하는 정도에 따라 노킹강도를 판정한다.

노킹이 발생한다고 판정되면 지각제어부로부터 이그나이터(ignitor)로 지각신호가 송출되어 노킹의 정도에 따라 점화시기를 늦추고, 그 이후의 연소에서 다시 노킹이 발생하고 있다면 판단되면 점화시기를 더욱 늦춘다. 즉, 노킹이 발생하면 ECU에서는 점화시기를 지각시키고, 노킹이 없으면 다시 진각시키는 원리이다.

6.4.4 각종 센서

(1) 흡기온도 센서 (ATS ; Air Temperature Sensor)

완전기체 상태방정식($\rho = P/RT$)에 의하면, 공기 밀도는 온도에 반비례하는 성질을 가지고 있다. 따라서 공기의 온도가 높아지면 흡입공기 질량은 적어지고, 온도가 낮아지면 흡입공기 질량은 많아진다. 공기유량의 계측에서 체적을 감지하는 방식(베인식, 칼만와류식)의 경우 흡기온도 변화에 따른 공기 밀도 변화를 보정하기 위해 반드시 흡기온도 센서가 필요하다. 흡기온도 센서의 고장시는 보통 흡기온도 값을 20℃로 고정 대치한다.

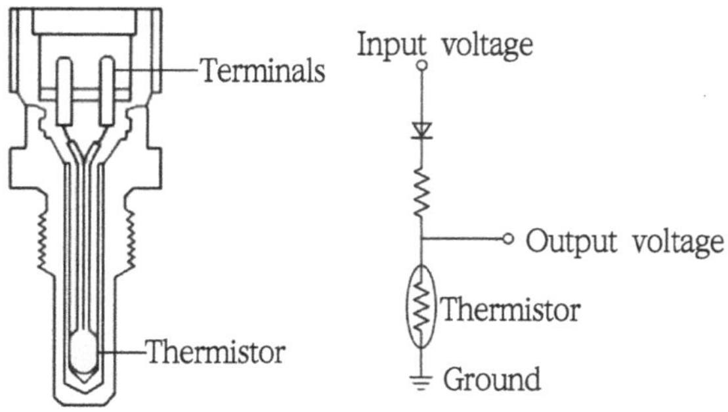

그림 6.25 온도 센서의 구조

흡기온도 센서는 그림 6.25와 같이 서미스터(thermistor) 구조의 저항 내장형 센서이며, 서미스터는 온도에 따라 저항치가 변하는 반도체 소자로서, 열(thermo)와 저항(resistor)의 합성단어이다. 공기의 온도가 높아지면 센서의 출력 저항은 작아지며, ECU에 입력되는 아날로그 신호는 4 V에서 1 V로 하강한다.

(2) 대기압 센서 (APS ; Atmospheric Pressure Sensor)

흡기 유량의 계측시 체적유량을 감지하는 방식(베인식, 칼만와류식)의 경우, 대기압의 변화에 따라 흡입공기의 밀도 및 질량이 변한다. 따라서 대기압 변화에 따른 공기 밀도 변화를 보정하기 위해 흡기온도 센서와 함께 대기압 센서가 필요하다.

대기압 센서는 BPS(Barometric Pressure Sensor)라고도 부르며, 1기압에 해당하는 760 mmHg일 때는 4.5 V의 신호를 출력하고, 대기압이 낮아지면 출력 전압도 저하한다. 이 전압 변화를 근거로 흡입공기량를 산출하고 연료 분사량을 보정한다.

대기압 센서는 피에조 저항효과를 이용한 반도체식 압력센서가 많이 사용되고, 공기유량센서나 ECU에 내장되어 있는 형태가 많다. 압전소자(piezo-element)는 두 개의 면에 압력을 가하면 저항이 변화하고 그에 따라 변화된 전압을 발생하는 소자이다. 이 압전 원리를 적용한 센서는 맵(MAP) 센서, 대기압 센서, 노크(knock) 센서 등이 있다.

(3) 냉각수 온도 센서 (WTS ; Water Temperature Sensor)

냉각수온 센서는 기관의 냉각수 온도를 검출하는 센서로, 흡기온도 센서와 같이 온도에 따라 저항치가 변화하는 그림 6.25의 서미스터(thermistor)로 구성되어 있다. 수온 센서의 온도감지 범위는 -40~120℃이지만, 온도의 변화에 따른 저항 및 전압의 변화는 흡기온도 센서와 다소 차이가 있다.

냉각수 온도가 낮으면 워밍업(warming up)상태이기 때문에 공기-연료 혼합비는 농후해야 시동성이 좋아진다. 일반적으로 기관의 냉각수 통로부에 수온 센서를 설치하여 냉각수 온도를 저항치의 변화로 검출하여 기관의 워밍업 상태를 ECU에 입력시키면, ECU는 이 신호에 의해 냉간시 연료를 농후하게 공급하는 등 연료 분사량 및 점화시기를 보정하게 된다.

한편 수온 센서의 내부에서 단락(short circuit)되면 센서 저항이 0 Ω으로 되어 출력 전압이 매우 크게 되고 수온이 매우 높은 것으로 ECU에 입력된다. 그러므로 ECU는 연료 분사량을 과도하게 줄이게 되어 공회전시 부조현상 등이 발생할 수 있고 시동성이 불량해진다.

반면에 수온 센서의 외부에서 단선(open circuit)이 발생하면 센서 저항을 무한대(∞)로 감지하여 ECU는 수온이 매우 낮은 것으로 인식하게 된다. 따라서 ECU는 연료 분사량을 필요 이상으로 증량시키게 되고 연료 소비가 과다해진다.

(4) 크랭크각 센서(CAS ; Crank Angle Sensor) 및 1번 TDC 센서

크랭크각 센서는 전자제어 기관에서 사용하는 센서 중 가장 중요하며, 점화시기 및 연료분사를 제어하기 위한 기준신호를 발생시킨다. 흡입공기량을 검출할 때 공기유량계는 단위시간당 공기유량을 계측하므로, 1사이클마다의 흡입공기량을 산출하기 위하여 단위시간당 기관회전수를 검출할 필요가 있고, 분사시기의 조절을 위해 각 실린더의 피스톤 위치를 검출할 필요가 있다. 크랭크각 센서는 이 역할을 수행하며, 1번 실린더 TDC 센서는 캠축 각도를 기준으로 1번 실린더의 압축 행정의 상사점을 감지하여 이를 펄스신호로 바꾸어 ECU에 입력한다. ECU는 이 신호를 감지하여 각 실린더의 연료분사 순서를 결정한다. 이 감지가 정확하지 않으면 순차 분사가 되지 않아 기관이 정지할 수 있으며 공회전이 불규칙해진다.

크랭크각 센서에는 전자식, 옵티컬(optical) 및 마그네틱(magnetic) 방식 등이 있는데, 일반적으로 사용되는 옵티컬 방식의 크랭크각 센서는 그림 6.26과 같고, 1번 실린더의 상사점 검출 센서(No. 1 TDC sensor)도 일체형으로 되어 있고, 배전기에 내장되어 발광 다이오드(light emitting diode)와 수광 다이오드(photo diode)를 사용하여 광학적으로 신호를 검출한다.

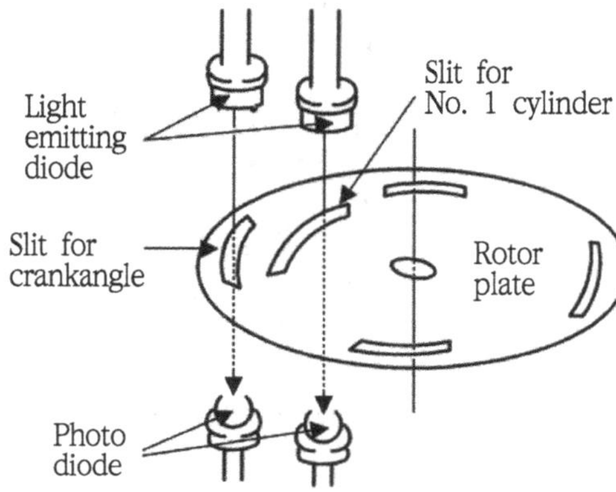

그림 6.26 크랭크각 센서와 1번 TDC 센서

배전기 축에 고정되어 있는 회전판(rotor plate)은 4실린더 기관의 경우 90° 간격으로 홈(slit)이 파져 있는 크랭크각 센서와 안쪽으로 1개의 다소 긴 홈이 파져 있는 1번 실린더 TDC 센서로 구성되어 있다. 따라서 회전판이 1회전할 때 크랭크각 센서 신호는 4회 빛을 투과시키고, 1번 실린더 TDC 센서는 1회 빛을 투과시키다.

(5) 산소 센서 (Oxygen Sensor)

산소 센서는 삼원촉매장치의 정화능력을 최대로 유지시키기 위하여, 배출가스 중의 산소농도를 검출하여 공연비를 피드백 제어하기 위하여 필요한 센서이다. 그림 6.27은 산소 센서의 구조를 나타낸 그림으로, 기전력을 발생하는 세라믹 지르코니아(zirconia, ZrO_2, 산화질코늄) 소자의 내·외면에는 다공질의 백금 코팅이 되어 있고, 센서의 지르코니아관 내면에는 산소 농도가 높은 대기가 그리고 외면에는 산소 농도가 낮은 배출가스가 접촉하도록 되어 있다.

지르코니아 소자는 고온에서 내측(대기측)과 외측(배기측)의 사이에 산소 농도의 차이가 커지면 산소 이온만이 빠져나가 기전력이 발생한다. 즉, 대기 중의 산소는 21%로 일정하기 때문에, 공기부족의 농후한 혼합기가 연소된 배출가스와의 산소 농도비는 커서 기전력이 발생한다. 반대로 공기과잉의 희박한 혼합기가 연소된 배출가스와의 산소 농도비는 적어서 기전력이 발생하지 않는다.

산소 센서는 고온 조건에서는 산소 농도 검출이 용이하나, 저온에서는 지르코니아의 특성상 저항이 대단히 크고 전류가 흐르지 않아 검출이 어렵다. 산소센서는 전원의 입력없

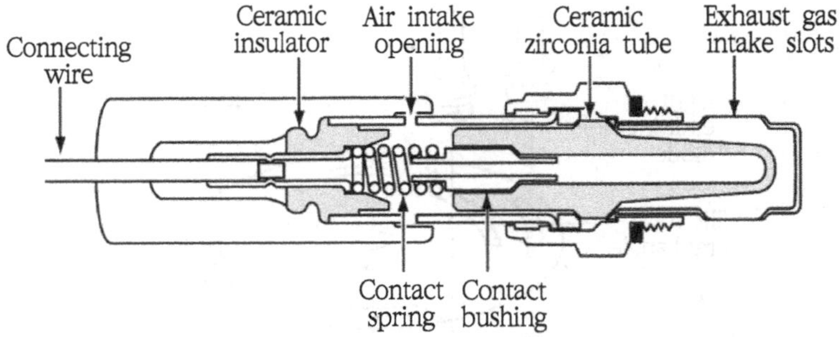

그림 6.27 산소(O_2) 센서의 구조

이 출력전압이 발생하지만, 활성화 온도(작동 온도)가 350℃가 되어야 출력값을 얻을 수 있다. 공연비가 농후한 영역에서는 800 mV 이상, 공연비가 희박한 영역에서는 200 mV 이하의 기전력이 발생한다.

산소 센서는 정밀도를 확보하기 위하여 기관의 각 실린더 배출가스 합류부에 가스 유동방향과 직각으로 장착한다. 그리고 산소 센서의 내부 저항을 절대 측정하지 않아야 하며, 전압 측정시에는 디지털 멀티미터(multimeter)를 사용하여야 한다. 아날로그형 멀티미터는 내부 저항이 커서 산소 센서의 손상을 초래할 수 있다.

(6) 모터 포지션 센서 (MPS ; Motor Position Sensor)

모터 포지션 센서(MPS)는 가변저항식으로 그림 6.17과 같이 공전속도 제어장치(ISC) 내에 설치되어 있고, 내부저항의 변화에 따라 출력전압이 변화한다. MPS는 ISC-servo 플런저의 위치를 검출해 ECU로 보내고, ECU는 이 신호와 공전신호, 냉각수 온도, 부하신호 및 차속신호를 종합해서 스로틀 밸브의 개도를 변화시켜 공전시 기관회전수를 조절한다.

(7) 노크 센서 (Knock Sensor)

기관 작동중 노킹이 발생하면 실린더 블록은 5~10 kHz의 특정주파수로 진동하는 특성이 있다. 이러한 진동을 노크 센서 내의 압전소자의 작용에 의해 감지하여 전기적 신호로 변환하여 ECU로 보내고, ECU는 이 신호를 근거로 점화시기를 늦춘다.

이 센서의 사용 온도 범위는 130℃ 정도이므로 플라스틱으로 코팅하여 사용한다. 노크 센서의 출력전압 크기는 25 mV/G, 정전용량은 450 pF, 저항은 560 Ω 정도이며, 출력파형의 주파수는 14~18 kHz 정도이다.

(8) 점화스위치 및 인히비터 스위치 (Inhibitor switch)

점화스위치 'ST' 위치에서는 기관이 크랭킹(cranking)하고 있는 동안의 신호를 ECU에 보내어 연료 분사량을 조절하게 한다. 즉, 점화스위치가 'ST' 위치에 놓이면 크랭킹할 때 축전지 전압이 점화스위치와 인히비터 스위치를 통하여 ECU에 입력되며, ECU는 기관이 크랭킹하고 있는 것을 검출한다.

또한 자동변속기 차량에서는 변속레버가 P 또는 N 레인지 이외에 있는 경우 축전지 전압은 입력되지 않는다. 인히비터 스위치는 변속 레버의 위치를 전압의 고저로 변환하여 ECU에 보내고, ECU는 이 신호를 이용해 ISC-Servo를 작동시켜 기관 공전속도를 조절한다.

6.5 전기 점화장치

가솔린기관은 점화플러그의 양극간의 전기방전으로 불꽃을 발생시켜 연료와 공기의 혼합기체를 점화시킨다. 점화시기는 최적이어야 하고 점화플러그의 양극간에는 고압의 전압이 필요하다. 고압의 전류를 발생시키는 방법에 따라 기계식과 전자식으로 대별된다. 기계식 점화장치는 기화기 기관에서 주로 사용되었고, 전자제어 기관에서는 기계적인 부분을 전자식으로 바꾸어 고압전류의 안정적 발생과 공급을 가능하게 하였다.

6.5.1 전자식 점화장치

ECU ROM에는 기관회전수와 흡입공기량에 따라 미리 결정된 점화시기의 데이터가 기억되어 있고, ECU는 흡입공기량에서 연산한 기본 분사량과 크랭크각 센서로부터 입력된 회전신호와 각도신호를 이용하여 기억 데이터 중에서 최적인 점화시기를 연산한다. ECU는 파워 TR(power transistor)에 신호를 보내어 점화시기와 통전시간을 단속하는데, 그림 6.28에서 보여주는 점화코일(ignition coil)의 1차 코일에 흐르는 전류를 차단하여 이루어진다. 이 때 점화코일의 2차 코일에는 고전압이 발생되어 점화플러그(spark plug)에 공급되는데, 배전기에는 진각기구가 없고 배전기의 역할만 수행한다.

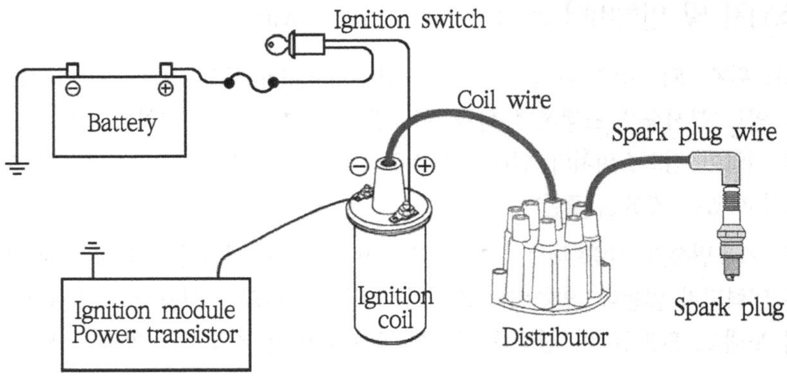

그림 6.28 전자식 점화장치의 구성

6.5.2 점화 코일 (Ignition coil)

점화코일은 12 V의 축전지(battery) 전압을 25~40 kV의 고전압으로 승압시켜 점화플러그의 점화요구전압을 출력한다. 점화코일은 그림 6.29와 같이 개자로 철심형(open core type)과 폐자로 형식(closed core type)이 있는데, 철심(iron core)에 지름 0.5~0.8 mm의 에나멜선(enameled wire)을 200~500회 감아서 1차 코일로 하고, 다시 그 위에 0.06~0.08 mm의 에나멜선을 1700~3000회 감아서 2차 코일로 한다. 1차 코일은 축전지와 단속기 접점과 연결하고, 2차 코일은 배전기와 연결된다.

1차 코일에 흐르는 전류의 접속 및 차단을 반복하면 1차 코일 전류의 과도현상이 나타나고, 스위치가 차단에서 다시 접속할 때 역기전력은 1차 전류와 반대 방향으로 발생한다. 점화코일의 내부손실을 무시할 경우 2차 회로에서의 전압은 전류가 감소하는 만큼 승압되고, 2차 코일의 전압은 1차 코일에 대한 2차 코일의 권수비(winding ratio)에 비례한다. 하지만 이 전압은 점화플러그에서 전기 불꽃을 발생시키기에 충분하지 못하므로, 스위치를 단속시켜 보다 높은 전압을 얻는다.

자동차기관에서는 2차 전압이 20000~25000 V인 개자로형 점화 코일을 주로 사용하였으나, 전자제어 기관에서는 2차 전압이 30000 V 이상으로 보다 강력한 폐자로형을 사용한다. 폐자로형은 자속의 통로를 철심에 의해 폐회로를 형성하여 2차 전압을 승압시키므로, 자속 손실이 거의 없기 때문에 높은 2차 전압을 발생시킬 수 있어 점화 성능을 향상시킨다. 또한 코일의 권수를 적게 할 수 있으며, 철심의 양은 많아지지만 소형, 고성능의 점화 코일로서 현재 널리 사용한다.

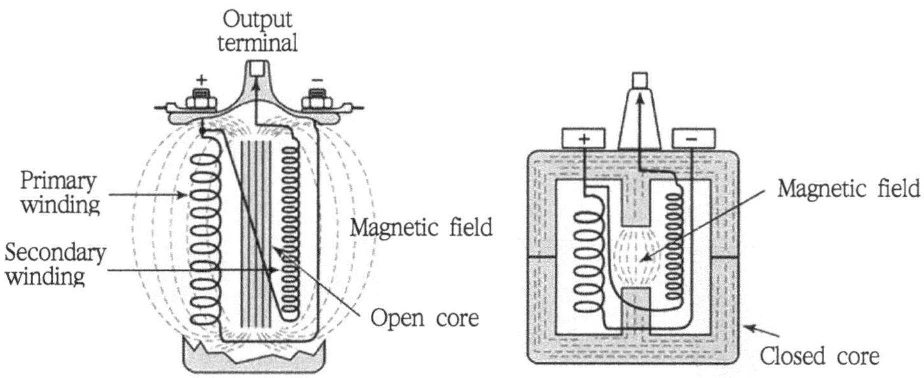

(a) Open core type (b) Closed core type

그림 6.29 점화 코일의 구조

6.5.3 점화 플러그 (Spark plug)

전기점화를 하는 가솔린기관에는 실린더당 1개의 점화플러그가 실린더 헤드에 설치되고, 점화 코일에서 발생된 고전압을 점화 플러그의 전극을 통해 아크(arc) 방전하여 불꽃을 일으킨다. 이 불꽃은 전극 주위의 혼합가스 분자들과 접촉하면서 화염 핵(flame kernel)을 만들고, 화염 핵이 성장하면서 실린더 내의 전체 혼합가스가 연소하게 된다.

점화 플러그는 그림 6.30과 같이 중앙 전극부(center electrode), 절연체부(insulator), 나사부(thread reach)로 되어 있다. 중앙 전극은 방전이 잦으므로 내열성과 내산화성이 큰 니켈합금이나 백금 등을 사용하고, 절연부는 접지로 전기가 통하지 않고 절연성이 좋은 세라믹으로 되어 있다. 나사부에 연결된 단자는 (-)이고 중앙 전극의 돌출부는 (+)극이며, 이 사이의 간극은 보통 1.0~1.1 mm이지만 제조사에 따라 다소 차이가 있을 수 있다. 점화 플러그 간극은 대단히 중요한데, 간극이 규정치보다 작으면 불꽃이 약해지고, 너무 크면 불꽃 방전이 일어나지 않아서 혼합가스가 점화되지 못하고 실화(misfire)된다.

일반적으로 점화 플러그의 전극 부분의 작동 온도가 400℃ 이하이면 혼합기의 연소과정에서 생성되는 카본이 전극 부분에 부착되어 절연성을 떨어뜨려 불꽃 방전이 약하게 된다. 또한 전극 부분의 온도가 850℃ 이상으로 올라가면 조기 점화되거나 전극의 소손이 생길 수 있다. 따라서 기관이 운전되는 동안 전극의 온도는 450~800℃를 유지해야 하며, 이 온도를 점화 플러그의 자기 청정 온도라고 부른다.

점화 플러그의 자기 청정 온도를 유지하려면 연소실에서 받는 열을 실린더 블록이나 대기 중에 알맞게 전도해야 하는데, 이러한 작용을 유지하기 위해서는 열발산 정도를 수

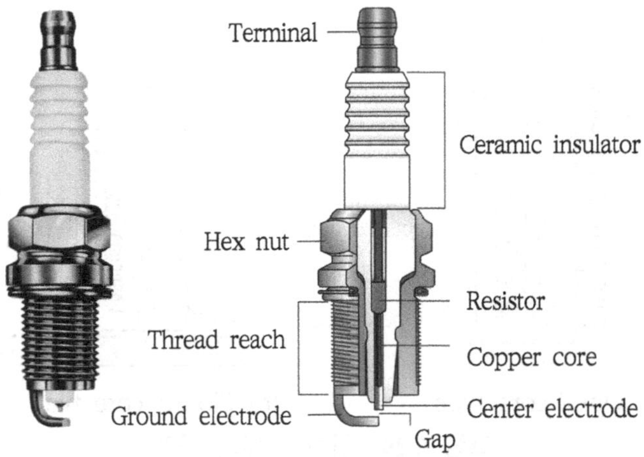

그림 6.30 점화 플러그의 구조

치로 나타내는 열가(heat range)가 대단히 중요하다. 보통 열가가 높은 플러그를 냉형(cold type)이라고 하며, 반대로 낮은 열가의 플러그를 열형(hot type)이라고 한다. 기관 운전조건에 적합한 열가의 점화 플러그를 사용하는 것이 중요하다.

6.5.4 점화 시기 제어

점화시기의 제어에 필요한 데이터는 기관 동력계 시험을 통해 얻고 ECU의 ROM에 저장되어 있다. 따라서 통상의 점화시기는 기관회전수 변동에 따른 흡입공기량에 대응하는 기본 점화시기에 수온 센서, 대기압 센서와 같은 각 센서들로부터의 검출신호를 기초로 연산한 보정 점화진각을 더하여 결정한다.

시동시에는 기관 냉각수 온도에 의한 지각치 데이터를 사용하여 저온시의 시동성을 향상시키는데, 초기에 설정된 점화시기는 피스톤이 상사점에 이르기 직전인 5°BTDC이다. 아울러 공전시 속도가 낮아질 때는 진각시켜 기관 토크를 증가시키고, 속도가 상승할 때는 지각시켜 안정성을 도모한다.

$$점화시기 = 초기 설정(5°BTDC) + 기본 점화진각 + 보정 점화진각 \quad (6.3)$$

초기 설정 점화시기는 배전기의 초기 설정각에 고정되어 있는 특성이고, 시동시나 점화시기 조정시에는 이 각으로 고정된다.

연습문제 6

6.1 가솔린기관에서 워밍업(warming-up)후 공회전할 때 흡기다기관의 압력은 얼마 정도인가?

6.2 전자제어 가솔린기관의 흡입공기량 검출방식 중 공기유량계를 사용하지 않는 방식은 무엇인가?

6.3 가솔린기관의 공전, 부분부하 및 전부하 상태를 감지하는 센서는?

6.4 전자제어 가솔린기관에서 분사노즐의 개방시간은 2~8ms 정도이다. 기본 분사량의 결정은 어떻게 하며, 그에 필요한 센서 신호들은 무엇인가?

6.5 전자제어 가솔린기관에서 연료 분사기의 1회 분사량은 어떻게 제어하는가?

6.6 전자제어 가솔린기관에서 사용하는 피드백(feed back) 제어시스템은 공연비를 얼마로 맞추기 위한 것인가? 그리고 그렇게 하는 이유는 무엇인가?

6.7. 전자제어 가솔린기관에서 공회전 중 공기 흡입구를 손으로 막으면 산소 센서의 출력은 순간적으로 어떻게 변하겠는가?

6.8 가솔린기관에서 점화시기가 너무 빠를 때 발생하는 대표적인 현상은 무엇인가?

6.9 전자제어 가솔린기관에서 연료 압력조절기는 연료 압력을 어떻게 조절하는가?

6.10 전자제어 가솔린기관에서 흡기온도 센서가 고장이면, 기관 작동에 어떤 문제가 발생할 수 있는가?

6.11 전자제어 가솔린기관에서 수온 센서(WTS)의 역할은 무엇인가?

6.12 전자제어 기관에서 수온 센서가 고장일 경우 발생할 수 있는 현상은 무엇인가?

6.13 전자제어 기관에서 압전 소자(piezo element)를 사용하는 센서들을 나열하라

6.14 전자제어 가솔린기관에서 산소 센서의 작동온도는 몇 ℃이상인가?

6.15 가솔린기관에서 기관 회전속도와 점화진각의 관계는 어떠한가?

6.16 전자제어 기관의 크랭킹(cranking) 도중 점화시기를 보정 제어하는데 필요한 센서는 무엇인가?

6.17 전자제어 기관에서 파워 트랜지스터가 작동하려면 ECU에서 점화순서에 의해서 전압이 나와야 한다. ECU는 무슨 센서의 신호를 사용하여 파워 트랜지스터에 입력 전압을 주는가?

6.18 가솔린기관에서 사용되는 점화 플러그의 자기청정온도에 대하여 설명하라.

7

가솔린 연소 및 후처리

7.1 가솔린기관의 연료

7.1.1 석유계 연료

(1) 석유의 성분

원유는 탄소와 수소의 화합물인 탄화수소이며, 비등점의 차이에 의하여 분류하면 가솔린, 등유, 경유, 중유 등인 석유계의 연료로 나눈다. 이것은 탄화수소 이외에도 산소, 질소, 황 등의 불순물이 섞여 있으며, 이중 황 화합물(sulfur compounds)은 인체에 유해하므로 탈황(desulfurization)처리하여 사용한다. 석유의 주성분인 탄화수소를 분류하면 다음과 같다.

① 파라핀계 탄화수소

파라핀계(paraffins) 탄화수소는 석유의 주성분을 이루며, C_nH_{2n+2}의 일반식을 갖는다. 그 구조는 식 (7.1)과 같이 탄소가 체인을 이루는 normal-paraffins와 식 (7.2)와 같이 1개 이상의 곁사슬(side chain)을 갖는 iso-paraffins계 탄화수소가 있다.

Normal-paraffins의 탄소수는 1~64 정도이고, 탄소수가 1~4까지는 상온에서 가스 상태, 5~15는 액체 상태이고, 16이상은 고체 상태로서 고형파라핀이라 한다. 개개의 명칭은 methane, ethane, propane, buthane 등의 어미에 -ane를 붙여 부른다.

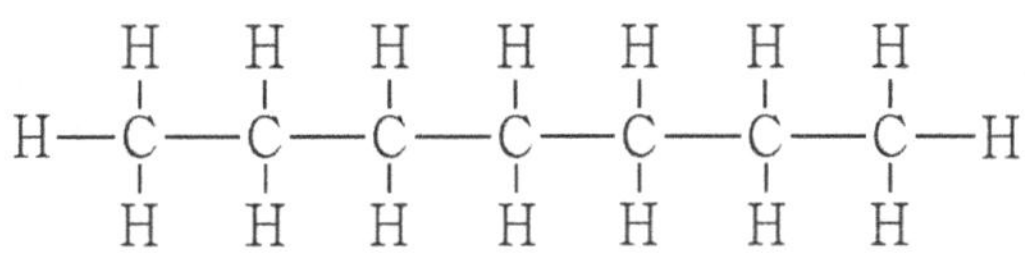

C_7H_{16} (normal-heptane) (7.1)

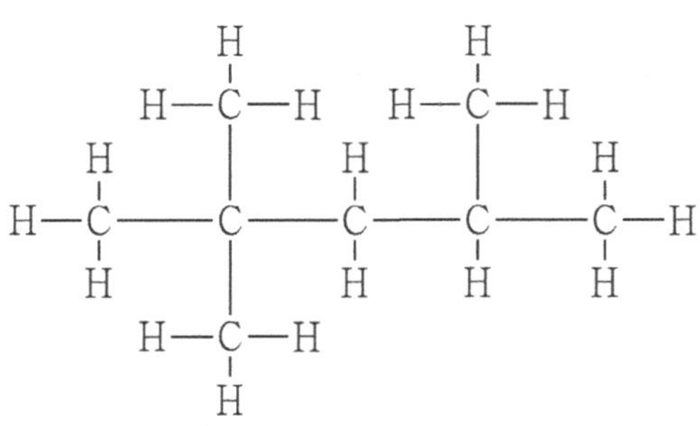

C_8H_{18} (iso-octane) (7.2)

결사슬이 없는 것을 정화합물, 곁사슬이 있는 것을 이성체로 구별하는데, 이 양자는 화합물 중에 탄소수가 같아도 성질이 다르다. 구조식과 노킹(knocking)의 관계를 보면, 식 (7.1)과 같이 탄소의 체인 길이가 길수록 노킹 경향이 증가하고 식 (7.2)와 같이 탄소 원자가 집중되면 노킹의 경향이 감소한다.

② 올레핀계 탄화수소

올레핀계(olefins) 탄화수소는 C_nH_{2n}인 일반식으로 표시한다. 그 구조는 식 (7.3)과 같이 1개 이상의 이중결합을 가진 체인결합으로 불포화화합물이다. 따라서 직접적으로는 다른 원소 또는 화합물과 결합하지 않는다.

개개의 명칭은 ethene, propene 등과 같이 어미에 -ene를 붙여 부른다. 원유 중에는 탄소수가 적은 두 종류의 화합물이 함유되는 것은 적으나, 대부분 제조과정 중에 다른 탄화수소가 분해 또는 중합하여 생성된다.

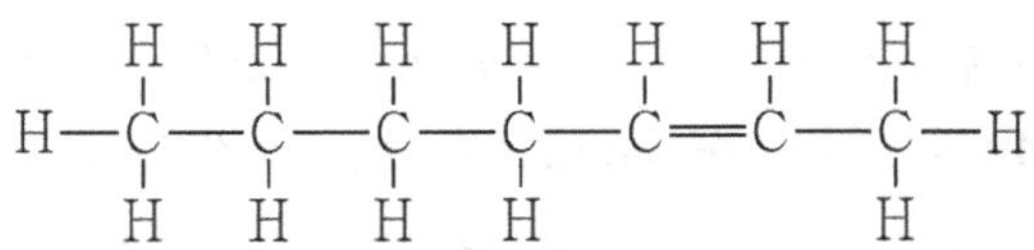

C_7H_{14}
(heptene) (7.3)

③ 나프텐계 탄화수소

나프텐계(naphthenes)도 올레핀계와 같이 C_nH_{2n}의 일반식으로 나타내나, 식 (7.4)와 같이 고리 모양의 구조이므로 이중결합을 갖지 않는 포화화합물이고 안정하다. 나프텐계 탄화수소의 이성체는 고리를 만드는 탄소수와 그 탄소의 결합상태 및 곁사슬이 붙는 위치에 따라 다른 이성체가 된다. 탄소수가 클수록 비등점, 비중 등이 커지며, 비등점이 동일한 경우 비중은 파라핀계보다 크지만 방향족보다는 작다.

나프텐계 탄화수소의 화합물은 머리에 cyclo를 붙여서 분자 중의 탄소 수에 따라 파라핀계와 같이 부른다.

④ 방향족계 탄화수소

방향족계(aromatics) 탄화수소는 C_nH_{2n-6}의 일반식으로 나타내며, 식 (7.5)와 불포화 구조식을 갖는다. 6개의 탄소 고리에 이중결합이 하나 건너 있는 것을 벤젠핵이라 한다.

또 이 벤젠핵에 탄소 사슬이나 탄소계 고리가 부착한 것도 모두 방향족 탄화수소에 속한다. 방향족 탄화수소는 매우 안정적이며, 이중결합을 가지고 있으므로 이것에 수소를 가하여 나프텐계로 바꿀 수 있다. 같은 비등점의 다른 탄화수소와 비교하면 방향족의 비중이 가장 크다.

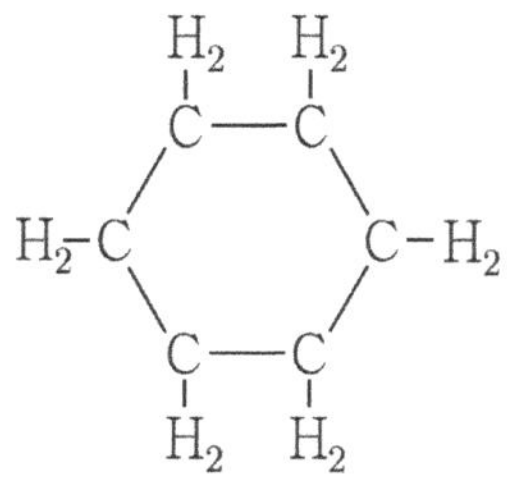

C_6H_{12} (cyclo-hexane) (7.4)

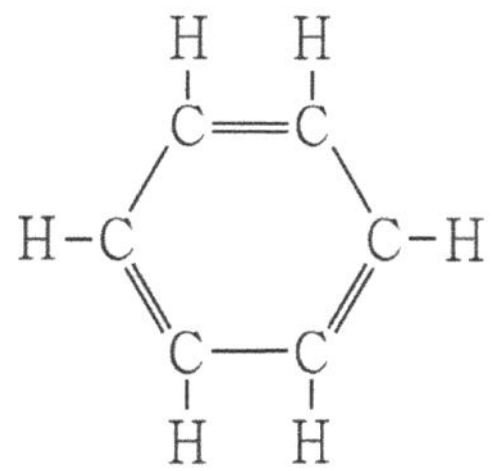

C_6H_6 (benzene) (7.5)

(2) 석유계 연료의 특성

자동차기관용 연료에는 가솔린과 경유, 액화석유가스(LPG ; Liquefied Petroleum Gas), 에틸알코올, 압축천연가스(CNG ; Compressed Natural Gas) 등이 사용된다. 최근에는 환경보전 및 석유계 연료를 대체하는 관점에서 연료 성분 중에 산소를 포함하는 함산소 연료(알코올류)와 수소의 이용이 연구되고 있다.

표 7.1 석유계 연료의 물성치

연료	비중	증발열 (kJ/kg)	저위발열량 (MJ/kg)	이론공연비 (kg/kg)
가솔린	0.65~0.75	305	46~47	14.6
경 유	0.84~0.88	270	44~46	14.5
중 유	0.91~0.95	230	42~44	14.4
천연가스	~0.79*	-	50	14.5

* 천연가스는 1atm, 0℃에서 밀도(kg/m^3)를 나타냄.

가솔린은 원유를 직접 분류하여 얻어진 직유 가솔린, 경유 또는 중유를 고온도로 가열하여 이것을 분해하여 얻은 분해 가솔린, 천연가스를 압축 · 냉각하여 얻은 천연가솔린 등이 있다. 파라핀계 가솔린은 C_6H_{14}, C_7H_{16}, C_8H_{18}, C_9H_{20}을 주성분으로, 또 나프텐계 가솔린은 C_6H_{12}, C_7H_{14}, C_8H_{16}, C_9H_{18}이 주성분이며, 시판되는 가솔린은 이러한 성분들이 조합된 것으로 비중은 0.65~0.75, 저위발열량은 46~47 MJ/kg, 인화점은 -10~-15℃, 자연발화온도는 대기압하에서 300~500℃, 그리고 옥탄가는 90~95 정도이다.

7.1.2 가솔린의 성질

(1) 휘발성

연료의 휘발성(volatility)은 기관의 시동 및 가속 성능에 큰 영향을 미치며, 연료는 점화 이전에 실린더 내에서 완전 증발되어 공기와 혼합되어야 한다. 연료의 휘발성을 측정하는 방법에는 ASTM(American Standard for Testing Materials) 증류법과 평형 공기 증류법(Equilibrium Air Distillation)이 있다. ASTM 증류법에서 사용되는 장치는 그림 7.1에서와 같이 대기압 조건에서 100 cc 연료의 증류과정을 조사하는 것으로, 온도가 상승함에 따른 유출량의 변화를 측정한다. 이 방법에 의하면 휘발성이 큰 성분부터 차례로 유출된다.

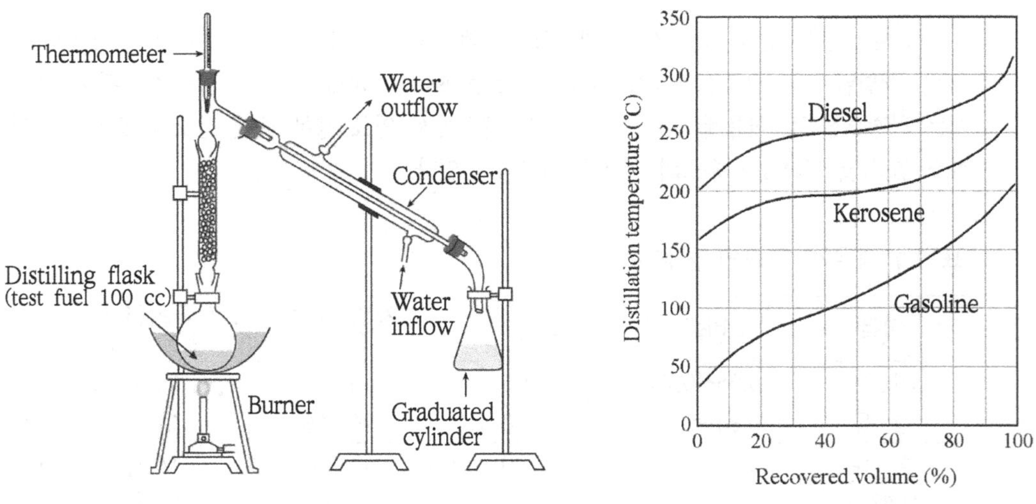

그림 7.1 ASTM 증류시험장치 및 증류곡선

하지만 대기압 조건에서 연료가 증발하므로 실제 기관에서의 증발 조건과 많은 차이가 있다. 또한 다량의 공기가 혼합된 상태에서 연료의 증발이 일어나며, 그 중에서 연료의 증기압은 낮은 분압 상태이다.

이러한 ASTM 증류법의 결점을 보완하기 위하여 평형 공기 증류법(EAD)이 있는데, 공기와 연료를 일정 비율로 공존시키면서 연료를 연속 증발시키는 방법이다. 일정 온도의 증발 코일 중에 임의의 비율로 가솔린과 공기를 공급하여 그 온도를 평형시킴과 동시에 증발 잔류량을 측정하며, 온도의 변화에 따른 증발량을 구하는 증류방법이다. 혼합비, 온도 등의 측정을 기관의 운전조건에 맞추면 실제에 가까운 증류곡선을 얻을 수 있는 방법이다. 그러나 이 시험 방법은 복잡하고 실험결과도 ASTM 증류곡선으로부터 환산하여 구한다.

(2) 시동성

기관이 시동되기 위해서는 실린더 내에 흡입된 혼합기 중의 공기와 가솔린 증기의 비가 가연범위에 있어야 한다. 그러나 기관이 냉각되어 있을 때에는 액체 가솔린이 증발되기 어려우므로 농후한 혼합기를 공급하지 않으면 기관 시동이 어렵다.

그러므로 보통 ASTM 증류곡선의 10%점이 시동의 난이를 결정한다고 되어 있으며, 10%점이 낮을수록 시동이 용이하게 된다. 하지만 휘발성이 높은 성분의 함유량이 지나치게 많으면, 연료관이 가열될 경우 액체 연료가 비등하여 기포가 발생하면 증기폐색(vapor lock) 현상을 일으킬 수 있다.

(3) 가속성

기관 회전수를 높이기 위하여 스로틀 밸브를 열면 실린더로 유입되는 공기량은 급속히 증가되지만, 가솔린의 휘발성이 좋지 못할 경우 액상의 가솔린은 흡기관로 벽면에 부착되어 즉시 실린더 내로 유입되지 못하게 된다. 대체적으로 가속성에 관해서는 ASTM 증류법의 35~60%점이 보다 낮은 것이 바람직하다.

(4) 윤활유의 희석

가솔린의 휘발성이 충분하지 못하면 실린더 내에서 기화되지 못하며, 실린더 벽을 통하여 크랭크실에 들어와 윤활유를 희석시켜 그 점도를 저하시킨다. 이러한 점에 관해서는 ASTM 증류법의 90%점보다 높은 것은 좋지 못하다.

7.2 가솔린 연료의 연소

연소라 함은 적당히 높은 온도에서 연료의 급격한 산화반응을 말하며, 열과 화염을 발생한다. 이 연소가 매우 짧은 시간에 완료하여 발생가스가 급속히 팽창하여 분출하는 현상을 폭발이라 하며, 열과 화염 외에 급격한 압력증대에 의한 폭발음을 발생하게 된다.

연료의 주성분은 탄화수소(C_mH_n)이고 약간의 산소와 황이 함유될 수도 있다. 이들의 가연원소가 모두 연소하였을 경우를 완전연소라 하며, 일부가 남는 경우를 불완전연소라 한다.

일정량의 연료가 완전연소에 의하여 생기는 연소 열량을 그 연료의 발열량이라 한다. 기관 연소실 내에서 단시간의 연소에 의하여 발생한 열량을 원동력으로 하는 경우에, 연료의 완전연소 또는 불완전연소 및 발열량의 대소는 직접 기관의 출력 및 연료소비량 등에 중요한 영향을 미치게 된다.

참고로 연소반응을 이해하는데 필요한 원소들의 기호와 분자량은 표 7.2에 요약하여 나타내었다. 그리고 연료의 산화제로 사용되는 공기는 주로 질소와 탄소의 혼합물이며, 그의 조성 및 평균분자량은 표 7.3과 같다.

표 7.2 연료 구성 원소의 기호 및 몰질량

원소	수소	탄소	질소	산소
기호	H	C	N	O
원자량 (kg/kmol)	1	12	14	16
분자량 (kg/kmol)	2	24	28	32

표 7.3 공기의 조성 및 분자량

성분	분자량 (kg/kmol)	체적비 (%)	질량비 (%)
O_2	44	21	23.3
N_2	28	79	76.7
Air	29	100	100

7.2.1 연료의 화학적 반응

실제로 연소의 반응은 매우 복잡한 과정을 거치면서 이루어지나, 대체로 연료 중의 가연성분인 탄소(C), 수소(H_2), 황(S) 및 산소(O_2) 등의 간단한 산화반응으로 다음과 같이 취급한다.

(1) 탄소(C)의 연소

① **완전연소** : 탄소가 완전연소를 할 경우에는 이산화탄소(CO_2)가 생성된다.

화학반응식	C	+	O_2	=	CO_2	
질량비	12	+	(2×16)	=	44	
	1kg	+	2.67 kg	=	3.67 kg	(7.6)
체적비(몰비)	1	:	1	:	1	

즉, 탄소 1 kg의 완전연소에 2.67 kg의 산소를 필요로 하며, 3.67 kg의 이산화탄소가 발생된다.

② **불완전연소** : 탄소가 불완전연소를 할 경우에는 일산화탄소(CO)가 생성된다.

화학반응식	C	+	$\frac{1}{2}O_2$	=	CO	
질량비	12	+	16	=	28	
	1kg	+	1.33 kg	=	2.33 kg	(7.7)
체적비(몰비)	1	:	1/2	:	1	

(2) 수소(H)의 연소

화학반응식	H_2	+	$\frac{1}{2}O_2$	=	H_2O	
질량비	2	+	16	=	18	
	1kg	+	8 kg	=	9 kg	(7.8)
체적비(몰비)	1	:	1/2	:	1	

(3) 황(S)의 연소

화학반응식	S	+	O_2	=	SO_2	
질량비	32	+	(2×16)	=	64	
	1 kg	+	1 kg	=	2 kg	(7.9)
체적비(몰비)	1	:	1	:	1	

(4) 일산화탄소(CO)의 연소

화학반응식	CO	+	$\frac{1}{2}O_2$	=	CO	
질량비	28	+	16	=	44	
	1 kg	+	0.57 kg	=	1.57 kg	(7.10)
체적비(몰비)	1	:	1/2	:	1	

(5) 탄화수소(C_mH_n)와 산소(O_2)의 반응

탄화수소가 완전연소를 하는 경우에는 이산화탄소와 수증기가 생성된다.

화학반응식	C_mH_n	+	$\left(m+\frac{n}{4}\right)O_2$	=	$mCO_2+\frac{n}{2}H_2O$	
질량비	$12m+n$	+	$\left(m+\frac{n}{4}\right)\times 32$	=	$44m+\frac{n}{2}\times 18$	(7.11)
체적비(몰비)	1	:	$m+\frac{n}{4}$	:	$m+\frac{n}{2}$	

(6) 탄화수소(C_mH_n)와 공기의 반응

탄화수소가 공기 중에서 완전연소되는 경우 식 (7.12)와 같이 이산화탄소(CO_2) 및 수증기(H_2O)가 생성되고, 공기 중의 질소(N_2)는 그대로 배출되는 것으로 취급한다. 식에서 x_a는 탄화수소(C_mH_n) 1몰(mol)의 완전연소에 필요한 공기의 몰수이고, 오른쪽 항과 왼쪽 항의 각 원소들이 균형을 이루도록 다음과 같이 상수 x_a, a, b 및 c를 결정한다.

$$C_mH_n + x_a(0.21O_2 + 0.79N_2) \rightarrow aCO_2 + bH_2O + cN_2 \tag{7.12}$$

탄소(C)의 균형 :	$m = a$	$\therefore a = m$
수소(H)의 균형 :	$n = 2b$	$\therefore b = \frac{n}{2}$
산소(O)의 균형 :	$x_a \times 0.21 \times 2 = 2a + b$	$\therefore x_a = \frac{m + n/4}{0.21}$
질소(N)의 균형 :	$x_a \times 0.79 \times 2 = 2c$	$\therefore c = \frac{0.79}{0.21}\left(m + \frac{n}{4}\right)$

① 이론 공기-연료비

이론 공연비(stoichiometric air-fuel ratio, chemically correct air-fuel ratio)는 연료 1 kg의 완전연소에 소요되는 공기의 질량이다. 이론공연비는 식 (7.13)과 같이 연료 1몰의 완전연소에 필요한 공기의 몰수(x_a)에 공기 분자량(M_{air})과 연료 분자량($M_{C_mH_n}$)의 비를 곱하여 결정한다. 대부분의 탄화수소 연료에 있어서 이론공기량은 표 7.1과 같이 15 kg/kg 정도이다.

$$A_{st} = x_a \times \frac{M_{air}}{M_{C_mH_n}} \ [kg/kg] \tag{7.13}$$

② 공기 과잉률 (공기과잉계수)

공기 과잉률(air excess ratio)은 단위 질량의 연료를 완전연소시키는데 필요한 이론 공기량(또는 이론 공연비)에 대한 실제 공기량의 비를 의미한다.

$$\lambda = \frac{\text{실제 공기량 (실제 공연비)}}{\text{이론 공기량 (이론 공연비)}} \tag{7.14}$$

실제 기관에서 연료의 완전연소를 위해서는 과잉공기가 필요하나, 공기 과잉량이 너무 많으면 여분의 공기와 질소도 함께 가열되어 연소가스의 양을 증가시키며 열효율은 저하시키게 된다. 따라서 완전연소가 허용하는 범위 내에서 과잉공기를 되도록 적게 하는 것이 바람직하다.

예제 7.1

Iso-octane(C_8H_{18}) 1kg의 완전연소에 필요한 이론공기량을 구하라.

❖ 풀이

Iso-octane(C_8H_{18})의 완전연소 반응식을 식 (7.12)와 같이 완성하고, 다음과 같이 상수들을 계산한다.

$$C_8H_{18} + x_a(0.21O_2 + 0.79N_2) \rightarrow aCO_2 + bH_2O + cN_2$$

탄소(C)의 균형 : $8 = a$ $\quad\therefore a = 8$

수소(H)의 균형 : $18 = 2b$ $\quad\therefore b = 9$

산소(O)의 균형 : $x_a \times 0.21 \times 2 = 2a + b$ $\quad\therefore x_a = 59.5$

질소(N)의 균형 : $x_a \times 0.79 \times 2 = 2c$ $\quad\therefore c = 47.0$

Iso-octane(C_8H_{18}) 1 kg의 완전연소에 필요한 이론공기량은 다음과 같이 15.03 kg이다.

$$A_{st} = x_a \frac{M_{air}}{M_{C_mH_n}} = \frac{59.5 \times 28.8}{114} = 15.03\ [\mathrm{kg/kg}]$$

예제 7.2

예제 7.1에서 공기과잉률 $\lambda = 0.9$일 때, 연소가스의 조성비를 구하라.

❖ 풀이

참고로 공기과잉률(λ)가 1보다 크면, 공기 과잉상태이므로 연소가스 중에는 과잉의 산소(O_2)가 추가된다. 반대로 λ가 1보다 적으면, 산소 부족상태이므로 불완전연소가 발생하고 연소가스 중에 일산화탄소(CO)가 추가된다.

산소가 부족한 상태의 반응식을 다음과 같이 완성하고, 상수들을 계산한다.

$$C_8H_{18} + 0.9 \times 59.5 \times (0.21O_2 + 0.79N_2) \rightarrow aCO_2 + bH_2O + cN_2 + dCO$$

탄소(C)의 균형 : $8 = a + d$ $\quad \therefore a = 5.5$

수소(H)의 균형 : $18 = 2b$ $\quad \therefore b = 9$

산소(O)의 균형 : $0.9 \times 59.5 \times 0.21 \times 2 = 2a + b + d$ $\quad \therefore d = 2.5$

질소(N)의 균형 : $0.9 \times 59.5 \times 0.79 \times 2 = 2c$ $\quad \therefore c = 42.3$

위와 같이 연소가스 성분들의 몰수(또는 분자수)를 계산한 후, 다음과 같이 조성비를 계산한다.

연소가스 성분	분자량(M)	몰수(N)	체적비(y)	질량비(x)
CO_2	44	5.5	9.3%	14.63%
H_2O	18	9.0	15.2%	9.78%
N_2	28	42.3	71.3%	71.38%
CO	28	2.5	4.2%	4.20%

총 몰수(분자수) $\quad \sum_{i=1}^{n} N_i = 5.5 + 9.0 + 42.3 + 2.5 = 59.3$

체적비(몰비) $\quad y_i = \dfrac{N_i}{\sum N_i}$

평균분자량 $\quad \overline{M} = \sum_{i=1}^{n} M_i y_i = 27.968 \fallingdotseq 28\,[\text{kg/kmol}]$

질량비 $\quad x_i = \dfrac{M_i y_i}{\overline{M}}$

7.2.2 발열량

연료 중의 가연성분이 연소하면 열이 발생하며, 단위 질량의 연료가 완전히 연소되었을 때 발생하는 열량을 연료의 발열량이라 한다. 발열량은 연료의 분석시험결과에 따라 계산식으로 구하거나 또는 열량계를 사용하여 실제로 측정하여 구한다.

연소 반응의 결과로 수분(H_2O)이 생기며, 연소가스 중에 수분이 액체 상태로 존재하느냐 또는 증기로 존재하느냐에 따라 발열량에는 물의 증발열 2500 kJ/kg 정도에 상당하는 만큼의 차이가 생긴다. 즉, 연소에 의해 발생한 수분의 증발열을 포함한 발열량을 고위발열량(higher heating value)이라고 하며, 수분의 증발열을 뺀 열량을 저위발열량(lower heating value)이라고 한다. 실제 자동차기관에서 연소 가스 중의 수증기는 복수하지 않고 그대로 배출되므로, 열로 이용할 수 있는 발열량은 주로 저위발열량으로 나타낸다.

일반적으로 가연원소와 같은 단일 연료의 발열량은 열량계에 의하여 측정하며, 또한 가연원소가 복잡한 화학적 결합을 하고 있는 실제 연료의 발열량도 열량계에 의함이 확실하다. 하지만 석유계 연료는 복잡한 탄화수소의 화합물이나 그 결합상태를 몰라도 원소 분석 결과가 알려져 있으면 Dulong의 식으로부터 근사적으로 구할 수 있다.

석유계 연료의 발열량은 표 7.1과 같이 거의 비슷하지만, 연료 중의 탄소, 수소, 산소, 유황 및 수분을 각각 c, h, o, s, w[kg]으로 하면 고위발열량(H_h) 및 저위발열량(H_l)은 각각 식 (7.15) 및 (7.16)으로 구할 수 있다.

$$\begin{aligned} H_h &= 33.9c + 142.3\left(h - \frac{o}{8}\right) + 10.5s \ [\text{MJ/kg}] \\ &= 8100c + 34000\left(h - \frac{o}{8}\right) + 2500s \ [\text{kcal/kg}] \end{aligned} \tag{7.15}$$

$$\begin{aligned} H_l &= 33.9c + 121.4\left(h - \frac{o}{8}\right) + 10.5s - 2.5w \ [\text{MJ/kg}] \\ &= 8100c + 29000\left(h - \frac{o}{8}\right) + 2500s - 600w \ [\text{kcal/kg}] \end{aligned} \tag{7.16}$$

그리고 위의 발열량 계산식에서 수소(H_2)의 양을 $(h-o/8)$로 한 것은 연료 중의 산소는 8 : 1의 질량비로 수소와 화합하여 물로 되어 있는 것으로 생각하고, $o/8$ [kg]분의 수소는 연소에 관여하지 않기 때문이다.

표 7.4 가솔린과 공기의 혼합비와 연소상황

혼합비(질량비)	연 소 상 황
1 : 25	희박연소
1 : 22	연소 하한한계
1 : 18.5	규칙적으로 착화되는 최저한도
1 : 16	가장 경제적인 혼합비
1 : 13.8	최대출력에 대한 유효혼합비
1 : 8	규칙적으로 착화되는 최대한도
1 : 7.6	불규칙적인 착화
1 : 6.6	연소 상한한계

7.2.3 가연한계

공기와 가연성 가스의 혼합기는 혼합비율이 어느 정도까지는 변하여도 연소는 가능하나 그 비율이 어느 일정 한도를 넘으면 점화가 불가능하다. 이 한도를 가연한계(flammability limit)라 하며, 이 가연한계에는 연료가스가 적은 희박혼합기의 한계와 연료가스가 많은 농후혼합기의 한계가 있다. 전자를 하한(lower limit)라 하며, 후자를 상한(upper limit)라 하며, 또 가연한계는 혼합비율 이외에도 혼합기체의 온도 및 화염전파의 방향에 따라서 영향을 받는다.

표 7.4는 공기와 가솔린의 질량비율에 따른 가연성 혼합범위 내에서의 혼합비율과 연소상황을 표시한 것이다. 가솔린기관의 운전상 가장 양호한 것은 표에서와 같이 가솔린과 공기의 질량비가 1:13~16 정도의 혼합비이다.

7.2.4 가솔린 노킹 (gasoline knocking)

연료가 균일하게 혼합되어 있는 예혼합기(pre-mixture)의 연소는 화염전파에 의해 이루어진다. 화염전파 도중에 화염면에서 멀리 떨어진 미연 혼합기가 자연발화를 하여 고주파의 압력파동과 소음을 발생하는 현상을 노킹이라 한다. 기관은 금속을 두드리는 것과 같은 금속성 음, 즉 노킹음을 내며, 운전 상태는 원활하지 못하여 열효율이 저하됨은 물론 계속 운전이 불가능하게 된다. 노킹의 원인은 다음과 같다.

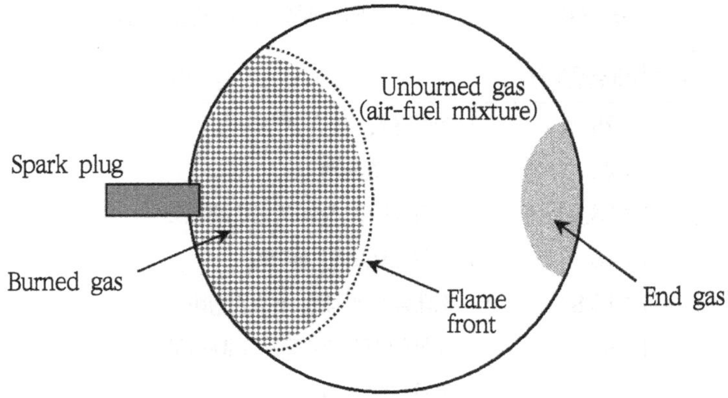

그림 7.2 말단 가스의 노킹 발생

- 압축비가 지나치게 높을 때
- 점화시기가 적당하지 못할 때
- 흡기의 온도 및 압력이 높을 때
- 실린더 및 피스톤이 과열되었을 때
- 엔진을 과부하로 운전할 때
- 불량한 연료를 사용하였을 때

한편 노킹은 말단 가스(end gas)가 그림 7.2의 도해와 같이 자연발화(self ignition)하는 현상이므로 높은 압축비에서도 노킹을 방지할 수 있는 대책을 다음과 같이 생각할 수 있다.

- 자연발화온도가 높은 연료의 사용
- 내노크성이 높은 연료의 사용
- 동일 압축비에서도 혼합기 온도를 낮추는 형상이나 냉각시키는 방법
- 화염의 전파거리를 짧게 할 수 있는 구형에 가까운 연소실의 중앙에 점화플러그를 설치하는 방법.

7.2.5 옥탄가

옥탄가(Octane number)는 연료의 내노크성을 평가하는 지표이고, 가장 노킹을 일으키기 쉬운 기준 연료를 옥탄가 0인 정헵탄(n-heptane)으로 하고 가장 노킹을 일으키기 어려운 기준 연료를 옥탄가 100인 이소옥탄(iso-octane)으로 한다. 중간의 옥탄가를 가지는 기준 연료는 양자를 혼합하여 만들며, 다음과 같은 식으로 옥탄가를 표시한다.

$$ON = \frac{y_{C_8H_{18}}}{y_{C_8H_{18}} + y_{C_7H_{14}}} \times 100 \tag{7.17}$$

즉, 옥탄가 85인 연료라면, 그 연료는 체적비로 이소옥탄이 85% 그리고 정헵탄이 15%인 혼합액과 동일한 내노크성을 표시한다. 연료의 옥탄가는 압축비를 조절할 수 있는 CFR(Cooperative Fuel Research) 단기통 엔진을 사용하여 측정하는데, 일정한 운전조건 하에서 표준 연료와 시험 연료를 사용하여 운전하고, 압축비를 여러 가지로 변화시켜 노킹상황을 실린더에 마련된 노킹미터에 의하여 읽는다. 노킹미터가 60 이상을 지시한 경우는 노킹이 발생하는 것으로 본다.

옥탄가가 100이 넘는 연료는 옥탄가로 내노크성을 표시할 수 없으므로 퍼포먼스수(Performance number)를 적용한다. 이것은 동일 운전조건에서 표준 연료에 대한 시료의 지시출력을 %로 표시한 것이다. 즉, 이소옥탄의 PN을 100으로 하고, 이것보다 30% 이상의 출력을 낸 것을 $PN = 130$한다. ON과 PN의 관계는 아래와 같다.

$$PN = \frac{2800}{128 - ON} \tag{7.18}$$

아울러 가솔린의 옥탄가를 향상시키기 위하여 혼입되는 첨가제를 내노크제라 하며, 다음과 같이 2종이 있다.

- 벤젠이나 알코올 등과 같이 그 자신이 내노크성이 큰 연료
- 4에틸납이나 4메틸납과 같이 연료는 아닌 금속유기화합물

4에틸납($Pb(C_2H_5)_4$)은 노크 억제효과가 가장 커서 널리 사용되었으나, 납(Pb)성분이 중금속으로 공해 물질이다. 그리고 배출가스 후처리 장치의 촉매 열화를 초래하므로 현재는 사용하지 않으며, 무연 휘발유(unleaded gasoline)를 사용하고 있다.

7.3 유해가스의 발생 및 영향

자동차 배출가스로 인한 대기오염은 큰 사회적 문제로 대두되어 법적인 규제가 필요하게 되었다. 우리나라는 1980년 1월부터 제작차 배출가스의 인체 유해성분 허용기준을 제정하여 본격적인 자동차의 유해가스 배출을 규제하고 있으며, 그 규제는 날로 강화되어 가고 있는 실정이다.

가솔린 자동차에서 배출되는 유해물질은 배기관을 통해 배출되는 유해가스와 연료 탱크 중의 연료 증발가스 및 크랭크실로부터의 블로바이 가스(blow-by gas)를 들 수 있다. 배출가스 대책을 취하지 않을 경우 자동차 각부에서 방출되는 유해물질의 비율은 그림 7.3과 같다.

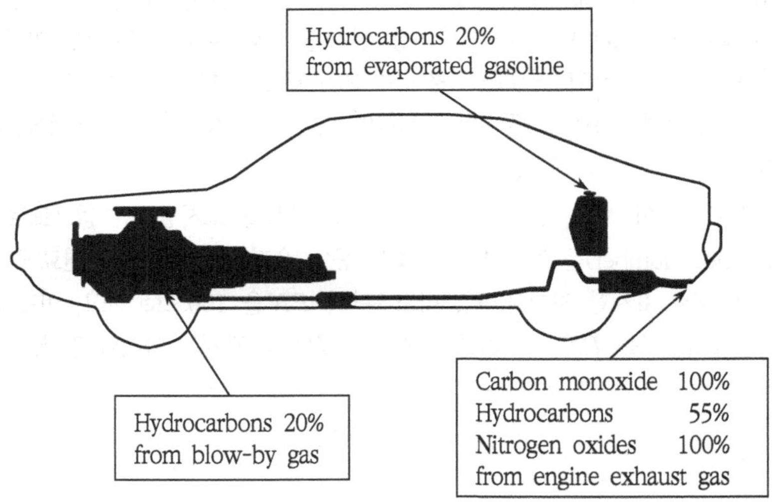

그림 7.3 가솔린기관에서 배출되는 유해가스

7.3.1 유해가스의 발생원리

자동차기관에서 배출되는 유해물질은 크게 가스 상태의 물질과 입자상 물질로 나눌 수 있는데, 가스상 물질로는 일산화탄소(CO), 탄화수소(HC) 및 질소산화물(NO_x) 등이 있고, 입자상 물질(PM ; Particulate Matters)은 유기성 용해물질, 황산염 및 흑연 등을 통칭하여 부르는 말이다. 이중에서 이산화탄소와 탄화수소는 주로 가솔린기관에서 배출되고,

질소산화물과 입자상 물질은 디젤기관에서 많이 배출된다. 따라서 여기에서는 가솔린기관에서 주로 배출되는 일산화탄소, 탄화수소 및 질소산화물의 생성과정에 대하여 알아본다.

(1) 일산화탄소의 발생원리

일산화탄소(CO)는 이론적으로 희박연소($\lambda \geq 1$)를 할 경우에는 생성되지 않고, 농후연소($\lambda < 1$)를 할 때에만 생성된다. 실제 가솔린기관에서 배출농도도 그림 7.4와 같이 대부분 $\lambda < 1$인 농후 연소조건에서 배출된다. 따라서 일산화탄소의 생성은 공연비(또는 공기과잉률)에 의해서 결정되지만, 희박연소를 할 때에도 국부적인 공기부족의 영역이 존재하고, 또 배기행정 중에 미연 탄화수소가 부분 산화되는 것에 의해서도 생성된다.

(2) 탄화수소의 발생원리

배출가스 중의 탄화수소(HC), 즉 미연의 연료 성분은 기관의 공연비에 대하여 그림 7.4와 같은 배출 특성을 나타낸다. 탄화수소는 모든 운전조건에서 배출되기 때문에, 연소실 내의 불완전연소를 하는 경우와 완전연소를 하는 경우로 나누어 생각할 필요가 있다.

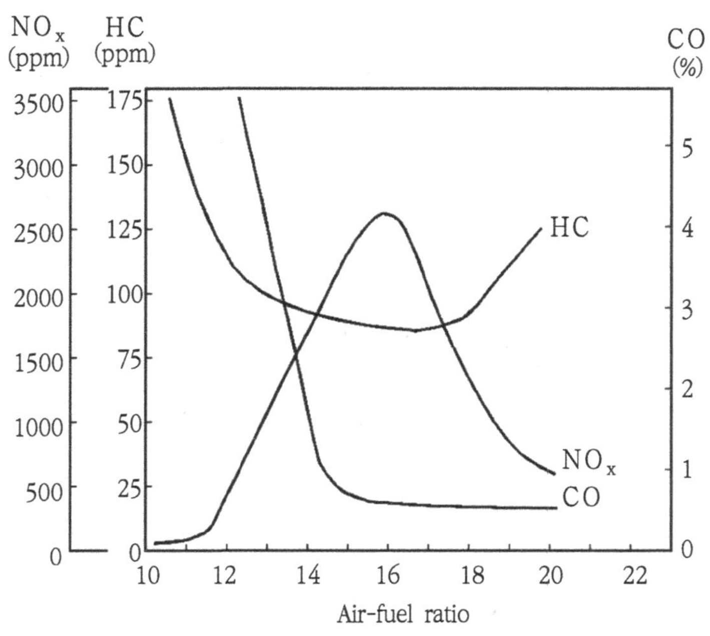

그림 7.4 공연비에 따른 유해가스의 배출특성

① 불완전연소에서 발생하는 탄화수소

기관의 감속 등으로 잔류가스가 많은 경우와 아주 희박한 공연비에서 연소 조건이 좋지 않을 때에는 연소실 내의 혼합기가 실화(misfire) 또는 부분 연소가 일어나고, 이때 탄화수소가 다량 배출된다. 그림 7.4에서 볼 수 있듯이 공연비가 18 이상으로 높은 영역에서 탄화수소의 배출량 증대는 이와 같은 불완전연소 과정에 의한 것이다.

② 정상연소에서 발생하는 탄화수소

정상연소에 의해서 배출되는 탄화수소는 피스톤과 실린더 사이 및 밸브 등의 미세한 틈새에 존재하여 연소가 되지 않은 미연 혼합기(unburned mixture)와 실린더 벽면 주위에서의 소염작용(quenching)에 의해 생긴 미연 혼합기이다.

소염작용이란 화염이 차가운 부분에 접하였을 때 방열량이 많아져서 온도가 낮아지고 연소반응이 소멸되는 현상을 말한다. 이 현상이 연소실에서 일어나면 연소실 벽면에 극히 얇은 미연 혼합기의 층이 형성되고, 팽창 및 배기 행정 중에 이 미연 혼합기의 일부가 배출된다. 이와 같이 정상연소에 의해 발생되는 탄화수소는 기관의 운전조건에 상관없이 배출된다.

또한 연소실 벽면의 소염층(quenching layer) 두께는 벽면 온도에 의해 결정된다. 연소실의 벽면 온도가 높을 때는 소염층 두께가 얇아지고 배출가스 중의 탄화수소 농도도 낮아진다. 그리고 배기 포트가 고온이면 산화반응에 의해 탄화수소가 저하되는 것을 알 수 있다.

(3) 질소산화물의 발생원리

기관의 연소실에서 생성되는 질소산화물의 대부분이 일산화질소(NO)이기 때문에 일산화질소의 생성원리를 알아본다. 일산화질소는 연소에 의한 고온 및 고압 조건에서 질소(N_2)와 산소(O_2) 분자들의 열해리 반응에 의해서 생성된다.

연소실 내의 연소반응에서 일산화질소가 생성되는 소반응식은 확대 젤도비치(Zeldovich)의 식이라 불리는 다음의 3가지 식에 의해 나타낼 수 있다.

$$\begin{aligned} N_2 + O &\Leftrightarrow NO + N \\ N + O_2 &\Leftrightarrow NO + O \\ N + OH &\Leftrightarrow NO + H \end{aligned} \tag{7.19}$$

일산화질소의 생성을 지배하는 인자는 산소 분자의 농도 및 화염의 최고온도이다. 화염온도가 약 1500 K 이상에서 일산화질소의 생성이 시작되고, 온도가 상승할수록 그 생성량이 증가한다. 연소과정에는 반드시 복잡한 열해리(thermal dissociation) 현상을 동반하게 되는데, 2500 K 이상의 고온 화염층에서 질소 분자와 산소 분자가 원자로 해리되면서 서로 식 (7.19)와 같이 반응하고 결합하면서 일산화질소를 생성하게 된다. 하지만 화염면의 후방에 생성된 연소가스의 온도는 급격히 떨어지므로 일산화질소는 반응을 멈추고 동결(freezing)된다. 또한 일산화질소가 질소 분자와 산소 분자로 환원되는 반응도 매우 느리게 진행되므로, 배기밸브가 열리는 시점에서 연소실에 생성되었던 일산화질소들이 배출되게 된다.

7.3.2 유해가스의 인체에 미치는 영향

(1) 일산화탄소의 해

무색 무취의 일산화탄소(CO)는 가솔린 자동차의 경우 1~10%, 디젤차에서는 약 0.1%의 농도로 배출되나, 자동차 대수의 급격한 증가에 따라 자동차에서 배출되는 일산화탄소의 배출량이 전체의 80% 이상을 차지하는 실정이다.

일산화탄소는 체내에 산소를 운반하는 역할을 하는 혈액중의 헤모글로빈(Hb)과 결합하여 일산화탄소-헤모글로빈(CO-Hb)을 만들어 혈액의 산소운반능력을 저하시키며, 그 농도에 따라 사망에 이를 수 있다.

실제 도시 대기 중의 일산화탄소 농도는 자동차 통행량, 도로 조건, 도로로부터 떨어진 거리, 기후조건 등에 따라 다르지만, 자동차의 정체가 심한 도로변에서는 일산화탄소 농도는 높게 되며 이때 일산화탄소-헤모글로빈의 혈중농도는 13~18%까지 상승하는 것으로 알려져 있다. 도심에서 30 ppm의 일산화탄소를 함유한 공기를 2시간 흡입할 때 혈중 일산화탄소-헤모글로빈은 약 5% 상승하며, 60 ppm에서는 10% 정도 상승한다고 한다.

혈중 일산화탄소-헤모글로빈의 농도 및 인체 영향은 사람의 활동상태 등에 따라 상이하지만, 일산화탄소는 헤모글로빈에 대하여 산소보다 200배 이상의 친화력을 가지고 있다. 인체에 흡입된 일산화탄소의 배출은 오직 호흡기를 통하여 이루어지는데 그 배출속도는 아주 느리다. 이는 일산화탄소가 헤모글로빈에 대하여 강한 친화력이 있기 때문이며, 일산화탄소의 배출반감기 즉, 혈중 일산화탄소-헤모글로빈의 농도가 최초 농도의 50%에 도달할 때까지 요하는 시간은 1.5~4시간 정도이다.

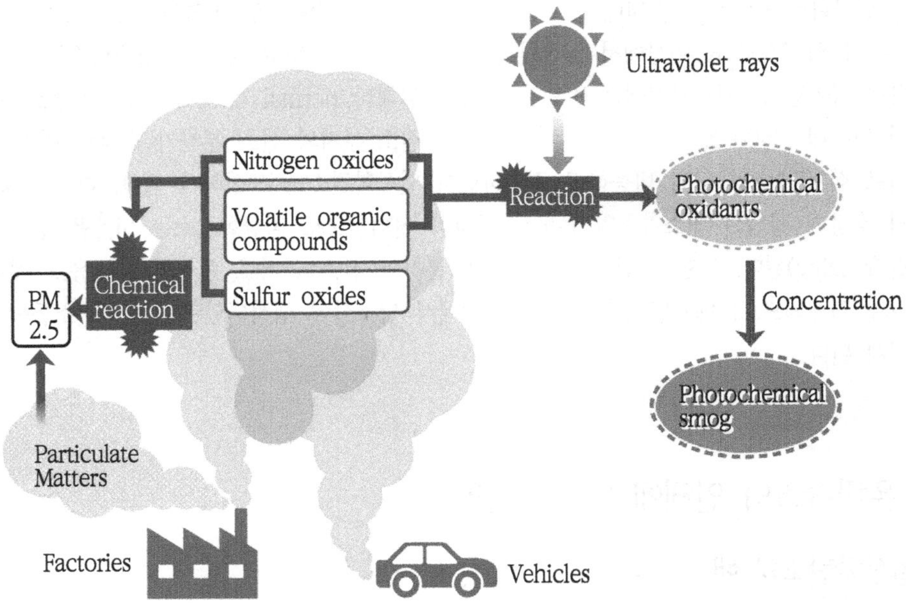

그림 7.5 대기오염물질과 광화학 스모그 발생

(2) 탄화수소의 해

탄화수소(HC)는 탄소와 수소만으로 된 화합물의 총칭이며, 가솔린기관에서 많이 발생되는 대기오염물질이다. 자동차 배출가스 중의 탄화수소는 그 농도가 높지 않아 인체에 미치는 영향은 거의 없으나, 농도가 농후할 경우에는 눈이나 목의 점막을 자극하여 눈물이나 기침이 나오게 하며 또한 식물의 성장에도 악영향을 미치는 것으로 알려져 있다.

탄화수소는 이러한 직접적인 해 외에 질소산화물과 함께 태양의 자외선을 받아서 광화학 반응을 일으켜 광화학 스모그(photochemical smog)를 생성하게 된다.

(3) 질소산화물의 해

자동차에서 배출되는 질소산화물(NO_x)은 대기 중에서 이산화질소(NO_2)로 변환된다. 질소산화물은 식물보다 사람이 피해를 받기 쉽고, 이산화질소(NO_2)는 일산화질소(NO)보다 독성이 5~10배 정도 강하나 도시 대기 중에 존재하는 정도의 저농도에서는 폐기능과 생리반응에 거의 영향을 주지 않는다. 하지만 고농도에서는 점막을 심하게 자극하고 메타 헤모글로빈을 형성, 기도와 폐에 영향을 준다. 일반적으로 NO나 NO_2는 단독으로 존재하기 보다는 두 물질이 함께 존재하는 경우가 대부분으로, 두 물질이 고농도일 경우는 눈과 호흡기 등에 자극을 주어 기침, 인두통, 현기증, 두통, 구토 등이 나타난다.

또한 질소산화물은 탄화수소와 함께 광화학 스모그의 발생 원인이 되고 있다. 광화학 스모그는 노출량이 많을 경우 호흡촉진, 부정맥, 불안감이 나타나고 심하면 폐수종, 혈압 상승 등이 나타나 의식을 잃게 되며, 저농도에 장기간 노출되는 경우에도 만성중독으로 기관지염, 폐기종, 위장병, 불면증 등을 일으키며 혈당의 감소 또는 헤모글로빈의 증가 등을 가져온다.

7.4 유해가스의 저감 대책

7.4.1 배출가스 재순환 (Exhaust Gas Recirculation)

질소산화물(NO_x)은 앞에서 설명한 바와 같이 연소온도가 높고 공기과잉인 조건에서 많이 발생한다. 따라서 공연비와 점화시기가 최적일 때 질소산화물의 생성은 증가한다. 그렇지만 질소산화물의 발생을 억제하기 위하여 공연비와 점화시기를 최적으로 하지 않으면 이것은 불완전연소를 야기하여 결국 일산화탄소와 탄화수소의 배출을 증가시키고, 기관 출력도 저하된다.

배출가스 재순환은 그림 7.6과 같이 배출가스의 일부를 흡기계통으로 되돌리기 때문에, 불활성가스(주로 CO_2)가 기관에 흡입되는 공기와 혼합되어서 연소시의 최고온도를 저하시키고 질소산화물의 생성을 억제한다. 또한 배출가스 재순환을 실시하면 연소온도의 저하에 따른 냉각손실의 저감, 비열비의 증대, 흡기 압력의 상승에 의한 펌프손실의 감소 등으로 점화시기를 적절히 조절하면 오히려 열효율은 개선될 수도 있다. 그러나 배출가스 재순환량을 많게 하면 연소속도가 떨어져 실화의 원인이 되기 때문에 연료비를 다소 농후하게 하고 점화시기를 빠르게 하거나, 실린더 내의 가스 유동을 강화시키는 대응이 필요하다.

보다 효과적인 배출가스 재순환을 위하여 흡기 온도, 냉각수 온도, 차속이나 변속기어의 위치를 감지하고 운전 상태에 따라 가장 적합한 제어조건에서 배출가스의 일부를 흡입관으로 재순환시킨다. 식 (7.20)으로 정의되는 EGR율은 부하나 차속에 대하여 일정하게

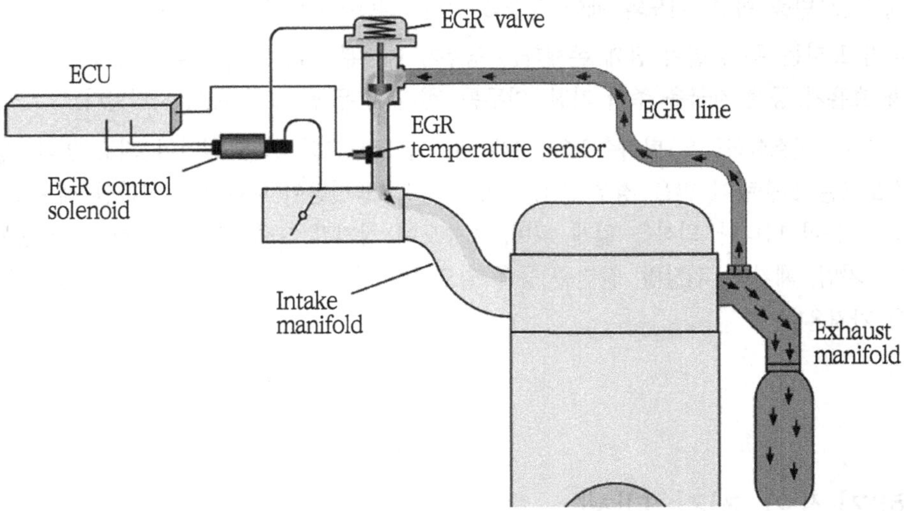

그림 7.6 배출가스 재순환(EGR) 장치의 구성

유지하는 것이 바람직하며, 흡기다기관 부압이나 배기 압력을 이용하는 기계식에서는 일반적으로 5~15%의 EGR율을 시행한다. 하지만 제어 자유도가 높은 전자제어식에서는 EGR율을 15~25%까지도 시행하고 있다.

$$\text{EGR율} = \frac{\text{배출가스 재순환량}}{\text{흡입공기량} + \text{배출가스 재순환량}} \times 100\ [\%] \tag{7.20}$$

그림 7.6과 같이 배출가스 재순환 밸브(EGR valve)는 흡기관과 배기관을 연결시키는 관로 중간에 설치되어 있고, EGR 밸브의 개폐 및 스트로크를 변화시켜 배출가스가 흡기관으로 재순환되는 양을 조절한다.

EGR 제어 시스템은 각 회사에 따라 EGR 제어 정밀도를 높이기 위하여 다양한 종류가 있으며, 냉각수 온도와 흡기관의 부압 상태에 따라 EGR 제어 솔레노이드(EGR control solenoid)가 작동하도록 한다. 기관의 안정적인 운전을 위하여 냉각수 온도가 63~67℃ 이상일 때와 부분부하에서만 작동하고, 공회전시나 전부하(WOT)시에는 작동하지 않는다.

7.4.2 삼원 촉매장치

삼원 촉매장치(three-way catalyzer)는 배기관에 설치되어 배출가스를 통과시키면서 촉매 자신은 변화하지 않고, 다음과 같이 탄화수소, 일산화탄소 및 질소산화물을 산화반응과 환원반응을 통해 무해한 물질로 정화시키는 장치이다.

$$\begin{aligned} 2CO &+ O_2 \rightarrow 2CO_2 \\ 2C_2H_6 &+ 7O_2 \rightarrow 4CO_2 + 6H_2O \\ 2NO &+ 2CO \rightarrow N_2 + 2CO_2 \end{aligned} \tag{7.21}$$

촉매의 주성분은 백금과 로듐이고 배출가스 중의 CO, HC, NO_x를 동시에 저감시키는 기능을 갖고 있다. 그림 7.7의 단면에서 알 수 있듯이 세라믹 일체의 담체 내에 산화 알루미나(alumina oxide) 또는 산화 세륨(cerium oxide)를 모체로 하여 표면에 백금(platinum, Pt), 팔라듐(palladium, Pd) 또는 로듐(rhodium, Rh)을 얇은 막으로 코팅 처리한 촉매가 들어 있다.

촉매는 온도가 250℃ 이상이 되어야 촉매작용을 하는데, 이러한 현상은 가솔린기관에서 유해 배출가스 규제를 만족시키기 위해서 높은 기술력이 필요로 한다. 보통 작동시의 촉매 온도는 400~800℃ 내에 있으며, 950℃ 이상에서는 촉매 담체가 녹기 시작하여 기능이 상실된다.

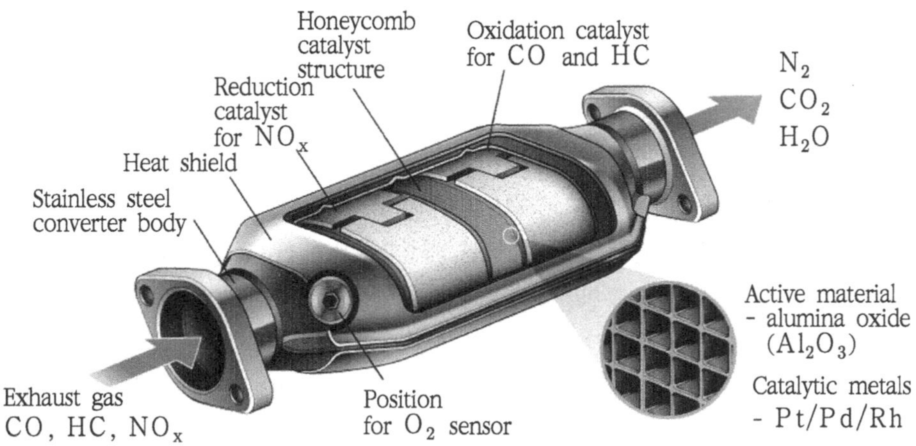

그림 7.7 삼원 촉매장치의 구조

촉매 담체는 펠릿(pellet)식과 모노리스(monolith)식이 있다. 모노리스식은 펠릿식과 비교해서 촉매 열화에 대한 교환시간 및 비용 측면에서는 불리하지만, 촉매의 안정성이 높아서 특별한 경우가 아닌 한 교환이 불필요하다. 또한 배기저항도 적은 장점이 있어 현재 국내 자동차에는 대부분 이 형식을 채용하고 있다. 촉매 담체는 고가이므로 파손을 막기 위해서는 다음과 같은 점에 유의하여야 한다.

- 무연 휘발유만 사용한다. 옥탄가 향상제에 포함된 납 성분은 촉매의 열화를 촉진시키기 때문이다.
- 여름철 장시간의 공회전으로 인하여 촉매의 온도가 높아지지 않도록 한다.
- 스파크 점화테스트를 지나치게 하지 않도록 한다. 이를 계속하면 연소되지 않은 연료가 배기관까지 흘러들어가 배기관의 온도를 높인다.
- 장시간 압축압력 측정을 하지 않도록 한다.
- 연료가 거의 없는 상태에서 기관을 작동시키면 실화가 발생하게 되고 촉매장치에 과부하가 걸린다.

그림 7.8은 삼원 촉매장치의 정화효율 특성을 보여주는데, 삼원 촉매장치는 가솔린의 이론공연비 부근(14.7±0.2)에서 가장 효율적으로 탄화수소(HC)를 이산화탄소(CO_2)와 물분자(H_2O)로, 일산화탄소(CO)를 CO_2로 각각 산화시키고, 질소산화물(NO_x)을 질소(N_2)와 산소(O_2)로 환원하는 작용을 동시에 수행한다. 즉, 산화성 가스(HC, CO)와 환원성 가스(NO_x) 사이의 산화 및 환원반응을 통해 무해 성분(H_2O, CO_2, N_2)으로 배출되는 것이다.

이론공연비를 경계로 좌측의 농후한 혼합기가 연소되면 배출가스에는 산소(O_2)가 부족하여 산화반응이 일어나지 않게 되므로, 산화성 가스(HC, CO)의 정화율은 낮아진다. 반대로 우측의 희박한 혼합기가 연소되면 배출가스에는 산소(O_2)가 과다하여 산화성 가스의 정화율은 높게 되지만, 환원반응이 일어나지 않아 질소산화물(NO_x)의 정화율이 낮아진다. 따라서 이들 가스의 양적 균형이 가장 중요한 요건이 되며, 가스 조성의 균형이 무너지면 활성도가 높은 삼원 촉매를 이용하여도 유해성분은 제거되지 않고 다량으로 배출된다. 그러므로 이 가스 조성의 균형을 유지하기 위하여 공기-연료비의 제어가 대단히 중요하다.

배출가스 중의 산소(O_2)농도를 산소 센서로 측정하고 동시에 흡입공기량과 냉각수 온도 등의 다른 측정값들과 함께 ECU로 보내져 최적의 공연비(이론공연비에 근접)로 기관이 운

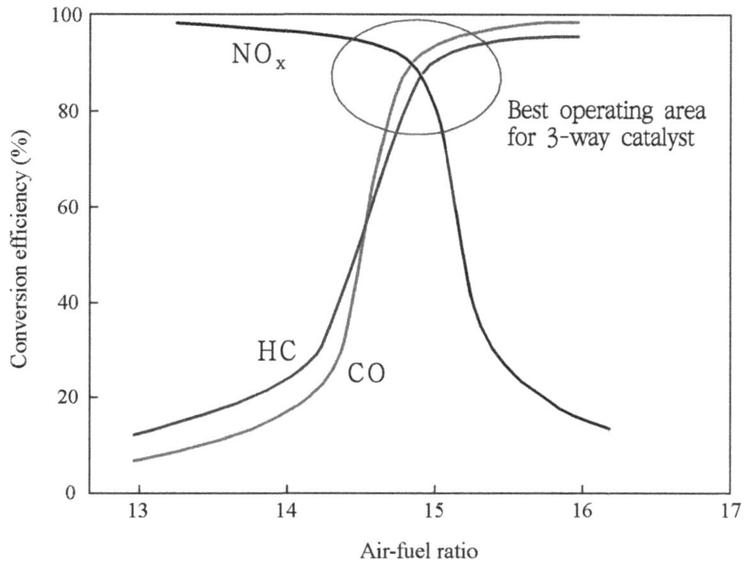

그림 7.8 삼원 촉매의 정화효율 특성

전되도록 한다. 공기-연료비의 제어시스템은 제6장에서 설명한 산소 센서(그림 6.27)를 이용한 공연비의 피드백 제어(그림 6.24)를 참고하기 바란다.

7.4.3 연료 증발가스

연료에 포함되어 있는 탄화수소 가스를 연료계통으로부터 대기로 방출되는 것을 막기 위한 장치인 증발가스 배출 제어장치(evaporative emission control system)는 그림 7.9와 같다.

연료 탱크의 상부에는 차량 전복시 연료의 누출을 막는 제어밸브(roll-over control valve)를 장착하고, 연료 탱크 내에서 온도 상승에 따라 증발되는 탄화수소 가스를 제어밸브를 통하여 캐니스터 활성탄(charcoal canister)에 흡착시킨다. 기관의 가동상태에서 일정한 조건이 되면 포집된 탄화수소 가스를 실린더 안으로 흡입 연소시켜 증발가스를 제거하게 된다.

퍼지 제어 밸브(purge control valve)는 흡기 서지탱크(surge tank) 내의 부압과 ECU의 제어에 의해 "ON-OFF"기능만을 하는 형태가 많이 사용된다. 이 밸브는 기관의 냉각

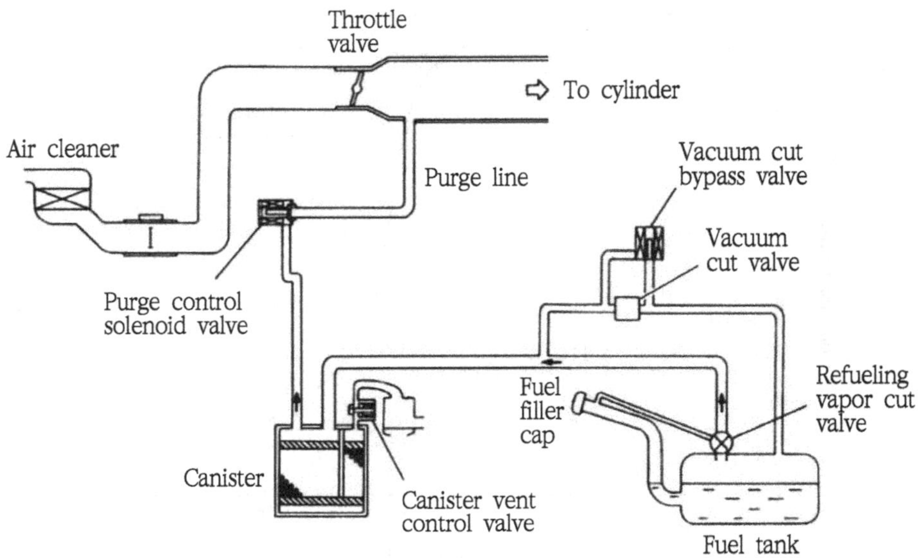

그림 7.9 연료 증발가스의 배출 제어장치

수 온도가 낮거나 공회전시에는 닫히고, 정상적인 운전조건에서는 열려 캐니스터에 저장되었던 증발가스는 서지탱크로 유입된다.

퍼지 제어 솔레노이드 밸브는 ECU로부터 흡기다기관 부압 상태(맵센서), 냉각수 온도(수온센서) 등의 신호를 받아 듀티 제어(duty control)한다. 퍼지 제어는 냉각수 온도 70℃ 이상 및 산소 센서 피드백 보정량의 평균치를 감안하여 듀티 제어량을 ECU에서 연산하여 이루어진다. 듀티가 0%인 경우는 밸브가 닫혀 있고, 100%일 때는 완전히 열려 있다. 공회전 상태에서 듀티량은 1~3% 정도이고, 최대 제어량은 92% 정도이다.

7.4.4 블로바이 가스 (Blow-by gas)

실린더 벽과 피스톤 사이로 누설되는 가스인 블로바이 가스(blow-by gas)를 크랭크실을 통해 대기로 방출되는 것을 방지하기 위해 그림 7.10과 같이 흡기관의 서지탱크(surge tank)로 유입시켜 연소시킨다. 미연소가스인 탄화수소(HC)를 재순환시켜 연소시키므로 유해가스를 정화할 수 있고, 블로바이 가스에 의한 기관 내부의 부식, 슬러지(sludge) 생성과 같은 엔진 오일의 열화를 방지할 수 있다.

기관과 서지탱크 사이에는 PCV(Positive Crankcase Ventilation) 밸브가 부착되어 있

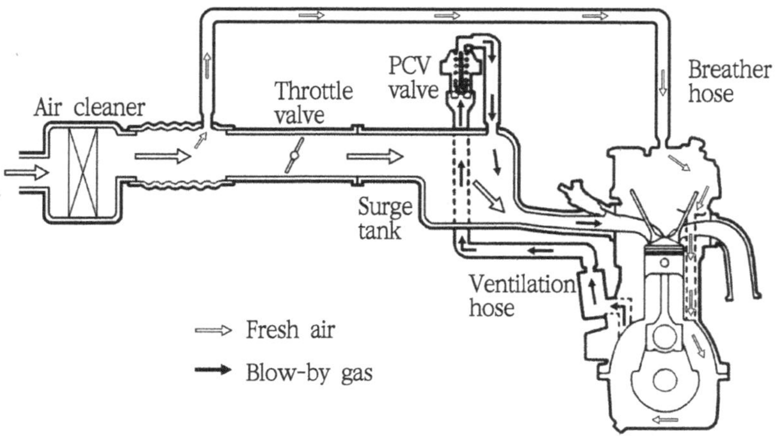

그림 7.10 크랭크실 블로바이 가스 배출장치

어 흡기다기관의 부압에 따라 블로바이 가스의 유량을 조절한다. 그림 7.11은 PCV 밸브의 구조 그리고 흡기다기관의 부압과 PCV 밸브 유량의 관계를 나타내고 있다. 흡기다기관에 진공이 없으면 진공통로는 막혀 있고, 낮은 진공이 걸릴 때 통로가 가장 크게 열린다. 높은 진공이 열리면 진공통로는 다시 좁혀진다. 따라서 공회전시나 2,000 rpm 이하의 저속에서 PCV 밸브는 가장 많이 열려 블로바이 가스는 환기 호스(ventilation hose)를 거쳐 서지탱크로 유입된다. 급가속이나 고속 주행시와 같이 진공이 크게 걸리면 PCV 밸브보다는 브리더 호스(breather hose)를 통해 흡기관으로 유입된다.

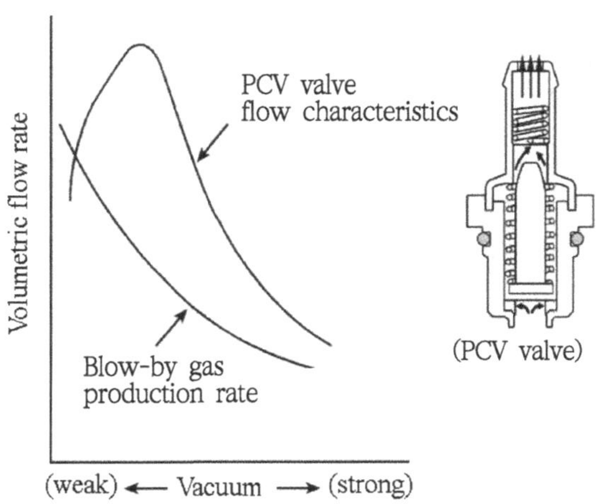

그림 7.11 PCV 밸브의 구조 및 유량 특성

연습문제 7

7.1 연료의 연소시 발생한 열량중 수분의 증발열을 뺀 발열량은 무엇인가?

7.2 ASTM 증류법은 무엇을 측정할 때 사용하는가?

7.3 가솔린기관에서 노킹의 발생 현상 및 방지책에 대하여 기술하라.

7.4 연료의 주성분인 탄소(C) 1 kg의 완전연소에 필요한 이론공기량은 몇 kg인가?

7.5 가솔린기관에서 휘발유 300 cc의 완전연소에 필요한 공기는 몇 m^3의 공기가 필요한가? 단, 공기-연료 혼합비는 14 : 1, 공기의 밀도는 1.2 kg/m^3 그리고 휘발유 비중은 0.73이다.

7.6 부탄가스(C_4H_{10}) 1 kg의 완전연소에 필요한 이론공기량을 구하고, 공기 과잉률 $\lambda = 1.1$일 경우 배출가스의 조성비를 구하라.

7.7 삼원 촉매장치가 작동가능한 최소온도는 몇 ℃인가?

7.8 삼원 촉매장치의 정화율을 최적으로 하기 위한 공연비와 이 공연비를 제어하는 시스템은 무엇인가?

7.9 배출가스 재순환(EGR)을 시행하는 목적은 무엇인가?

7.10 기관의 운전 중에 EGR를 시행하지 않는 시기는 언제인가?

7.11 PCV(Positive Crankcase Ventilation) 밸브의 역할은 무엇인가?

8

가솔린 직접 분사 기관

8.1 가솔린기관의 발달

1962년 자동차 배출가스로 인한 대기오염이 사회적인 문제로 대두되기 시작하면서 유해 배출가스 규제가 강화되었고, 기존 기화기 방식의 가솔린기관보다 정교한 연료 공급장치가 필요하게 되었다. 이에 따라 전자제어 연료분사장치에 대한 관심이 고조되었고, 현재는 대부분의 자동차에 유해 배출가스를 정화시키는 삼원촉매장치를 장착한 전자제어식 연료분사방식의 가솔린기관이 사용되고 있다.

환경오염과 에너지 절약에 관한 문제들이 대두되기 이전에는 기관의 출력을 높이는데 연구개발의 중점을 두었다. 그러나 1970년대부터 시작된 유해 배출가스의 규제와 두 차례에 걸친 석유 파동(oil shock)을 계기로 저연비의 추구는 새로운 자동차상을 구현하고 있으며, 현재 자동차기관은 연료소비율과 유해 배출가스 저감 등 많은 문제에 직면하고 있다.

연료소비율을 낮추기 위해 1980년대에 처음으로 시도된 것이 린번 엔진(lean burn engine)이다. 그러나 이 기관은 고출력 경쟁을 우선으로 하는 시기에 개발되었고, 더구나 운전성에도 어려움이 있어서 당시 크게 주목을 받지는 못하였다. 그 후 1990년대에 이르러 에너지 절감에 대한 중요성과 이에 따른 저연비 문제가 대두되면서 가솔린 직접 분사(GDI ; Gasoline Direct Injection) 기관들이 개발되어 상용화되기 시작하였다.

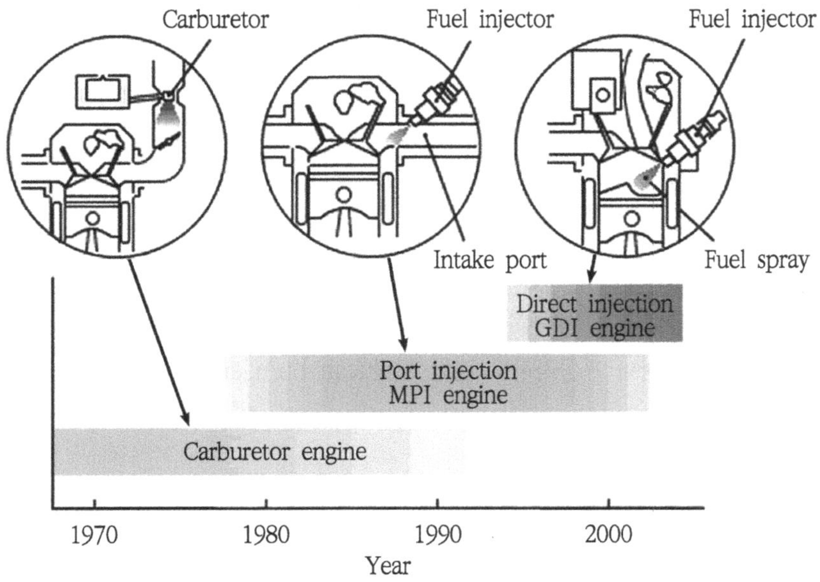

그림 8.1 자동차용 가솔린기관의 발달

현재는 배출가스중의 일산화탄소, 탄화수소 및 질소산화물의 저감 외에 지구온난화 방지의 관점에서 이산화탄소 배출량의 저감, 즉 연비 개선이 강하게 요구되고 있다. 탄화수소가 주성분인 연료의 소비량이 적어지면 배출되는 이산화탄소도 그만큼 줄어들기 때문에, 연료소비율을 낮추는 것은 직접적으로 이산화탄소의 저감과 연관된다. 연비를 개선하기 위해서는 배기량을 줄이는 것이 이상적이므로, 자동차 자체의 중량을 경량화하거나 탑재 기관을 소형화하는 등 여러 측면에서 다각적인 연구가 이루어지고 있다.

자동차기관 자체가 작아지게 되면 연료소비율은 낮아지게 된다. 이는 기관의 배기량이 작으므로 1회의 연소에 필요한 연료의 양이 적어도 되기 때문이다. 하지만 가속 등 운전성능이나 승차감 등을 생각하여 역시 기관 배기량이 큰 것을 선호하는 사람들이 많으며, 자동차기관은 구조상 경량화하는 것이 곤란한 부분이 많고, 안전성 등을 고려할 때에 무리한 소형화는 바람직하지 못하다. 그러므로 현재의 자동차 성능을 그대로 유지하거나 혹은 더욱 향상시키기 위하여 기관 본체의 개선이나 새로운 기구 개발이 지속적으로 이루어지고 있다.

환경문제와 에너지의 절약문제를 동시에 해결하는 자동차기관의 하나로서 주목을 받게 된 것으로, 가솔린을 디젤기관과 유사하게 실린더 내에 직접 분사하는 기관이다. 가솔린 직접 분사기관을 탑재한 승용차는 일부 자동차사에서 판매를 하고 있으며, 앞으로 연구개발이 더욱 진전되면 보다 환경문제와 에너지의 절약에 대해 대처할 수 있을 자동차기관이 될 것으로 예상된다.

8.2 희박 연소 기관

1980년대 자동차기관의 소형화, 경량화, 전자제어의 발전 등에 의해 열효율이 한층 향상되었다. 1984년 처음으로 실용화에 이르게 된 것은 외국 자동차사의 희박연소시스템에 이어서, 1990년대에 국내 자동차사도 린번 엔진(lean burn engine)을 발표하였다.

8.2.1 연료소비율 및 토크

전술한 바와 같이 전자제어(MPI) 가솔린기관은 이론 공연비 14.7 : 1 부근에서 대부분 운전되며, 표 7.4의 가솔린 연료의 가연한계에서 보여주듯이 가솔린기관의 운전상 가장

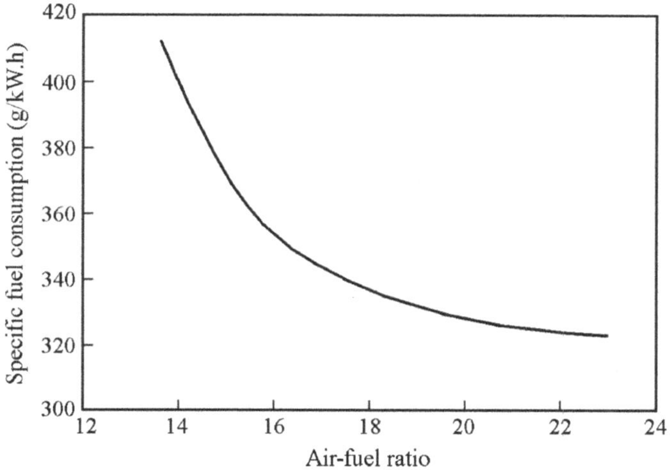

그림 8.2 린번 엔진의 공연비 대비 연료소비율

양호한 공연비는 13~16 : 1 정도이다. 린번 엔진은 연료소비율을 낮추기 위하여 가솔린의 연소 하한 한계인 공연비 22~23 : 1 상태에서 연소가 가능하다.

린번 엔진의 연료소비율은 그림 8.2에서 보여주듯이 기존 MPI 엔진에 비해 10% 이상 낮은데, 그 이유는 흡입 공기량의 증가로 인하여 가스 최고온도도 낮아져 열손실이 줄어들기 때문이다.

또한 제15장의 차량기관의 기본 사이클에서 설명하겠지만, 오토 사이클의 열효율은 식 (8.1)과 같이 압축비(ϵ)과 비열비(k)의 함수이다. 공기의 비열비는 1.4 그리고 기존 기관의 연소가스 비열비는 1.3 정도인데, 린번 엔진은 공연비가 높으므로 가스의 비열비도 공기 비열비 1.4에 가까워 열효율이 높아진다.

$$\eta_o = 1 - \left(\frac{1}{\epsilon}\right)^{k-1} \tag{8.1}$$

하지만 희박연소는 모든 운전영역에서 가능한 것이 아니며, 그림 8.3과 같이 공연비가 높아지면 토크가 저하되므로 저부하 영역에서만 운전 가능하다. 희박 공연비로 운전하면 이론 공연비 조건에 비하여 토크는 30% 정도 저하되고, 질소산화물은 70% 정도 저감된다.

공기-연료비가 높아지면 배출가스 유량도 많아져 마찰손실이 증대하고, 공연비가 16~18 : 1의 구간에서는 오히려 질소산화물의 배출이 최대가 됨을 알 수 있다. 따라서 린번

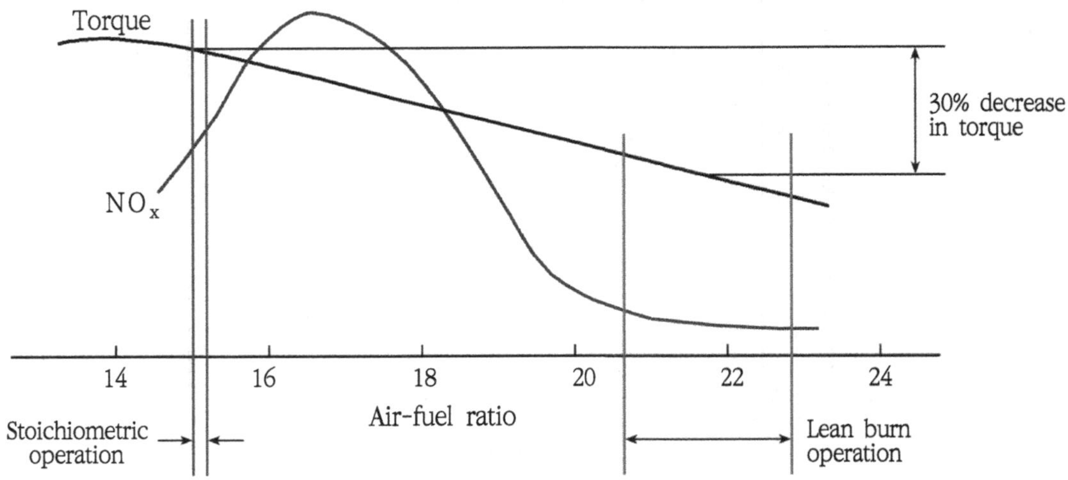

그림 8.3 린번 엔진의 토크 및 질소산화물 배출 특성

엔진은 정속 주행과 감속 때에는 희박연소로 하고, 가속과 스로틀 밸브 전개(WOT) 주행 때에는 MPI 엔진과 동일한 정도의 공연비로 운전된다.

8.2.2 희박 연소 원리

희박 고연비 상태에서 안정적인 연소를 위해서는 흡입공기의 유동을 강화시키는 것이 필수적이며, 희박 연소는 균질 급기(homogeneous charge) 연소방식과 층상 급기(stratified charge) 연소방식으로 크게 두 가지로 나누어 발전되어 왔다. 그리고 린번 엔진은 연소실의 가스유동에 있어서 크게 수평 선회운동인 스월(swirl)에 의한 방식, 수직 선회운동인 텀블(tumble)에 의한 방식, 그리고 스월과 텀블의 혼합방식 등으로 나눌 수 있다.

(1) 균질 급기 연소방식

균질 혼합기는 연료와 공기가 연소실 전체적으로 균일하고, 희박 혼합기의 연소를 위해서는 초기 점화에너지가 이론 공연비의 경우보다 증가하게 된다. 따라서 고전류, 고에너지, 방전시간의 조절, 다중 점화방식의 채택 등으로 연료의 인화 및 화염전파를 향상시킨다.

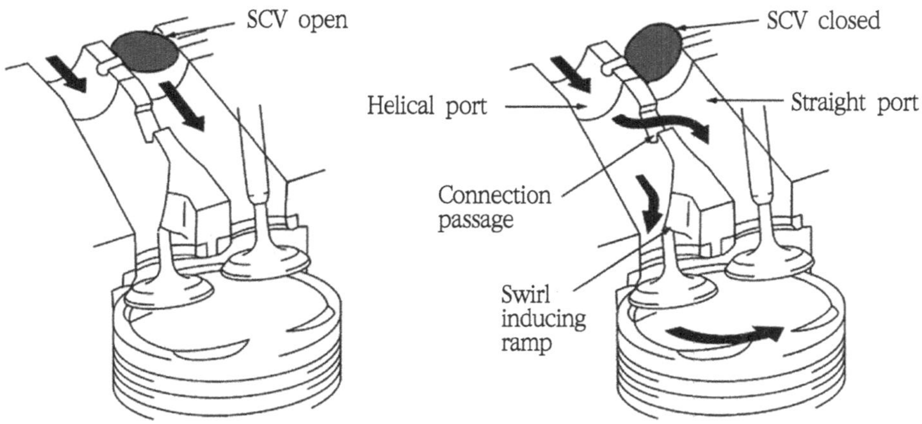

(a) Stoichiometric operation (b) Lean burn operation

그림 8.4 흡기포트의 형상 및 스월 제어 밸브의 작동

아울러 스월을 이용하여 균질 연소를 구현하는 린번 엔진의 흡기포트(intake port)를 보면, 그림 8.4와 같이 두 개의 통로를 길게 직선화하고 포트의 기울기를 세우고 있다. 중속 이상의 운전시에는 높은 출력이 필요하므로 두 개의 포트를 모두 열어 충분한 혼합기가 공급되도록 하며, 이 경우 연소상태는 희박 연소가 아니며 이론 공연비에 가까운 상태이다.

공회전이나 중·저속의 운전 조건에서는 두 개의 포트 중 직립 포트(straight port)에 장착된 스월 제어 밸브(SCV ; swirl control valve)를 개폐시켜 스월의 강도를 제어한다. 그리고 다른 쪽 헬리컬 포트(helical port)쪽의 목(throat) 부분 바로 앞에는 안쪽에 작은 돌기(swirl inducing ramp)를 설치하여 강도가 높은 스월이 발생되도록 설계되어 있다. 또한 직립 포트와 헬리컬 포트 사이를 서로 연결하는 통로가 있고, 스월 제어 밸브가 닫히면 이 통로를 통해 일부 혼합기는 헬리컬 포트에서 직립 포트 쪽으로 유입된다. 대부분의 혼합기는 헬리컬 포트로부터 유입되고 그림 8.4 (b)와 같이 스월이 생성된다. 아울러 스월의 강도를 최적화하여 과희박 혼합비의 한계가 24 전후까지 넓어진다.

그림 8.5는 스월을 이용한 린번 엔진의 제어시스템을 나타낸 것이다. 공연비 22~23의 과희박 혼합기인 경우에는 연소가 불안정해지기 쉽다. 따라서 MPI 기관과의 차이는 공연비 센서에서 연소압력 센서로 변경되어 직접 연소상태를 감지하고, 기관 회전속도와 흡기관 압력에 의해 산출되는 공연비 맵과 비교하여 설정값에 부합하도록 연료분사량을 피드백(feed back) 제어하도록 한다.

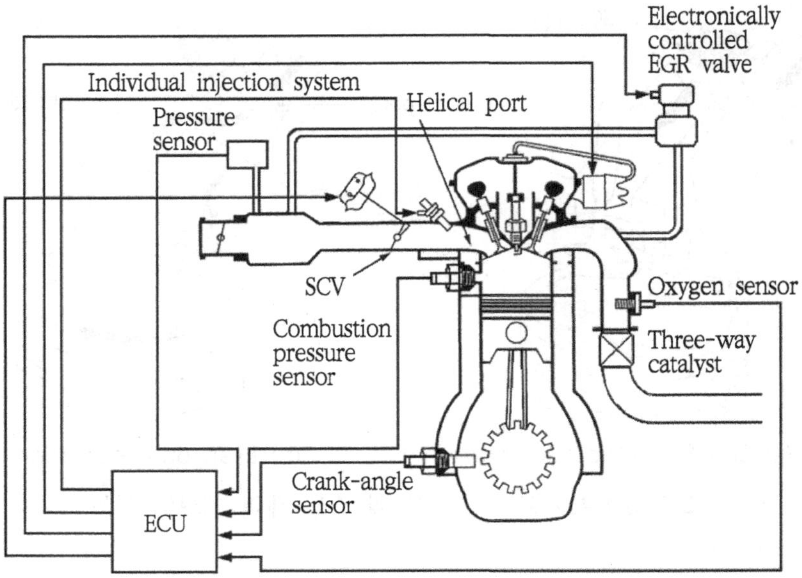

그림 8.5 스월을 이용한 린번 엔진의 제어시스템

유해 배출가스의 대책은 이론 공연비 영역에서는 기존 기관과 같이 산소 센서와 삼원 촉매장치에 의해 이루어진다. 과희박 공연비 영역에서는 배출가스의 산소과잉 분위기를 이용하면서 산화촉매의 작용으로 일산화탄소 및 탄화수소를 저감시키고, 또한 질소산화물을 흡착하는 NO_x 흡착 촉매를 개발하여 탑재하였다.

(2) 층상 급기 연소방식

층상 급기 방식에서 전체적인 공기-연료 혼합기는 희박하나, 혼합기의 층상화(성층화, stratification)를 통해 점화플러그 근처에 농후한 혼합기를 유도하여 점화가 용이하게 이루어지도록 한다. 또한 부연소실을 설치하여 여기에 농후한 혼합기를 공급하고 점화플러그로 점화시킨 후, 희박 혼합기가 공급된 주연소실로 화염이 분출되도록 하여 화염점파를 촉진시키는 방법이 주로 사용되었다.

매우 농후한 연료 층을 형성하는 층상 혼합기를 만들기 위하여 텀블(tumble) 방식을 채택한 린번 엔진은 그림 8.6과 같이 두 개의 흡기포트로 이루어져 있고, 각각의 중앙에 격벽이 있는 구조이다. 연료 분사기는 2홀 인젝터이며, 희박 공연비 운전 때에는 한쪽의

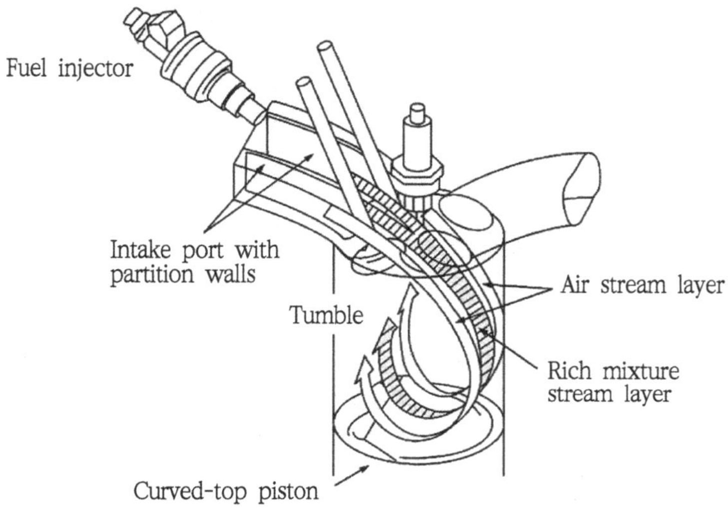

그림 8.6 텀블 유동을 이용한 린번 엔진

인젝터 홀에서 분사된 연료가 흡기포트의 안쪽으로 유입되는 흡기의 흐름에 편승하여 연소실로 유도된다. 이때 2개의 격벽에 의해 분리된 바깥쪽의 흡기는 연료와 혼합되지 않고 공기만인 상태에서 연소실에 유입된다. 따라서 연소실 중앙 부분의 과농 혼합기층과 그 양측에는 공기만으로 이루어지는 공기층인 3층의 텀블 흡입 혼합기가 형성된다. 이와 같이 흡기 행정에서 압축 행정까지 형성된 수직방향의 강한 텀블류는 수평방향의 흐름이 발생되기 어렵다. 따라서 점화플러그 주위에는 과농 공연비의 혼합기가 형성되어 확실한 점화와 연소를 실현시킬 수 있다.

하지만 과희박 혼합기의 연소속도는 느리고 열효율도 나쁘다. 연소속도를 높이기 위해서는 강한 소용돌이를 화염면에 만들 필요가 있고, 이를 위해 텀블용 피스톤 형상과 펜트루프형(pent roof type) 연소실을 채택하였다. 텀블용 피스톤에 의한 압축 상사점 근방에서 작은 스케일의 강한 소용돌이를 제어함으로써 점화플러그 근방의 농후한 혼합기가 점화된 다음, 주변의 과희박 혼합기로 빠르게 화염이 확산되도록 하여 안정된 층상 연소를 실현시킬 수 있다.

한편 공연비가 연소한계를 초과하면 연소의 악화에 따른 토크의 변동이 커지고 또한 연비도 악화된다. 그러므로 연소한계를 초과하지 않도록 공연비를 제어하여야 한다. 따라서 린번 엔진은 각 사이클마다 크랭크축 각속도의 변동을 연산하고, 설정된 과희박 공연비 연소한계에서 각속도의 변동값과 비교하여 공연비를 피드백 제어한다. 이와 같은 과희박 공연비의 운전영역은 기관 회전속도에 관계없이 고부하역을 제외한 저·중부하 및 공회전 영역도 포함하고 있다. 하지만 이 엔진도 삼원촉매를 사용하고 있어서 가속운전은 이론 공연비 설정으로 되어 있다.

8.2.3 희박연소 기관의 문제점

희박 연소 모드에서는 기존 엔진과 비교하여 일산화탄소와 질소산화물의 배출은 상당히 줄어든다. 그러나 어느 한계 이상의 희박 공연비에서는 혼합기가 점화되지 못하거나 연소기간이 과도하게 길어지는 경우도 발생하여 미연 탄화수소의 배출이 오히려 증가하기도 한다.

또한 희박 연소에 의해 질소산화물의 배출은 상당히 저감되지만, 규제 수준에는 미치지 못하였다. 그리고 앞에서 기술하였듯이 희박 연소($\lambda > 1$)모드에서 이론 공연비($\lambda = 1$)로 운전조건이 변환될 때, 서서히 변화시키면 그림 8.2에서 보여주듯이 질소산화물의 배출량이 증가하고 공연비 16~18 : 1에서 최대치를 보인다. 따라서 희박 연소에서 이론 공연비 운전모드로 순간적인 공연비 전환이 필요하지만, 발생 토크의 대폭 상승으로 인한 토크 차이로 운전 충격(car shock)이 발생할 수 있다.

그리고 1980년대에는 고출력을 지향하는 시기였고, 연료 공급의 제어기술 부족으로 린번 엔진은 널리 확대되지 못하였다.

8.3 GDI 엔진의 개요

앞에서 기술한 린번 엔진에 이어서 1990년대 실용화된 것이 GDI 엔진이며, 실린더 내에 가솔린 연료를 직접 분사시켜 층상 연소를 실현함으로써 디젤기관에 경쟁할 수 있는 열효율을 갖게 되었다.

실린더 내 분사방식도 전자제어 연료분사방식의 일종이므로 구조나 구성부품은 흡기관 내 분사방식의 경우와 크게 다를 것이 없다. 단지 MPI 방식과 크게 다른 것은 그림 8.7에서 볼 수 있듯이 연료 분사기(fuel injector)의 장착 위치이다.

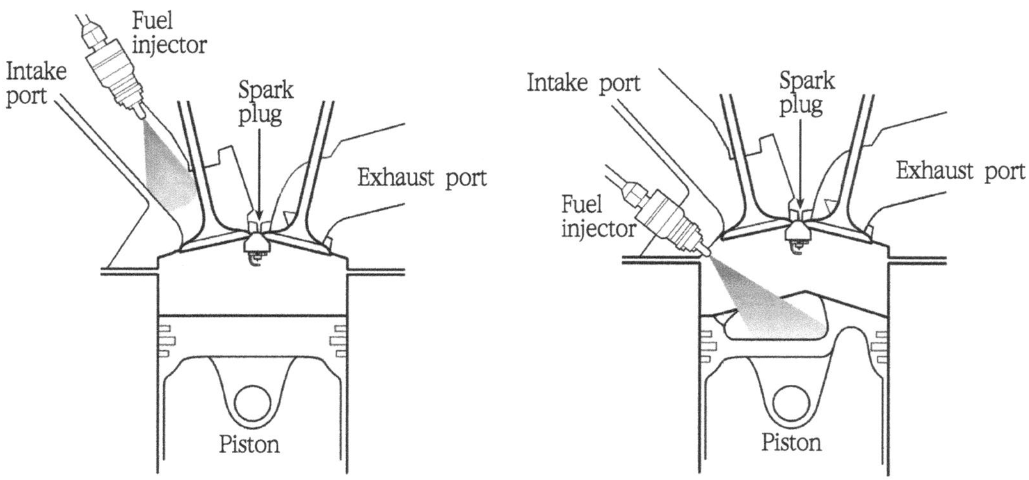

(a) MPI (port injection) (b) GDI (in-cylinder injection)

그림 8.7 흡기관내 분사와 실린더내 연료분사 기관의 비교

흡기관 내 분사 방식(MPI)의 경우는 그림 8.7 (a)와 같이 연료분사기가 흡기 포트에 설치되어 흡기밸브를 향해 연료를 분사하므로 흡기밸브가 개방된 시기에만 연료를 공급할 수 있다. 이에 비하여 실린더 내 분사 방식(GDI)은 그림 8.7 (b)와 같이 인젝터가 연소실에 설치되어 연료를 직접 분사하므로 흡기밸브의 개방시기와는 관계없이 연료를 공급할 수 있다. 따라서 흡기 행정 중에 연료 공급을 하는 MPI 엔진과 같은 균질연소 이외에 압축 행정 중에도 연료의 공급이 가능하여 연소 성능을 개선하기 위한 층상연소가 가능하게 되었다.

MPI 엔진에서 초희박 혼합기(공연비 25 이상)의 경우는 안정적인 연소가 이루어지기 어려웠으나, GDI 방식에서는 균질연소와 층상연소를 구분하여 실행할 수 있어서 운전상황에 맞도록 공연비를 12~50 정도까지 폭넓게 변화시키면서도 안정적인 연소를 얻을 수 있다.

GDI 엔진의 경우 압축 행정 중 연료를 분사할 시점에서 실린더 내 압력이 0.3~1.2 MPa(7~12 kg_f/cm^2) 정도로 높으므로, 흡기 포트에 연료를 분사하는 MPI 방식보다 높은 분사압력이 필요하다. 따라서 연료 공급펌프나 분사기 등이 고압 분사에 적합하도록 개선되고 추가 장착된다. 또한 GDI 방식은 균질연소와 층상연소 두 가지 모드의 연소를 구분하여 사용하기 때문에 제어도 복잡하다.

표 8.1 MPI 엔진과 GDI 엔진의 비교

	MPI 엔진	GDI 엔진
연료분사 위치	흡기 포트에 저압 분사	실린더 내 직접 분사
연료분사 압력	300 kPa(3kg$_f$/cm^2) 정도	5~15 MPa(50~150kg$_f$/cm^2)
연료분사 시기	흡입 행정 중	층상연소 : 압축 행정 균질연소 : 흡기 행정 중
공기-연료비	14.7 : 1	12~50 : 1
연소 모드	균질연소	층상연소 : 중·저부하 균질연소 : 고부하에서

8.4 GDI 엔진의 구성

실린더 내 직접 분사 가솔린기관은 4밸브 DOHC MPI 엔진을 기초(base engine)로 하여 개발된 것이지만, 연료 분사방식을 단지 흡기관 내 분사에서 실린더 내 분사로 변경하는 것만은 아니다. GDI 엔진에는 종래의 MPI 엔진에 없던 새로운 부품들이 필요한데, 연료분사기의 장착 위치나 특히 피스톤 헤드의 형상 등에서 많은 차이가 있다.

8.4.1 연료 펌프

연료 펌프는 기화기 방식이나 흡기 포트 분사방식의 기관에서 사용되어 오던 것과는 매우 다르다. GDI 엔진의 경우는 층상연소 때 압력이 높은 가솔린 연료를 실린더 내에 직접 분사하게 되므로, 종래의 흡기관 내 분사방식에 사용하던 저압용 펌프로는 압력이 낮아서 연료 분사가 불가능하다. 그러므로 종래 1개이던 연료 펌프에 그림 8.8에 나타낸 것과 같이 고압용 연료 펌프를 직렬로 추가 설치하여 연료 분사압력을 높였다.

균질연소인 경우 흡기 행정 중에 연료를 분사하므로 실린더 내의 압력은 거의 대기압에 가깝고 종래의 흡기관 내 분사방식과 분사조건은 크게 차이가 없다. 그러나 GDI 엔진의 경우는 실린더 내 분사 전용의 고압 인젝터를 사용하고 있기 때문에 MPI 엔진과 같은 연료압력으로 할 경우 적절한 연료분사가 이루어질 수 없다.

저압 및 고압 연료 펌프에는 각각 연료 압력 조절기가 장착되어 펌프로부터 압송되는 연료의 압력을 설정치로 조정한다. 저압 압력조절기의 설정 압력은 MPI 엔진에서와 같이

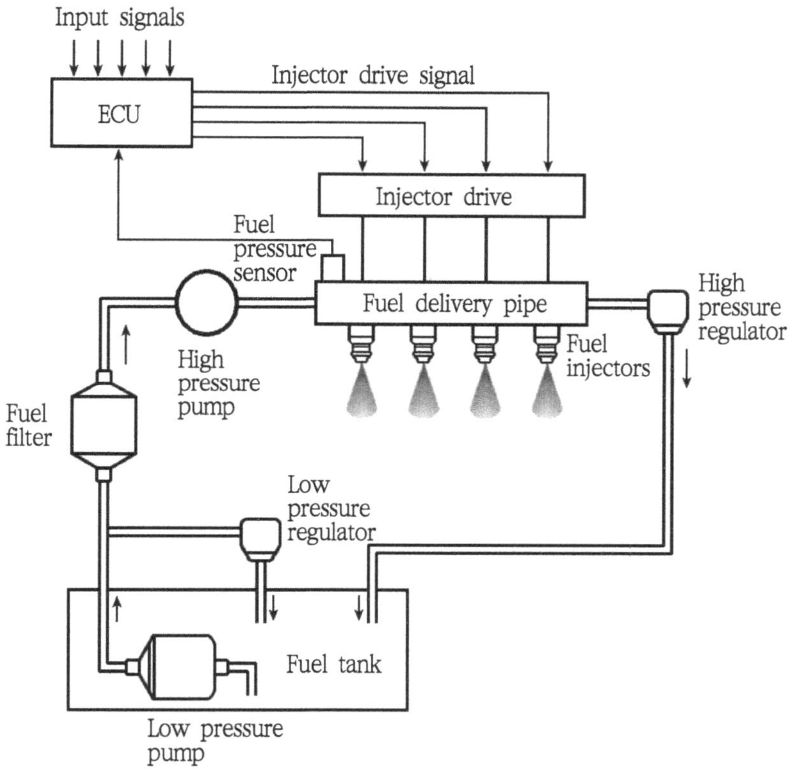

그림 8.8 GDI 엔진의 연료 계통

300 kPa(3 kg_f/cm^2) 정도이다. 이에 비해 고압 압력조절기의 설정 압력은 각 자동차사에 따라 차이가 있으나, 대부분 5~15 MPa(50~150 kg_f/cm^2) 범위이며 가변제어방식을 채택하고 있다. 자동차사에 따라 연료 압력이 다른 것은 인젝터의 분무 형상이나 실린더 내의 선회운동(스월 또는 텀블 유동)의 차이 등에 따른 것이며, 연료 압력을 가변제어방식으로 하는 것은 연료 펌프의 구동에 필요한 엔진의 부담을 줄이기 위한 것이다.

저압 연료 펌프는 MPI 엔진과 유사한 전자식이고, 연료 탱크 내에 장착된다. 반면에 고압 연료 펌프는 기계식으로 캠축에 의해 구동되며, 기관 속도가 상승하면 캠축의 회전수도 높아져 고압 펌프의 작동이 빨라져 송출 압력이 상승한다. 하지만 고압 압력조절기에 의해 일정한 연료 압력을 유지하게 된다.

고압 펌프의 종류는 기관에 따라 싱글 플런저(single plunger) 방식, 사판식(swash plate type) 또는 멀티 피스톤(multi-piston)방식 등이 사용되고 있다.

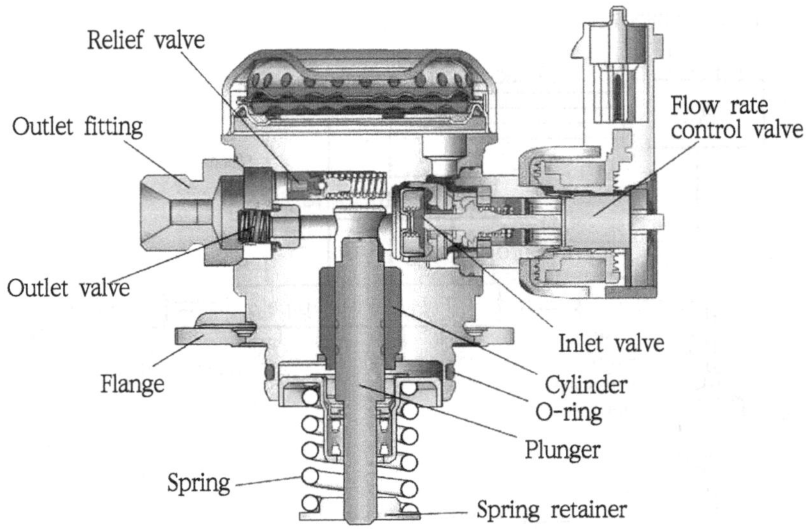

그림 8.9 GDI 엔진의 고압 연료 펌프

8.4.2 연료 분사기 (Fuel injector)

기관 운전 조건에 상응하여 적절한 시기에 필요한 양의 연료를 분사시키기 위하여 인젝터의 제어가 필요한데, MPI 엔진의 경우와 같이 솔레노이드 코일의 통전시간을 변화시킴에 따라 분사량이 증감된다. GDI 엔진의 경우 층상연소 때는 인젝터와 피스톤 헤드면까지의 거리가 짧으나, 피스톤의 상부 연소실 내에는 농후 혼합기 영역과 희박 영역을 구분하여 형성시킬 필요가 있다. 그러므로 연료를 연소실 내의 농후 영역에 적절하게 분포시키기 위해서는 분사량과 분사시기를 정확하게 제어할 것이 요구된다.

종래의 MPI 엔진에 비하여 혼합기를 형성할 수 있는 시간이 매우 짧아 미세한 입자의 연료분무를 필요로 하며, 미연 탄화수소의 배출억제를 위해 분무의 관통력이 낮아야 한다. 그리고 혼합기의 공연비 분포도 상당히 급격하게 변하므로 인젝터 성능, 분무 양상, 연소실 온도 및 압력 조건에 따라 연소성능이 크게 좌우된다. 그러므로 연료 미립화의 촉진, 관통력의 저감이나 자기청정작용의 향상, 공기와 연료의 신속한 혼합 등을 위해 많은 연구가 이루어지고 있다.

아울러 텀블 유동을 이용하여 층상연소를 하는 엔진에서는 인젝터 끝단에 스월 디스크(swirl disc)를 부착하여 분무줄기의 소용돌이를 발생시키고 연료가 분무되면서 주변 공기와 쉽게 혼합될 수 있도록 한 경우도 있다.

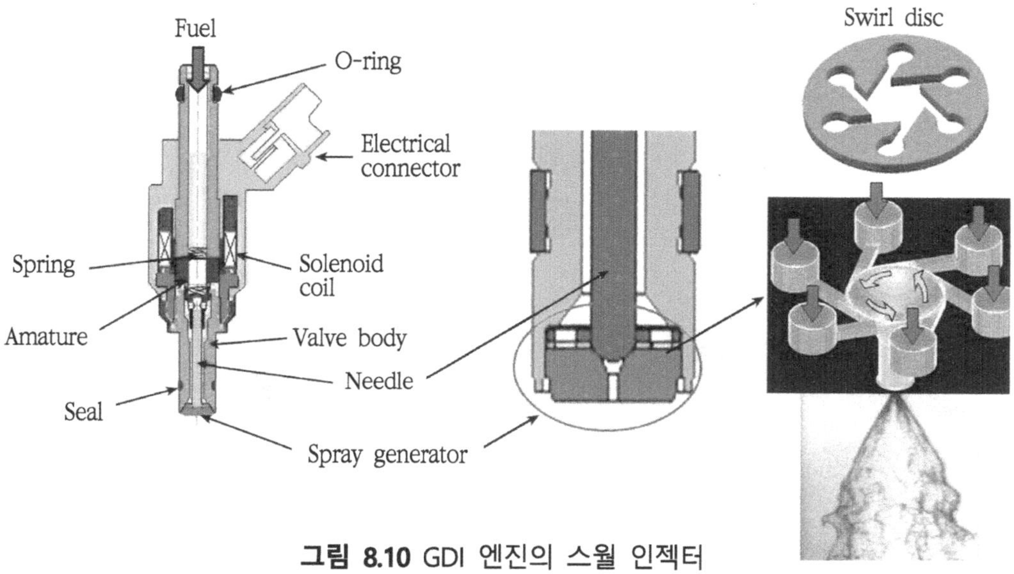

그림 8.10 GDI 엔진의 스월 인젝터

한편 흡기관 내 분사방식과 달리 높은 압력으로 연료 분사량을 정확하게 제어하기 위해서는 인젝터의 니들밸브(needle valve)의 구동에 큰 힘이 필요하게 된다. 통상 12 V인 축전지 전압으로는 불충분하므로 승압 장치를 사용하여 최대 100 V 정도로 승압시키거나 콘덴서 방전을 이용하여 전압을 높여 인젝터를 구동한다.

그리고 인젝터는 MPI 엔진과 같이 ECU가 직접 구동하지 않고, 인젝터 드라이브(injector drive)를 별도로 장착하여 작동한다. ECU가 연료 분사 신호를 보내면 인젝터 드라이브는 해당 인젝터를 구동하게 되는데, 인젝터의 구동 전력 소비가 커서 발열량도 많아지기 때문이다.

8.4.3 피스톤 형상

피스톤은 그 헤드 면(head face)으로 연소실의 일부를 형성하고 있다. 연소실 형상은 점화플러그에 의해 점화된 화염이 원활하게 확산될 수 있도록 둥근 모양에 가깝게 하는 것이 좋으므로, 피스톤 헤드는 복잡한 형상으로 하는 것이 불가능하다. 일반적으로 가솔린 기관의 피스톤 헤드 면은 밸브 헤드와의 접촉을 방지하기 위한 자리 등을 고려한 단순 형상이다. 그러나 GDI 엔진의 경우는 공기 유동을 발생시키기 위해 특수한 형상으로 헤드

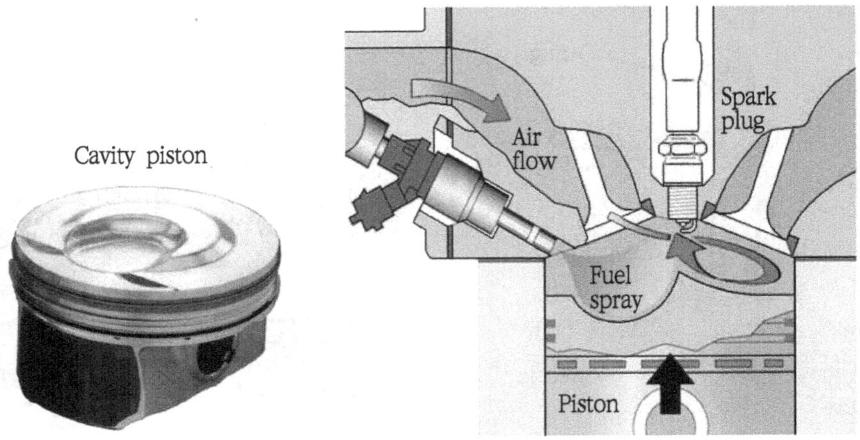

그림 8.11 GDI 엔진의 피스톤 및 층상연소 유동

면이 만들어진다. 특히 층상연소 때에는 인젝터와 피스톤의 위치가 근접되어 있어서 피스톤 헤드면의 형상에 따라 연료가 점화플러그 주변에 모이는 것이 중요하다.

대부분 GDI 엔진의 피스톤 헤드에는 그림 8.11과 같이 텀블 또는 스월과 같은 공기 유동을 이용하기 위해 움푹한 부분(cavity)이 있다. 층상연소 때 분사된 연료는 그림에 나타낸 것과 같이 움푹한 캐비티에 의해 방향이 바뀌면서 점화플러그 주변에 농후한 혼합기 영역을 형성하게 되어 보다 안정적인 연소가 가능하게 된다.

8.4.4 스로틀 밸브

MPI 엔진의 경우는 스로틀 밸브와 가속페달이 케이블(accelerator cable)로 연결되어 있어서, 운전자가 가속페달을 밟으면 스로틀 밸브가 열리면서 많은 공기가 실린더 내로 흡입되고 공기량에 비례하여 연료 공급량도 증가되면서 출력이 증대된다.

GDI 엔진의 경우는 MPI 엔진과 다르게 균질연소와 층상연소 모두 일어나므로 출력의 크기와 스로틀 밸브의 개도는 반드시 일치하지 않는다. 출력이 높지 않은 공회전에서도 스로틀 밸브는 어느 정도 열려 있어서 가속페달과 연동시킬 수 없다. 그러므로 운전자의 가속 의지를 가속페달 위치센서(APS ; Accelerator pedal Position Sensor)에 의해 검출하고, 그에 상응하도록 DC 모터로 구동시켜 스로틀 밸브를 제어한다. 그림 8.12는 전자제어

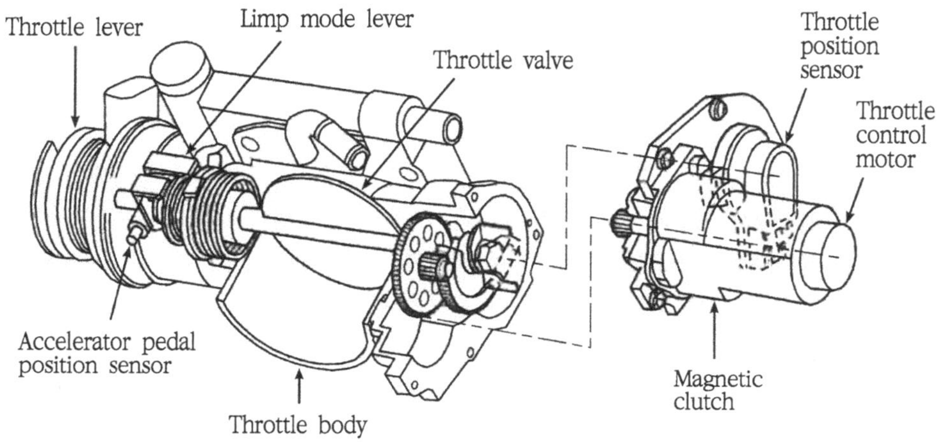

그림 8.12 GDI 엔진의 전자제어식 스로틀 밸브

식 스로틀 밸브를 나타낸 것이며, 저속회전에서도 스로틀 밸브가 어느 정도 열려 있어서 흡기에 의한 펌프손실을 저감시킬 수 있다. 가속페달 모듈은 신뢰도가 높아야 하므로 센서 1과 센서 2를 서로 독립된 전원과 접지 설치되어 있고, 센서 2는 센서 1 출력의 1/2을 발생하여 서로의 출력 전압이 일정 비율 이상으로 벗어나면 고장 상태로 판정하게 된다.

8.4.5 점화 장치

각 실린더마다 점화코일이 설치되고, 크랭크각 센서(CAS)와 TDC 센서의 신호를 받아서 점화코일 내부의 파워 트랜지스터(Power TR) 베이스(base) 단자를 제어하여 점화가 이루어지도록 한다.

점화장치의 고장을 감지하는 점화 검출 센서(ignition failure sensor)는 점화코일의 파워 트랜지스터 컬렉터(collector) 단자에 전원을 공급하고 파워 트랜지스터의 점화신호를 검출한다. ECU는 점화 신호가 검출되지 않으면 실화 경고를 하게 된다.

8.5 GDI 엔진의 성능

8.5.1 전부하 출력

가솔린기관의 출력을 결정하는 기본적인 인자는 압축비 및 기관에 공급되는 공기량이다. GDI 엔진에서 고부하 운전인 경우는 흡기 행정 중 실린더 내에 연료를 분사하고, 연소특성은 흡기포트에 연료를 분사시켜 예혼합기를 연소시키는 MPI 엔진과 유사하다. 하지만 연료 분사를 최적화함으로써 토크 및 출력을 향상시킬 수 있는데, 그 요인 중 하나가 앞에서 기술한 흡입공기의 냉각이다.

연료를 흡기 행정이 시작되는 시점에서 분사하면 연료 분무가 피스톤에 충돌하게 되고, 연료의 기화잠열이 흡기 냉각에 기여하지 못한다. 그러므로 분무가 피스톤에 충돌하지 않도록 피스톤이 상사점에서 하강한 후에 연료를 분사시키고, 액상의 분무가 연소실 공간에 넓게 분산되면서 주변 공기로부터 증발열을 흡열하면서 기화가 진행된다. 따라서 흡입공기는 냉각되고 공기의 밀도는 약 5% 가량 높아지는데, 이것은 공기의 온도가 대략 15℃ 냉각된 것에 상당한다. 또한 압축 초기의 온도가 15℃ 낮아지게 되면 압축 행정 말기의 온도는 약 30℃ 가량 저하되고, 이 30℃ 온도 저하는 압축비 1.5 정도의 상승에 상당한다.

그리고 연료분사의 종료를 흡기 행정보다 더욱 지연시키면 혼합기가 약간 층상화되면서 내노크성이 개선되어 노크 때의 한계 점화시기를 보다 앞당길 수 있다. 그러나 혼합기의 층상화가 더욱 진전되면 공기의 이용률이 저하될 뿐 아니라 흡기밸브가 닫힌 후의 흡입공기의 냉각은 체적효율의 개선으로 이어지지 않고 토크는 증대되지 않는다.

또한 실린더 내에 직접 분사되는 액체 가솔린의 기화잠열을 이용하여 흡입공기를 냉각시키고, 흡기포트의 직립화로 저항 손실을 줄여 흡기 체적효율을 향상시키는 효과를 얻고 있다. 즉, 이들 효과에 의해 종래 MPI 엔진에 비하여 전부하 운전영역에서 5~7% 정도의 체적효율이 향상된다.

그림 8.13은 압축비 10.5인 MPI 엔진과 실린더 내 직접 분사로 압축비가 1.5 상승된 GDI 엔진의 토크와 출력을 엔진 회전속도에 따라 비교하여 나타낸 것이다. 전반적으로 압축비 12인 GDI 엔진의 출력 및 토크는 압축비 10.5인 MPI 엔진에 비하여 10% 정도 향상되었다. 이는 앞에서 설명한 압축비의 상승에 의하여 약 5% 그리고 체적효율의 증가로 약 5% 향상된 것이다. 아울러 저속에서의 토크 향상도 흡기계통의 최적화에 따른 체적효율의 증가에 의해 일부 이루어진 것이다.

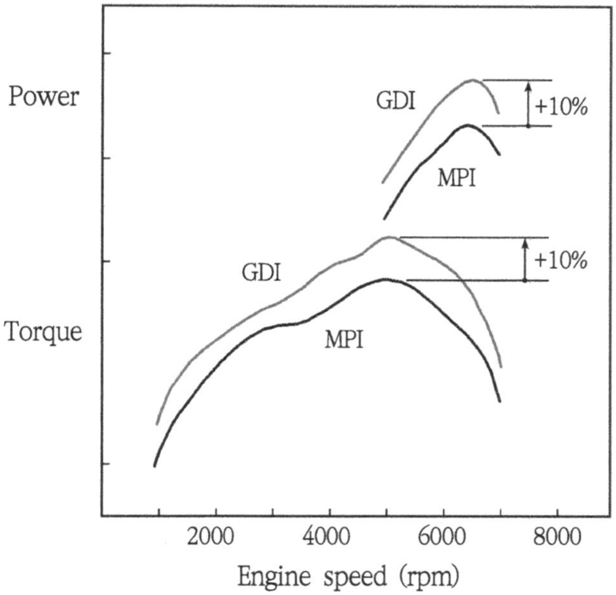

그림 8.13 GDI와 MPI 엔진의 출력 및 토크

8.5.2 연료소비율

저부하 운전시 압축 행정 중에 연료를 분사하여 층상연소를 시키면 연료소비율은 대폭적으로 개선된다. 차량이 저속으로 교외 주행시 이론공연비로 운전되는 MPI 엔진과 비교하면 약 30% 정도 연료소비율이 낮아지는데, 흡기포트형 린번 엔진의 경우는 약 13% 정도 연료소비율이 개선되는 것으로 알려졌다.

이에 비해 GDI엔진의 경우는 흡기포트형의 린번 엔진과 같은 공연비 26의 경우 약 13%의 연료소비율이 저감되나, 공연비가 보다 희박해질수록 연비 개선이 더욱 진전되어 공연비 40에서 연료소비율이 약 30% 저감된다. 그리고 공연비 40의 경우는 스로틀 밸브 전개에 상당하고, 30%의 연료소비율 저감에 크게 영향을 미치는 요인들은 다음과 같이 정리할 수 있다.

- 펌프 손실의 저하 : 저부하 운전에서도 스로틀 밸브가 항상 일부 개방되어 있어서 펌프손실이 약 15% 저감된다. 따라서 기관 출력은 디젤기관과 같이 연료의 공급량에 의해 조정되는 방식으로 변화되었다.

- 비열비의 증대 : 다량의 공기가 흡입되므로 비열비가 큰 질소(N_2) 및 산소(O_2)의 2원자 가스 비중이 커진다. 그러므로 비열비가 커져서 열효율이 향상되는데, 연료소비가 적은 공회전에서는 약 20% 그리고 저·중속 운전의 경우에는 약 10%의 열효율 향상 효과가 있다.
- 압축비의 증대 : MPI 엔진의 압축비 10.5에 비하여 GDI 엔진은 12로 높여서 약 2~3% 정도 연료소비율이 저하된다.
- 연소 개선 : 연료분사 및 열발생 양상의 개량에 의해서도 약 2~3%의 개선 효과가 있다.

이들의 효과를 모두 합하면 저·중부하 운전의 경우 약 30%의 연료소비율 저감을 나타내는데, 이 값은 린번 엔진의 약 2배 연료소비율 저감에 상당한다. 한편 공회전 운전시에 연료소비율 저감은 그림 8.14에서 보여주듯이 약 40%가 된다. 이와 같이 저부하 조건보다 연료소비율이 10% 가량 보다 떨어진 이유는 안정적인 연소 제어로 공회전 속도가 750 rpm에서 600 rpm 정도로 낮아졌기 때문이다.

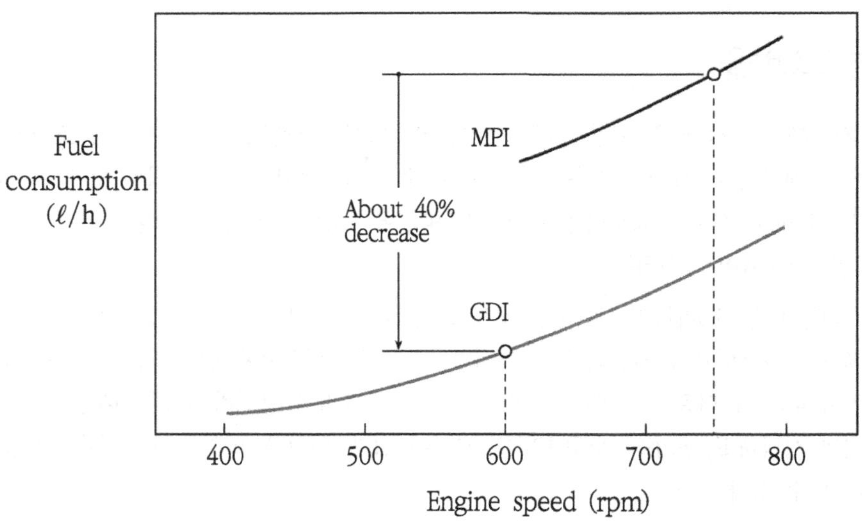

그림 8.14 GDI와 MPI 엔진의 공회전 연료소비율

8.5.3 유해 배출가스

연소가스의 유해성분 중에 일산화탄소(CO)는 연료의 불완전연소에 의해 배출되고, 배기계통에서 촉매장치를 이용하여 비교적 쉽게 후처리될 수 있다. 하지만 탄화수소(HC)는 미반응의 연료 성분으로서 연소가 완료되지 못한 상태에서 배출되며, 그 후처리에 높은 온도가 요구된다. 그리고 질소산화물(NO_x)도 특히 저부하의 과희박 공연비 운전조건일 때 산소 과잉상태이므로 삼원촉매의 사용이 어려워서 후처리가 쉽지 않다. 그러므로 GDI 엔진의 유해 배출가스 문제는 HC 및 NO_x의 후처리가 관건이며, 그림 8.15는 배출가스의 후처리 장치 구성을 나타낸 것이다.

탄화수소(HC)의 후처리에 요구되는 촉매의 화학반응 개시온도가 약 250℃ 이상이므로, 촉매의 반응개시온도를 상승시키기 위하여 반응형 배기다기관 및 연료의 2단 분사 연소방식을 사용하여 대처하고 있다. 냉간시동 후 촉매온도가 250℃로 높아질 때까지의 시간은 통상 100초 이상이 소요되나 2단 분사 연소방식을 채용하면 약 50초로 반감되고, 더구나 반응형 배기다기관을 사용할 경우는 촉매가 활성화하는데 필요한 시간이 20초까지 단축되며 그 결과 HC의 배출농도는 대폭적으로 저감된다.

본래 2단 분사 연소방식은 노킹을 억제시키기 위하여 연구되었다. GDI 엔진의 층상연소시 연료 분사는 점화직전의 압축 행정에서 이루어지나, 2단 분사방식은 분사 연료의 약 1/4을 흡기 행정 중에 분사하고 나머지 연료는 압축 행정시에 분사하는 방식이다. 1단 분사

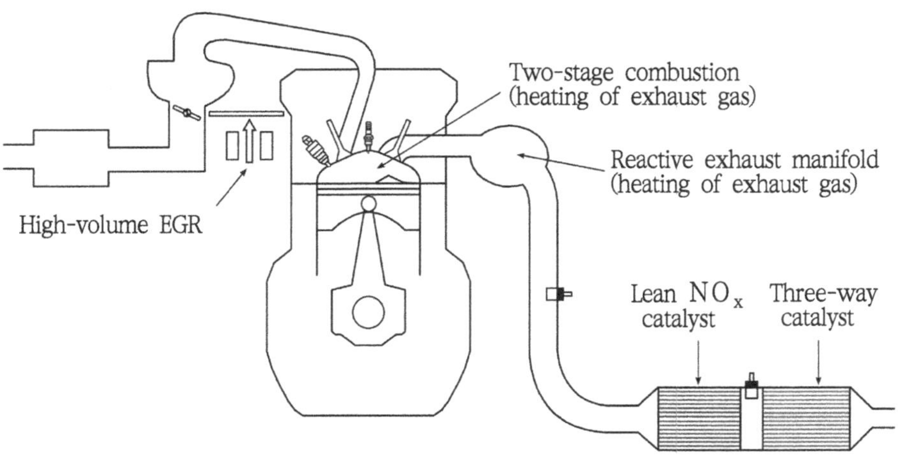

그림 8.15 GDI 엔진의 배출가스 후처리

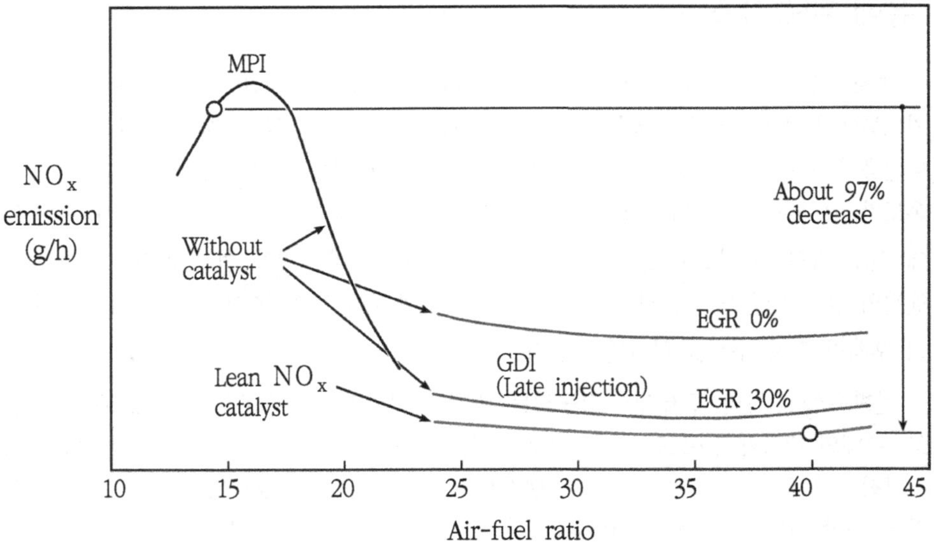

그림 8.16 GDI 엔진의 NO_x 배출 특성

는 흡기 행정 중에 분사되므로 극히 희박한 균일혼합기가 형성된다. 그리고 2단 분사 연소의 특징은 층상연소에 의해 생성된 화염원이 희박한 균일혼합기로 확산되고 이것이 착화원으로 작용하면서 희박 혼합기가 연소하게 되는 것이다.

질소산화물(NO_x)의 저감에는 배출가스 재순환(EGR)과 후처리 방법이 사용된다. 배출가스를 재순환시켜 연소 때의 질소산화물 생성 자체를 가능한 저하시키고, 배기계의 촉매장치를 사용하여 질소와 산소로 환원시키는 것이다. GDI 엔진은 층상연소 방식으로 안정적인 연소가 가능하므로 다량의 배출가스를 재순환시킬 수 있다. 따라서 연소 효율은 극대화시켜 연료소비율은 낮추면서 질소산화물의 배출은 극소화할 수 있다. 그림 8.16은 공기-연료비와 NO_x의 배출 관계를 나타내고 있다.

GDI 엔진에서 층상연소 때의 NO_x 배출은 균질혼합연소 때와 비교하면 그 배출량이 많다. 그림 8.16에서 EGR 0%의 곡선이 과희박 공연비에 대한 GDI엔진의 NO_x 배출량을 나타내고 있다. 공연비 40에서 EGR을 30%로 하고 Lean NO_x 촉매장치를 사용하였을 때 NO_x의 저감율은 약 97%로 된다. NO_x 촉매는 트랩형 촉매(trap catalyst)와 선택환원형 촉매(selective catalyst)를 주로 사용하고 있다. 이는 가솔린 정제과정에서 탈황처리를 하였는가의 여부에 따라 달라지는데, 그 이유는 유황 성분이 촉매를 열화시키기 때문이다. 따라서 연료 성상이 비교적 불량한 지역에서는 선택 환원형 촉매를 사용하고, 연료 성상이 비교적 좋은 지역에 대해서는 트랩형 촉매를 구분하여 사용한다.

층상연소에 의한 NO_x 저감은 균질혼합기의 과희박 공연비에 걸맞을 정도까지 이루어지는 것은 아니다. 그러므로 층상연소에 의한 안정된 초 과희박 공연비의 연소시에 EGR율을 높여 NO_x의 생성을 억제한다. 그림 8.17과 같이 1200 rpm의 저부하에서 EGR율을 35% 이상으로 하고 NO_x 흡장 환원형(NO_x storage-reduction) 촉매를 사용하면 NO_x 배출량을 약 95%까지 저감시킬 수 있고, 삼원촉매장치를 장착하고 이론공연비로 운전하는 엔진의 NO_x 배출량과 비슷한 수준이 된다.

본래 과희박 혼합기 연소의 배출가스에는 산소가 존재하므로 종래의 삼원촉매장치로는 NO_x의 정화가 불가능하다. 먼저 백금 촉매로 일산화질소(NO)를 산소(O_2)와의 산화반응에 의해 이산화질소(NO_2)로 변환시킨 다음, 이 NO_2를 촉매에 흡착시켜서 일시적으로 흡장하는 것이다. 그리고 NO_x 흡장촉매의 NO_2 흡착이 완전히 채워질 때까지 이론공연비 운전을 하면 NO_x 흡장촉매의 NO_2가 백금 촉매에 의한 환원반응으로 N_2와 O_2로 분해된다.

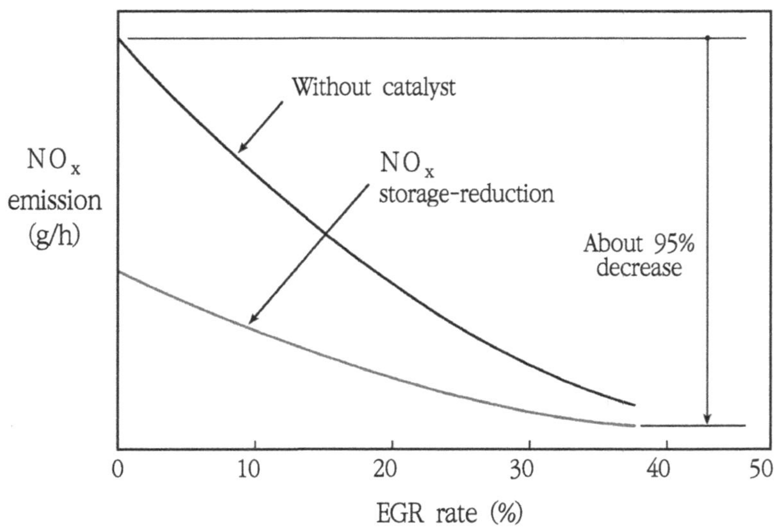

그림 8.17 GDI 엔진의 NO_x 흡장환원형 촉매 효과

8.5.4 연소모드의 변환

GDI 엔진은 고출력화를 위한 균질연소와 저연비를 위한 층상연소를 운전상황에 따라 구분하여 사용하고 있다. 그러므로 균질연소를 운전상태에 따라 최적화하여 보다 고출력을 얻을 수 있고, 또한 층상연소에 의해 연비를 개선하게 되면 고출력과 저연비의 양립이 가능해진다. 이것은 엔진의 회전속도와 토크에 따라 어느 형태의 연소를 해야 하는지가 결정되기 때문이다. 자동차 제조사에 따라 제어방법의 차이는 있지만, 일반적으로 균질연소와 층상연소의 두 모드로 나누어서 제어하고 있으며 100~120 km/h의 주행 속도까지 층상연소 모드로 운전된다.

아울러 균질연소와 층상연소의 모드가 매끄럽게 변환될 수 있도록 두 연소모드 사이에 중간 모드를 구분하여 제어하는 경우도 있다. 중간 모드로서 연료를 2회로 나누어 흡기 행정과 압축 행정 중에 분사하여 약층상연소 모드가 있고, 린번 엔진과 같이 균질연소로 공연비가 희박한 상태에서 연소가 이루어지는 균질희박연소 모드도 있다.

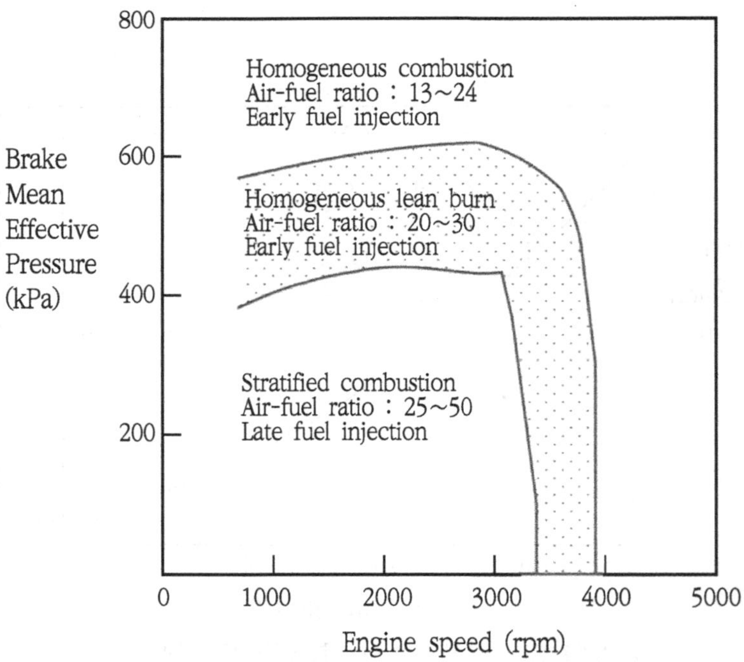

그림 8.18 GDI 엔진의 연소 모드

연습문제 8

8.1 왕복형 피스톤기관에서 사용되는 희박 연소의 원리에 대하여 설명하라.

8.2 MPI 엔진과 비교하여 희박 연소 기관의 장점은 무엇인가?

8.3 희박 연소 기관에서 사용되는 스월 제어 밸브(swirl control valve 또는 manifold throttle valve)의 역할은 무엇인가?

8.4 GDI 엔진과 MPI 엔진에서 연료장치의 차이는 무엇인가?

8.5 GDI 엔진에서 인젝터를 ECU로 직접 구동하지 아니하고 인젝터 드라이브를 사용하여 구동하는 이유는 무엇인가?

8.6 GDI 엔진의 사용되는 질소산화물 저감방법에 대하여 설명하라.

8.7 GDI 엔진의 운전모드에 대하여 설명하라.

9

디젤기관의 개요

9.1 디젤기관의 발달

디젤기관은 공기만을 실린더 내에 흡입하여 압축시키고, 압축공기의 온도는 500~550℃로 상승하게 된다. 이 때 분사노즐을 통하여 고온의 압축공기 중에 고압으로 연료를 분사시키면 압축열에 의하여 연료가 자기착화(자연발화)하고, 연소에 의해 발생된 열에너지가 기계적 에너지로 변환된다.

디젤기관은 가솔린기관에 비하여 열효율 및 내구성은 우수하지만 기관 자체의 구조가 투박하고 무거워서 고속화가 어렵다. 또한 이에 따른 진동이나 소음이 크고 기관 중량당 출력이 낮을 뿐 아니라, 많은 양의 디젤 스모크(diesel smoke)를 배출하는 단점도 있다. 하지만 연료경제성이 중시되는 선박용 및 산업용의 대형기관에서부터 소형 농업기계용으로 널리 사용되고 있다. 승합차나 중·대형 상용차에는 대부분 디젤기관이 탑재되고 있으며, 골프 디젤(Golf diesel)의 출현을 계기로 일반 승용차에도 사용되고 있다. 그에 따라 디젤기관의 연구개발은 부단히 이루어졌고 기관 성능은 괄목할 만큼 향상되었으며, 근래에는 소형 승합차를 포함하여 RV(Recreational Vehicle), SUV(Sports Utility Vehicle) 등에까지 그 사용분야가 널리 확대되고 있는 실정이다.

디젤기관은 가솔린기관(GDI 제외)과 달리 항상 공기가 과잉인 상태에서 연소가 이루어진다. 그러므로 탄화수소, 일산화탄소 등 유해성분의 배출 수준이 가솔린기관보다 낮아서 디젤기관의 유해 배출물질의 규제가 많이 관대하였다. 하지만 디젤기관의 배출가스에 대한 규제는 1975년도 이후부터 강화되기 시작하였고, 최근에 와서는 가솔린기관과 비슷한 수준으로 강화되었다.

9.1.1 발달 과정

19세기말 Rudolf Diesel이 당시 독일에 다량으로 얻어지는 분탄(fine coal)을 압축공기를 사용하여 실린더 내에 투입시켜 연소시키려고 시도한 것이 그 발상의 시초였으나 장치의 폭발로 인해 실패로 끝나고, 분탄을 석유로 바꾸어서 수많은 실패를 거듭한 끝에 연료를 공기분사식으로 주입시켜 기관을 운전하는데 성공하였다.

이 방식의 디젤기관은 선박용 엔진이나 그 밖의 산업용 엔진 등으로 널리 사용되었지만 자동차에 탑재될 만큼 경량화된 것은 아니었다. 그 후 1920년대에 들어와서 오늘날과 같은 무기분사식의 연료분사장치를 가진 상업용 디젤기관을 Daimler, Benz, MAN 등이 개발하였다.

1893년 - Rudolf Diesel(독)이 새로운 내연기관 작동사이클과 실행 방법에 관한 특허를 받고, 4사이클 공기분사식 디젤기관의 시작품을 완성.

1895년 - 자력으로 운전이 가능한 최초의 디젤기관을 완성.
(70 kg_f/cm^2의 압축공기로 정량된 석유를 분사시킴)

1897년 - MAN사에서 공개 시험 운전.
제원 : 실린더 내경 250 mm, 행정 400 mm의 단기통 엔진
출력 : 약 20 PS(14.7 kW), 연료소비율 324 g/kW·h

1903년 - 선박용 디젤기관이 최초로 제작.
4행정 4실린더 140 PS(103 kW).

1910년 - 영국 Vickers사에 의해 처음으로 무기분사식 연료분사장치 개발.
(연료 자체에 100~300 kg_f/cm^2의 압력을 가하여 분사시킴)

1923년 - Benz-MAN에 의해 무기분사식 연료분사장치를 갖춘 최초의 디젤자동차를 발표.

1927년 - 독일의 Bosch사에서 무기분사식 연료분사펌프를 양산

1936년 - Daimler Benz사에서 최초의 디젤 승용자동차를 발표.
(4실린더, 배기량 2545 cc, 45 PS/3000 rpm, 95 km/h)

1937년 - MAN은 최초의 구형 연소실 디젤기관(화물차량용)을 제작.

9.1.2 차량용 기관의 발달

현재 운송장비로 사용되고 있는 디젤 트럭의 경우 그것을 운행하기 위한 비용, 즉 연료비, 윤활유비, 타이어비, 정비비 등 소요되는 여러 항목 가운데에서 연료비가 약 80% 전후를 차지한다. 그 때문에 중·대형 트럭의 디젤기관은 예연소실식인 부실식으로부터 약 10% 정도의 연비가 절감되는 직접분사실식으로 바뀌어져 가고 있다.

1950년대에 외국 자동차사에서 몇 종의 디젤 승용차가 출시하였으나, 연료비에 큰 차이가 없으면서 조용하고 취급이 간편한 LPG차의 출현으로 그 판매가 한때 중단된 바 있다. 그러던 중 1970년대 두 차례의 오일 쇼크 이후 많은 자동차 제조사들이 다시 디젤차량에 대한 관심을 갖게 되었다.

1976년 가솔린차를 기초로 개발된 Volkswagen사의 골프 디젤(Golf diesel 1.5ℓ)의 출현으로 지금까지 없었던 경쾌한 주행에 큰 인기를 얻었고, 같은 해 말에는 여러 자동차 제조사들에 의해 디젤승용차의 생산이 다시 활기를 띠게 되었다. 그 사이 무겁고 기동성이 떨어지는 디젤기관의 탑재로 승용차로서의 경쾌함이 결여된 상태에서 운용되었으나 골프 디젤의 출현으로 이와 같은 현상은 불식되었다.

디젤기관으로서의 경제성을 도모하기 위해서는 그것을 탑재하는 차량이 작을수록 좋다. 그런데 고압의 압축공기 중에 연료를 분무하여 연소시켜야 하는 디젤기관의 기본 개념이 기관의 소형화를 어렵게 하였다. 하지만 그것도 점차적으로 극복되어 1980년대 말부터는 1.0~1.5 ℓ의 과급 디젤기관이 출시되면서 현재로서는 경제성과 성능의 형평이 이상적으로 이루어지고 있어서 디젤차를 선호하는 경향이 커지고 있다. 그리고 이러한 디젤기관은 앞으로 등장하게 될 하이브리드 자동차의 주력 엔진으로 채택될 가능성이 높다.

근래에 국내에서도 RV차가 많아지면서 디젤차에 대한 인식이 크게 달라졌고 우수한 연비와 뛰어난 내구성 등의 장점 때문에 그 수요가 증가하고 있다. 또한 그 발전방향에 있어서도 와류실식인 부실식으로부터 효율이 높은 직접분사식으로의 전환되고, 더불어 이미 채용되고 있는 유해 배출가스와 소음대책이 용이한 커먼레일(common rail) 방식의 고압 연료분사장치는 물론 새로운 촉매장치나 후처리장치의 개발 또한 신속하게 이루어질 것이다.

9.2 디젤과 가솔린기관의 비교

디젤기관은 그림 9.1에 나타낸 것과 같이 공기만을 흡입하여 압축시킨 후에 연료를 고압 분사하여 자연발화시키는 압축착화방식으로 작동된다. 따라서 전기점화방식인 가솔린기관의 점화플러그 대신에 디젤기관에는 연료 분사노즐이 실린더 헤드에 설치된다.

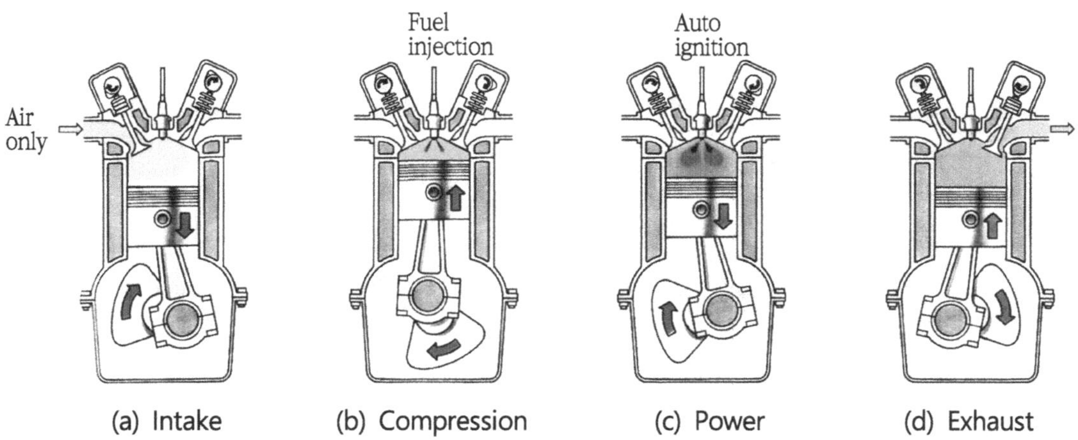

그림 9.1 4행정 디젤기관의 작동

9.2.1 점화방식

- 디 젤 기 관- 공기만을 흡입 압축하여 고온 고압의 공기 중에 연료를 분사하면 연료 스스로 발화되는 압축열에 의한 자기착화방식이다.
- 가솔린기관 - 공기와 연료를 일정 비율로 혼합시켜 실린더 내로 흡입 압축시키고 외부로부터 전기 불꽃을 공급하여 점화시키는 전기점화방식이다.

9.2.2 사용 연료

- 디 젤 기 관- 세탄가가 높은 연료를 필요로 하며, 자동차용으로는 주로 경유가 사용된다.
- 가솔린기관 - 외부 불꽃에 의해 쉽게 점화되면서 착화성이 낮은 고옥탄가의 연료를 필요로 한다. 자동차용으로는 휘발유나 액화석유가스가 사용된다.

표 9.1 고속 디젤기관과 가솔린기관의 비교

항목	고속 디젤기관	가솔린기관
연소사이클	복합(사바테)사이클	정적(오토)사이클
연 료	경유	가솔린, LPG
압축비	15~22	8~14
압축압력	높다 (3~4.5 MPa)	낮다 (0.7~1.2 MPa)
연소실형상	복잡하다	단순하다
혼합기 형성	공기만을 압축한 후에 연료를 안개모양으로 분사	압축 전 기화된 혼합기 (GDI엔진 예외)
연소방식	압축열에 의한 자기착화	점화장치에 의한 불꽃점화
출력제어	연료 분사량의 증감	혼합기량의 증감 (GDI엔진 예외)
연료공급방식 및 분사압력	실린더 내 직접분사 분사펌프, 노즐 고압 8~30 MPa	흡기관 내 분사 인젝터 저압 0.1~0.5 MPa
열효율	높다(~40%)	낮다(~30%)
연료소비율	낮다(~300 g/kW·h)	높다(~380 g/kW·h)
시동성	나쁘다 (보조장치가 필요)	양 호
응답성	나쁘다 (각부가 무겁다)	양 호
소 음	비교적 크다	작 다

9.2.3 출력 제어방식

- 디 젤 기 관 - 실린더 내에 충진 또는 압축된 공기 중에 분사되는 연료 분사량을 가감시켜 기관 출력을 제어하는 연료량 제어방식이다.
- 가솔린기관 - 흡기포트에 연료를 분사하는 MPI 엔진은 요구되는 출력에 따라 공기량을 제어하고, 실린더 내 직접분사방식의 GDI 엔진은 디젤기관과 같이 연료량을 제어하는 방식이다.

9.3 디젤기관의 장·단점

9.3.1 디젤기관의 장점

- 가솔린기관보다 열효율이 높다.
  - 가솔린기관 : 22~30%
  - 디젤기관 : 30~40%
- 가솔린기관보다 연료소비율이 낮다.
  - 가솔린기관 : 230~280 g/PS·h
  - 디젤기관 : 160~230 g/PS·h
- 넓은 회전속도 범위에서 회전력이 크다(회전력의 변동이 적다).
- 대출력 기관이 가능하다.
- 공기 과잉 상태에서 연소가 이루어지므로 CO 및 HC의 유해 성분이 적다.
- 연료의 인화점이 높아 화재의 위험이 적다.
- 전기 점화장치와 같은 고장 빈도가 높은 장치가 없어 수명이 길다.

9.3.2 디젤기관의 단점

- 실린더 최대 압력에 맞춰 재료강도가 높아야 하므로 기관이 무겁다.
- 압축 및 폭발 압력이 높아 작동이 거칠고 진동과 소음이 크다.
- 가솔린기관보다 질소산화물 및 입자상 물질의 배출 비율이 높다.

- 공기와 연료를 균일한 혼합기로 만들 수 없어 비출력이 낮다.
- 시동에 소요되는 동력이 크므로, 기동 전동기의 출력이 커야 한다.
- 가솔린기관보다 회전속도의 범위가 좁다.

9.4 디젤기관의 구조 및 성능

9.4.1 디젤기관의 구조

그림 9.2는 배기 과급기(turbocharger)와 급기냉각기(intercooler)가 장착된 디젤기관의 구조를 나타낸 것으로, 근래의 급기냉각기를 장착한 과급 디젤기관은 대형 차량용인 경우에는 배기량 1리터당의 출력이 30마력, 중·소형차용인 경우는 50마력대에 달하는 것이 있다. 그러나 무과급 디젤기관의 경우는 리터당 출력이 대형차용으로는 20마력대, 소형차용도 30마력대 정도로 소형의 경우 가솔린기관의 약 1/2 정도로 비출력이 대단히 낮다. 이것은 각 실린더 체적당 발생되는 회전력과 최고 회전속도 모두 가솔린기관에 비하여 낮기 때문이다. 그 이유는 디젤기관의 경우 실린더 내에 공기만을 흡입하여 압축한 다음에 경유 연료를 분사시키는데, 처음부터 공기와 휘발유의 혼합기를 전기 점화에 의해 연소시키

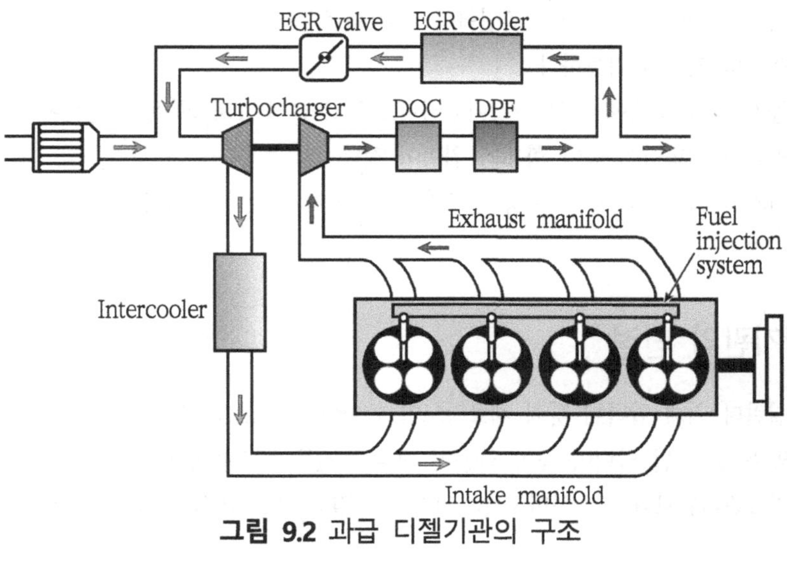

그림 9.2 과급 디젤기관의 구조

는 가솔린기관의 경우만큼 공기를 충분히 활용할 수 없어서 연료 분사량이 제한되기 때문이다.

아울러 무과급 디젤기관의 회전력은 동일한 배기량을 가진 가솔린기관의 70~80% 정도이고, 최고 회전속도의 상승도 어렵다. 회전속도의 상승이 어려운 것은 디젤기관의 경우 피스톤을 포함한 운동부분의 높은 중량이 주된 요인이다. 중량이 무거운 크랭크기구를 고속으로 왕복 운동시키는 데 필요한 힘과 압축시에 실린더 내의 가스 압력 또한 높아서 운동부분 자체를 회전시키는 데 소비되는 동력, 즉 마찰마력이 가솔린기관에 비해 대단히 큰 것도 원인이 된다.

9.4.2 디젤기관의 출력

그림 9.3에서와 같이 실린더 내의 연소가스가 팽창하면서 피스톤에 작용하는 도시출력(indicated power)은 기관 회전수에 비례하여 증가하는데, 회전수가 높을수록 마찰에 의한 동력 손실은 더욱 커진다. 그러므로 도시출력에서 마찰동력을 제외한 제동출력(brake power)은 가솔린기관보다 훨씬 낮은 저속에서 증가하지 않고 오히려 급격히 저하된다. 그리고 디젤기관의 경우는 한계 이상으로 회전속도를 높여도 출력이 증대되지 않는 근방에서 조속기(governor)가 작동하여, 계속적으로 가속페달을 밟아도 그 이상 회전속도가 상승되지 않도록 되어 있다.

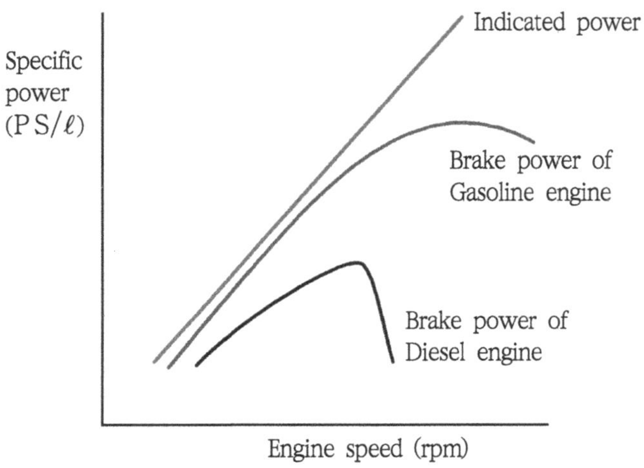

그림 9.3 가솔린기관과 디젤기관의 비출력 비교

디젤기관은 흡입공기량을 제어하지 않으므로 공연비는 거의 모든 운전영역에서 공기과잉 상태인 희박연소(lean burn)를 하게 된다. 그러므로 가솔린기관에서 CO, HC, NO_x 등 유해방출물의 저감을 위해 사용되고 있는 3원 촉매장치를 디젤기관에서는 사용할 수 없다. 그 이유는 배기 중에 많은 양의 산소가 존재하게 되면서 산소에 의한 촉매효율의 저하로 NO_x의 저감에 어려움이 있다.

디젤기관의 연소는 크게 보아서 층상연소이고 실제의 연소는 연료 분사노즐에서 분무된 원추형의 분류 근방, 즉 연료가 과잉인 곳에서 이루어지게 되면서 국부적으로 공기 부족현상이 발생되는 경우가 많다. 그에 따른 연료의 분사량 제어가 필요하여 필연적으로 발생되는 출력이 낮아질 뿐 아니라 스모크 발생 등의 문제가 있다. 그리고 디젤 연소는 압축말기 고온·고압의 공기 중에 분사되는 연료 분무의 여러 곳에서 동시 착화에 의한 것으로 가솔린기관의 경우와 같이 점화플러그의 한곳에서 점화에 의한 화염전파로 연소가 순차적으로 진행되는 것과는 다르다. 특히 공회전시나 부분부하 운전시에도 흡입공기의 제어를 하지 않으므로 실린더 내의 압력이 높아지는 등의 문제가 있다.

9.4.3 디젤기관의 효율

가솔린기관과 비교할 때 디젤기관은 배기량을 기준으로 하는 비출력이 낮고, 최고회전속도의 상승이 어려우며 소음이 크고 진동도 심한 많은 단점을 가지고 있다. 그러나 1970년대 두 차례의 오일쇼크 이후 디젤기관의 사용이 활발해져 중·대형의 상용차는 물론 소형 트럭의 주력 기관으로 그 자리를 굳히고 있으며, 현재는 RV차량이나 승용차에까지 탑재되는 등 그 사용범위가 넓어지고 있다. 이와 같이 단점이 많은 디젤기관이 급속하게 보급되고 있는 이유는 다음과 같이 생각할 수 있다. 즉, 연료비 부담이 가솔린기관에 비해 크게 낮다. 경유 가격은 세금부과 제도에 따라 달라질 수 있으나 가솔린의 대략 80%인데 더하여, 디젤기관 자체의 효율이 좋은 것과의 상승효과에 의해 연료비는 가솔린차량의 절반 정도까지 저렴하다.

(1) 디젤기관의 열효율

가솔린기관의 정적연소 형태에서는 단 1회의 급격히 발생된 열에너지의 일부만이 일로서 피스톤에 전달되고, 나머지 열은 일로 변환되기 이전에 냉각계나 배기계를 통해서 방열되게 된다. 이에 비하여 디젤기관의 정압연소 형태는 가솔린기관의 경우와는 다르며, 동일한 양의 연료에 대한 열에너지의 발생이 완만하게 피스톤에 전달되면서 일의 전달되는 비율이 높게 된다. 따라서 같은 양의 연료로부터 얻어지는 발생 열량이 일로 변환되는 비율을 비교할 때 디젤기관인 편이 크며, 따라서 열효율 또한 높다.

대체적으로 MPI 가솔린기관의 열효율은 27% 정도인데 비하여, 직접분사식 디젤기관은 38%이고 간접분사식 기관은 33% 정도이다.

(2) 디젤기관의 대 배기량

가솔린기관의 연소과정은 그림 9.4에서와 같이 점화플러그의 점화에서 시작된 화염이 연소실의 구석까지 전파되기 위해서는 보다 많은 시간을 필요로 하게 된다. 그러므로 실린더의 지름이 한계 이상으로 커지면 노킹이 발생하므로 단위 실린더당의 배기량에 한계가 있다.

반면에 직접분사식 디젤기관의 경우 다공 노즐에서 분사된 연료 분무의 다수 곳에서 동시 다발적으로 자연발화가 발생하여 실린더 전체적으로 급속하게 화염이 확산된다. 따라서 가솔린기관에서와 같은 말단가스(end gas)의 노킹현상도 없으므로 디젤기관의 경우 단위 실린더당의 배기량을 크게 할 수 있다. 그리고 기관의 출력은 피스톤에 작용하는 힘, 즉 연소압력×피스톤의 단면적에 비례하므로 디젤기관은 필연적으로 고출력을 얻을 수 있다.

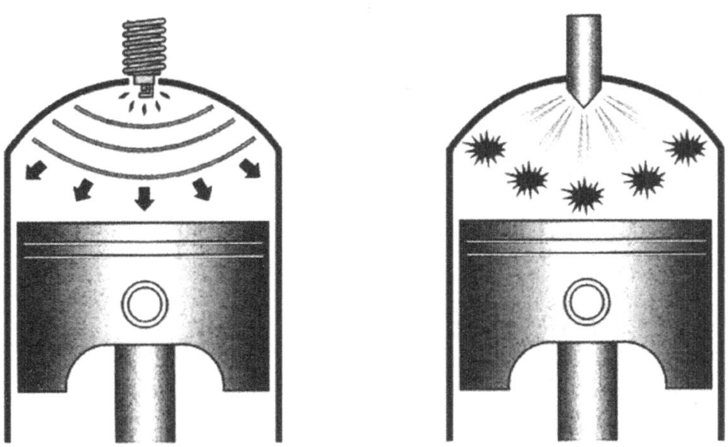

(a) 가솔린기관　　(b) 디젤기관

그림 9.4 가솔린 및 디젤기관의 화염전파 과정

9.5 디젤 차량의 연비 특성

9.5.1 평지의 정속시 특성

MPI 가솔린기관의 제동 열효율이 22~30%인데 비하여 직접분사식 디젤기관은 30~40% 정도에 이른다. 그러므로 같은 배기량으로 동일한 양의 출력을 얻는 데는 가솔린기관이 디젤기관에 비해 30~40% 더 많은 연료가 필요하다. 그 주된 이유는 사용빈도가 가장 높은 부분부하 운전영역에서 디젤기관은 펌프손실이 적고 희박연소에 가까운 상태로 운전이 가능하기 때문이다. 가속할 경우에는 디젤기관의 공연비가 가솔린기관과 크게 차이가 없으나, 저부하로 운전될 때에는 가솔린기관이 사용하는 연료량에 비해 대단히 적은 양으로 운전이 가능하다. 가솔린기관은 저부하 운전의 경우 출력을 제어하기 위하여 스로틀 밸브를 닿아야 하는데, 이 때 흡기관 내의 압력은 대기압보다 낮아지게 되고 피스톤 운동은 진공펌프처럼 작용하면서 펌프손실은 그에 상당하는 만큼 증가하게 된다.

동일한 기어비 및 속도로 운전될 때 디젤기관과 가솔린기관의 배기량도 같다면, 동일한 수준의 출력(토크)을 발생하는데 필요한 연료 공급량은 출력범위의 거의 모든 운전영역에서 디젤 차량이 적게 나타난다. 이것은 디젤기관의 압축비가 가솔린기관보다 2배 가까이 높고, 따라서 실린더 내의 연소가스가 가솔린기관에 비해 효율적으로 작용하기 때문이다.

그리고 한랭시 가솔린기관은 자동적으로 냉각수온도에 따라 연료 분사량을 보정하여 혼합기를 농후하게 한다. 이것은 기온이 낮아 기관이 냉각되어 있을 때에는 휘발유 증발이 늦어지고 착화가 어려우며 연소속도가 늦어지기 때문이다. 반면에 디젤기관의 경우는 기온이 현저하게 낮을 경우의 시동 때만 연료를 증량 분사한다. 그리고 일단 시동이 되어 자력운전이 가능하게 되면 디젤기관은 과잉의 연료를 필요로 하지 않으나, 가솔린기관의 경우는 시동 후 냉각수온도가 정상치에 도달할 때까지 연료 분사량을 보정한다.

9.5.2 가속과 정지 반복시 특성

발진과 정지의 빈도가 잦은 시가지 운전에서는 연료소비가 많은데, 전체 연료소비량 가운데에서 반복되는 가속과 감속시 소비되는 연료의 비율이 약 50%에 달하는 것으로 알려져 있다. 차량을 발진 가속할 때에는 가속페달을 밟게 되고 연료가 다량으로 소비되는 것은 당연하다. 이 경우에도 디젤기관의 차량이 가솔린 차량에 비해 효율이 좋은 것은 틀림 없으나, 평지를 정속 주행할 때 사용되는 부분부하 영역만큼 차이가 크지는 않다.

가속으로 인한 출력 증강시 순간적으로 연료공급량은 증대되는데, 흡기포트에 연료를 분사하는 가솔린기관에서는 흡기포트 벽면에 액상의 휘발유가 부착되어 혼합기 형성이 지연되어 기관이 숨고르기 현상을 일으킨다. 하지만 실린더 내 직접 분사방식인 GDI 기관인 경우에는 그와 같은 결점이 없다. 디젤기관의 경우도 연료의 벽면 부착 현상은 없고 그에 상당하는 만큼 연료소비의 저감 측면에서 유리하다.

9.5.3 공회전 운전 특성

교통이 정체되면 차가 움직이지 않아도 기관은 지속적으로 회전하게 되고 그에 따른 연료의 낭비는 이어진다. 디젤기관과 가솔린기관이 공회전 운전할 때 연료소비율 양상을 보면, 배기량이 커질수록 디젤기관인 쪽이 연료 소비가 두드러지게 적다.

디젤기관의 경우는 압축비가 높고 가솔린기관과 같은 흡기계통에 스로틀 밸브가 없기 때문이다. 반면에 가솔린기관의 경우도 배기량이 작고 또한 설계가 새로워질수록 연료의 소비가 적어지고 있다. 그것은 연소실의 크기가 작을수록 디젤기관은 연료의 분무가 연소실 벽에 부착되기 쉽고 연소를 어렵게 하는 데 비해, 가솔린기관은 연소시간이 짧아서 노크를 일으키기 어려워서 압축비를 높일 수 있기 때문이다.

9.5.4 주행 연비 특성

차량의 주행 연비는 1 ℓ의 연료로 주행할 수 있는 거리(km)로 정의하는데, 동일 차량의 경우라도 주행 모드, 차량 속도, 운전자의 운전 양상 등에 따라 많은 차이가 있다. 뿐만 아니라 동일한 기관을 총중량이 다른 차량에 탑재하게 되면 당연히 주행 연비는 달라진다.

가솔린기관과 디젤기관 차량의 주행 연비를 비교하는데 있어서도 비교하는 기관의 제원에 차이가 매우 크다. 예를 들면 배기량이 동일한 경우에 디젤기관의 출력이 가솔린기관에 비하여 지나치게 낮아서 직접적으로 비교하기에 무리가 있다. 하지만 표 9.2의 제원을 가진 배기량 1.8의 GDI 가솔린기관 및 배기량 2 ℓ의 과급 디젤기관을 MPI 가솔린기관과 비교하면 다음과 같다.

최고 출력을 보면 MPI 가솔린기관에 비하여 GDI 가솔린기관은 135 PS에서 150 PS로 15% 정도 높지만, 과급 디젤기관은 최고 회전속도에 많은 차이가 있지만 94PS로 약 30% 최고 출력이 낮다. 디젤기관은 3000 rpm 이상의 회전속도에서 마찰동력 손실이 급격하게 증가되면서 최고 출력을 제한하는 특성이 있기 때문이다.

한편 최대 토크를 비교하면, GDI의 토크가 MPI의 159 N·m에 비하여 178 N·m로 약 12% 높다. 반면 과급 디젤기관의 토크는 196 N·m로 MPI 가솔린기관에 비하면 약 23% 그리고 GDI와는 약 10% 높은 차이를 보인다. 즉, 과급 디젤기관의 토크는 가솔린기관에 비하여 크나, 최고 회전속도가 낮아 최대 출력은 30% 이상 낮은 것이다. 기관의 최고 출력 및 최대 토크는 장착 차량에 따라 그 의미가 다르기 때문에 단순한 수치 비교는 의미가 없다. 그러므로 그림 9.5에 기관 회전속도에 대한 차량 속도와 기관 출력 특성을 나타낸다.

그림 9.5에서 보여주듯이 차속이 140 km/h 또는 기관 회전속도가 약 4000 rpm이하인 경우에는 기관의 출력 곡선에 약간의 차이는 있으나, 대체적으로 차량 주행 성능에 대한 영향은 적은 것으로 보인다. 하지만 가솔린기관과 디젤기관의 출력 성능에 있어서 큰 차이를 보이는 것은 차량의 최고 속도이다. 실용적인 문제점은 있지만, MPI 가솔린기관을 탑재한 차량은 약 196 km/h 그리고 GDI 기관의 경우는 200 km/h을 상회하는데 비하여, 과급 디젤기관의 차량은 약 170 km/h로 상당히 낮다.

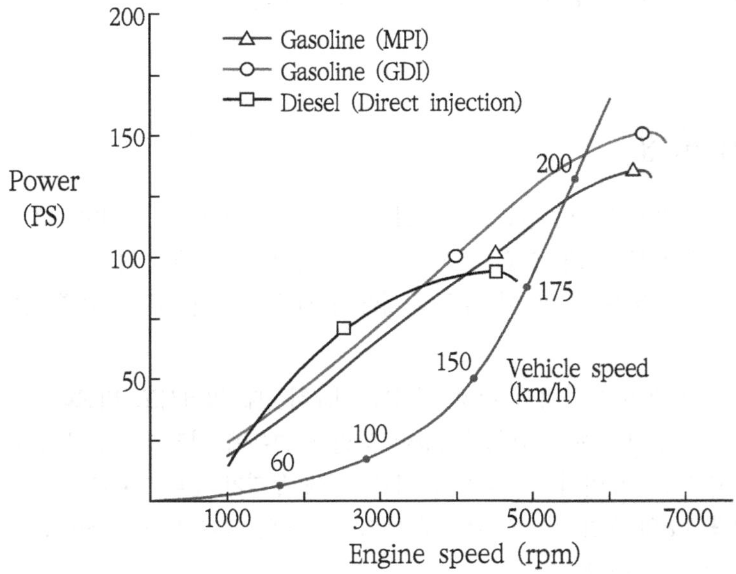

그림 9.5 가솔린기관과 디젤기관의 출력 비교

표 9.2 가솔린기관과 디젤기관의 제원 비교

기관 종류	내경×행정 (mm)	배기량 (cc)	압축비 (−)	최고 출력 (PS/rpm)	최대 토크 (N·m/rpm)
MPI 가솔린기관	81.5×88.0	1836	9.2	135/6300	159/4500
GDI 가솔린기관	81.0×89.0	1834	12.0	150/6500	178/4500
과급 디젤기관	82.7×93.0	1998	22.4	94/4500	196/2500

9.6 시동 보조 장치

디젤기관은 전기 점화가 없이 공기의 압축열에만 의존하여 연소가 일어나는 압축착화 방식이므로, 겨울철과 같이 온도가 낮을 경우에는 압축온도가 경유의 자연발화온도에 이르지 못하여 기관 시동이 어려울 수 있다. 따라서 가솔린기관과 달리 흡기 다기관이나 연소실 내의 공기를 미리 가열하여 기동이 쉽도록 해주는 예열 장치(preheating system)가 필요하다. 이런 장치로는 예열 플러그(glow plug) 방식과 흡기 가열 방식이 있다.

9.6.1 예열 플러그 방식

예열 플러그 방식은 그림 9.6에서 보여주는 바와 같이 연소실 내의 압축 공기를 직접 예열하는 형식이며, 그림 (a)와 같이 주로 예연소실식과 와류실식 디젤기관에서 사용해왔다. 하지만 최근에는 예열 시스템이 간소화되고 예열 속도도 향상되어 (b)와 같이 직접분사식 디젤기관에도 사용된다.

종래의 예열장치는 예열 플러그 자체의 온도 특성을 이용하며 냉각수 온도에 따른 통전시간 이외에는 특별한 제어를 하지 않았다. 예열 플러그도 가열 코일(heat coil)이 노출된 코일형을 주로 사용되었으나, 현재는 그림 9.7과 같이 열선 코일이 연소가스와 직접 접촉하지 않는 피복형(sheathed type)이 사용된다.

예열 플러그는 기관 운전 중에 약 2500℃의 연소가스에 노출되며, 약 1000℃ 정도로 가열된다. 따라서 피복형 예열 플러그는 연소열의 영향을 적게 받도록 내열성 금속 튜브(metal tube) 내에 가열 코일을 설치하고, 산화마그네슘 분말을 채워 밀봉한 구조이다.

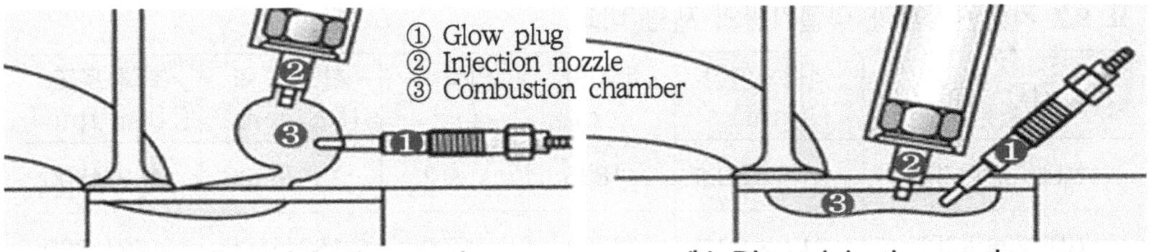

(a) In-direct injection engine (b) Direct injection engine

그림 9.6 예열 플러그 설치 위치

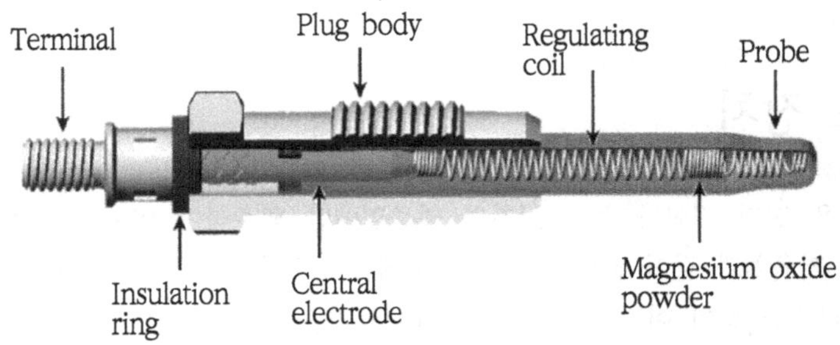

그림 9.7 피복형 예열 플러그의 구조

또한 가열 코일은 병렬로 결선되어 어느 1개가 단선되어도 다른 것들은 계속 작동되도록 한다. 예열 플러그에 공급되는 전기는 축전지로부터 예열시간 제어회로를 거쳐 제어된다. 전류가 흐르기 시작하여 2~7초 후면 착화에 충분한 850℃ 정도의 온도에 도달하게 되고, 소비전력은 100~120 W 정도이다.

종래에는 예열 플러그가 시동을 용이하게 해주는 보조 장치의 역할만 수행하였다. 하지만 근래에는 기관 시동 후에도 원활한 공회전, 매연과 같은 유해 배출물 및 소음 저감을 위해 추가 예열 기능도 수행한다.

9.6.2 흡기 가열 방식

흡기 가열 방식은 실린더 내로 흡입되는 공기를 흡기다기관에서 가열하는 방식이며, 전기 히터로 흡입공기를 직접 가열하는 전열식과 디젤 연료를 연소시켜 연소열로 흡기를 가열하는 연소식이 있다. 이런 흡기 가열장치는 예열 플러그를 설치할 적당한 곳이 없는 직접분사식이나 배기량이 큰 기관에 많이 사용된다.

그림 9.8 전열식 흡기 히터

(1) 전열식 히터

전열식 흡기 히터(intake air heater)는 그림 9.8과 같이 간단한 구조이며, 예열 플러그가 설치가 곤란한 기관이나 예열 플러그의 보조 장치로 사용한다. 예열 플러그와 같이 축전지 전력으로 작동되며, 히터 용량은 400~650 W 정도로 다양하다. 그리고 히터의 가열 코일로는 크롬-니켈합금이 주로 사용되며, 가열온도는 900~1250℃ 범위이다.

(2) 연소식 가열장치

그림 9.9와 같은 연소식 흡기 히터는 실린더당 행정체적이 1리터 이상인 대형의 직접 분사식 디젤기관에서 사용된다. 흡기 가열장치는 흡기 다기관 내에 설치하고 냉각수 온도가 -4℃ 이하에서 시동시 자동적으로 활성화된다. 점화스위치가 가동되면 가열 플러그도 가열되고, 연료 공급 장치를 거친 연료가 가열된 플러그 선단에 분사되어 연소된다. 이 연소열에 의해 흡기다기관을 흐르는 공기는 순간적으로 약 800℃까지 가열된다.

그리고 시동 후에도 연소를 일정 시간동안 지속시켜 사후 예열을 시행함으로써 시동시 발생하는 백연(white smoke), 부품 마모 및 연료소비를 줄일 수 있다.

그림 9.9 연소식 흡기 히터

연습문제 9

9.1 가솔린기관과 비교하여 디젤기관의 장점은 무엇인가?

9.2 디젤기관의 압축비가 가솔린기관에 비하여 높은 이유는 무엇인가?

9.3 가솔린기관과 디젤기관의 구조적인 가장 큰 차이는 무엇인가?

9.4 가솔린기관의 배기량을 대형 디젤기관처럼 크게 할 수 없는 이유를 설명하라.

9.5 가솔린기관처럼 디젤기관의 최고 속도를 높일 수 없는 이유를 설명하라.

9.6 가솔린기관과 비교하여 디젤기관에서 보다 많이 배출되는 유해성분은 무엇인가?

9.7 승용차에는 주로 가솔린기관을 탑재되고, 상용차에는 대부분 디젤기관이 탑재되어 사용되는 이유를 설명하라.

9.8 디젤기관에 시동 보조장치가 필요한 이유 및 방식에 대하여 설명하라.

10

디젤 연료 및 연소

10.1 디젤 연료

10.1.1 가솔린 연료와 비교

제7장 가솔린기관의 연료에서 기술한 바와 같이 각종 석유계 연료는 원유를 분류함으로써 얻어지며, 그 분류온도 범위에 따라 연료의 성상이 결정된다. 가솔린기관은 휘발성이 좋고 비중이 낮은 휘발유를 주로 사용하는 반면, 디젤기관은 가솔린보다 비중이 높은 경유(light oil) 또는 중유(heavy oil)을 사용한다. 차량용 디젤기관은 고속으로 운전되므로 경유를 사용하고, 표 10.1은 차량용 디젤기관의 연료인 경유와 가솔린의 특징을 비교하여 나타낸 것이다.

가솔린의 경우는 그 성분의 대부분이 기화되는 30~200℃ 범위의 유출온도를 가지고 있다. 이에 비해 등유는 유출온도가 이보다 높고, 경유는 이것을 상회하여 200~350℃의 온도범위에서 대부분이 유출된다. 따라서 경유가 가솔린보다도 증발이 어렵고 인화점, 즉 불꽃을 가까이 하였을 때 인화하는 온도가 50℃ 이상으로 높으며 안전성 또한 높다.

경유의 자연발화온도, 즉 공기 중에서 외부의 점화원이 없이 연소를 하기 시작하는 온도는 가솔린보다도 낮으며, 따라서 경유는 압축에 의한 고온의 공기 중에서 연료분무의 자연발화로 운전되는 디젤기관에 적합한 연료라 할 수 있다. 또 분사된 연료의 착화가 빠를수록 일시에 연소하는 연료의 양이 적어서 실린더 내의 압력 상승이 매끄럽게 완만해지고 연소 소음이 낮아진다.

경유의 품질 규격은 한국산업표준 KS-M-2610에 의해 규정되어 있으며, 사용되는 외기 온도에 따라 표 10.2와 같이 분류된다.

표 10.1 경유와 가솔린의 특징

연 료	경 유	가솔린
유출온도	200~350℃	30~200℃
증 발	증발하기 어렵다	증발하기 쉽다
인화점	42~65℃	-46~-35℃
착화점	300~400℃	500~550℃

인화점 : 불꽃을 가까이 하였을 때 인화하는 것과 같은 가연성의 증기를 발생하는 최저의 온도
착화점 : 불꽃을 가까이 하지 않아도 공기 중에서 자연적으로 연소하기 시작(자기발화)하는 온도

표 10.2 경유의 품질

<table>
<tr><th>종류</th><th>인화점
(℃)</th><th>분류성상
90%유출온도
(℃)</th><th>유동점
(℃)</th><th>10%잔류의
잔류탄소분
질량(%)</th><th>세탄지수
(세탄가)
(-)</th><th>동점도
(30℃, cSt)</th><th>황분
질량
(%)</th><th>필터
막힘점
(℃)</th></tr>
<tr><td>특1호</td><td rowspan="4"></td><td>360이하</td><td>+5이하</td><td rowspan="4">0.1이하</td><td rowspan="4">45이상</td><td>2.7이상</td><td rowspan="4">0.1이하
(2)</td><td rowspan="4"></td></tr>
<tr><td>1호</td><td>360이하</td><td>-5이하</td><td>2.7이상</td></tr>
<tr><td>2호</td><td>350이하</td><td>-10이하</td><td>2.5이상</td></tr>
<tr><td>3호</td><td>330이하</td><td>-20이하</td><td>2.0이상</td></tr>
<tr><td>특3호</td><td>45이상</td><td>330이하</td><td>-30이하</td><td>0.15이하</td><td>45이상</td><td>1.3이상(1)</td><td>0.2이하</td><td>-24이하</td></tr>
</table>

[주] (1) 특3호의 동점도는 유동성 향상제 미첨가 제품은 1.2이상으로 할 수 있다.
(2) 특3호를 제외한 저황분유는 대기환경보전법이 정하는 바에 따른다.

일반적으로 압축비가 20~24인 디젤기관의 경우 압축 행정 말기에 공기의 온도는 이론상 700℃ 부근까지 상승된다. 그러나 실제로는 압축 도중 공기의 누설이나 냉각시스템으로의 열전달 등으로 압축 말기 온도는 그보다 다소 낮아진다. 경유의 착화온도는 300~400℃인데, 이 온도는 착화 시점의 환경에 따라 달라진다. 즉, 실린더 내에서와 같이 압력이 높은 상태에서는 경유의 착화온도가 더욱 낮아져서 실제 기관에서는 200℃ 부근에서 착화된다. 그러므로 200℃일 때 착화가 가능한 성상의 경유 연료는 500℃ 이상의 공기 중에 분사되면 순간적으로 착화될 것이다.

디젤기관에 사용되는 연료로서의 적합성을 나타내는 척도로 쓰이는 것이 세탄가(cetane number)이고, 이 값이 클수록 착화성이 좋다. 현재 차량용 디젤기관에 사용되고 있는 경유의 세탄가는 40~55 정도이다. 반면에 가솔린기관의 경우는 점화플러그 주변에서 발생된 화염이 연소실의 구석진 곳까지 도달하기까지는 자연착화가 일어나지 않아야 한다. 가솔린기관에서 말단가스(end gas)의 자연발화가 일어나지 않는 성질, 즉 내노크성을 나타내는 척도로 쓰이는 것이 옥탄가이며, 이 옥탄가가 높은 연료일수록 고압축비 기관에 적합하다.

한편 분사된 연료를 완전 연소시키기 위해서는 충분한 산소가 필요한데, 이론적으로 대부분의 석유계 연료 질량 1 kg에 대해 공기는 15 kg 가량이 필요한 것으로 되어 있다. 실린더 내에 충진된 실제의 공기량은 연료가 최대로 분사될 때 필요로 하는 양의 약 1.2~1.4배 정도이며, 디젤기관의 경우 가장 적은 양의 연료가 분사될 때 이를 연소시키는데 실제 필요로 하는 공기량의 약 5배 정도에 이른다. 즉, 공기과잉률이 클수록 디젤기관의 경우는 양질의 연소가 이루어질 수 있다.

이상과 같이 디젤기관에는 자연발화하기 쉬운(세탄가가 높은) 연료, 그리고 가솔린기관에는 자연발화가 잘 되지 않는(옥탄가가 높은) 연료가 적합하며, 가솔린과 경유는 서로 다른 성상을 가지고 있다.

10.1.2 점 성

경유는 윤활유와 비슷한 수준의 점성이 있어서 연료 분사펌프의 플런저(plunger)나 분사 노즐 등에 대해 연료 자체가 윤활작용을 한다. 그러므로 연료에 수분 등의 이물질이 함유되지 않도록 유의해야 한다. 최근에는 팜유, 콩기름, 채종유 등 식물성 기름을 경유에 혼합하여 사용하는 경우도 있다. 식물유인 바이오디젤(bio-diesel)을 사용하여 디젤기관에 실험한 결과에 따르면, 출력이나 유해 배출가스 성능에는 경유와 다를 바 없는 것으로 나타났다. 다만 장시간 운전하면 식물유의 고점도와 저휘발성의 영향으로 분사 노즐의 선단에 카본 부착이 많고 피스톤 링의 고착을 일으키기 쉬운 등의 단점이 있으나, 연료의 온도를 높이거나 경유를 일정 비율로 혼합하면 카본의 부착을 대폭적으로 감소시킬 수 있는 것으로 알려져 있다.

10.1.3 착화성

실린더 내에 연료가 분사되고 자연발화하여 연소가 시작되기까지의 시간을 착화지연기간이라 하며, 이 착화지연 특성을 착화성 또는 발화성이라고 한다. 착화지연기간이 짧을수록 성능이 좋으며, 착화성이 불량하면 디젤 노크를 일으켜 출력이 저하된다. 그러므로 고속 디젤기관의 연료 성질에서 매우 중요한 요소이며, 착화성의 양·부를 결정하는 척도로서 세탄가, 아닐린 점 및 디젤지수 등이 있다.

세탄가(Cetane number)는 착화성을 정량적으로 표시하는 것이며, 표준 연료로는 착화성이 가장 우수한 세탄($C_{16}H_{34}$)과 착화성이 매우 불량한 α-메틸나프탈린 ($C_{11}H_{10}$)을 사용한다. 세탄의 세탄가를 100으로 하고 α-메틸나프탈린의 세탄가를 0으로 하여, 식 (10.1)과 같이 세탄의 체적비로 표시한다. 경유의 세탄가는 가솔린의 옥탄가 측정 방법과 같이, 표준 연료와 시험 연료를 사용하여 CFR(Cooperative Fuel Research) 단기통 엔진을 일정한 운전조건하에서 압축비를 여러 가지로 변화시키며 운전 시험하여 측정한다.

$$CN = \frac{y_{C_{16}H_{34}}}{y_{C_{16}H_{34}} + y_{C_{11}H_{10}}} \times 100 \tag{10.1}$$

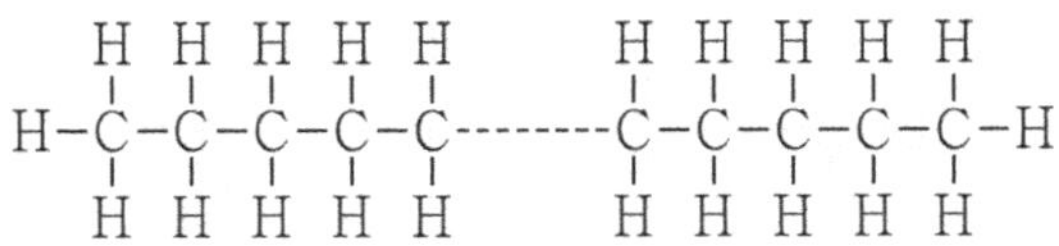

$C_{16}H_{34}$
(cetane) (10.2)

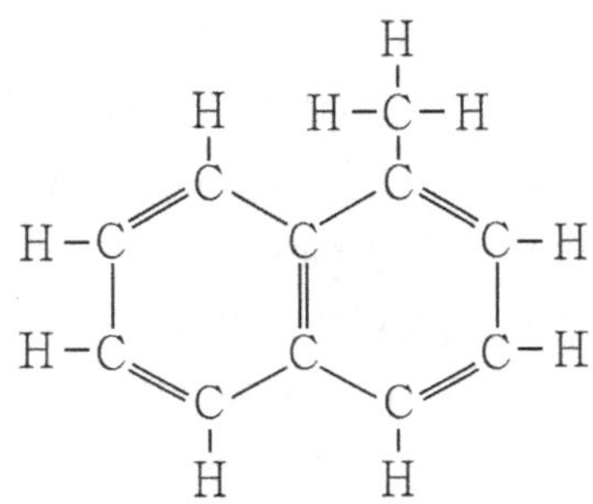

$C_{11}H_{10}$
(α-methyl-
naphthalene) (10.3)

아닐린 점(aniline point)은 시험 연료와 동일한 양의 순수한 아닐린(C_6H_7N)과의 혼합액을 가열하여 완전히 용해되는 최저온도를 말한다. 이것은 착화하기 쉬운 파라핀족을 표시하는 표준이 된다.

그리고 디젤지수(DI ; Diesel Index)는 아닐린 점을 사용하여 다음과 같은 식 (10.4)로 산출된다.

$$\mathrm{DI} = \frac{\text{아닐린 점 (°F)} \times \text{API 비중}}{100} \tag{10.4}$$

위의 식에서 API(American Petroleum Institute) 비중은 국제적으로 석유의 거래단위로서 사용되고, 60°F에서의 비중과의 관계는 다음과 같다.

$$\text{API 비중} = \frac{141.5}{\text{60°F에서의 비중}} - 131.5 \qquad (105)$$

자연발화온도가 다른 2종 이상의 연료를 혼합하였을 경우, 그 혼합 연료의 착화온도는 연료의 착화온도에 낮은 쪽에 가까워진다. 따라서 자연발화온도가 낮은 연료를 혼합하면 착화성을 향상시킬 수 있다.

한편 세탄가 향상제는 디젤 연료의 착화성 향상제로 연소 전에 반응을 촉진시켜 착화 지연기간을 단축시키는 물질이다. 세탄가가 높으면, 시동성이 개선되며 연소과정에 긍정적인 영향을 미친다. 특히, 연소 소음이 감소되며 미연 탄화수소의 생성이 억제되어 유해가스의 배출을 크게 감소시킨다. 향상제(발화촉진제)로는 유기 질산염(organic nitrate) 또는 에틸-헥실 질산(di-ethyl-hexyl nitrate)이 주로 사용되며, 일반적으로 체적비 0.2% 정도를 첨가하면 세탄가는 7 정도 향상된다. 그 종류로는 초산에틸($C_2H_5NO_3$), 초산아밀($C_5H_{11}NO_3$), 아초산에틸($C_2H_5NO_2$), 아초산아밀($C_5H_{11}NO_2$), 질산부틸($C_4H_9NO_3$), 유기 과산화물($C_8H_{18}O_2$, di-tert-butyl peroxide) 등이 있다.

10.1.4 저온유동성

저온유동성은 저온에서 연료가 탱크로부터 여과기를 거쳐 분사 노즐까지의 연료공급 관로를 유동할 수 있는지의 여부를 판단하는 기준이 된다. 경유는 각종 탄화수소의 혼합물이기 때문에 일정한 응고점을 나타내지는 않는다. 그러나 온도가 낮아지면 연료에 함유된 왁스(wax) 성분이 석출되어 연료여과기를 막게 되고 여과능력 저하, 연료공급 불충분, 그리고 분사펌프나 분사노즐의 분사기능 저하 등을 유발하고, 심하면 기관이 정지하게 된다. 또한 분사능력이 저하하므로 연소실 내 연료의 미립화 및 분포도가 불량하게 되어 결국은 착화성과 연소성에 나쁜 영향을 미치게 된다.

저온유동성은 구름점(cloud point), 유동점(pure point), 필터 막힘점(CFPP ; cold filter plugging point) 등으로 나타내며, 계절별로 구분하여 제품을 생산한다.

구름점은 연료 시료를 냉각할 때 왁스와 다른 물질들이 석출 분리되기 시작하는 최초의 온도로 나타낸다. 그리고 유동점은 시료가 유동할 수 있는 최저온도를 나타내며, 대부분의 자동차 회사들은 -30℃까지 여과성이 보장되는 연료를 요구하고 있다.

연료여과기가 막히는 온도인 필터 막힘점은 저온시 기관 작동의 한계온도를 나타내며, 유럽에서 유동점 대신에 개발한 시험법이다. 20 cc의 연료 시료를 규정된 냉각률(약 1℃/min)로 냉각하고, 감압하여 미세한 여과기를 통하여 시료를 끌어 올렸을 때, 60초 동안에 여과기를 통한 유동이 없을 때의 최고온도를 말한다. 이 방법은 실제로 디젤기관의 연료여과기가 막히는 온도를 판별할 수 있는 현실성 있는 척도로 인정받고 있다.

그리고 저온에서 왁스 석출에 의한 연료 여과기의 눈막힘을 방지하기 위하여 경유에서 파라핀 성분을 제거하거나, 유동성 향상제를 첨가하여 사용한다. 또한 추가적인 대책으로 연료 여과기를 가열하는 방법 등이 이용된다.

10.2 디젤 연료 분사

디젤기관의 작동이 가솔린기관과 크게 다른 것은 연료의 공급방법과 연소의 형태이다. 디젤기관은 앞에서 기술한 것과 같이 대기 중의 공기를 아무런 제한 없이 자유롭게 실린더 내로 흡입한다. 따라서 가솔린기관의 경우와는 다르게 1사이클의 흡입공기량이 운전상태에 따라 크게 달라지지 않는다. 뿐만 아니라 기관 출력은 연료 분사량에 따라 변화하므로, 스로틀 밸브의 개도를 변화시키는 대신 연료의 분사기간 즉, 연료의 공급량을 조절하여 출력을 제어하도록 되어 있다. 그리고 가솔린기관의 점화시기 및 점화순서에 해당하는 것이 디젤기관의 경우는 연료분사의 시작 시기 및 착화순서가 된다.

디젤기관에서 최상의 연소상태를 얻기 위해서는 연료가 연소실 내에 분사될 때 다음과 같은 요건을 만족시켜야 한다. 액체 상태인 연료가 연소되기 위해서는 분사와 동시에 많은 양이 빠른 시간 내에 기화되어야 하고, 이를 위해서는 액체 연료의 미립화로 그 입자들의 질량 대비 표면적이 커져서 주위와의 열 및 물질 교환이 활발하게 이루어져야 한다. 그리고 연료 증기가 산화제인 공기와 잘 혼합되어 효율적인 연소가 이루어지기 위해서는 연료 입자들이 연소실 내의 구석진 곳까지 도달되고 고루 분포됨으로써 공기의 이용률이 높아져야 한다.

이러한 디젤 분무의 요건을 연료 분사의 3대 조건이라 하며, 무화(atomization), 관통(penetration) 및 분포(distribution)를 뜻한다. 그림 10.1은 연료의 분무 특성을 나타낸 것이다.

10.2.1 무화 (안개화)

연소실 내에 분사된 연료가 안개처럼 미세한 입자(droplet)들로 되는 과정을 무화라 하고, 이 원추 모양으로 분사되는 연료를 분무(spray)라 한다. 액체 상태의 연료가 노즐로부터 분공을 통하여 분출될 때에는 연료의 점성과 압력에 의해 그림 10.1에서와 같이 원추형의 분류가 된다. 분무의 중심부는 액주 상태로 존재하고, 액주의 분열길이(break-up length)는 비교적 일정하다.

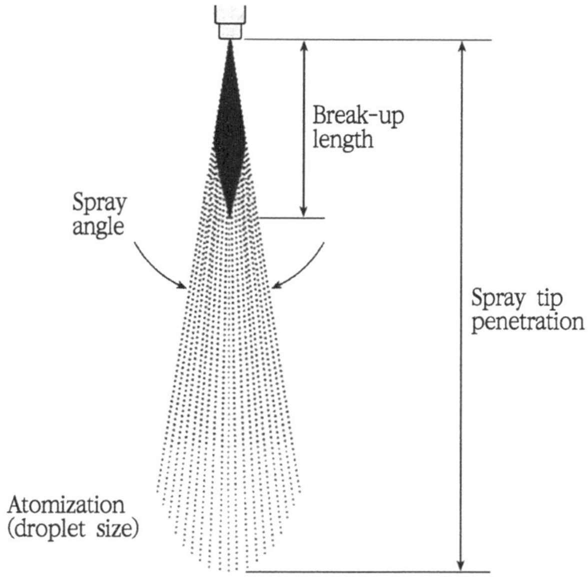

그림 10.1 연료 분무 특성

분사된 연료는 분열길이를 넘어서면서 외측에서부터 미립화가 시작되고, 연료 입자들이 작을수록 공기와의 접촉 면적이 커져서 빨리 증발되고 연소기간이 짧아진다. 실제 분무 입자들의 크기는 2~50 μm로 균일하지 않으며, 분무 외측은 크기가 작은 입자들로 이루어져 있고 중심부는 입경이 큰 다수의 입자들로 형성되어 있다.

입자 크기는 기관의 운전조건에 따른 영향보다는 연료 상태 및 분사 노즐의 형식에 의해 변화한다. 입자 크기를 표시하는 방법에는 여러 가지가 있으나, 연소에서는 연료 액적의 표면적과 체적이 크게 관계되므로 식 (10.6)과 같이 정의한다. 그리고 이것을 사용한 사람의 이름을 따서 자우터 평균 입경(Sauter's mean diameter)으로도 부른다.

$$SMD = D_{32} = \frac{\int_1^{\infty} D_i^3 \, dn}{\int_1^{\infty} D_i^2 \, dn} = \frac{\text{Volume of droplets}}{\text{Surface area of droplets}} \tag{10.6}$$

분무 입자들의 직경이 작을수록 기화되는 증발속도는 빠르지만, 입경이 너무 작으면 실린더 내의 구석까지 도달할 수 있는 관통력이 약해진다. 따라서 분사직후 노즐 분사구 가까이에서 다량의 연료 증기를 발생하게 된다. 이 농도가 짙은 연료 증기는 공기와의 혼합이 어렵고 공기 부족으로 인한 불완전연소가 일어나서 스모크(smoke)를 배출하게 되는 원인이 된다. 반대로 공기와의 혼합이 빨리 이루어졌다고 하여도 착화지연기간을 경과한 후에 일시에 급격한 연소가 진행됨에 따라 실린더 내의 압력이 급상승하고 연소 소음을 발생하게 된다.

10.2.2 분포

연료 분무가 어느 한곳에 지나치게 밀집되면 실린더 내의 공기와 고르게 혼합되지 못하고 국소적으로 공기 부족현상이 생기면서 불완전연소를 하게 된다. 그러므로 연료 분무는 연소실 내에 고르게 분포(distribution)되어야 하며, 그 분포는 주로 분무각(spray angle)에 의해 지배된다.

분무각(θ)은 공기역학적 표면파 이론을 적용하여 얻은 경험식 (10.7)로 구할 수 있다. 상수 C_θ는 식 (10.8)과 같이 노즐 구멍의 형상계수로 구멍 길이(l_n)와 구멍 직경(d_n)의 비이다.

$$\tan\frac{\theta}{2} = \frac{1}{C_\theta} 4\pi \left(\frac{\rho_a}{\rho_f}\right)^{0.5} \frac{\sqrt{3}}{6} \tag{10.7}$$

$$C_\theta = 3.0 + \frac{l_n / d_n}{3.6} \tag{10.8}$$

디젤기관에서 연료는 일정한 방향으로 분사되므로 미립화가 잘 되었다고 하여도 연료 증기는 분무 중심축 부위에 집중되고 실린더 내의 공기와 고르게 혼합되지 않는다. 또한 착화지연기간 이후에 분사된 연료는 대부분 분사 즉시 착화하므로 그 연소가스의 압력으로 분무 외측의 공기는 더욱 압축되어 바깥쪽으로 밀리게 되고, 이 바깥쪽에 있는 공기를 이용하지 않으면 연료는 불완전 연소된다. 그러므로 디젤기관에서는 흡기포트와 실린더 헤드 등의 형상을 특수하게 설계하여 실린더 내에 강한 와류 및 난류가 일어나도록 한다.

10.2.3 관통력

분무의 관통거리(S)는 노즐 출구에서 분무가 가지고 있는 운동량에 비례하며, 식 (10.9) 및 (10.10)과 같이 분사 초기에는 분무속도 및 시간(t)에 비례하나, 액주가 분열(break-up)된 후에는 시간의 제곱근에 비례한다.

$$t \leqq t_{bk}\,, \qquad S = 0.39\sqrt{\frac{2\,(P_{\in j} - P_c)}{\rho_f}}\;t \tag{10.9}$$

$$t > t_{bk}\,, \qquad S = 2.95\left(\frac{P_{\in j} - P_c}{\rho_a}\right)^{0.25}\sqrt{d_n\,t} \tag{10.10}$$

여기서 액주가 분열되는 시간(t_{bk})은 식 (10.11)과 같이 구하며, Hiroyasu 등(SAE 890462)이 실험을 통해 얻은 결과로 유도된 것이다.

$$t_{bk} = 28.65\,\frac{\rho_f\,d_n}{\sqrt{\rho_a\,(P_{\in j} - P_{c)}}} \tag{10.11}$$

앞의 식들에서 각각 $P_{\in j}$는 연료 분사압력[Pa], P_c는 연소실 가스압력[Pa], ρ_f는 연료 밀도[kg/m^3], ρ_a는 공기 밀도[kg/m^3] 그리고 d_n은 분사구 직경[m]이다.

차량용 고속 디젤기관의 착화지연기간은 1ms 정도이므로, 그 기간에 분무 선단이 연소실 공간을 관통한 거리가 중요하다. 분무 입경이 크면 관통력이 양호하여 실린더 내의 공기와 잘 혼합되지만, 증발속도가 낮아져 연소시간이 길어진다. 그러나 연소실의 형상에 따라서는 관통력이 지나치게 클 경우 분무 입자들이 연소실의 벽면에 부착되어 다시 응축되면서 불완전연소를 일으킬 염려가 있다. 하지만 분무 입자들은 연소가 종료될 때까지 이동을 계속할 수 있는 관통력을 가지고 있어야 한다.

관통력은 전술한 무화와 상반되는 특성이지만, 분무 입자는 연소실의 형상이나 스월(swirl) 또는 스퀴시(squish)의 공기유동의 강도에 알맞은 크기여야 하며 무화와 관통력을 동시에 만족시킬 수 있도록 해야 한다. 그러므로 최근에는 이러한 목적을 달성하기 위하여 연료 분사압력을 고압화하는 추세이다.

10.3 디젤기관의 연소 과정

기계식 디젤기관의 경우 연료 분사펌프에 의해 100~400 kg_f/cm^2으로 가압된 연료를 분사노즐을 통해 연소실 내에 분사한다. 연료 분류의 초기 속도는 수백 m/s에 이르며, 연료 압력과 연소실 가스 압력의 차이 및 연료 밀도에 의해 결정된다.

고온·고압의 공기 중에 분사된 연료는 자기착화에 의해 연소가 실현되고 또한 자기착화를 위해서는 분사된 연료가 증발하여 공기와 혼합되어 가연성의 혼합기가 만들어져야 한다. 디젤기관에서 연료가 분사되고서 종료되기까지의 시간은 불과 3~4 ms이고, 그 사이의 연소과정은 다음과 같이 4단계로 구분할 수 있다.

10.3.1 착화지연기간 (A-B)

연료 분사의 시작 시점부터 자연발화에 의해 연소가 시작될 때까지의 기간은 일종의 연소 준비시간으로 착화지연기간(ignition delay period)이라 하고 0.5~1 ms 정도(2000 rpm에서 크랭크축의 회전각으로 6~12°)이며, 이 기간이 디젤기관의 특이한 연소 특성이다. 착화지연기간은 물리적인 지연과 화학적인 지연기간으로 구분될 수 있다. 물리적인 지연기간은 분사된 연료가 매우 작은 입자들로 분열되고 압축공기에 의해 가열되어 표면으로부터 기화되면서 그 때 생성된 연료 증기와 공기가 혼합하여 혼합기층이 형성되는 기간을 의미한다. 이렇게 형성된 혼합기층에서 적정 조건에 이른 곳부터 공기 중의 산소와 연료 증기의 화학반응이 일어난다. 그리고 그 반응열에 의해 온도가 상승하면서 본격적인 자기발화가 일어나는데, 이러한 화학적인 지연기간을 거쳐 그 때까지 형성된 혼합기는 순간적인 연쇄반응으로 연소하게 된다.

하지만 실제 기관에서 착화지연기간은 물리적 및 화학적 지연기간으로 명확히 구분하기 어렵다. 그러므로 그림 10.2의 지압선도에서와 같이 연료를 분사하지 않고 모터로 구동할 경우(점선)와 연료를 분사하여 연소가 발생한 경우(실선)의 압력차가 발생하는 지점 B를 연소 시작점으로 본다. 따라서 연료 분사 시점 A에서 연소 시작점 B까지가 착화지연기간이며, 이 기간은 실린더 내에서 공기의 와류, 실린더 내의 압력 및 온도, 연료 자체의 착화성, 분사되는 연료 입자들의 크기 및 분산 상태 등에 의해 좌우된다. 그리고 착화지연기간이 지나치게 길어지면 디젤노크 등 이상연소를 일으킬 수 있으므로, 연소실 내의 공기온도가 연료의 착화온도 이상으로 높아졌을 때 연료를 분사시켜 착화에 필요한 시간을 최대한 단축시켜야 한다.

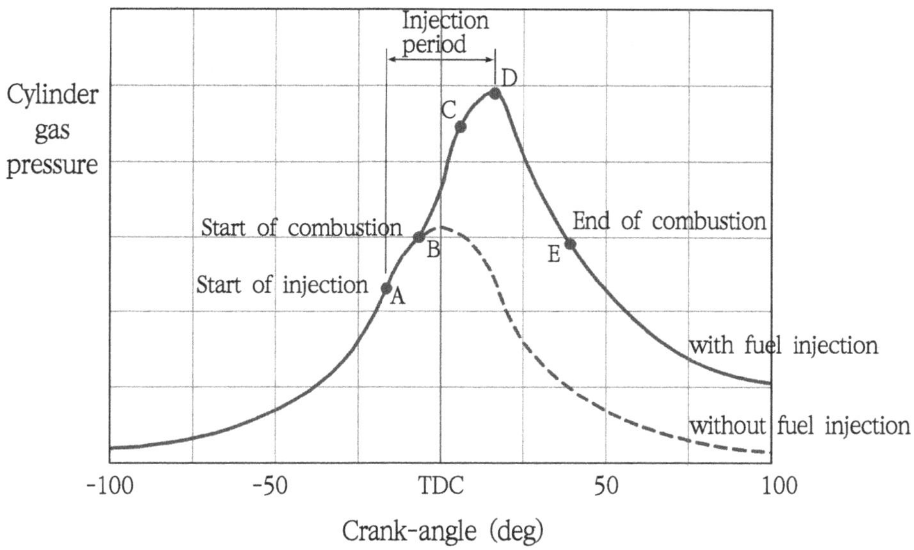

그림 10.2 디젤기관의 실린더 압력 변화

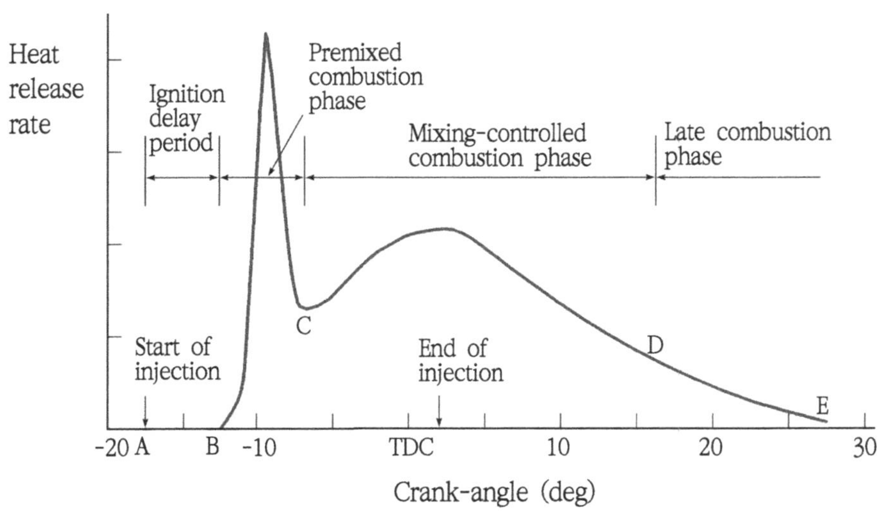

그림 10.3 디젤기관의 열발생율 변화

10.3.2 예혼합 연소기간 (B—C)

착화지연기간에도 연료는 계속적으로 분사되며, 일부 기화된 연료 증기는 주변 공기와 혼합되어 연소실 내에 축적된다. 착화지연기간을 지나 B점에 이르면 이 가연혼합기체의 여러 곳에서 착화가 일어나면서 폭발적인 연소를 하게 된다. 그러므로 이 기간을 폭발 연소기간(rapid combustion period)이라고도 하며, 착화지연기간동안 형성된 예혼합기의 순간적인 연소로 인하여 실린더 내의 압력이 급격하게 상승된다.

예혼합 연소기간(pre-mixed combustion period)은 실린더 내에서의 연료-공기 혼합 상태, 공기의 와류, 사용 연료의 물성 등에 따라 좌우되며, 이 조건이 좋으면 화염 전파는 그만큼 빨라지고 압력상승도 빠르게 된다. 그러므로 실린더 최고압력은 착화지연기간동안 형성된 가연 예혼합기량에 비례하여 높아지게 된다.

흡기관 내 연료분사방식의 가솔린기관의 경우는 연료와 공기가 점화 이전에 모두 혼합된 예혼합기체의 연소에 의해 출력을 얻으며, 정적연소에 가깝다. 하지만 디젤기관의 연소는 GDI 기관의 층상연소와 유사성이 있다.

10.3.3 확산 연소기간 (C-D)

흡기관내 분사방식의 가솔린기관의 경우는 예혼합기체가 전기점화에 의해 단 1회만의 연속 연소로 이루어지나, 디젤기관은 예혼합 연소에 의해 발생된 화염에 연료가 계속적으로 분사되어 연소가 지속적으로 진행된다.

예혼합기체가 연소된 이후에도 연료 분사는 지속되므로, 이 기간에 분사된 연료는 분사와 동시에 착화되고 연료 증기와 주변 산소와의 혼합 정도에 따라 화염의 확산속도는 달라진다. 이 연소기간도 디젤기관의 특이한 연소기간으로 직접연소기간이라고도 하며, 이 때 연소실 압력은 가장 높으며 압력변화는 연료의 분사율을 조정하여 어느 정도 조절할 수 있다. 그러므로 이를 제어 연소기간(controlled combustion period)이라고도 한다.

확산 연소기간(diffusion combustion period)은 주로 연료분사율과 같은 분사패턴에 의해 좌우되지만, 연료의 화학 반응 및 공기 유동 양상 등에 따라 달라진다.

10.3.4 후 연소기간 (D-E)

후 연소기간(late combustion period)은 직접연소기간에 연소하지 못한 연료 증기가 연소하면서 팽창하는 기간으로, 연소열을 피스톤 운동에 유효하게 이용하지 못한다. 분사된 연료는 그림 10.2의 D점까지 대부분 연소 완료되어 연소가스로 팽창되는 것이지만, D점까지 연소가 완료되지 못한 연료가 남아있어서 열의 발생은 잠시 동안 이어진다.

따라서 후 연소기간이 길어지면 배압이 높아지고 배출가스의 온도도 상승하므로 기관의 열효율은 저하된다.

10.4 디젤 노크

10.4.1 디젤 노크의 발생원인

디젤 노크는 급격한 압력상승으로 인하여 실린더 벽이나 피스톤 등이 충격을 받아서 둔탁한 금속음을 내는 현상이다. 디젤 노크가 심해지면 운전이 정숙하지 못하게 되고, 가솔린기관의 경우와는 많이 다르나 출력이 저하되는 등의 현상이 발생된다. 디젤 노크의 발생원인은 착화지연기간이 길어서 이 기간 중에 분사된 연료의 양이 많아지고 예혼합 연소기간에 압력상승률이 지나치게 높기 때문이다.

착화지연기간이 길어지면 연료의 분사부터 연소가 시작되기까지 고온의 공기 중에 연료가 유입되어 체류하는 기간도 길어진다. 이 때 분사된 연료 입자들의 대부분이 증발되면서 많은 양의 가연혼합기가 생성된다. 이 같은 상태에서 착화가 이루어지면 연소는 대단히 급격하게 이루어지고 압력상승률이 높아지게 된다. 그림 10.4는 디젤 노크가 발생하는 지압선도를 가솔린 노크와 비교하여 나타낸 것이다. 그러므로 디젤 노크를 완화시키기 위해서는 착화지연기간이 짧아지도록 하여야 한다.

10.4.2 가솔린과 디젤 노크 비교

가솔린기관의 경우 정상적인 연소는 점화플러그에 의해 점화된 후 화염이 점진적으로 전파되고 연소가스가 팽창하면서 연소를 종료한다. 그런데 연소가 비정상적으로 진행되는

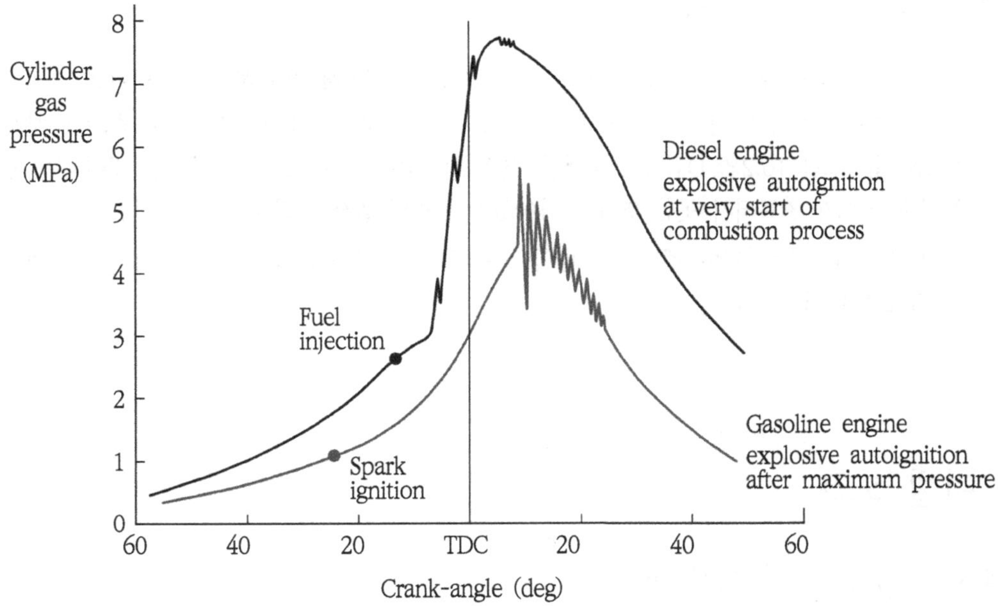

그림 10.4 디젤기관과 가솔린기관의 지압선도 비교

표 10.3 디젤 노크와 가솔린 노크의 발생 비교

조 건	디젤 노크	가솔린 노크
발생원인	자기착화가 어렵기 때문	자기착화가 발생하기 때문
발생시기	연소과정의 초기에 발생	연소과정의 말기에 발생
압축압력	낮을 때 발생	높을 때 발생
부하	무부하 공전 때 발생	전부하 때 발생
실린더온도	낮을 때 발생	높을 때 발생
흡입공기온도	낮을 때 발생	높을 때 발생
분사(점화)시기	앞세우면 발생	앞세우면 발생
연료성상	세탄가가 낮을 때 발생	옥탄가가 낮을 때 발생

때에는 점화플러그에서 멀리 떨어진 지점의 연료-공기 혼합기체가 급격하게 압축되고, 자연발화온도보다 높아지면 말단가스(end gas)는 자기착화를 일으켜서 급격한 압력상승을 초래하고 노크를 유발한다.

표 10.3은 디젤기관의 노크와 가솔린 노크를 비교한 것이며, 어느 경우나 모두 자기착화에 의해 유발된다. 그러나 두 경우의 노크 유발은 연료의 분사시기나 점화시기를 제외하면 디젤 노크와 가솔린 노크가 유발되는 원인에는 유사점이 없고 또한 그 대응방법도 다르다.

10.4.3 디젤 노크의 방지법

(1) 연료의 성상

연료가 실린더 내에 분사된 다음 착화되어 연소되기까지의 착화지연기간은 필연적이고, 이 기간은 연료의 분무상태와 증발과정을 포함하는 외에 연료의 착화성 등 성상에 따라 크게 달라진다. 그러므로 디젤 노크를 경감시키기 위해서는 착화지연기간이 가능한 짧은, 즉 착화성이 좋은 연료를 사용하는 것이 필수적이다.

(2) 압축비

압축말기의 온도 및 압력이 높아지면 착화가 용이해져서 착화지연기간이 짧아지게 되어 디젤 노크가 경감되는데 효과가 크다. 그러나 압축비가 지나치게 클 경우 기관의 시동시 기동토크가 증대되고 실린더 최고압력도 높아져서 기계적인 부하가 증대되므로 기계효율은 저하된다. 따라서 압축비가 어느 한도 이상으로 커지는 것은 오히려 바람직하지 못하다.

(3) 연료의 초기 분사량

연료 분사율을 일정하게 하지 않고, 초기 분사량을 적게 하면 착화지연기간동안 축적되는 예혼합기의 양도 적어진다. 그러므로 예혼합 연소기간에 실린더 압력의 급격한 상승을 피할 수 있고 디젤 노크를 경감시킬 수 있다. 이와 같은 분사 초기와 착화 후의 분사량 제어는 분사기구의 형상에 따라 달라질 수 있으며, 분사 초기에 비해 일단 연료가 착화되어 연소가 개시된 다음에는 연소실 내의 온도가 이미 고온상태에 있어서 분사되는 연료는 분사와 동시에 착화되어 연소하게 된다.

근래에는 연료를 분사할 때 파일럿 분사(pilot injection) 등 2단 분사에 의해 초기의 분사량을 적게 하고, 착화 후에는 다량의 연료가 분사되도록 하는 방법을 취하고 있다.

(4) 연료의 분사시기

연료의 분사시기가 지나치게 빨라지는 경우는 연소실 내 공기의 온도가 충분히 상승되지 않은 상태에서 연료가 분사되므로 착화지연기간이 길어져서 디젤 노크를 유발하기 쉬워진다.

10.5 디젤기관의 연소실

10.5.1 연소실의 구비조건

디젤기관은 연소실 내에 분사 노즐로부터 분무되는 연료와 공기가 혼합되고, 압축말기 착화온도에 달한 고온의 공기에 의해 자연발화되어 연소된다. 그러므로 디젤기관의 경우는 가솔린기관에 비해 혼합기의 형성기간이 매우 짧아서 기관 연소실은 분사된 연료가 공기와 단시간에 잘 혼합될 수 있는 구조이어야 한다.

다음은 디젤기관의 연소실로서의 구비조건을 열거한 것이다.

- 보다 효율적인 연소로 평균유효압력이 높을 것.
- 연료소비율이 낮을 것.
- 고속운전에서 연소상태가 안정될 것.
- 시동이 용이하고 디젤 노크를 유발하지 않을 것.

10.5.2 연소실의 형식

디젤기관의 연소실은 크게 2개의 종류로 나누어진다. 가장 널리 채택되는 단실식은 연료가 연소실에 직접 분사되는 직접분사식(direct injection type)이고, 다른 하나는 주연소실과 이어지는 부실에 연료가 분사되는 간접분사식(indirect chamber type)이다. 그리고 간접분사식에는 다시 예연소실식(pre-combustion chamber type)과 와류실식(swirl chamber type) 등이 있다.

디젤기관의 연소 특성상 일반적으로 중·대형기관에는 직접분사식 그리고 소형기관에는 예연소실식이나 와류실식의 간접분사식이 채용되었다. 그러나 최근에는 중·대형기관 뿐 아니라 소형기관에 이르기까지 열효율이 좋은 직접분사식을 채용하는 추세이다.

(1) 직접분사식 연소실

직접분사식은 그림 10.5에서 보여주듯이 피스톤과 실린더 헤드로 형성된 공간인 연소실에 연료를 직접 분사하는 구조이고, 공기와 연료의 혼합기 생성은 주로 분무 연료의 미립화 그리고 공기가 흡입될 때의 스월(swirl)이나 압축시의 스퀴시(squish) 등에 의해 이루어진다. 따라서 연료의 분사압력 등 분무 특성에 의한 영향이 다른 형식의 연소실에 비해 크다.

흡입공기의 스월은 흡기포트의 형상에 의해 생성되고, 피스톤이 압축 상사점에 가까워지면서 피스톤 헤드의 오목한 부분으로 흡기가 밀려들어가도록 되어있다. 공기가 밀려들어가는 순간에 공기의 스월 속도가 한층 증가되고 연료와의 혼합은 물론 연소를 촉진시키게 된다. 이 흡기의 스월은 직접분사식 디젤기관에 있어서 혼합기의 형성과 연소를 위해 지극히 중요한 역할을 한다.

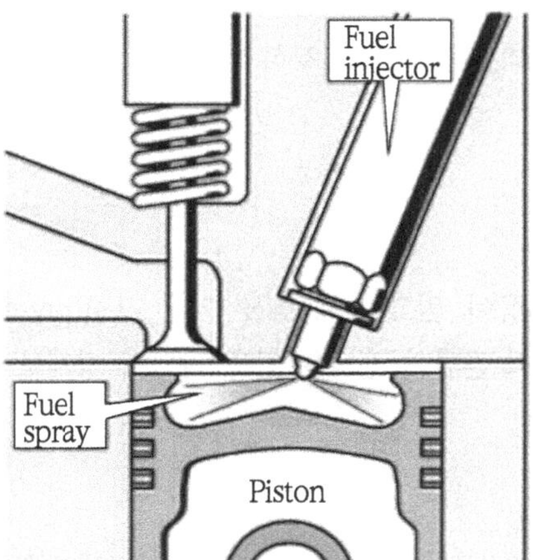

(a) Direct Injection

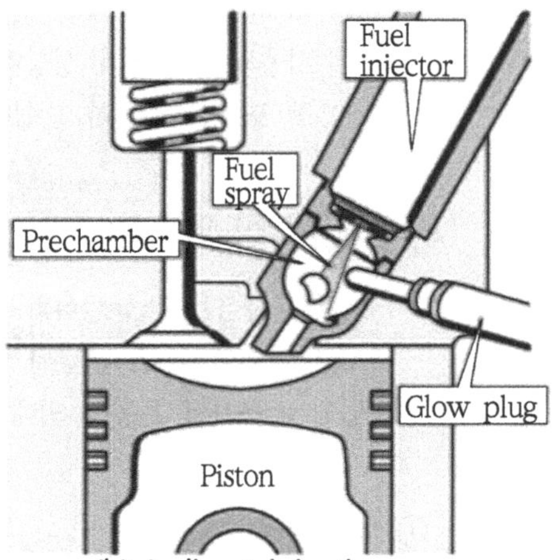

(b) Indirect injection

그림 10.5 디젤기관의 연소실 구조

일반적으로 직접분사식의 경우 연료의 분사 노즐은 분출구가 4~8개이며 연소실의 중앙에서 방사상으로 연료가 분사된다. 그리고 연료를 고압으로 분사하는 것이 중요하며, 최근의 커먼레일(common rail)방식에서는 연료 분사압력이 200 MPa 정도의 초고압에 달한다.

직접분사식의 장점은 다른 형식들과 비교하면 다음과 같다.

- 연소실의 구조가 간단하며 냉각손실이 적어서 열효율이 높다.
- 실린더 헤드의 구조가 간단하여 열에 의한 변형(thermal strain)이 적다.
- 연소실 체적에 대한 표면적의 비가 작아서 냉각손실이 적다.
- 시동이 다른 형식에 비해 용이하다. 특히, 흡기다기관에 흡기 예열기능이 갖추어지는 경우는 시동이 더욱 쉬워진다.

반면에 직접분사식의 단점은 다음과 같다.

- 혼합기의 조성이 연료의 분사에 의존하는 경향이 커서 분사압력을 높게 하여야 하며, 따라서 분사펌프, 분사노즐 등의 성능이 우수해야 한다.
- 연료소비율과 질소산화물 및 입자상물질의 저감을 위해 커먼레일 방식에 의한 고압 분사방식을 도입하지만, 이들을 모두 만족시키는데 어려움이 있다.
- 분사노즐은 다공 노즐이 채용되며 간접분사식에 사용되는 단공형 노즐에 비해 노즐이 고가이다. 그리고 노즐상태의 양부는 기관의 성능에 미치는 영향이 다른 연소실 형식에 비해 크다.
- 사용되는 경유의 성상이나 기관의 회전속도 또는 부하의 변동에 대해 민감하고 디젤 노크를 유발하기 쉽다.

(2) 간접분사식 연소실

간접분사식은 와류실식과 예연소실식 등이 있고, 주연소실 외에 부실(prechamber)이 따로 마련되어 있다. 분무된 연료와 공기의 혼합기 생성은 압축 말기에 강제로 부실 내에 유입되는 공기의 운동에 의해 이루어진다.

① 와류실식

와류실식은 그림 10.6에서와 같이 주연소실과 부실이 경사진 좁은 통로에 의해 연결된다. 압축 행정 말기에 이 사선방향의 통로를 통해 부실 내에는 공기의 강한 스월이 발생되

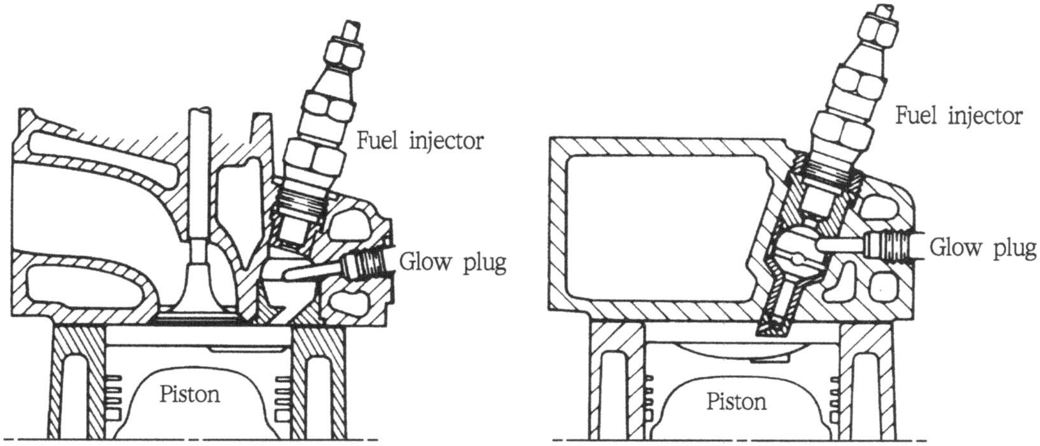

(a) Vortex chamber (b) Prechamber

그림 10.6 간접분사식 연소실의 구조

므로 이 부실을 와류실(vortex chamber)이라고 한다. 연료는 와류실에 설치된 분사 노즐로부터 스월 방향으로 분사되어 착화 연소된다. 하지만 공기가 부족한 상태이므로 불완전 연소상태의 가스는 피스톤이 하강하면서 통로를 통해 주연소실로 분출되고, 주연소실의 공기와 혼합되면서 완전 연소를 하게 된다.

부실인 와류실의 체적은 압축말기 연소실 체적의 50~60%이고, 경사 통로의 면적은 피스톤 면적의 1~3.5%로 되어 있다. 그리고 압축비는 15~17 : 1이고, 연료분사압력은 직접분사식보다 낮은 10~14 MPa이다.

와류실식은 연소실 체적에 대한 표면적이 커서 벽면으로의 열손실 및 와류실에서 주연소실로 분출되는 연소가스의 교축 손실이 있어서 열효율은 직접분사식에 비해 떨어진다. 하지만 고속운전에서 응답성이 좋고, 비교적 정숙한 운전이 가능하여 소형 기관에 많이 채용된다. 또한 연소가 와류실과 주연소실에서 2단으로 이루어져 유해 물질의 배출이 다른 형식에 비해 낮은 특징이 있다.

② 예연소실식

예연소실식은 주연소실 외에 작은 예연소실이 마련되어 있고 그 체적은 압축말기 연소실 체적의 25~40%이다. 부실과 주연소실의 연결 통로는 와류실식에 비해 작게 만들어져 있고, 분출구의 면적은 피스톤 헤드 면적의 0.3~0.6% 정도이다.

예연소실식에서도 미연소된 연료가 부실에서 분출될 때 주연소실에서 미립화와 동시에 넓게 확산되면서 새로운 공기와 혼합되어 완전연소하게 된다. 다른 형식의 연소실과 비교할 때 주연소실 내의 압력변화가 급격하지 않아서 운전상태가 정숙할 뿐 아니라 디젤 노크도 크지 않다. 그리고 연소에 있어서 연료의 성상에 그다지 큰 영향을 받지 않는 등 장점이 있어서 그 동안 중·대형 디젤기관에 많이 채용되었다. 그러나 예연소실식은 연소실의 구조가 복잡하고 연소실 체적 대비 표면적이 커서 냉각손실이 많고 연료소비율이 비교적 높아서 직접분사식으로 대체되면서 현재는 거의 사용되지 않는다.

연습문제 10

10.1 디젤 연료로서의 적합성을 나타내는 척도로 쓰이고, 그 값이 클수록 착화성이 좋으며 현재 사용되고 있는 경유의 값은?

10.2 디젤기관의 연소과정에서 4가지 주요 단계와 그 특징에 대하여 기술하라.

10.3 디젤 노크의 원인과 방지책에 대하여 기술하라.

10.4 가솔린 노크와 디젤 노크의 가장 큰 차이는 무엇인가?

10.5 디젤 연료분사의 3대 요건은 무엇인가?

10.6 최근 차량용 디젤기관에서 주로 채택되는 연소실 형식은 무엇이며, 그 이유를 설명하라.

10.7 디젤기관의 연소실 형식 중 노킹이 가장 일어나기 어려운 것은?

11

디젤기관의 연료 계통

11.1 디젤 연료장치의 구성

디젤기관은 가솔린기관과는 연소방법이 상이하므로 연료 공급 장치에도 많은 차이가 있다. 기계식 디젤기관의 경우, 그림 11.1에서 보여주는 바와 같이 연료장치는 연료 공급 펌프(feed pump), 연료 여과기(fuel filter), 연료 분사 펌프(injection pump), 분사 노즐(injection nozzle) 및 연료관(fuel lines) 등으로 구성되어 있다.

연료 탱크 내의 연료는 공급펌프에 의해 분사 펌프로 보내지고, 높은 압력으로 가압된 다음 운전 조건에 맞춰 적정량이 연소실에 분사된다. 연료 공급펌프는 분사 노즐에서 분사되는 연료량보다 많은 양을 공급하고, 여분의 연료는 연료 여과기나 분사 노즐에서 복귀관(return line)을 통해 연료 탱크로 되돌아간다. 분사 펌프와 분사 노즐 사이는 높은 압력이 작용하므로 고압용 인발 강관을 사용하고, 각 부품을 연결하는 연료관은 아연도금 강관이 사용된다.

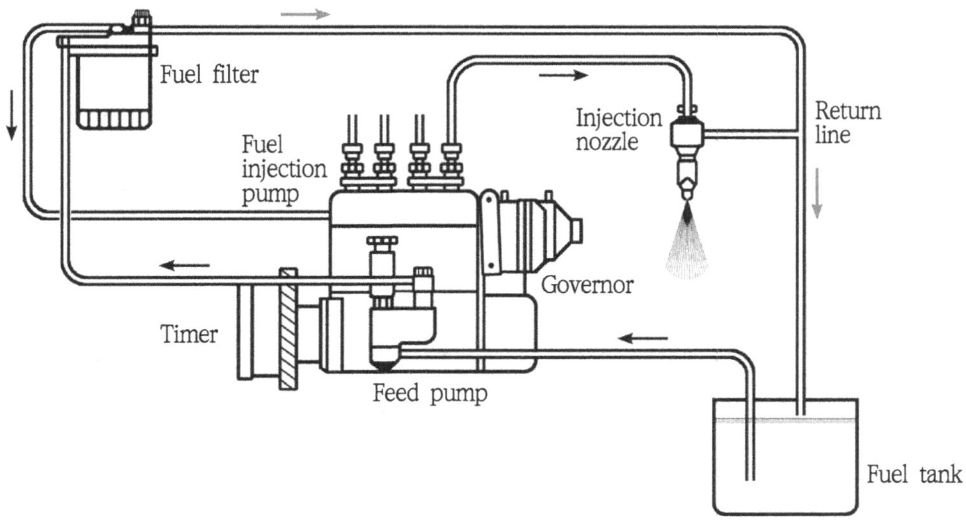

그림 11.1 디젤기관의 연료 계통

11.1.1 연료 분사장치의 형식

디젤기관의 연료 분사장치는 연료에 압력을 가하여 자체 압력으로 분사 노즐을 통해 연료가 분사되는 무기 분사식(airless injection)을 채택하고 있다. 연료 분사장치는 하나의 시스템으로 구성되어 있고, 그림 11.2에서와 같이 기계식 분사장치에는 널리 채용되는 독립형 펌프 장치(individual-pump system)와 경량화를 위해 주로 소형 기관에 사용되는 분배형 펌프 장치(distributor system)가 있다. 그리고 현재에는 전자제어 가솔린기관과 유사하게 고압 연료 공급관을 두고 저속에서도 고압 분사가 가능한 커먼레일 장치(common-rail system)를 승용차나 상용차에도 채택하고 있는데, 이는 제12장 커먼레일 디젤기관에서 자세히 설명한다.

이러한 연료 분사장치는 단지 연료를 고압으로 가압하는 것 외에 연료의 미립화를 위한 고압 분사, 기관의 회전속도나 부하에 따른 분사량 및 분사시기의 제어를 안정적으로 수행하여야 한다. 표 11.1은 기계식 분사장치인 독립형과 분배형의 차이점을 비교한 것이다.

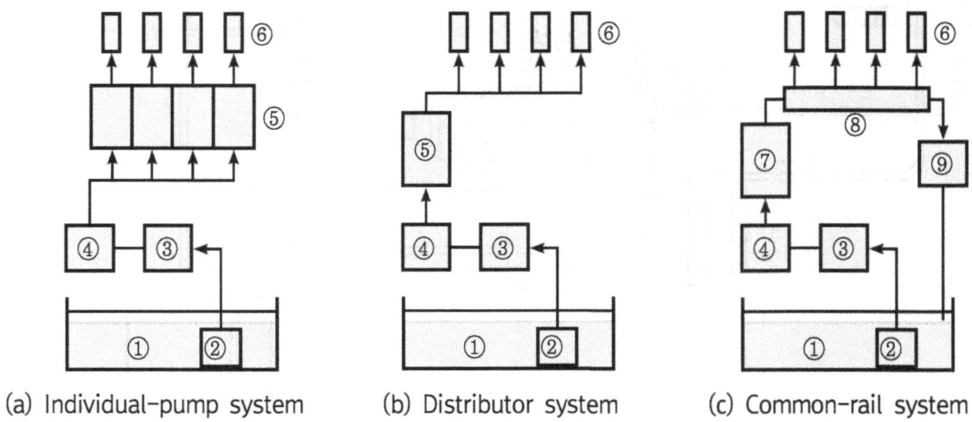

① Fuel tank ② Strainer ③ Fuel feed pump
④ Fuel filter ⑤ Fuel injection pump ⑥ Injection nozzle
⑦ High pressure pump ⑧ High pressure regulator ⑨ Common-rail

그림 11.2 디젤기관의 연료 분사장치

표 11.1 독립형과 분배형 분사펌프 장치의 비교

형 식	독립형	분배형
실린더수	1~12	2~4
연료분배방식	플런저에서 실린더로 직송 (실린더당 1개의 플런저)	플런저가 회전하면서 분배 (엔진당 1개의 플런저)
윤활방식	오일 윤활 (플런저는 연료 윤할)	연료 윤활
공급펌프	피스톤식	베인식 (내장형)
타이머구조	기계식 (외장형, 내장형)	유압식 (내장형)

11.1.2 연료 여과기

디젤기관의 연료인 경유는 연료로서의 역할을 하는 외에 분사 펌프의 플런저, 송출밸브(delivery valve) 및 분사 노즐의 윤활작용도 겸하고 있다. 경유가 윤활작용을 하는 부분은 수 μm 단위로 초정밀 가공되어 있어서 연료 중에 미세한 먼지나 수분 등의 불순물이 혼입되면 이들 부분의 마멸이나 융착 등의 손상을 일으키게 된다. 따라서 연료 중의 불순물이 완전히 여과된 연료가 분사 펌프로 공급되어야 하며, 또한 여과기의 용량은 충분히 커야 하고, 여과기는 제조사에 따라 형태가 다르지만 그림 11.3에서와 같은 구조로서 기관 본체 또는 차체에 장착된다.

여과 엘리먼트(filter element)는 얇은 금속판이나 여과천으로 된 것이 있으나, 일반적으로 여과지를 사용한 것이 많다. 그림 11.3의 엘리먼트는 여과지를 여러 겹으로 접어서 통모양으로 만든 것이며, 여과 면적을 크게 한 다음 특수한 화학처리를 하여 내열성과 내압성을 가지면서 수분에도 내구성이 있도록 처리되어 있다.

소형 차량기관의 연료 여과기는 연료 중의 수분과 같은 이물질을 배출시킬 수 있는 드레인식(drain type)이 주로 사용된다. 여과기 하부에 침전물이 일정 수준에 도달하면 장착된 경고등이 점등되며, 드레인 플러그(drain plug)를 풀고 프라이밍 펌프(priming pump)를 사용해서 펌핑(pumping)하여 물과 같은 이물질을 배출시키도록 되어 있다. 그리고 연료 여과기의 상부에는 오버플로 밸브(over-flow valve)가 장착되어 있는데, 엘리먼트의 막힘 등으로 여과기 내의 압력이 180~250 kPa(1.8~2.5 kg_f/cm^2)이상으로 상승하면 밸브

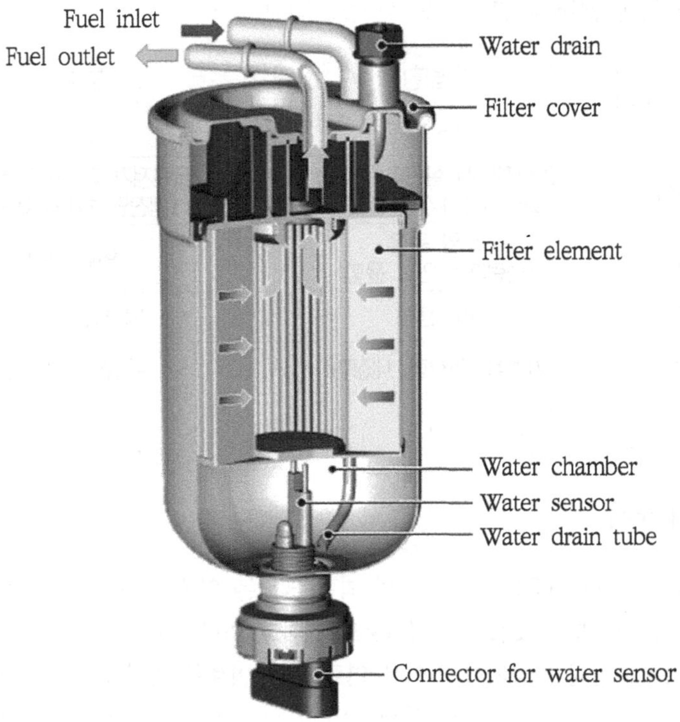

그림 11.3 디젤기관의 연료 여과기

가 열려서 연료 일부가 연료 탱크로 되돌아가도록 되어 있다. 이는 여과기나 연료관 접속부에 무리한 압력이 가해지지 않도록 하기 위해서이고, 주행 중에 연료 공급부에서 발생된 기포도 복귀 연료와 함께 배출하는 역할도 한다.

대형 차량기관의 연료 여과기에는 교환이 용이하도록 여과기 하우징과 엘리먼트가 일체형으로 된 스핀온(spin-on) 방식이 있다. 이 여과기에는 드레인 플러그가 없으며, 연료 공급펌프로부터 압송되는 연료 중의 수분은 용량이 큰 엘리먼트부에 축적되도록 되어 있다.

그리고 겨울철 또는 혹한지방에서는 연료 여과기 내부의 응축수나 연료의 파라핀 성분이 빙결되어 연료 여과기가 막히는 고장이 발생할 수 있다. 이를 방지하기 위하여 연료 여과기 커버와 하우징 사이에 엔진 냉각수를 사용하는 열교환기나 전기식 가열코일을 설치하기도 한다.

11.1.3 연료 공급펌프

연료 공급펌프(fuel feed pump)는 독립형 분사펌프의 경우 그림 11.5에서 보여주듯이 분사펌프의 측면에 부착되어 분사펌프 캠축의 편심 캠에 의해 작동되고, 분배형 분사펌프의 경우는 그림 11.9에서와 같이 밸브 캠축에 의해 구동된다.

공급펌프의 구조를 보면, 그림 11.4에서 보는 바와 같이 경합금이나 주철로 만들어진 펌프 몸체에 플런저(plunger), 태핏(tappet), 푸시로드(push-rod), 입구 및 출구측 체크 밸브(check valve) 등으로 구성되어 있다. 또한 펌프의 흡입측에는 금속망의 필터(strainer)가 마련되어 있으며, 저압측 연료계통에 혼입되어 있는 공기를 빼내는 것과 같은 작업이 필요할 경우에 대비하여 수동으로 연료를 분사펌프까지 공급할 수 있는 프라이밍 펌프(priming pump)도 갖추어져 있다.

연료 공급펌프는 캠축의 편심 캠에 의해 플런저가 태핏 및 푸시로드를 거쳐서 왕복운동을 함에 따라 작동하고, 연료 탱크로부터 연료를 흡입하여 연료 여과기를 거쳐 분사펌프에 공급한다. 연료 공급압력은 플런저 스프링의 힘에 의해 결정되고, 규정압력 이상으로 송출하는 것을 방지할 수 있도록 되어 있다. 기관 부하가 낮아서 연료가 과잉 공급되어 출구측의 압력이 규정치 이상으로 되면 플런저는 출구측 압력에 의해 들려진 상태가 되면서 푸시로드로부터 떨어져서 연료의 공급이 중단된다.

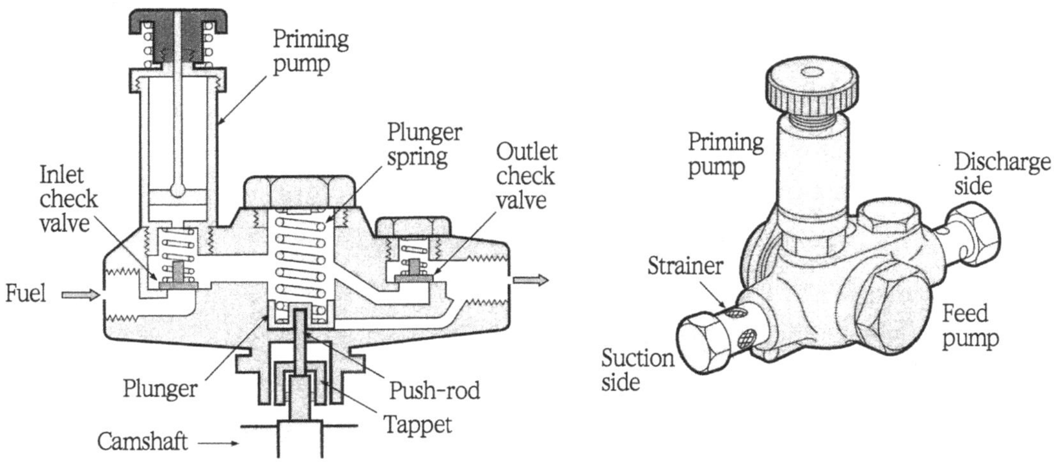

그림 11.4 연료 공급펌프의 구조

공급펌프를 구동하는 캠은 일반적으로 싱글 캠(single cam)이 사용되나, 공급압력의 맥동을 적게 할 목적으로 더블 캠(double cam)을 사용하는 경우도 있다. 또한 공급펌프의 기능에 따라 단동식(single acting pump)과 복동식(double acting pump)이 있다. 복동식 공급펌프는 플런저가 1회 왕복운동을 할 때 연료의 흡입과 송출을 각각 2회 시행하는 펌프로서 단동식 펌프에 비해 연료공급량이 많다. 따라서 복동식 펌프는 연료 공급량이 많은 대형 기관에 사용된다.

11.2 독립형 연료 분사펌프

11.2.1 기본 구조

차량용 디젤기관의 독립형(또는 열형) 분사펌프에는 그림 11.5와 같이 연료를 고압으로 가압하는 분사펌프 본체, 연료의 분사량을 제어하는 조속기(governor)와 분사시기를 제어하는 타이머(timer) 및 연료 공급펌프 등이 일체로 되어 있다. 조속기는 운전자의 가속페달의 조작 및 부하의 변동에 상응하여 컨트롤 랙(control rack) 또는 컨트롤 로드(control rod)의 위치를 제어하여 연료 분사량을 조절하는 역할을 한다. 그리고 타이머는 기관의 회전속도에 따라 최적의 분사시기가 되도록 구동축에 대한 분사펌프의 캠축 위치를 조절한다.

분사펌프 하우징(injection pump hosing)내 캠실(cam camber)의 윤활은 기관으로부터 공급된 윤활유로 하며 조속기의 내부도 캠축의 지지베어링을 거쳐서 유입되는 윤활유를 이용하지만, 분사펌프의 플런저부 윤활은 연료 자체에 의해 이루어진다. 펌프 앞쪽에는 유지보수용 개구부와 연료 공급펌프의 장착부가 있고, 하우징 상부에는 연료의 고압 출구인 송출밸브 홀더(delivery valve holder)가 부착된다.

독립형 분사펌프는 플런저(plunger)로 연료를 압송하는 저크식(jerk type)이 대부분이며, 기관 실린더수와 동일한 수의 분사 엘리먼트(injection element)들이 일렬로 나란히 배치되고, 실린더수가 많은 중·대형기관에 사용된다. 분사 엘리먼트의 기본구조는 그림 11.6에서 보여주는 것과 같이 플런저가 캠의 작동에 의해 상승되면서 연료를 가압하는 기구로 되어 있다.

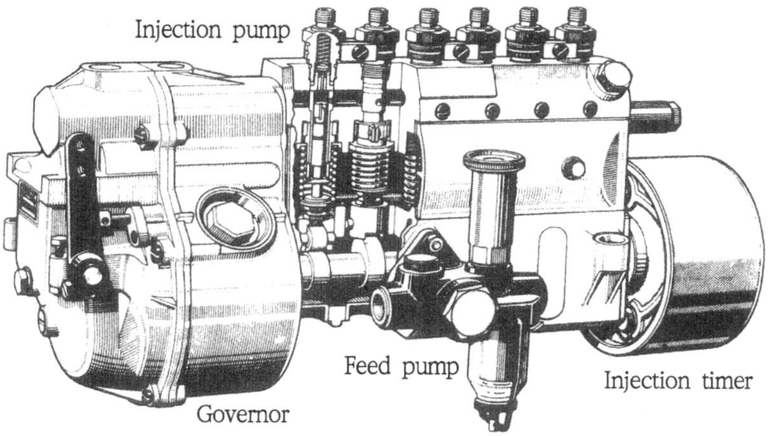

그림 11.5 독립형 연료 분사펌프의 구조

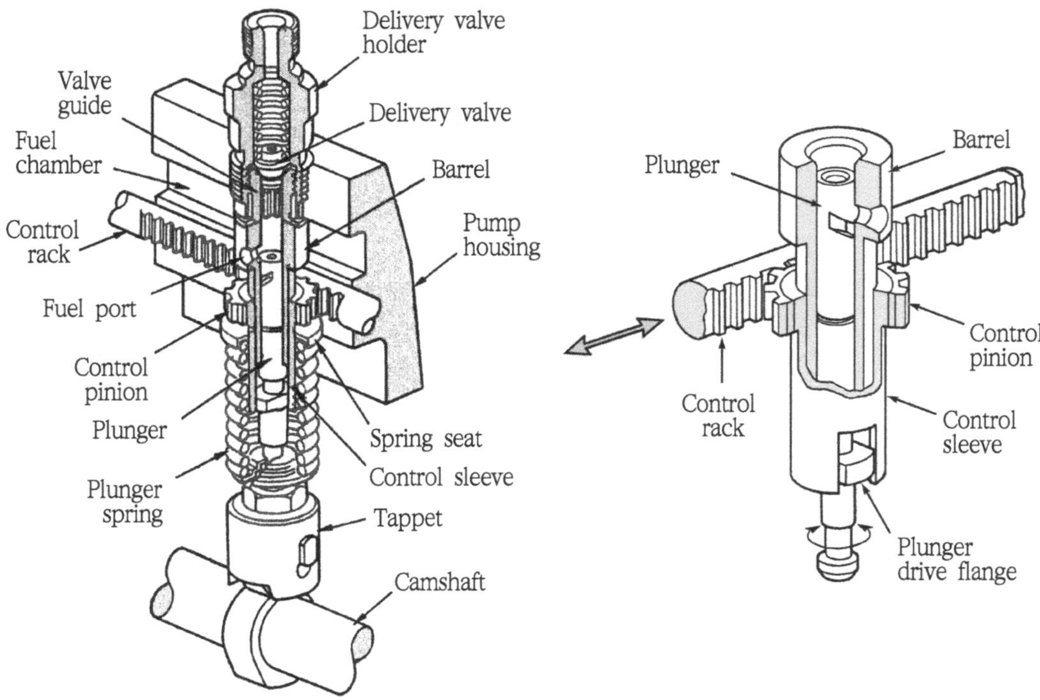

그림 11.6 독립형 분사펌프의 기본 구조

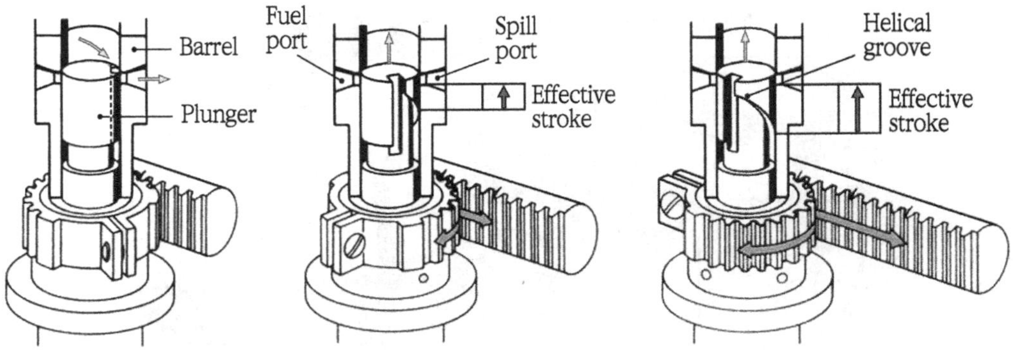

(a) Zero delivery (b) Partial delivery (c) Maximum delivery

그림 11.7 분사펌프 플런저의 유효 행정

연료의 분사량은 플런저의 경사 홈(helical groove)과 배럴(barrel)의 연료 공급구멍이 마주치는 기간에 따라 변화하는데, 그림 11.7에서와 같이 플런저를 회전시키면 플런저의 유효행정(압송 행정)이 달라지면서 분사량이 증감된다. 그리고 플런저의 회전은 컨트롤 슬리브(control sleeve)와 맞물려서 회전하도록 되어 있는 피니언(pinion)에 의해 컨트롤 랙(control rack)의 위치를 변화시키는데 따라 이루어진다.

11.2.2 작동 원리

분사펌프 플런저는 캠축의 회전에 의해 상하운동을 하고, 플런저의 경사 홈과 배럴 연료구의 상대적인 위치에 따라 다음과 같은 작동을 한다.

① 연료 흡입

플런저의 하강 행정으로 플런저에 의해 막혔던 배럴의 연료 공급 구멍이 열리면 연료가 배럴 공간으로 흡입된다.

② 분사 시작

플런저가 상승 행정을 하면서 배럴의 연료 공급구를 막게 되고, 배럴 공간에 흡입된 연료의 압력이 상승되기 시작한다. 이 때 플런저가 캠에 의해 하사점으로부터 상승하여 플런저 상면이 배럴 연료구를 막을 때까지의 이동거리를 예행정(pre-stroke)라고 하며, 연료의 압송 개시 전의 준비기간에 해당한다.

③ 분사 종료

플런저의 상승으로 연료 압력이 일정 수준에 도달하면 송출 밸브(delivery valve)가 열리면서 가압된 연료가 노즐로 압송된다. 플런저가 더욱 상승하여 경사 홈과 배럴의 구멍이 만나게 되면 배럴 내부의 고압 연료는 연료 구멍를 통해 순간적으로 배출되어 연료 탱크로 복귀하게 된다. 플런저가 배럴의 연료 구멍을 막고 있으면서 이동한 거리를 플런저 유효행정(effective stroke)이라 하고, 이는 연료 압송기간에 해당한다.

하지만 플런저의 바이패스 홈과 배럴의 연료 구멍이 동일 선상에 있으면, 플런저 상면이 연료구를 막더라도 배럴 내부의 압력 상승은 없고 연료 압송은 이루어지지 않는다.

11.2.3 송출 밸브

송출 밸브(delivery valve)는 밸브 홀더(valve holder)에 의해 분사펌프의 배럴 상부에 장착되어 있고, 그림 11.8에 나타낸 것과 같이 밸브, 가이드, 스프링 등으로 구성되어 있다. 송출 밸브는 일정 압력에 도달한 연료를 분사펌프에서 노즐로 송출하는 작용을 하며, 연료 압송이 종료되어 연료 압력이 낮아지면 출구를 신속히 닫아 연료분사관로 내의 압력을 보존하여 분사지연(time lag)이 짧아지도록 하는 역할을 한다.

분사펌프의 플런저에 의해 가압된 연료의 압력이 3~5 MPa(30~50 kgf/cm^2) 정도에 달하면 송출 밸브의 스프링이 압축되면서 그림 11.8 (a)와 같이 송출 밸브가 상승하게 되고 고압 연료는 분사노즐로 공급된다. 그리고 플런저의 유효행정이 완료되어 연료 압력이 저하되면 송출 밸브의 스프링이 팽창함에 따라 그림 11.8 (b)와 같이 송출 밸브의 피스톤부가 밸브 가이드의 상단을 막으면서 연료 공급이 차단된다. 아울러 밸브는 밸브 면이 시트(seat)부에 밀착될 때까지 추가로 하강하면서 분사관 내의 연료 일부를 신속하게 다시 빨아들이는 작용을 한다. 따라서 움츠림 행정(retraction stroke)에 상당하는 밸브실의 용적이 증가되면서 분사관 내의 압력은 급속하게 저하되고, 분사 말기에 발생할 수 있는 후적(after drop) 생성을 방지한다.

연료관 내의 잔류압력이 지나치게 높으면 연료 분사가 종료된 후에 분사 노즐이 다시

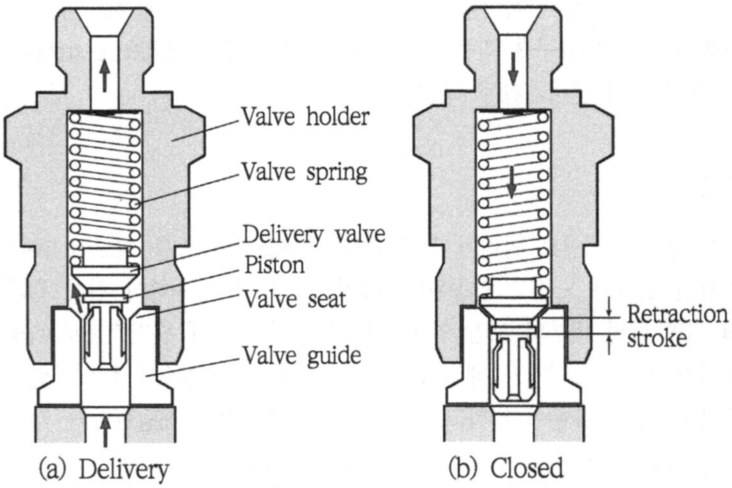

그림 11.8 송출 밸브의 작동

열리면서 노즐 팁(nozzle tip)에 연료 방울이 생겨 연소실에 떨어질 수 있다. 이와 같은 후적의 연료는 효율적인 연소를 하지 못하게 되므로 불완전연소에 의한 탄화수소 발생 원인이 되고, 연소기간이 길어지면서 효율 및 출력도 저하된다.

11.3 분배형 연료 분사펌프

11.3.1 기본 구조 및 기능

분배형 분사펌프는 소형 차량에 탑재되는 디젤기관에 사용되며, 열형 분사펌프와 달리 1개의 분사 엘리먼트(플런저와 배럴)로 모든 실린더의 분사 노즐에 연료를 압송, 분배 및 공급하도록 되어 있다. 그리고 공급펌프, 조속기, 타이머 등이 분사펌프 본체에 모두 내장되어 있다.

연료 여과기를 거친 연료는 그림 11.9에서 보여주는 것과 같이 연료 공급펌프에 의해 펌프하우징 내로 유입되고, 플런저에 의해 가압된 후에 송출 밸브를 거쳐 분사순서에 따라 각 실린더의 분사 노즐로 압송된다. 그리고 분사펌프 내부 및 분사 노즐의 윤활은 연료

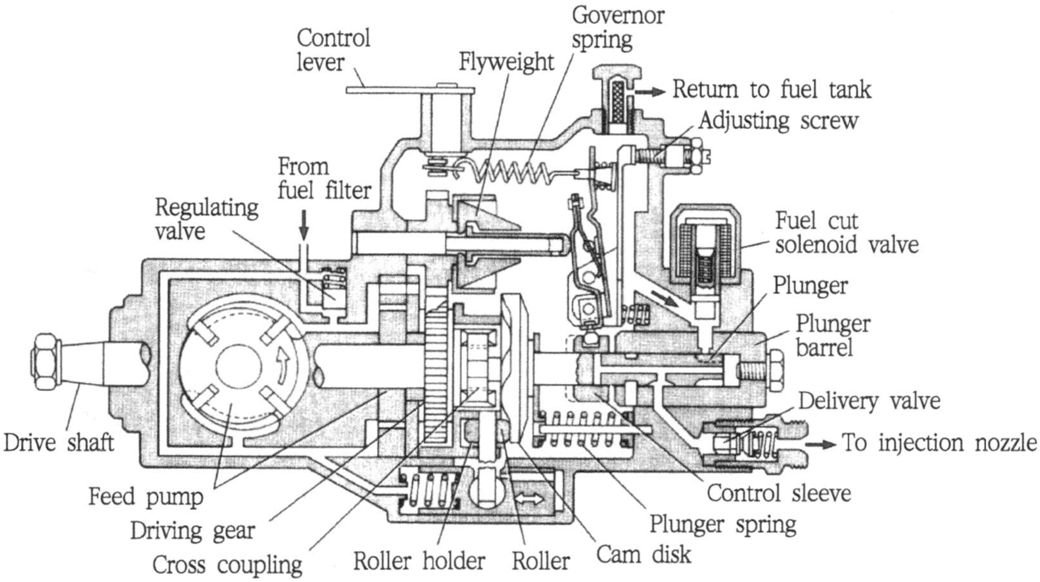

그림 11.9 분배형 연료 분사펌프의 구조

자체의 순환으로 이루어지며, 연료의 온도상승을 억제하기 위해 연료의 일부를 오버플로 밸브(over-flow valve)를 거쳐서 연료 탱크로 복귀되도록 되어 있다.

연료 공급펌프는 베인식 펌프로 구동축에 의해 작동하고, 기관 회전속도에 비례하여 공급펌프의 송출 압력은 레귤레이터 밸브(regulator valve)에 의해 제어된다. 펌프 구동축(drive shaft)은 기관 회전수의 1/2로 감속되어 회전하고 캠 디스크(cam disk)를 구동한다. 이 캠 디스크는 기관의 실린더 수와 같은 수의 돌출 곡면 캠이 있으며, 롤러 홀더(roller holder)에 고정되어 있는 롤러(roller)에 의해 캠이 밀리면서 왕복운동을 한다. 캠 디스크에 플런저가 접속되어 회전운동과 왕복운동을 동시에 수행한다. 그리고 플런저 배럴(plunger barrel)에는 흡입 포트가 1개와 분배포트가 그 기관의 실린더 수만큼 마련되어 있으며, 연료의 흡입 및 분배 역할을 한다.

조속기는 독립형 분사펌프에서와 같이 기관의 운전 조건에 따라 분사량을 제어하고, 타이머는 시동 또는 난기운전 등의 상태에서 최량의 연소상태가 얻어지도록 분사시기를 제어한다.

11.3.2 플런저의 작동

① 연료 압송

플런저에는 흡입 슬롯(suction slot), 분배 슬롯(distributor slot) 및 스필 포트(spill port)가 있으며, 배럴에는 1개의 연료 흡입구와 분배 슬롯과 동일한 수의 연료 분배구가 있다. 그림 11.10은 4기통 디젤기관에 사용되는 분배형 분사펌프의 작동 원리를 나타낸 그림이며, 플런저가 90° 회전할 때마다 1회 왕복운동하면서 연료를 압축시켜 송출 밸브를 통해 각 실린더의 분사 노즐에 압송한다.

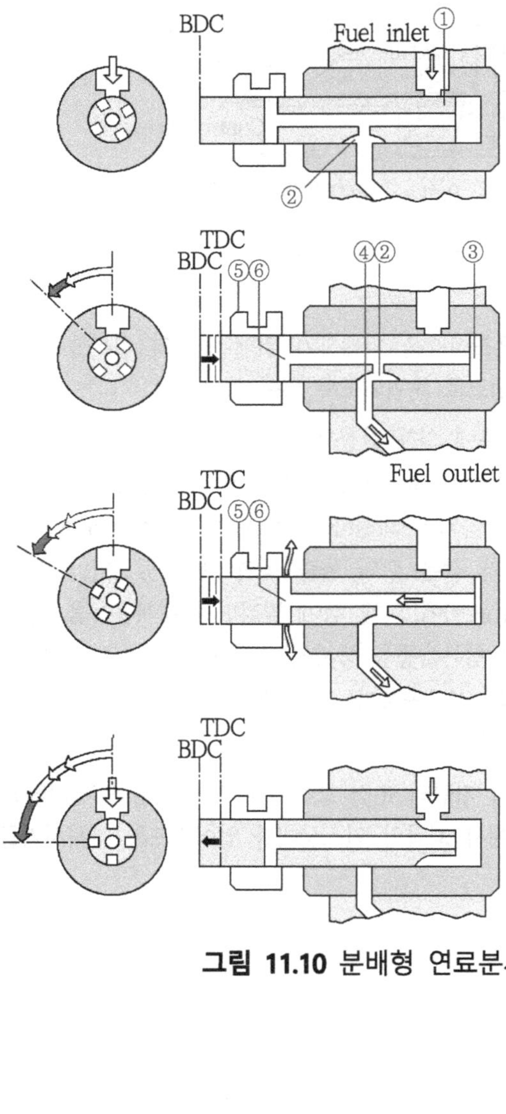

(a) 저압 연료 유입 종료

플런저 흡입 슬롯(①)이 저압 연료 입구를 막고, 분배 슬롯(②)은 고압 연료 분배구(④) 1개와 만난다.

(b) 고압 연료 송출

플런저가 상사점으로 운동하면서 고압실(③)의 연료는 연료 분배구(④)를 따라 송출밸브로 압송된다.

(c) 연료 송출 종료

플런저가 계속 상사점 방향으로 운동하면, 제어 슬리브(⑤)에 닫혀있던 플런저의 스필 포트(⑥)가 열리고 고압실의 연료는 분사펌프 저압실로 되돌아가게 된다.

(d) 저압 연료 유입

플런저가 상사점에서 하사점 방향으로 이동하면 스필 포트(⑥)는 닫히고, 동시에 흡입 슬롯(①)이 열리면서 고압실에 다시 다음 실린더를 위한 연료로 채워지게 된다.

그림 11.10 분배형 연료분사펌프의 플런저 작동

② 분사량 제어

연료 분사량은 조속기 레버에 의해 제어 슬리브(control sleeve)를 이동시킴으로써 압송행정을 변화시켜 제어된다. 분배형 분사펌프에서 압송행정은 그림 11.10과 같이 제어 슬리브에 막혀있던 플런저의 스필 포트(spill port)가 최초 위치에서 개방될 때까지의 거리를 의미한다.

따라서 제어 슬리브를 그림의 왼쪽으로 이동시키면 압송행정이 작아지면서 분사기간이 짧아진다. 반대로 오른쪽으로 이동시키면 압송행정이 커지고 분사기간이 길어진다. 이와 같이 연료 분사의 시작점은 일정하나, 제어 슬리브의 이동에 의해 스필 포트의 개방시점(연료 분사의 종료점)을 변화시켜서 분사량을 증감시킨다.

11.3.3 분사량 불균율

각 실린더에 공급되는 분사량이 균일하지 못하면 연소 압력에 차이가 생겨서 기관 진동이 발생하고 효율이 떨어진다. 그러므로 분사의 편차가 되도록 작아지도록 컨트롤 피니언과 컨트롤 슬리브의 관계위치를 정밀 조정하여야 한다.

연료 분사량의 편차는 분사 펌프 시험기로 측정하는데, 불균량 혹은 불균율로 나타내고 다음 식으로 구한다. 허용되는 불균율은 일반적으로 전부하 상태에서 ±3%이며, 무부하 상태에서는 10~15% 정도이다.

$$\text{불균량}\ (+) = \text{최대분사량} - \text{전 실린더 평균분사량} \tag{11.1}$$

$$\text{불균량}\ (-) = \text{전 실린더 평균분사량} - \text{최소분사량} \tag{11.2}$$

$$\text{불균율}\ (+) = \frac{\text{최대분사량} - \text{전 실린더 평균분사량}}{\text{전 실린더 평균분사량}} \times 100\% \tag{11.3}$$

$$\text{불균율}\ (-) = \frac{\text{전 실린더 평균분사량} - \text{최소분사량}}{\text{전 실린더 평균분사량}} \times 100\% \tag{11.4}$$

11.3.4 기관 정지

가솔린기관과 같이 전기 점화장치가 없는 디젤기관은 연료 분사펌프나 분사노즐에 공급되는 연료를 차단하여 기관을 정지시킨다. 연료 차단 밸브(fuel cut solenoid valve)는 엔진 스위치에 의해 작동되는 전자밸브로, 그림 11.9에서와 같이 플런저의 연료 흡입구로 연결되는 연료 통로를 개폐한다.

그림 11.9에서는 기관이 운전 중으로 솔레노이드가 통전상태로 흡입구를 열어서 플런저로 연료가 유입되고 있다. 그러나 기관 스위치를 끊으면 솔레노이드로의 전기는 차단되므로 밸브 스프링에 의해 흡입구가 닫히고 연료 공급은 중단되어 기관은 정지된다.

11.4 기관 조속기

차량용 디젤기관에서는 부하 및 회전속도가 광범위하게 변동되므로 운전 조건의 변화에 따라서 자동적으로 연료 분사량을 가감하여 기관을 안정적으로 제어하는 조속기(governor)가 필요하다. 기본적으로 연료의 분사량은 가속페달과 연동된 제어 랙(control rack)에 의해 조절되고, 조속기는 기관의 회전속도가 가능한 일정하도록 상시 제어하는 역할을 한다. 그리고 조속기는 자동 속도제어 기능 외에 기관의 과회전(over-run)이나 과부하에 의한 기관 정지를 방지하는 기능도 수행한다.

조속기의 작동방식에는 원심력을 이용하는 기계식과 흡기 부압을 이용하는 공기식 그리고 기계식과 공기식이 결합된 조합식 등이 있다. 근래에는 전자 모듈(electronic module) 및 서보 모터(servo motor)를 이용하는 전자식도 많이 사용되고 있다.

11.4.1 기관 토크 특성

일반적으로 기관 출력은 단위 시간당 연료 공급량에 비례하고, 토크와 기관 회전수의 곱에 비례한다. 그리고 MPI 가솔린기관의 경우 연료 공급율은 스로틀 밸브의 개도량에 따라 제어된다. 그러므로 가솔린기관은 스로틀 밸브의 개도량이 고정될 때 회전속도가 높아지면 흡입 공기의 유입 저항이 커지면서 토크는 저하되는 특성을 가지고 있다. 한편 차량이 내리막길을 내려가는(부하가 작아지는) 경우 속도는 높아지고, 부하가 증가하는 오르막길

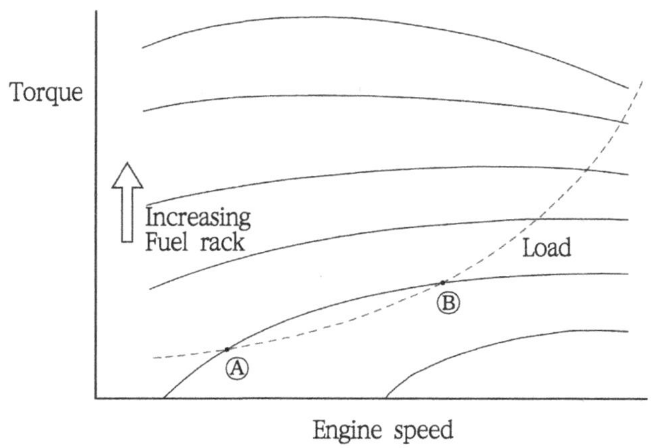

그림 11.11 디젤기관의 토크 특성

에서는 속도가 낮아진다. 이러한 부하 특성은 가솔린기관의 토크 특성과 유사하므로 기관 토크와 부하 특성이 자연스럽게 균형을 이루게 된다. 그러므로 복잡한 속도 제어장치가 없어도 안정적인 운전이 가능하다.

공기량 제어방식의 가솔린기관과 달리 연료량 제어방식의 디젤기관에서 연료 공급량은 연료 랙(fuel rack)의 위치와 기관 회전수에 비례한다. 그러므로 기관 토크는 연료 랙의 위치에만 비례하고, 명목상 기관 회전수와는 무관하다. 그러므로 부하 변동이 있을 때마다 기관 토크와 투하 특성의 균형을 맞추기 위하여 연료 랙의 위치를 수시로 조정해야 한다.

플런저 방식의 분사펌프를 장착한 디젤기관의 경우 그림 11.11에서 보여주듯이 저부하 운전에서 플런저의 유효행정이 작아서 기관 회전수에 비례하여 토크가 다소 증가하는 경향을 보이고, 조속기가 없을 경우 부하 특성과 조화를 이루지 못하는 가능성을 보인다. 그림의 예와 같이 어느 연료 랙(fuel rack) 위치에서 기관 토크가 Ⓐ 및 Ⓑ에서 부하 특성과 일치하므로, 운전 상황의 작은 변화에도 기관이 민감하게 반응하여 속도가 크게 변하며 불안정해질 수 있다.

따라서 디젤기관은 조속기를 사용한 속도 제어가 필요하며, 조속기는 연소 효율 및 기계 효율의 변화 등을 모두 반영하여 기관의 토크 특성을 변화시키게 된다.

11.4.2 조속기의 작동 원리

원동기(prime mover)를 사용목적에 따라 일정한 범위의 속도로 운전하기 위해서는 제어장치가 반드시 필요하며, 조속기는 디젤기관의 필수적인 자동 속도 제어장치이다. 설정 속도를 안정적으로 유지하기 위해서는 그림 11.12와 같이 부하와 연결된 출력축의 회전수를 감지할 장치가 필요하며, 이 출력 회전속도와 설정 속도를 비교하여 조속기는 연료 분사펌프를 조정하고 연료 공급량이 가감되도록 한다. 즉, 기관의 회전속도가 운전자의 의지에 반하여 높아졌을 때에는 분사량을 감량하여 회전속도를 저하시키고, 반대로 회전속도가 낮아졌을 때에는 분사량을 증량하여 원하는 회전속도를 유지하도록 한다.

조속기는 기관이 운전 중에 갑자기 부하가 작아지면 기관 속도의 상승을 막기 위하여 연료 분사량을 줄이게 되지만, 기관 속도는 어느 정도 상승하게 된다. 그림 11.13은 갑작스런 부하 변동에 따른 조속기의 속도 제어 양상을 나타낸 그림인데, 조속기의 응답성이 좋으면 기관 속도는 최초 속도 N_i에서 최종 속도 N_o로 빠르게 변화한다. 일반적으로 정착시간 t_{ss}도 짧으나 오버슈트(overshoot)는 커지고 정상상태 오차(steady state error)도 커지게 된다. 하지만 연료 랙(fuel rack)의 이동이 커지므로 연료 공급 시점에서 연소실에서 연료가 연소되어 새로운 토크를 발생시켜 부하와 균형을 찾는데 다소의 시간 간격이 발생한다. 이러한 시간 지연은 다기통 실린더에서의 순차 연소, 제어 부품들의 마찰 및 관성력 등에 의해 야기되며, 최종 속도가 안정되지 못하고 파상적으로 변동되는 현상이 발생할 수 있다. 이와 같이 최종 속도 변동이 2~5% 이내로 안정되지 못하는 속도 변동 현상을 헌팅(hunting)이라고 한다. 이를 방지하면서 낮은 속도 강하율을 얻기 위해서는 복잡한 피드백 제어(feed back control) 장치의 조속기가 필요하다.

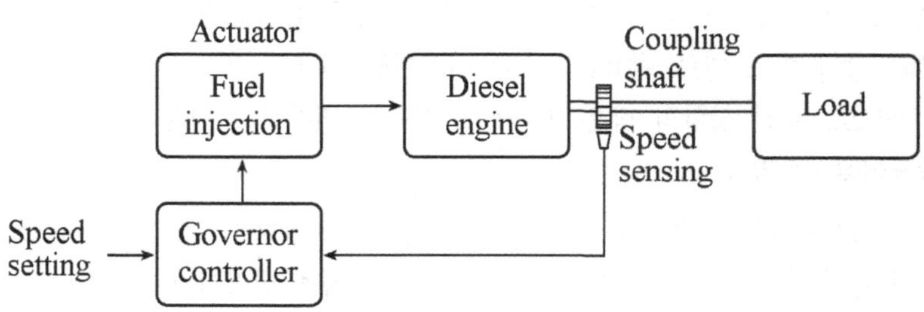

그림 11.12 디젤기관의 속도제어 원리

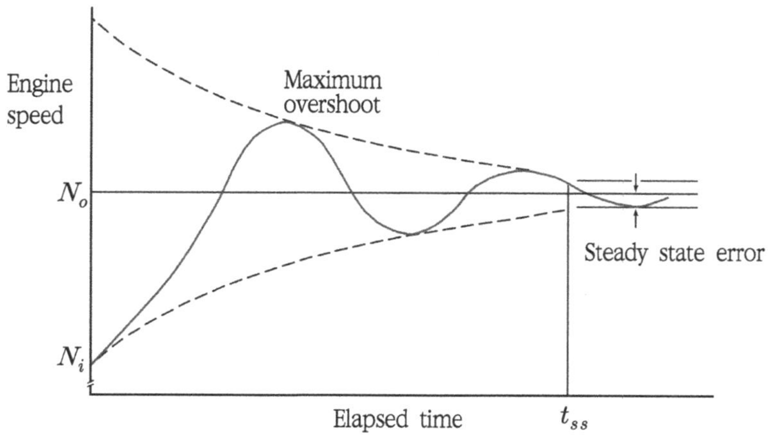

그림 11.13 조속기의 속도 제어 특성

조속기는 부하변동에도 안정적인 속도 제어가 필수적이며, 과도상태에서 빠른 응답성도 요구된다. 그러므로 사용 목적에 부합하는 제어 회로를 갖춘 조속기를 사용하는데, 차량용 디젤기관의 경우 최고 및 최저 회전속도만을 제어하는 최고·최저속도 조속기와 모든 영역에 걸쳐서 속도를 제어하는 전속도 조속기가 있다.

11.4.3 기계식 조속기

기계식 조속기는 대부분 원심식으로 차량기관에서부터 선박용 및 산업용에 이르기까지 널리 사용되고 있다. 기관 회전수 검출은 그림 11.14에서 보여주듯이 분사펌프의 캠축과 함께 회전하는 회전추(flyweight)를 이용하고, 회전추의 원심력과 스프링의 장력을 이용하여 컨트롤 로드를 작동시켜 연료 분사량을 조절한다.

조속기의 조속작용은 컨트롤 레버(control lever)의 위치(가속페달의 밟는 양)에 의해 결정되는 조속기 스프링의 장력과 회전하고 있는 회전추의 원심력이 서로 균형을 찾는 것으로 이루어진다. 조속기 레버의 위치가 정해지고 독립형 분사펌프의 경우 연료 랙(fuel rack)의 위치 그리고 분배형은 제어 슬리브(control sleeve)의 위치가 변화함에 따라 유효(압송)행정이 결정되고 연료의 분사량이 제어된다.

기계식 조속기는 속도 제어의 영역에 따라 최고-최저속도 조속기와 전속도 조속기 등이 있다. 일반적으로 차량용 기관에 많이 사용되는 최고-최저속도 조속기(M-M governor)는

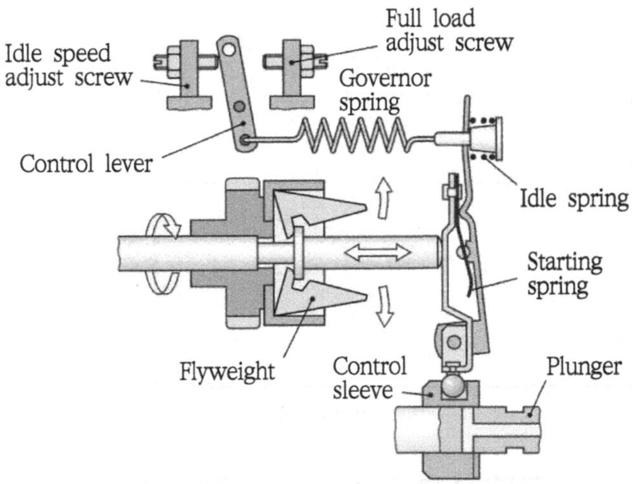

그림 11.14 기계식 조속기의 기본 구조

기관의 안전을 위해 최고 회전속도를 제한하는 기능과 공회전시에 부하에 맞춰 안정적인 회전상태를 유지시키는 최저 속도제어 기능을 한다. 그리고 그 밖의 속도 영역에서는 운전자가 가속 페달을 밟으면 레버의 작용으로 제어 랙 또는 제어 슬리브를 좌우로 움직여서 연료 분사량을 제어하도록 한다.

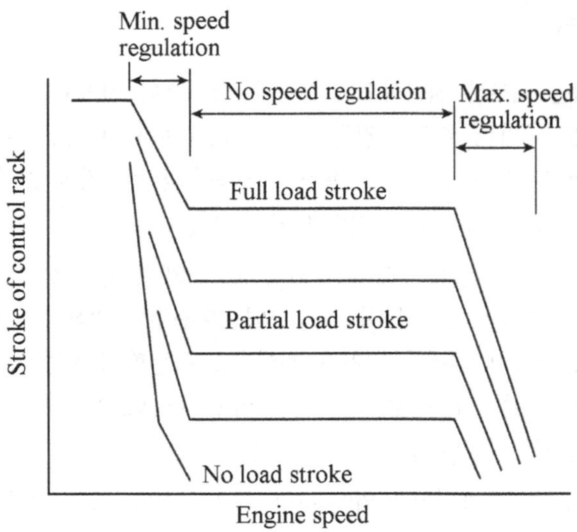

그림 11.15 최고-최저속도 조속기의 제어 특성

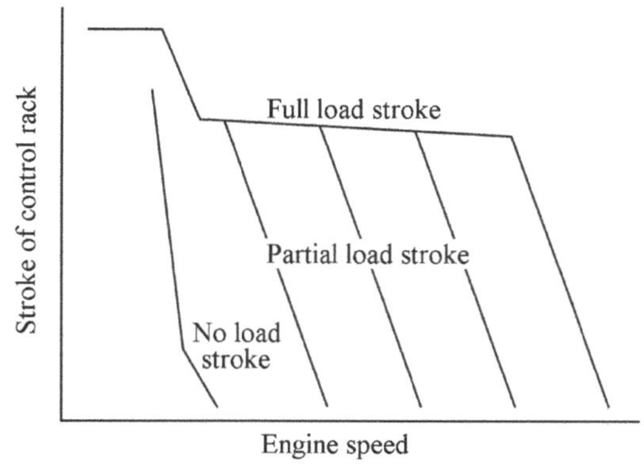

그림 11.16 전속도 조속기의 제어 특성

전속도 조속기(all speed governor)는 모든 범위의 운전영역에서 부하 변화에 따른 속도 제어가 가능한 조속기로 소방차, 청소차, 펌프카 등의 특수차량용 또는 산업용 디젤기관에 사용된다. 이 조속기는 부하 제어 레버가 있어서 일반 주행시에는 최고-최저속도 조속기로서 작동하고, 차량을 정지하고 작업용으로 사용할 때는 전속도 조속기로 작동할 수 있다.

11.4.4 속도 강하율 (speed droop)

모든 기관들은 부하 조건에 상응하는 토크 특성을 가지고 있으며, 그림 11.17과 같이 기관에 부하가 가해진 운전 상황에서 급격히 부하를 제거하면 기관의 회전속도는 조속기에 설정된 제한 속도까지 가속되게 된다.

조속기의 속도 강하율(δ)은 식 (11.5)와 같이 전부하 최대 속도에 대한 최대 부하 변동에 따른 최대 속도 변화로 정의하며, 조속기의 응답성을 나타내는 지표이다. 발전기와 같이 부하변동에 따른 속도변화가 적고 정속 운전이 필요한 경우는 조속기의 속도 강하율이 0~5%로 낮지만, 가속과 감속을 반복하는 차량용 디젤기관의 경우는 6~15% 정도로 다소 높다.

$$\delta = \frac{N_n - N_f}{N_f} \times 100 \ [\%] \tag{11.5}$$

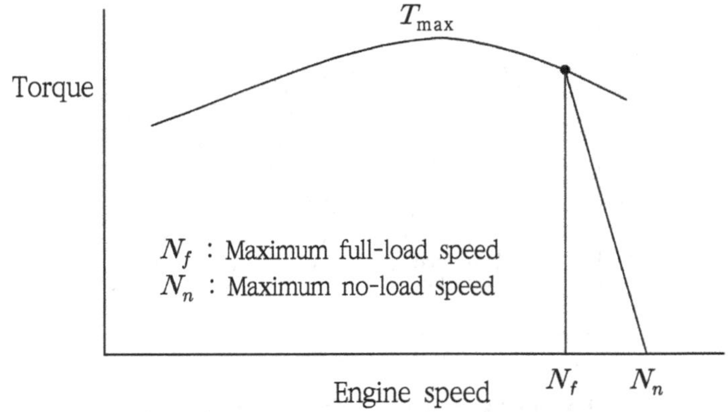

그림 11.17 디젤기관의 토크 특성

속도 강하율이 높으면 작은 부하 변동에도 기관 속도가 크게 변화하므로 가속과 감속 제어가 기민하게 이루어질 수 있다. 반면에 속도 강하율이 너무 낮으면, 부하 변동에 대하여 기관 속도가 빠르게 대응하지 못하여 차량이 덜컥거리는 현상이 발생할 수 있다.

11.5 연료 분사 타이머

디젤기관의 연료 분사시기는 가솔린기관의 점화시기와 유사하여 기관 출력뿐 아니라 연소 소음, 유해 배출가스 특성 등 기관 성능에 큰 영향을 미친다. 따라서 기관의 회전속도나 부하에 상응하여 분사시기가 조절되어야 하며, 기관 회전속도에 따라 분사시기를 앞당기는 역할을 하는 것이 분사 타이머(injection timer)이다.

디젤기관에서 연료 분사 개시부터 착화가 이루기까지의 착화지연기간은 약 1 ms로 기관 회전속도에 따라 크게 변화하지 않는다. 하지만 크랭크각도 기준으로는 회전속도에 높아짐에 따라 분사지연 각도가 커지므로 착화 시점이 늦어지게 된다. 그러므로 고속에서도 최적의 연소 상태를 유지하기 위해서는 연료 분사시기를 진각시킬 필요가 있다.

독립형 분사펌프의 경우 타이머는 기관 회전에 의해 발생되는 원심력을 이용하여 작동되며, 그 구조는 그림 11.18에 나타낸 것과 같다. 원심식 타이머는 기관 회전력을 분사펌프의 캠축에 전달하는 구동 플랜지(drive flange)와 이와 일체로 조립된 가이드 커버

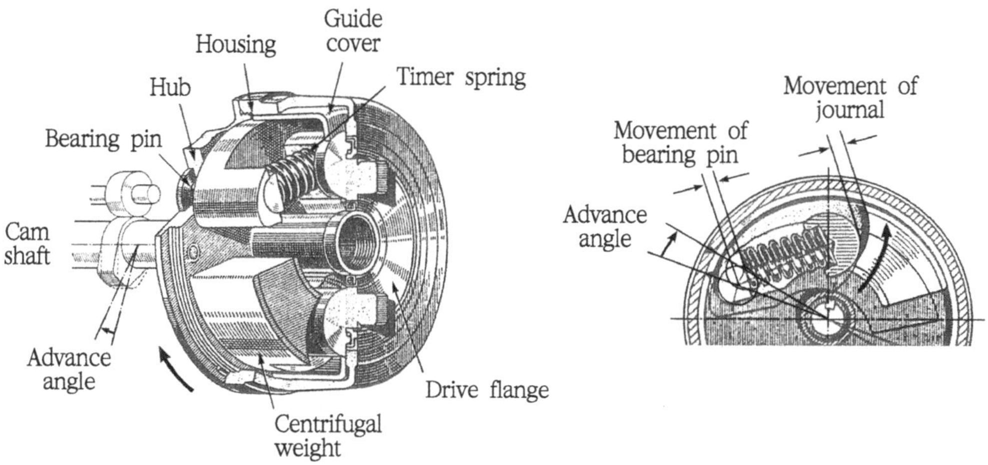

그림 11.18 직렬형 분사펌프의 원심식 타이머

(guide cover), 가이드 커버 안쪽에 조립된 원심추(centrifugal weight) 및 분사펌프의 캠축에 설치되어 함께 회전하는 허브(hub) 및 베어링 핀(bearing pin)으로 구성되어 있다.

작동 원리는 그림 11.18의 오른편 그림과 같이 기관 회전속도가 상승하면 원심추에 작용하는 원심력이 커지게 되고 원심추가 바깥쪽으로 이동된다. 그에 따라 구동 플랜지의 저널(journal)과 허브의 베어링 핀(pin) 사이에 조립된 타이머 스프링(timer spring)이 수축되고, 원심추의 곡면에 압착된 상태에서 구동되고 있는 저널 및 베어링 핀이 끌어당겨져서 분사펌프의 캠축이 회전하게 된다.

원심추의 원심력과 타이어 스프링의 압축력이 균형을 이루는 기관 속도까지는 진각이 이루어지지 않으며, 그 이상의 고속으로 운전되면 진각이 시작된다. 그 후 원심추가 가이드 커버의 내벽과 접촉하면 더 이상의 진각은 이루어지지 않으며, 최대 진각은 약 8° 정도이다.

한편 분배형 분사펌프의 경우는 분사펌프 하우징 내의 연료 압력에 의해 작동하는 유압식 타이머로 되어 있고, 분사시기의 조정은 그림 11.9에 나타낸 캠 디스크(can disk)와 접촉하고 있는 롤러 홀더(roller holder)의 위치를 변화시켜 이루어진다. 타이머의 작동은 그림 11.19에 나타낸 것과 같이 기관 속도가 높아지면 연료 공급펌프의 송출압력도 상승하고, 그 압력이 타이머 피스톤(timer piston)의 오른편에 가해진다. 타이머 피스톤이 스프링을 압축하면서 왼쪽으로 이동하면 타이머 피스톤에 끼워진 슬라이더 핀(slider pin)을 밀어서 롤러 홀더가 구동축의 회전방향과 반대방향으로 움직이게 된다.

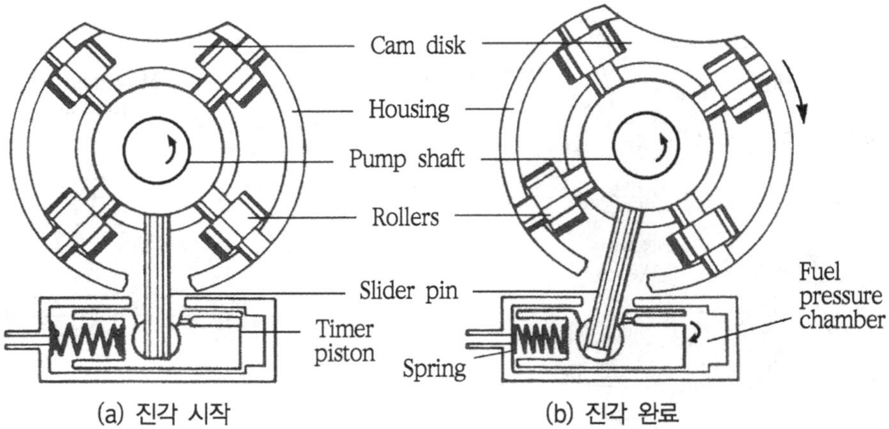

그림 11.19 분배형 분사펌프의 타이머 작동

롤러는 캠 디스크의 캠면에 보다 빨리 접촉하게 되고 분사시기도 진각된다. 즉, 롤러 홀더가 캠 디스크 회전방향과 역방향으로 회전하면 분사시기가 앞당겨지고, 같은 방향으로 회전하게 되면 분사시기는 지연된다.

11.6 연료 분사 노즐

연료를 분사할 때 가장 중요한 역할을 하는 것이 분사 노즐(injection nozzle)이다. 기계식 디젤기관의 분사 노즐은 그림 11.20에서 보여주듯이 노즐 홀더(nozzle holder)에 분사 노즐이 조립되는 구조이다. 분사 노즐은 노즐 보디(nozzle body)에 니들(needle)이 정밀하게 삽입되어 작동하므로, 고급 특수강을 사용하여 래핑(lapping) 가공하여 만들어진다.

니들은 노즐 홀더에 내장된 1개 또는 2개의 스프링에 의해 노즐 보디에 밀착 삽입되어 있다. 니들 하부의 테이퍼 경사면(압력면)에 작용하는 연료 압력에 의한 상승력이 니들 상부에서 누르는 스프링의 팽창력보다 커지면, 니들은 위로 밀려 올라가고 막혀 있던 노즐 구멍이 열리면서 연료는 자체 압력에 의해 연소실로 분사되게 된다. 반대로 압력실의 연료가 분사되고 연료 압력이 낮아지면, 스프링의 팽창력이 연료 압력에 의한 힘보다 커지게 되고 니들은 노즐 보디의 시트면(seat face)에 밀착되어 연료 통로를 막아 연료 분사가 종료된다. 그리고 분사되고 남은 연료는 복귀관(leak-off line)을 따라 연료 탱크로 복귀된다.

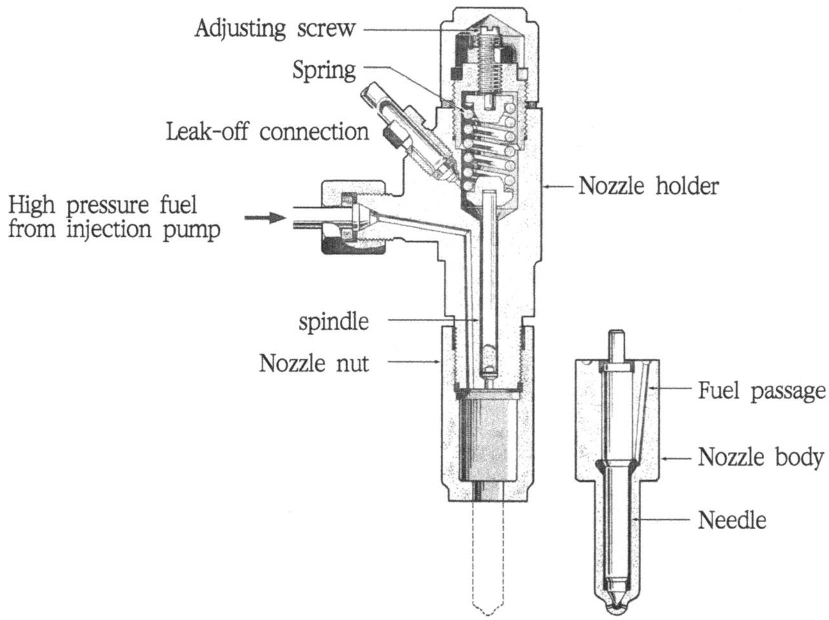

그림 11.20 기계식 분사 노즐의 구조

노즐의 종류에는 니들의 끝 부분이 원뿔(conical)로 되어 있는 구멍형(hole type) 노즐, 니들 끝이 원기둥으로 되어 있는 핀틀(pintle) 노즐 그리고 니들의 핀 부분이 길고 끝부분이 나팔(divergent) 모양으로 벌어진 교축(throttle) 노즐이 있다. 핀틀 노즐과 교축 노즐은 연소실이 2개로 분할되어 있는 예연소실식과 와류실식에, 구멍형 노즐은 연소실이 하나인 직접분사식 디젤기관에 사용된다.

11.6.1 구멍형 노즐

구멍형 노즐(hole nozzle)은 그림 11.21에서와 같이 분사 구멍이 1개인 단공형과 여러 개의 구멍이 있는 다공형이 있다. 단공형 노즐의 분무각은 4~5°이며, 연료 분무의 관통력은 양호하지만 분산성이 떨어진다. 반면에 분무의 미립화와 분산성이 좋아서 주로 사용되는 다공형 노즐은 볼록하게 된 노즐 보디의 앞 끝에 2~8개의 분사 구멍이 90~160° 각도를 두고 대칭 또는 비대칭으로 가공되어 있다.

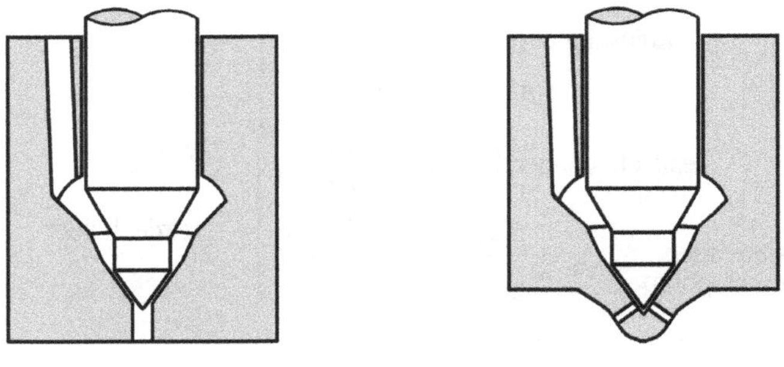

(a) 단공형 노즐 (b) 다공형 노즐

그림 11.21 구멍형 노즐의 종류 및 구조

직접분사식 연소실에 사용되는 다공형 노즐의 분사구 직경은 약 0.15 mm(소형 기관용)에서 4.0 mm(대형 기관용) 범위가 대부분이고, 분사 개시 압력은 20~30 MPa 정도이다. 분사압력은 기관 부하와 회전속도에 따라 다르지만, 최대 분사압력은 전부하 최고출력에서 200 MPa 이상이 사용되고 있다. 직접분사식 디젤기관의 경우 압축 행정 말기에 분사된 연료와 연소실 내의 압축 공기의 혼합을 위하여 스월(swirl)과 같은 공기 유동을 이용하는데, 공기 운동만으로는 혼합기 형성이 미흡하므로 다수의 작은 분사구를 통해 고압으로 연료를 분사해야 분무의 미립화와 분산성을 향상시킬 수 있고 높은 연소 효율을 얻을 수 있기 때문이다.

그리고 다공 노즐의 노즐 보디와 니들의 선단이 형성하는 무효 공간(sac volume)은 가능한 적어야 하는데, 이 공간이 크면 잔존하는 연료 증기가 연소 종료 후에 연소실로 유입되어 미연 탄화수소(HC)의 배출을 증가시킬 수 있기 때문이다.

한편 다공 노즐은 분사특성이 대단히 민감한데, 니들의 극히 작은 상승에도 노즐 구멍이 전개되는 것이다. 예를 들면, 연료 분사량이 매우 적은 저속 운전에서 열린 니들밸브가 바로 닫히면서 작동을 멈추는 경우, 또는 약간의 회전속도 증가에도 분사량이 급증되는 현상 및 분사펌프에서 송출량을 달리하여도 실제 분사되는 양이 변화되지 않는 등의 현상이 발생될 수 있다. 이와 같은 현상이 발생되지 않도록 하기 위해 이중 스프링의 분사 노즐을 사용하기도 한다. 이중 스프링 노즐은 저속에서 적은 양의 연료가 분사되도록 개방압력을 조절하여 니들의 양정을 억제한다.

11.6.2 핀틀형 노즐

핀틀형(pintle type) 노즐은 그림 11.22 (a)에서와 같이 단일 구멍의 노즐 보디에 원통형 니들이 삽입된 형태로, 분사 구멍의 직경은 1~3 mm이며 니들의 앞 끝은 노즐 보디보다 약간 노출되어 있다. 연료의 분사 개시 압력은 8~15 MPa로 구멍형 노즐에 비해 낮으며, 예연소실식 및 와류실식 기관에 사용된다.

분무의 형상은 핀틀의 형상과 크기에 따라 달라지지만, 대체적으로 4~45° 정도의 분무각을 가지는 원뿔 모양이다. 분무의 상태는 다공형 노즐보다 떨어지고, 근래에는 거의 사용되지 않는다.

11.6.3 교축형 노즐

교축형(throttle type) 노즐은 그림 11.22 (b)와 같이 니들 밸브의 끝부분이 길고 나팔 모양으로 테이퍼 가공되어 있으며, 노즐 보디보다 조금 돌출되어 있다. 예연소실식과 와류실식 기관에서는 주로 공기 와류에 의해 연료 증기와 공기를 혼합시키고 연료 분무에 의해서 추가적으로 혼합기 형성을 강화한다. 분사 구멍 직경은 1~2 mm이고 분사 개시 압력은 10~15 MPa로 핀틀형 노즐과 유사하지만, 니들은 핀틀형에 비해 길고 끝부분이 벌어져 있어 분사각은 45~60° 정도로 크다. 아울러 이 노즐은 핀틀형을 개량하여 분사 초기에는 아주 좁은 분사 면적만 열리게 되고 분사량이 적은 교축 효과(throttling effect)를 이용하는데, 초기 분사량이 적으면 착화지연기간동안 형성되는 예혼합기의 양도 줄어들어 디젤 노크를 경감시킬 수 있기 때문이다.

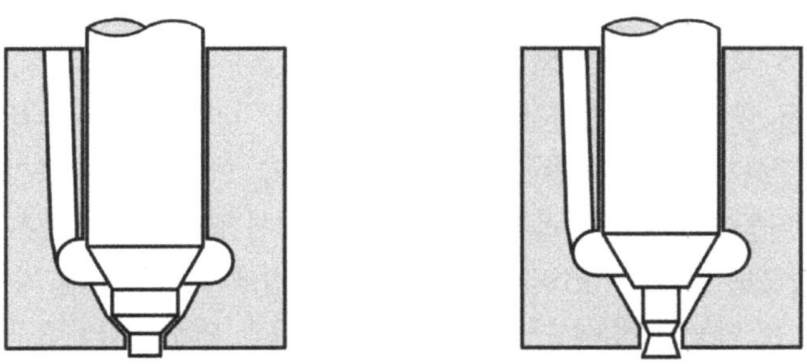

(a) 핀틀형 노즐 (b) 교축형 노즐

그림 11.22 핀틀형 및 교축형 노즐의 구조

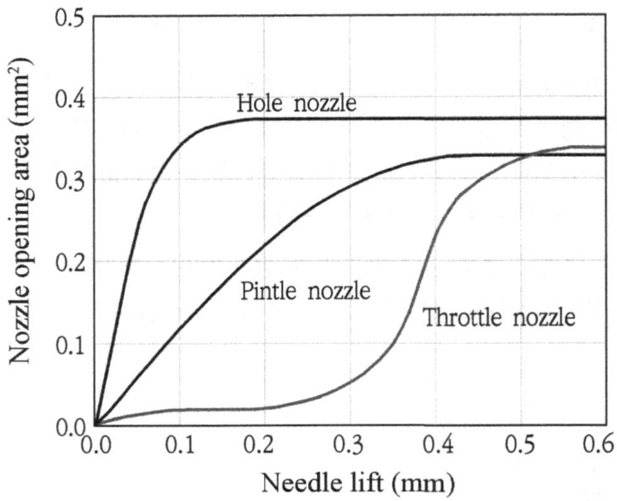

그림 11.23 디젤 노즐의 개구면적 변화

그림 11.23은 디젤 분사 노즐들의 니들 양정에 따른 개구면적의 변화를 비교한 그림이다. 구멍형 노즐의 경우 초기에는 개구면적이 니들 양정에 거의 비례하다가 일정 수준에 도달하면 양정이 증가하여도 개구면적이 변화하지 않는다. 핀틀형 노즐은 구멍형에 비하여 개구면적이 보다 점진적으로 증가한다.

반면 교축형 노즐의 경우 초기에는 원추형의 니들 끝부분이 노즐 구멍을 축소시키는 구조이므로 니들 양정이 일정 수준에 이를 때까지는 개구면적이 매우 적다가, 니들 양정이 더 커지면 개구면적이 커지게 된다. 그러므로 분사 초기에는 연료 분사량이 적고 니들 양정이 최대치에 가까워질 때 노즐 개구면적이 가장 크게 되어 주 분사가 이루어진다. 이와 같은 교축 효과는 노즐 홀더 내의 압력스프링, 노즐 구멍의 개구면적 변화 그리고 니들 끝단의 핀틀 형상의 복합 작용에 의해 나타난다.

그러나 니들 양정 및 개구면적이 아주 적을 경우, 니들 양정은 분사펌프에 의해 급격히 가속되어 단위시간당 분사량이 커져서, 결과적으로 연소 소음이 증가될 수 있다. 또한 분사 말기에 니들이 노즐 구멍을 막으면서 배제된 체적의 연료는 좁은 개구면적을 통해 느리게 유동하므로 불완전 연소되어 탄화수소의 저감에 악영향을 줄 수 있다. 따라서 개구면적의 특성을 가능한 정확하게 분사펌프의 분사율과 연소과정의 요구에 조화시키는 것이 중요하다.

11.7 유닛 인젝터

유닛 인젝터(unit injector)는 그림 11.24 및 11.25에서와 같이 독립형 분사펌프의 압송기구인 펌프 엘리먼트와 분사 노즐을 하나의 유닛(unit)으로 조립된 구조로 기관의 각 실린더헤드 위에 설치된다. 연료 공급관련 부품들이 집적되어 있기 때문에 다른 분사시스템에 비해 고압으로 압축되는 연료량이 상대적으로 적어 손실이 크게 감소하므로 아주 높은 압력을 쉽게 얻을 수 있다.

현재 유닛 인젝터는 상용차용 디젤기관에 주로 사용되며 분사압력은 120~220 MPa 정도이다. 또한 분사펌프의 압송부터 노즐에서 분사되기까지의 이송거리가 짧아서 분사 지연이 없고, 연료 분사관 내의 잔압 및 반사파 등 압력거동에 따른 이상 분사현상이 거의 발생되지 않는다. 그러나 기관 탑재성이나 정비 및 조정에 있어서는 다소 불편함이 있어서, 주로 대형 기관에 사용되고 있다.

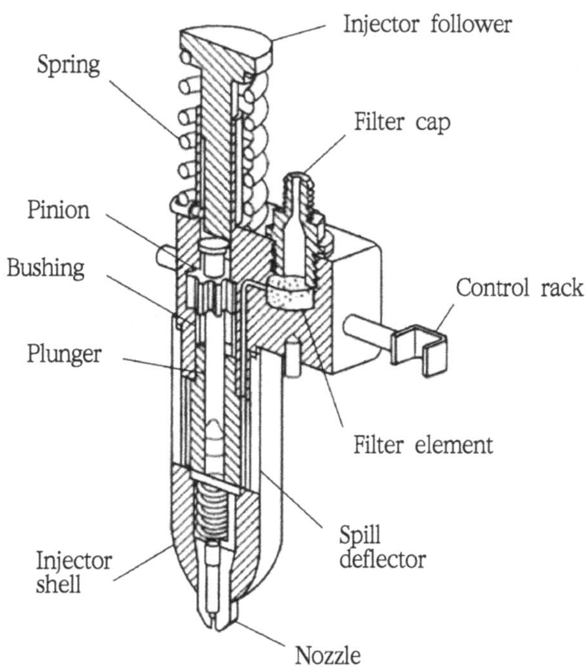

그림 11.24 기계식 유닛 인젝터

유닛 인젝터는 기계식인 캠 구동식과 솔레노이드 밸브를 이용하는 전자제어식으로 크게 분류된다.

11.7.1 기계식 유닛 인젝터

기계식은 구동 캠축의 캠으로 플런저를 구동시켜 연료를 압송하는 캠 구동식이다. 독립형 분사펌프와 같이 플런저에는 경사진 홈이 형성되어 피드 홀(feed hole)을 개폐하고, 그림 11.24에서와 같이 연료 분사량은 컨트롤 랙과 피니온에 의해 플런저를 회전시키고 이에 따라 압송행정이 변화되면서 조절된다.

11.7.2 전자제어식 유닛 인젝터

전자제어식 유닛 인젝터는 솔레노이드 밸브에 의해 분사 시기 및 분사량을 제어한다. 인젝터의 구조는 그림 11.25와 같이 압송기구인 피동절(follower)과 플런저, 분사기구인 노즐부 및 제어 모듈부로 구성되어 있다.

구동 캠이 작동하는 동안에 솔레노이드 밸브에 통전되면 밸브가 통로를 닫으면서 펌프실의 연료가 압송되어 노즐에서 연료가 분사된다. 필요로 하는 연료량이 분사되면 솔레노이드 밸브는 다시 통로를 열고 고압 연료는 빠르게 복귀(spill)되면서 분사가 종료된다. 그리고 캠이 작동하지 않는 구간(흡입기간)에는 솔레노이드 밸브를 거쳐서 연료가 펌프실로 흡입되고 다음 분사를 준비한다.

현재 전자제어식 유닛 인젝터는 대형차용으로 채용되고 있으며 최대 연료분사압력은 150～180 MPa에 이른다.

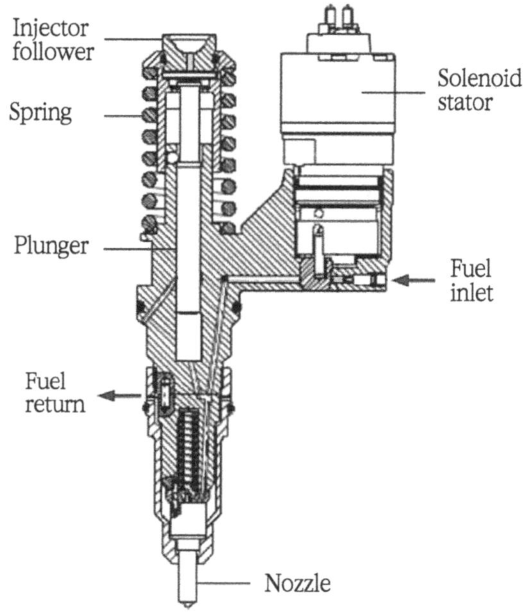

그림 11.25 전자제어식 유닛 인젝터

연습문제 11

11.1 기계식 디젤기관의 연료분사장치는 어떻게 구성되어 있는가?

11.2 기계식 디젤기관에서 저압측 연료계통에 혼입되어 있는 공기를 빼기 위한 장치는 무엇이며, 어떻게 작업하는가?

11.3 기계식 디젤기관의 독립형과 분배형 분사펌프의 차이점은 무엇인가?

11.4 전기 점화장치가 없는 디젤기관을 정지시키는 방법에 대하여 기술하라.

11.5 디젤기관의 연료 분사장치에서 송출 밸브의 작용에 대하여 기술하라.

11.6 연료 분사 장치의 불균율에 대하여 기술하라.

11.7 디젤기관에서 조속기(governor)의 역할 및 종류에 대하여 기술하라.

11.8 디젤기관의 조속기의 응답성능을 나타내는 속도 변동율에 대하여 기술하라.

11.9 디젤기관에서 타이머(timer)의 역할에 대하여 기술하라.

11.10 디젤 연료 여과기에서 Over flow valve의 작용은 무엇인가?

11.11 디젤기관의 핀틀형 노즐과 교축형 노즐의 특성 차이는 무엇인가?

11.12 유닛 인젝터(unit injector)의 장점은 무엇인가?

12

커먼레일 디젤기관

12.1 커먼레일 방식의 개요

커먼레일(common rail) 방식의 연료 분사장치는 고압 공급펌프에 의해 가압된 연료를 커먼레일(일종의 고압 축압기)에 축적한 다음 솔레노이드 밸브에 의한 전자 제어장치로 최적의 분사시기 및 분사량을 제어한다. 이 방식은 그림 12.1에서 보여주듯이 축압 연료의 압력이 기관 회전속도에 관계없이 일정하고, 다른 분사장치에 비하여 기계적인 요소들을 전자화하여 저속에서도 정밀하고 다양한 형태의 효율적인 연료 분사가 가능하다.

커먼레일 분사방식을 채택한 직접 분사(CRDI ; Common Rail Direct Injection) 디젤 기관의 장점은 다음과 같다.

커먼레일 분사장치는 기계식 분배형 연료 분사펌프를 사용하는 기관에 비하여 펌프에 가해지는 부하 감소 및 정밀한 전자제어 연료 분사 등으로 20% 정도의 출력 향상과 15% 정도의 연료소비율을 줄일 수 있다. 또한 예비 분사(pilot injection)의 도입하여 디젤기관의 단점인 진동 및 소음을 획기적으로 감소시켰다. 그리고 초고압 연료 분무로 미립화를 촉진시켜 연소 효율을 높이면서 각종 유해 배출가스를 억제할 수 있다. 동일한 질소산화물 수준을 유지하면서 이산화탄소 20%, 일산화탄소 40%, 탄화수소 50% 및 입자상 물질의 배출을 60%까지 줄일 수 있는 것으로 알려져 있다.

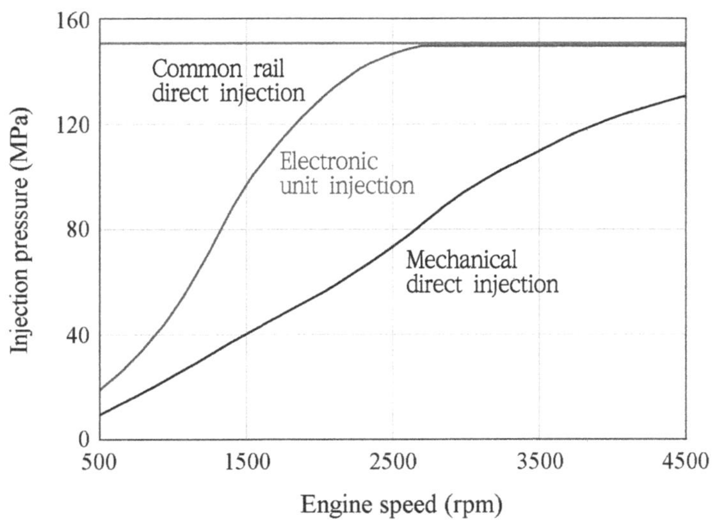

그림 12.1 분사방식의 분사압력 비교

커먼레일 분사장치의 가장 특징적인 요소는 연료 분사압력이 기관 회전속도 및 부하에 관계없이 일정하다는 것이고, 저속에서 높은 부하가 걸릴 때에도 고압 분사가 가능하다. 그러므로 기계식 분사펌프를 사용하는 디젤기관보다 저속에서 회전력은 50% 정도 향상되고, 출력은 25% 정도 증가하였다.

아울러 기존 디젤기관의 기계적인 요소들을 전자화하여 분사펌프 부하 및 각종 손실 등을 줄이고, 기관 중량도 기존 디젤기관에 비하여 다소 감소하였다.

12.2 커먼레일 장치의 구성

12.2.1 분사장치의 구성

그림 12.2는 커먼레일 분사장치의 구성을 나타낸 것이다. 기존 기계식 디젤기관의 장치와 다르게 연료의 압력을 고압으로 형성시켜 분배할 수 있도록 고압펌프, 커먼레일, 전자제어 인젝터 등이 추가되고, 기관 상태를 감지하고 분석하여 정교한 연료분사를 시행하기 위한 ECU 및 각종 센서들로 구성되어 있다.

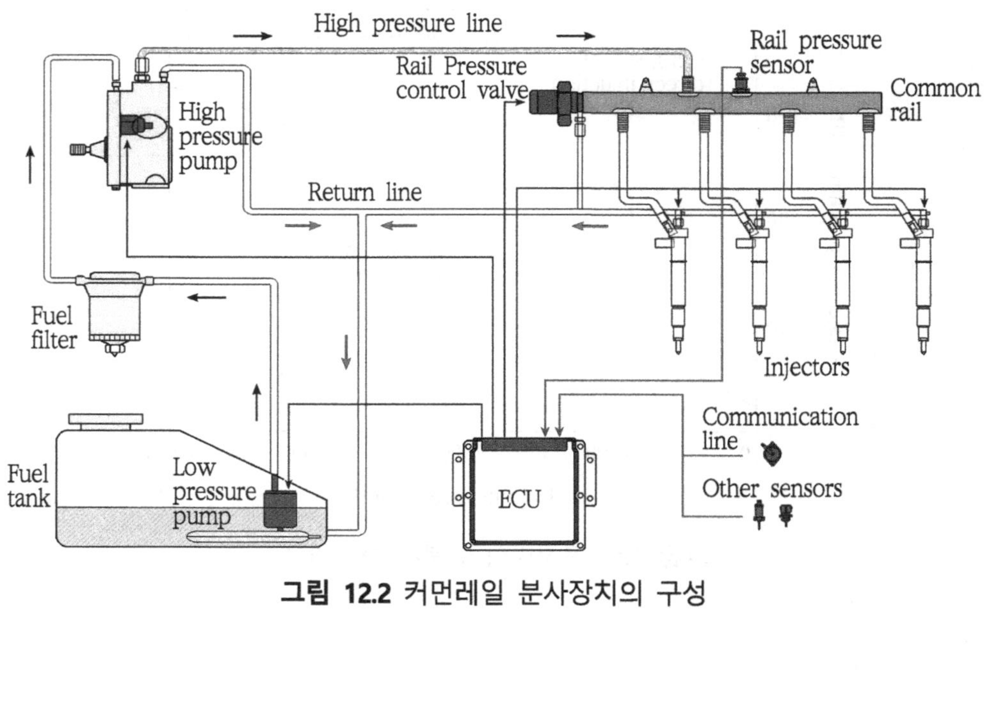

그림 12.2 커먼레일 분사장치의 구성

커먼레일 분사장치는 제조사 또는 모델에 따라 구성 부품의 배열, 세부 설계사양 및 기능에서 다소 차이가 있지만, 모두 유사한 방식으로 작동된다.

12.2.2 저압 연료 공급펌프

커먼레일 장치의 저압 펌프에는 전동식과 기계식이 있다. 앞에 나타낸 그림 12.2는 전동식 저압 펌프를 채택한 경우이며, 연료는 저압 연료 펌프 → 연료 필터 → 고압 연료 펌프 → 커먼레일 → 인젝터의 과정을 거쳐 연소실에 분사된다.

전동식 저압 펌프는 전기 모터로 구동되며, 연료 탱크 안에 설치되거나 특수 마운팅(mounting)을 이용하여 연료 공급라인에 설치된다. 저압 펌프는 기관의 회전속도에 관계없이 연료 여과기를 거쳐 고압 연료 펌프로 연료를 연속적으로 이송한다. 연료의 송출압력은 600 kPa 정도이며, 과잉 공급된 연료는 오버-플로 밸브(over-flow valve)를 통해 연료 탱크로 되돌아간다.

반면 그림 12.3과 같이 기계식 저압 펌프를 사용한 경우, 연료 이송은 연료 탱크(스트레이너 포함) → 연료 필터 → 저압 펌프 → 고압 펌프 → 커먼레일 → 인젝터 순으로 이루어진다. 기계식 저압 펌프는 기어펌프이며, 고압 펌프 구동축의 플랜지(flange)에 고정되어 있다. 그러므로 기관 회전과 동시에 타이밍 체인 또는 벨트로 연결된 고압 펌프가 회전하면 고압

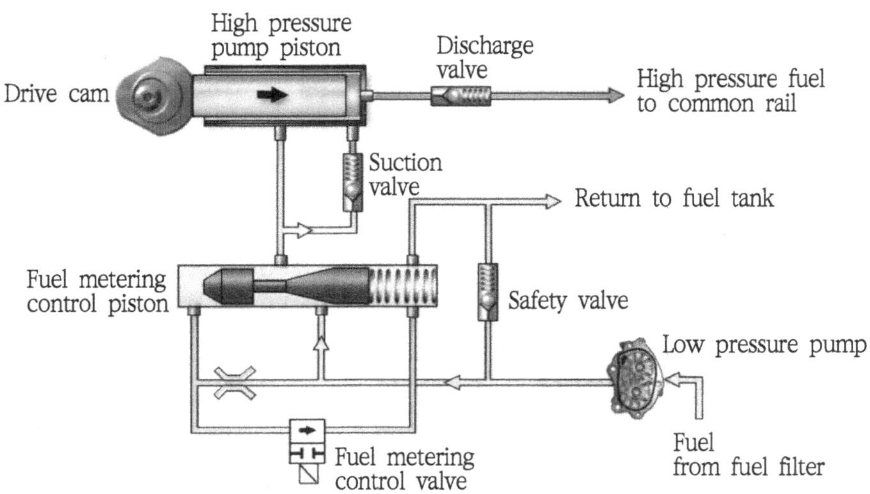

그림 12.3 기계식 저압 연료 펌프 (고압 펌프와 일체형)

펌프의 구동축에 의해 작동한다. 기어 펌프의 성능은 기관 회전속도에 따라 다르지만, 송출 압력은 650~850 kPa이고 송출량은 전동식보다 2배 가까이 많은 400 ℓ/h까지 가능하다.

저압과 고압 연료 공급펌프 사이에 위치한 연료량 제어 밸브(fuel metering control valve)는 전자식 밸브로 ECU에 의해 제어되며, 필요한 연료량만 공급하여 고압 펌프의 구동 동력을 최소화할 수 있다. 그러므로 기관 효율에도 긍정적인 영향을 미치며, 동시에 고압 라인에서 탱크로 복귀하는 연료의 온도를 낮추는 효과도 있다. 하지만 기관의 초기 시동에 필요한 연료 압력까지 상승시키는데 시간이 걸려서 시동 지연현상이 나타날 수 있다. 따라서 시동이후 정상 가동 조건에서 작동된다.

아울러 2가지 형식의 공급펌프를 함께 설치한 복합방식도 있다. 고온에서는 연료 밀도가 낮고, 기관 시동 시에는 기계식 펌프의 회전속도가 낮아 기어펌프의 공급 성능이 떨어진다. 그러므로 고온 시동 시에는 전동식 저압 펌프를 사용하여 기관 시동성을 보완한다.

12.2.3 연료 여과기

연료 압력이 매우 높은 커먼레일 분사장치에서는 기존의 디젤기관보다 정화된 연료 공급이 요구되며, 연료에 이물질이 들어있을 때 고압 펌프의 부품, 압력 제어밸브, 인젝터 등에 손상을 초래할 수 있다. 따라서 연료 여과기의 역할은 매우 중요하며 정비 및 점검할 때에도 주의하여야 한다.

연료 여과기의 내부 구조는 기존 디젤 여과기(그림 11.3)와 같으며, 커먼레일 디젤기관의 여과기는 그림 12.4와 같이 수분 분리, 이물질 분리 및 연료 가열 기능이 있다. 연료에 수분이 유입되거나 동결로 인해 연료의 흐름이 방해되면 시동성능 저하, 공회전 불량 등의 원인으로 이어질 수 있게 된다. 따라서 연료에 함유된 수분이 분리되어 일정량 이상이 여과기 하부에 누적되면 계기판에 수분 경고등이 켜진다.

또한 경유의 특성상 온도가 약 -4℃ 이하로 내려가면 연료 성분 중에서 파라핀계 성분이 응고되어 여과기의 눈막힘 현상이 발생하기 쉽고, 이는 시동성능 저하로 이어진다. 그러므로 겨울철이나 추운 지방에서 이러한 현상을 방지하기 위해 연료 여과기에 가열장치를 설치하여 연료를 직접 가열하도록 되어 있다.

그리고 기계식 저압 연료 펌프를 사용하는 장치인 경우, 연료 여과기 상부에는 저압부 관로의 공기빼기용 수동 펌프인 프라이밍 펌프(priming pump)가 기어펌프의 흡입측에 설치되어 있다.

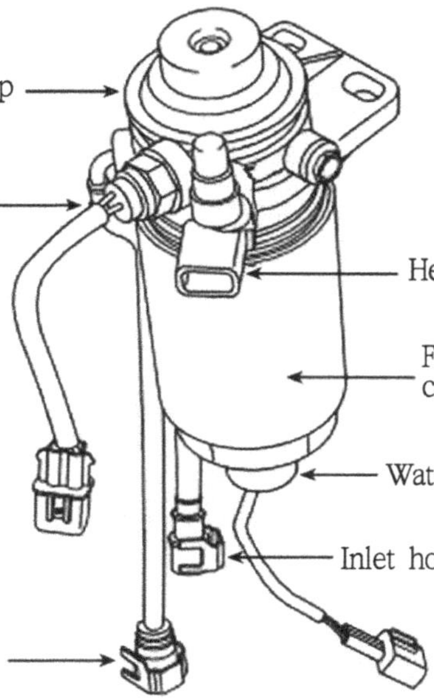

그림 12.4 연료 여과기의 구조

12.2.4 고압 연료 펌프

고압 연료 펌프는 저압 연료 펌프에서 이송된 연료를 기관의 작동조건에 필요한 고압을 발생시켜 커먼레일로 압송하는 역할을 한다. 이 펌프는 기관의 캠축으로 구동되는 레이디얼 피스톤 펌프(radial piston pump)로서 연료에 의해 윤활되고, 저압과 고압 단계 사이의 중간 영역에 있으며 차량의 급출발이나 커먼레일에서 급속한 압력 형성에 필요한 여분의 연료를 공급하는 기능도 한다.

그림 12.5와 같이 고압 연료 펌프 안쪽에는 서로 120° 각도로 3개의 피스톤이 반경방향으로 배열되어 연료를 압축한다. 따라서 매 회전마다 3번의 송출 행정이 이루어지기 때문에 펌프 구동장치에 비교적 일정한 회전력이 유지된다. 그리고 과잉 고압연료의 손실방지를 위하여 배출량 제어방식을 채택하여 기존의 분사펌프에 비하여 구동 토크가 1/2~1/3 정도로 크게 줄어들었다.

고압 펌프의 구동에 요구되는 동력은 커먼레일에 설정된 압력과 펌프의 송출량에 비례하여 증가한다. 대부분 승용차용의 경우 설정압력은 135 MPa이고, 대형 상용차용의 경우는 180 MPa 이상의 초고압이다. 인젝터에서 연료 분사량은 커먼레일에서의 연료 압력에 의

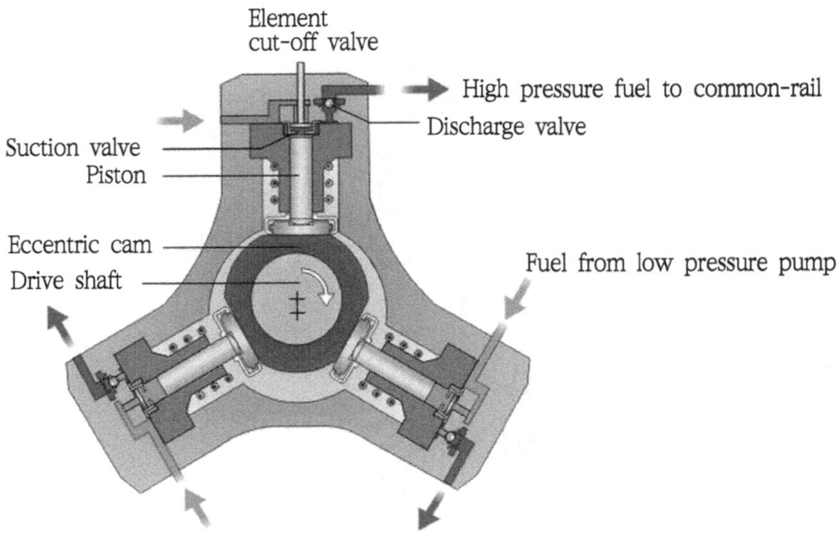

그림 12.5 고압 연료 펌프의 구조

해 결정되고, 그에 따라 기관 출력도 달라진다. 따라서 연료의 누출 또는 압력 제한밸브에 이상이 발생하였을 경우에는 기관 출력에 영향을 줄 수 있다.

12.2.5 압력 제어 밸브

커먼레일의 압력은 여러 가지 방법에 의해 제어되는데, 일반적으로 레일 압력 제어 밸브(rail pressure control valve or high pressure regulator)를 사용한다. 제어 밸브는 커먼레일의 입구에 설치되어 ECU에 의해 듀티 제어(duty control)되며, 고압 연료 펌프에서 송출된 연료 압력을 제한한다. 이 밸브는 기관 회전속도와 부하에 상응하여 설정된 최적의 압력과 일치하도록 커먼레일에서의 연료 압력을 피드백(feed-back) 제어한다. 그리고 연료 압력이 과도하면 밸브가 열려 연료의 일부분이 복귀관을 통하여 연료 탱크로 되돌아가게 한다. 반대로 연료 압력이 낮아지면 압력 제어 밸브는 닫히고 저압 단계부터 고압 단계로 라인을 형성한다. 또한 연료 온도가 높을 경우 연료의 온도를 제한하기 위해 압력을 일정 수준으로 낮추는 경우도 있다. 그리고 압력 제어 밸브가 고장이 나면 안전상의 이유로 기관을 비상 정지시키고, 재시동이 되지 않는다.

아울러 기계식 저압 펌프를 사용하는 기관에서는 압력 제한 밸브(rail pressure limiter valve)를 커먼레일 끝단에 설치하여 안전밸브와 같이 압력을 제한한다. 커먼레일에서의 최대 압력이 175 MPa 정도의 설정 압력을 초과하면 밸브가 열려 일부 연료가 연료 탱크로 복귀된다.

12.2.6 커먼레일 (Common rail)

커먼레일은 고압 연료 펌프로부터 압송된 연료를 축압 저장하는 부분으로, 모든 실린더의 인젝터에서 소요되는 연료를 항상 일정한 압력으로 공급하는 역할을 한다. 고압 연료 펌프에서의 송출과 인젝터의 연료 분사로 인하여 발생하는 압력 변동은 커먼레일의 체적(16~20 cc)에 의해 완화되어 커먼레일 내부 압력은 일정하게 유지된다. 고압 연료 펌프에서 압송되는 연료의 맥동이나 인젝터의 연료 분사에 따른 순간적인 압력 변동은 ECU와 연계된 커먼레일 압력센서(rail pressure sensor)에 의해 상시 감지되며, 압력 제어 밸브에 의해 기관 작동조건에 따라 설정된 연료 압력으로 유지된다.

대체적으로 기관이 공회전중일 때는 커먼레일에서 연료 압력은 30~40 MPa 정도이고, 최고로 가능한 압력은 160~250 MPa 범위이다. 그리고 기관 시동에 필요한 최소 레일 압력은 20~30 MPa 정도이다.

그리고 커먼레일과 인젝터들 사이의 고압 공급관은 강철관을 사용하며, 유동시간이 같도록 모두 동일한 길이로 구성되어 있다.

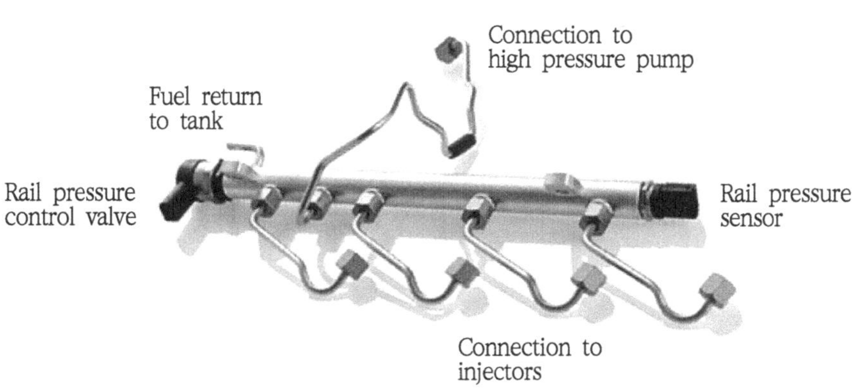

그림 12.6 커먼레일의 구조

12.2.7 인젝터 (injector)

(1) 인젝터의 구조

기존 기계식 디젤기관에서는 그림 11.20에 나타낸 것과 같이 연료 분사기는 스프링과 니들 밸브로 구성되어 있고, 분사펌프에서 압송된 연료 자체의 압력(20~30MPa 이상)으로 니들 밸브를 작동시킨다. 하지만 커먼레일 직접분사식(CRDI)의 디젤기관에서는 전자제어 가솔린기관의 경우(그림 6.22의 MPI 및 그림 8.10의 GDI 가솔린기관의 연료 분사장치)와 유사하게, ECU에서 기관 운전조건에 상응하여 연산된 적정 연료량을 분사하기 위하여 전기적으로 작동하는 솔레노이드 밸브(solenoid valve) 또는 압전식 액추에이터(piezo actuator)를 이용하여 인젝터를 구동한다.

하지만 앞에서 기술한 가솔린기관 및 기계식 디젤기관보다 연료 분사압력이 매우 높기 때문에 기존 분사장치에 유압 서보 장치(hydraulic servo-system)를 추가시켜 니들 밸브를 보다 신속하게 열기 위한 구동력을 증폭시킨다. 따라서 커먼레일 인젝터는 그림 12.7에 나타낸 바와 같이 솔레노이드 밸브(또는 피에조 액추에이터), 인젝터 니들(injector needle), 제어 플런저(control plunger), 노즐 스프링, 니들 및 다공형 노즐 등으로 구성되어 있다.

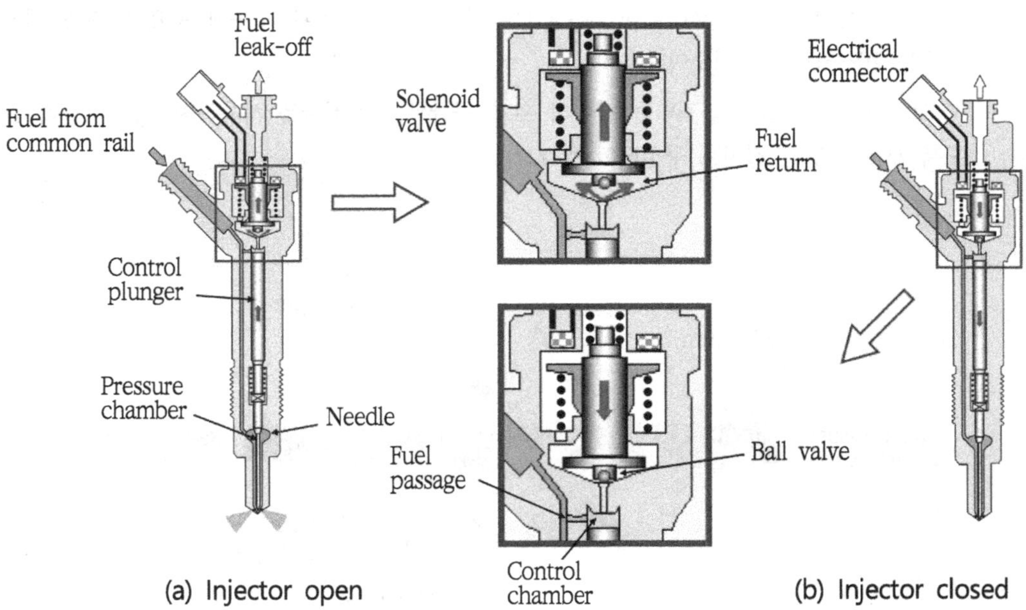

그림 12.7 커먼레일 인젝터의 구조 및 작동

(2) 인젝터의 작동

그림 12.7은 솔레노이드에 의해 작동되는 인젝터의 예로, 커먼레일의 고압 연료는 흡입구(inlet port)를 거쳐 니들 하부와 밸브 제어실(control chamber)로 유입되고, 밸브 제어실은 솔레노이드 및 인젝터 밸브의 볼(ball)에 의해 열리는 배출구(bleed orifice)를 통해 복귀 라인(leak-off line)과 연결되어 있다. 인젝터의 작동을 연료 분사 경과에 따라 설명하면 다음과 같다.

솔레노이드에 통전이 시작되면 인젝터 밸브가 상승하고 밸브 제어실의 배출구가 열린다. 참고로 솔레노이드에 의한 인젝터 밸브의 최대 행정은 약 50 μm이다. 이어서 제어실의 고압 연료는 배출구를 통해 점차적으로 복귀관으로 유출됨에 따라 제어 플런저 상부의 연료 압력이 저하되고, 니들 하부와 압력차가 커지면서 니들이 상승하고 노즐 구멍이 개방되면서 연료 분사가 개시된다. 이후 솔레노이드에 통전이 지속되면 니들은 최대 양정(full lift)의 상태가 되고 연료 유량이 더욱 증가되면서 최대 분사율을 나타낸다.

필요한 연료량이 분사되면 ECU에 의해 솔레노이드에 흐르는 전기가 차단되고 인젝터 밸브가 다시 제자리로 돌아오면서 볼이 밸브 제어실의 배출구를 막게 된다. 이때 커먼레일의 고압 연료가 제어 플런저 상부에도 급격히 작용하면서 니들 하부와의 압력차가 줄어들고, 스프링 복원력에 의해 니들이 빠른 속도로 하강하여 노즐 구멍을 막으면서 분사가 종료된다.

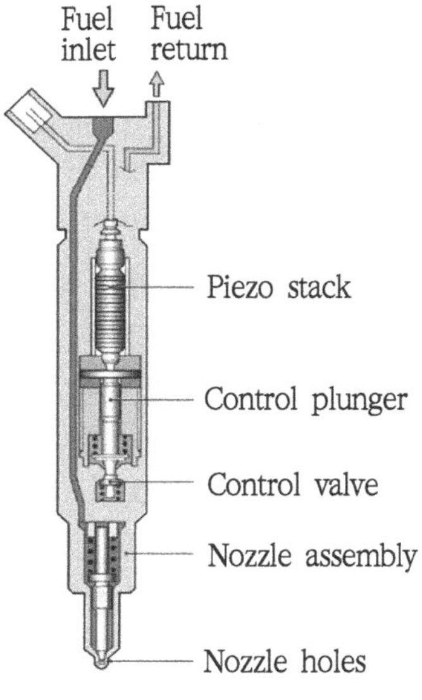

그림 12.8 피에조 인젝터

한편 그림 12.8에서 보여주는 피에조 인젝터(piezo injector)는 솔레노이드 대신에 얇은 세라믹과 금속이 교대로 층을 이룬 압전 적층(piezo stack)의 액추에이터를 사용한다. 피에조 인젝터도 압전 소자를 구동시키기 위하여 200 V 이상의 높은 전압을 사용하지만, 압전 적층에 전기가 흐르면 순간적으로 확장하여 액추에이터가 빠르게 작동한다. 그러므로 ECU에서 신호를 받아 분사가 이루어지는데 소요되는 시간이 약 30 μs이고, 솔레노이드 방식에 비하여 4~5배 빠른 속도로 반응한다. 그리고 피에조 인젝터는 솔레노이드 방식보다 고가이지만, 반응시간도 빠르고 작동이 정밀하여 고속에서 다단 분사에 유리하고, 최근에는 유압 서보 장치가 없이 니들 밸브를 직접 구동하는 방식이 개발되어 연료분사의 정확성과 반응성이 더욱 향상되었다.

(3) 분사 특성

기존 기계식 분사펌프에 의한 연료 분사는 1회의 주 분사만으로 이루어지고, 분사펌프 캠과 플런저의 연동된 작동에 의해 연료가 압송된다. 따라서 연료 분사압력은 분사된 연료량과 함께 증가하고, 분사 말기에 노즐이 닫혀 압력이 떨어지는 특성을 지니고 있다. 그러므로 분사된 연료량이 적을수록 더욱 낮은 압력으로 분사되며, 최대 분사압력은 평균 분사압력보다 2배 이상 크다. 이 최대 압력은 연료 분사펌프 구성 요소와 기관 부하에 결정적인 영향을 미치며, 연소실에서 형성되는 공기-연료 혼합 비율에도 영향을 미친다.

결과적으로 기계식 분사장치의 정밀한 연료량 제어에는 한계가 있다. 그러므로 연료 분사량과 분사압력의 독립적인 제어가 가능하고 기관의 작동 조건에 적절히 대처할 수 있는 연료분사 특성이 요구된다. 그리고 분사 과정의 초기(분사 개시와 연소 개시 사이의 착화지연 기간 동안)에 분사된 연료량은 가능한 적어야 한다.

반면에 커먼레일 분사방식에서는 앞에 기술하였듯이 연료 압송과 분사를 별개로 실행하므로 기관 회전속도에 관계없이 분사압력의 임의 제어가 가능하다. 그리고 인젝터는 솔레노이드 또는 압전 적층의 통전에 의해 니들 양정이 직접 제어되므로, 연료 분사 개시는 통전시기와 일치하고 분사량은 통전시간에 의해 결정된다. 그러므로 통전 방식에 따라 분사 특성이 달라지고, 일정시간 내에 수차례의 통전이 가능하므로 예비 분사(pilot injection) 및 다단 분사도 실현시킬 수 있는 특성이 있다.

12.3 커먼레일 기관의 제어

커먼레일 디젤기관도 전자제어 가솔린기관에서와 같이, ECU는 각종 센서들의 출력 신호를 받아 기관 각부의 작동 상태 그리고 가속페달의 위치와 같은 자동차의 현재 작동 조건에 대한 정보를 파악한다. 그리고 ECU는 메모리에 저장된 자료들을 바탕으로 입력 신호들을 평가하여 최적의 연소 환경이 조성될 수 있도록 커먼레일의 압력 제어밸브 또는 고압 연료 펌프의 연료량 제어 밸브, 인젝터 및 EGR 밸브와 같은 대부분의 액추에이터(actuator)를 위한 출력 제어값들을 연산한다.

ECU의 출력 신호에 따라 인젝터와 각종 스위치들이 작동하고, 각종 센서들의 정보를 이용하여 기관의 운전 상태에 따라 시시각각으로 보정한다. 이 외에도 차량의 주행특성 및 안락성을 향상시키기 위한 광범위한 추가 기능들을 가지고 있다. 따라서 차량에는 70여개의 제어 모듈들이 장착되어 있는데, 그 중 핵심 모듈이 엔진 제어 모듈(ECM ; Engine Control Module)과 동력 전달계 제어 모듈(PCM ; Power-train Control Module)이 있다. 아울러 자동 변속장치(automatic transmission system), 조향장치(power steering system), 에어백(air-bag), ABS(Anti-lock Brake System) 등의 제어 모듈들이 있으며, 센서들의 감지 신호를 받아 액추에이터들을 피드-백 제어하기 위해서는 이러한 모듈들 사이의 데이터 통신은 필수적이다. 따라서 차량 내에서 호스트 컴퓨터(host computer)가 없이 마이크로 콘트롤러(micro-controller)나 장치들이 서로 통신하기 위해 설계된 표준 통신 규격인 CAN(Controller Area Network) 데이터 버스 시스템(data bus system)이 가솔린 차량뿐만 아니라 디젤 차량에도 적용되고 있다.

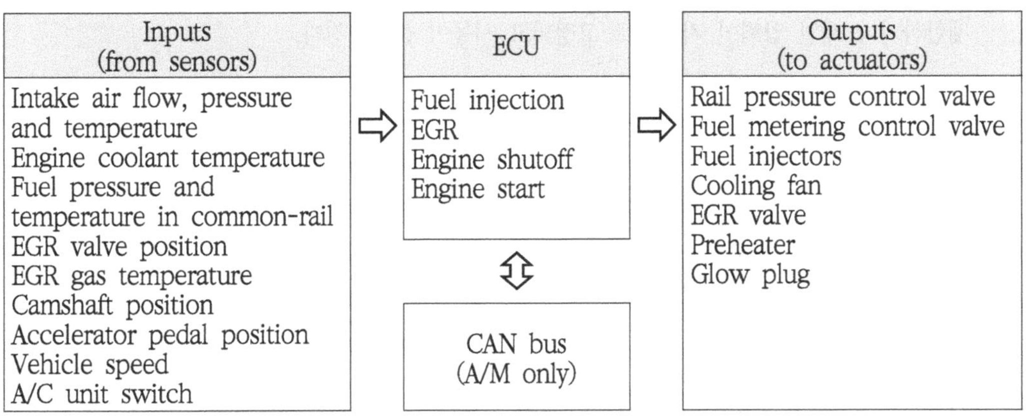

그림 12.9 커먼레일 디젤기관의 제어 계통

12.3.1 입력 요소

(1) 가속 페달 위치 센서 (APS ; Accelerator pedal Position Sensor)

디젤기관의 출력 제어는 연료량 제어방식이므로 가속 페달(accelerator pedal)과 연료 분사펌프의 제어 로드가 케이블로 연결되어 있지만, 커먼레일 디젤기관에서는 고압 연료 펌프의 송출량을 제어하는 것이 아니므로 케이블이 없다. 대신에 GDI 가솔린기관의 전자 제어식 스로틀 밸브(그림 8.12)에서처럼 가속 페달 위치 센서를 사용하는데, 운전자가 가속 페달을 밟는 정도를 감지하여 ECU에 신호를 전달한다.

가속 페달 위치 센서는 가변저항식 스로틀 위치 센서(TPS, 그림 6.16)와 같은 원리로 작동한다. 센서 1에 의해 연료량과 분사시기가 결정되며, 센서 2는 센서 1을 검사하는 센서이며 차량의 급출발을 방지하는 기능을 한다. 센서 1과 2의 전압 비율이 일정치를 벗어나면 고장으로 판단하여 림프 홈 모드(limp home mode)로 진입하고, 기관의 회전속도를 1250 rpm 정도로 고정시켜 최소한의 주행만 가능하도록 한다.

(2) 연료 압력 센서 (RPS ; Rail Pressure Sensor)

연료 압력 센서는 커먼레일에 장착되어 연료 압력을 감지하여 ECU에 전달하고, ECU는 연료 분사량 및 분사시기를 조정한다. 연료 압력 센서 내부는 얇은 막의 피에조 소자(piezo element) 방식이며, 그림 12.10과 같이 ECU로부터 5 V의 전원을 공급받으며 레일 압력에 비례하여 출력 전압이 1.2~4.8 V로 변화한다. 만약 이 센서의 출력 전압이 0.2 V 이하로 지속되면 센서의 고장으로, 기관은 림프 홈 모드로 진입하여 기관 회전수를 제한하거나 레일 압력이 저압으로 고정되고 시동이 불량해진다.

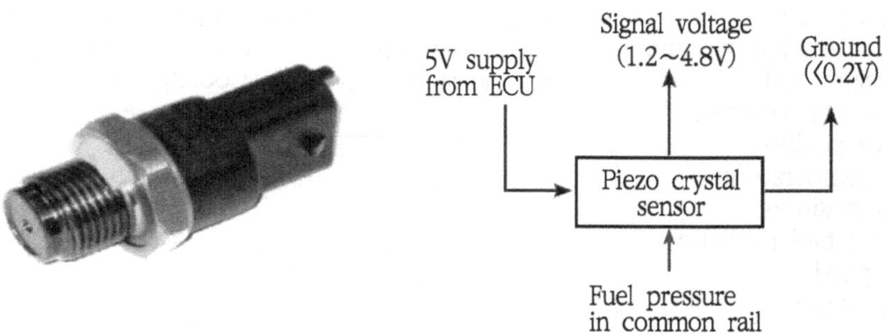

그림 12.10 연료 압력 센서의 원리

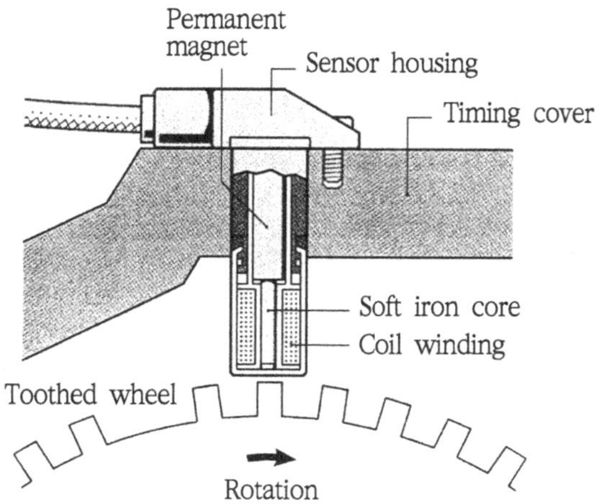

그림 12.11 크랭크 각 센서의 구조

(3) 크랭크 각 센서 (CAS ; Crank Angle Sensor)

크랭크 위치 센서는 CPS 또는 CKP라고도 하며, 영구 자석(permanent magnet)과 이어진 연철 철심(soft iron core)에 구리선을 감은 코일로 이루어져 있다. 센서에 금속을 가까이 하거나 멀어지게 하면 영구 자석의 자기력선에 변화가 발생하고 구리 코일에서 자기 유도(magnetic induction) 작용에 의해 전기가 발생되는 원리를 이용한 것이다. 크랭크 각 센서는 실린더 블록에 설치되어 크랭크축과 일체로 되어 있는 센서 휠(toothed wheel)이 돌아갈 때 휠의 돌기를 감지하여 크랭크축의 각도 및 기관 회전수를 감지한다.

ECU는 이 신호를 바탕으로 크랭크축과 연동되는 피스톤의 위치를 파악하여 연료 분사 시점을 결정한다. 제조사에 따라 차이가 있지만 센서 휠에는 대부분 60등분으로 분할하여 6° 간격으로 58개의 돌기와 돌기가 없는(missing tooth) 2곳의 참고점이 있다. 그리고 이 센서가 고장이면 안전상 기관이 정지되며 재시동이 불가능하다.

(4) 캠 위치 센서 (Cam Position Sensor)

캠 위치 센서는 크랭크 각 센서와 비슷하며, 홀 센서(hall sensor) 방식으로 캠축에 설치되어 캠축 1회전(크랭크축 2회전)당 1개의 펄스 신호를 발생시켜 ECU에 보낸다. ECU는 크랭크 각 센서의 참고점 신호와 캠 위치 센서의 신호를 비교하여 1번 실린더의 상사점(TDC of No. 1 cylinder)을 검출하고 연료 분사 순서를 결정한다.

기관이 시동된 후에는 크랭크 위치 센서에 의해 생성된 정보는 모두 학습되므로, 기관이 가동되는 동안 캠 위치 센서에 고장이 발생하여도 기관은 계속 가동된다. 그러나 기관을 정지하였다가 재가동할 때에는 이 센서의 출력이 발생하지 않아 1번 실린더의 상사점을 판별할 수 없으므로 기관 시동이 불가능하다.

(5) 공기 유량 센서 (AFS ; Air Flow Sensor)

공기 유량 센서는 열막 방식(hot fi1m type)을 적용하나, 가솔린기관에서와 같이 연료 분사량을 결정하기 위한 용도가 아니다. 디젤기관에서 이 센서는 배출가스 재순환(EGR) 장치의 피드-백 제어(feed-back control) 및 급기 압력(boost pressure)의 제어 용도로 사용된다.

질소산화물(NO_x)의 생성 원인인 과잉 산소량을 줄이기 위하여 배출가스의 재순환을 실시하는데, 최적의 배출가스 재순환량을 결정하기 위하여 공기 흡입량에 대한 정보가 필요하다. 따라서 공기 유량 센서의 출력값을 바탕으로 ECU는 EGR 솔레노이드 밸브를 제어하여 연소실로 재순환되는 가스량을 조절한다.

그리고 배기 과급기가 장착된 기관은 스모크(smoke) 발생이나 과다한 압력 발생을 방지하기 위하여 흡기다기관의 급기 압력(boost pressure)을 목표 압력으로 제어할 필요가 있다. 이를 위해 가변 형상 과급(variable geometry turbocharging) 방식에서는 터빈 입구 면적을 변화시키는데, ECU는 흡입 공기 유량과 연료 공급량의 합인 가스 유량 정보가 필요하다.

(6) 온도 센서 (Temperature sensor)

각종 온도 센서들은 제6장 전자제어 가솔린기관에서 설명한 바와 같이 온도 상승에 따라 저항값이 감소하는 부 특성 서미스터(thermistor)를 사용한다.

흡기 온도 센서(ATS)는 공기 유량 센서(AFS)와 함께 설치되며, 연료량 및 분사시기의 결정, 기관을 시동할 때 연료량 제어 등을 위한 보정 신호로 사용된다. 또한 EGR 피드-백(feed-back) 제어를 정밀하게 수행하기 위해 흡입공기의 밀도 산정에 온도 신호가 필요하다. 그러므로 흡기 온도 센서가 고장이면 ECU는 EGR 제어를 중단하고, 흡입공기의 온도를 제조사에 따라 20~60℃로 간주한다.

연료 온도 센서(FTS)는 고압 연료 펌프에 공급되는 연료의 온도를 감지하여, 설정 온도 이상으로 상승하면 연료 분사량을 제한한다. 커먼레일 연료장치에서도 연료가 윤활작용을 수행하는데, 연료 온도가 상승하면 점도가 낮아져서 윤활 성능이 저하되어 고압 펌프나 인젝터 등이 손상될 수 있기 때문이다.

냉각수 온도 센서(WTS)는 냉간 상태에서 기관의 원활한 시동을 위해 냉각수 온도에 따라 연료량을 증감시키는 용도이다. 기관 온도가 낮은 상태에서는 연료를 고압 분사하더라도 안개화 및 기화가 충분하지 못하고 압축 온도도 낮아서 시동이 불가능할 수 있다. 그러므로 냉간 시동에서는 예열장치에 신호를 주어 흡입공기를 예열시키도록 하고, 연료량을 증가시켜 원활한 시동이 될 수 있도록 한다. 그리고 기관이 가동되어 온도가 상승된 열간 상태에서는 냉각팬의 제어에 필요한 신호를 준다.

그리고 배기 온도 센서(ETS)는 배기 과급기 입구에 설치되어 VGT의 가변 노즐을 제어하는데 필요한 신호를 준다. 또한 제13장에서 설명할 배출가스 후처리 장치에도 배기 온도 센서들이 필요하다. 이는 기관 작동 조건에 따라 배출가스의 유해 성분을 효율적으로 정화시키기 위해 촉매의 활성화 및 정화장치의 재생 등이 필요하여 피드백 제어가 이루어져야 하기 때문이다.

(7) 브레이크 스위치 (Brake switch)

브레이크 스위치는 브레이크 페달(brake pedal)의 작동 상태를 감지하여 가속 페달 센서(APS)의 고장 여부를 검출하는 안전장치로 사용된다. 차량 주행 중에 운전자가 브레이크 페달을 밟게 되는 경우, ECU에 브레이크 신호에 이어 가속 페달 센서의 출력 신호가 낮게 들어오면 정상이지만, 높은 출력값이 들어오면 가속 페달 센서의 고장으로 판단한다. 이 같은 고장이 검출되면 ECU는 기관을 림프 홈 모드로 진입시켜 연료 분사량을 제한하고 기관 속도를 일정 회전수로 고정시킨다.

그리고 브레이크 스위치는 정확한 신뢰성 확보를 위해 스위치 1과 2로 나누어져 있으며, 이 두 신호는 서로 감시하여 브레이크 신호의 고장을 검출한다.

(8) 에어컨 스위치

에어컨이 작동될 때 기관 회전속도가 떨어지는 현상을 방지하기 위해 연료량을 보정하는 신호로 사용된다. 아울러 급경사로 주행이나 가속시와 같이 보다 큰 구동력이 필요할 때는 에어컨 가동을 잠시 정지시킨 후에 재개하는 기능도 가능하다.

12.3.2 출력 요소

(1) 인젝터의 연료분사

기계식 분사장치의 경우 1사이클에 1회의 연료분사가 이루어지지만, 커먼레일 방식의 인젝터는 1사이클에 필요한 연료량을 여러 번으로 나누어 분사하는 다단 분사가 그림 12.12와 같이 가능하다. 일반적으로 1~2회의 예비 분사, 주 분사 및 1~2회의 사후 분사와 같이 3단계의 연료 분사를 실시하고, 기관의 운전에 따라 차이가 있다.

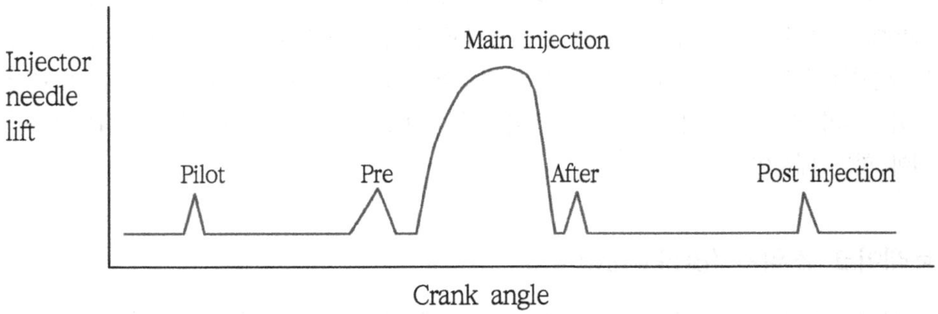

그림 12.12 커먼레일 디젤기관의 다단 분사

① 1단계 : 예비 분사

1~2회의 예비 분사(pilot injection or pre-injection)는 주 분사가 이루어지기 전에 매우 적은 양의 연료를 분사하여 연소가 잘 이루어지도록 하기 위한 것으로 점화 분사라고도 한다. 또한 디젤기관의 가장 큰 단점인 소음과 진동을 감소시키기 위한 목적으로 미량의 예비 분사를 실시한다.

그림 12.13은 주 분사만 시행한 경우와 예비 분사를 함께 시행한 경우에 있어서 연소실의 가스 압력 변화를 비교한 것이다. 예비 분사를 시행한 경우 주 분사 직전에 미리 착화가 이루어져, 주 분사된 연료의 착화지연기간이 짧고 예혼합 연소량도 적어서 연소실 압력이 매끄럽게 상승하면서 소음이나 진동이 감소된다. 또한 연소 온도의 급격한 상승도 억제하여 질소산화물의 생성이 저감되는데 효과가 있다.

예비 분사의 횟수는 기관의 온도나 급기 압력, 부하, 기관회전수 등에 따라 결정하는데, 시동 초기나 진동 및 소음이 큰 조건에서는 2회의 예비 분사를 실시한다. 하지만 기

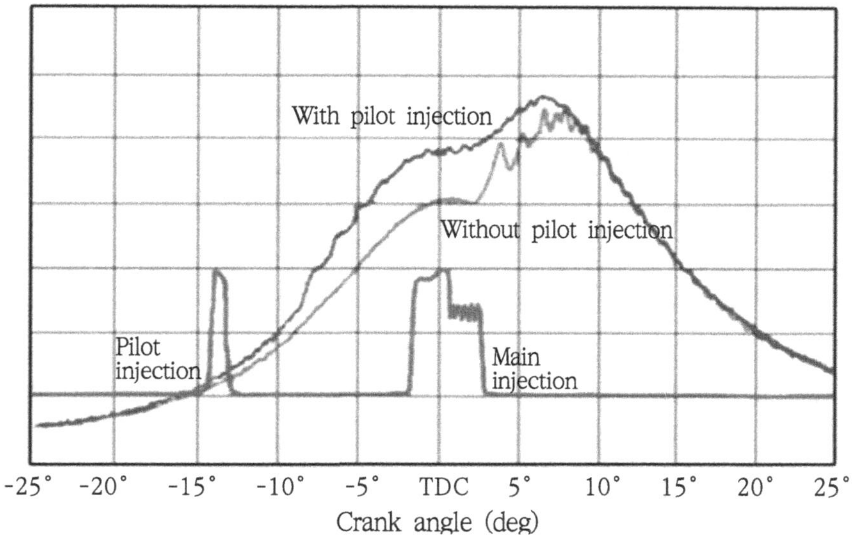

그림 12.13 예비 분사에 따른 연소실 압력 발생 비교

관의 운전상태가 양호한 조건에서는 1회만 예비 분사를 한다. 일반적으로 예비 분사시간은 1 ms 이내이고 분사량은 1 mm^3 이하로 유지된다.

그러나 연료 분사량이 너무 적어 주 분사량이 충분하지 않을 경우, 커먼레일에서의 연료 압력이 설정치보다 낮은 상태, 기타 제약 조건에 해당되는 경우에는 예비 분사가 제한될 수 있다.

② 2단계 : 주 분사

기관의 출력 발생에 필요한 연료량은 대부분 주 분사(main injection)에서 이루어진다. 기본 분사량은 가속 페달 센서의 신호에 따라 결정되고, 기관 회전속도, 냉각수 온도, 흡기 온도, 급기 압력 등의 신호값을 받아 분사량을 보정한다. 그리고 예비 분사의 실행 여부에 따라 주 분사량이 달라지고, 온도에 따라 연료 밀도가 변화하므로 연료 온도에 대한 보정도 실시한다. 다만, 연료 온도 센서가 고장이면 특정 온도로 고정하거나 분사량 보정을 하지 않는다.

최근에는 주 분사도 나누어 시행하기도 하는데, 주 분사 초기에는 낮은 분사율로 급격한 압력 및 온도 상승을 억제하여 질소산화물의 생성을 최소화 한다. 그리고 후기에는 분사율을 최대로 하여 급속하게 완전 연소가 이루어지도록 한다.

③ 3단계 : 사후 분사

사후 분사(after or post injection)는 팽창 행정과 배기 행정에 걸쳐서 이루어지는데, 유해 배출가스를 감소시키는데 목적이 있다.

연소 과정에서 발생된 입자상 물질(PM ; Particulate Matters)은 소량의 연료 분사(after injection)를 통해 재가열하여 연소시키고, 다시 배출가스 후처리 장치에서 정화되도록 한다. 또한 후처리 촉매장치에서 질소산화물(NO_x)의 환원에 필요한 탄화수소(HC)를 공급하고 배출가스의 온도를 높이기 위하여 사후 분사(post injection)를 실시하기도 한다.

사후 분사는 배출가스 중의 유해 성분을 규제치 이하로 낮추기 위하여 적용되며, 기관의 효율 향상이나 연료소비량 감소하기 위한 목적이 아니다. 오히려 사후 분사량이 많을수록 기관의 연료소비량은 증가하고 열효율은 낮아진다.

12.3.3 배출가스 재순환

커먼레일 방식은 고압 분사를 통해 입자상 물질의 배출은 대폭적으로 저감되나, 연소가스의 압력과 온도가 기계식 디젤이나 가솔린기관에 비해 높아져서 질소산화물의 생성은 더욱 늘어난다. 따라서 제13장에서 기술하는 배출가스의 후처리도 중요하지만, 배출가스 재순환(EGR ; Exhaust Gas Recirculation)을 통해 연소 온도를 낮추고 질소산화물의 생성을 억제하는 것이 중요하다.

대부분의 배출가스 재순환은 그림 12.14에 나타낸 바와 같이 EGR 밸브를 작동시켜 과급기의 터빈으로 흐르는 고온·고압의 가스 일부를 흡기다기관으로 유입시키는 고압(high pressure) 방식이다. 재순환된 배기는 과급기의 압축기에서 압축되어 급기 냉각기를 통과하면서 밀도가 높아진 급기(charge air)와 혼합되어 연소실로 흡입된다. 하지만 고압 EGR 방식에서는 배기 일부가 과급기 터빈을 구동하지 않고 재순환되므로 EGR 시행 중에는 터빈의 출력이 저하되게 된다. 그리고 무과급 디젤기관에 비하여 흡기다기관 내의 공기 압력이 높아서 EGR량의 제어가 어려우므로 별도의 스로틀 밸브(throttle valve)와 같은 제어 밸브를 EGR 밸브와 함께 사용한다.

디젤기관은 본래 스로틀 밸브가 필요하지 않으며, 가솔린기관에서와 같이 흡입공기량을 제어 목적이 아니다. 이 밸브는 흡기관에서 EGR 합류부의 상류에 설치되어 흡기관 내의 압력을 제어하고, 배출가스가 흡기관으로 재순환되는 것을 용이하게 해준다. 흡기 스로틀 밸브는 EGR 밸브와 함께 전자제어에 의해 작동되며, ECU는 흡입공기량과 같은 각종 센서들의 입력값에 따라 최적의 EGR량을 계산하여 솔레노이드 밸브를 제어한다.

반면에 저압(low pressure or cooled) EGR의 경우는 과급기와 후처리 장치를 통과한 저압의 정화된 배기를 과급기의 압축기 입구 관로로 재순환시키는 방식이다. 따라서 배출가스 재순환에 따른 터빈 구동력의 감소가 없으므로, 고압 방식에 비하여 EGR율도 높게 할 수 있고 제어도 용이하다. 다만, 압축기 이전의 관로에 배출가스를 유입시키므로 압축기 회전차의 오염 및 작동 온도의 상승과 같은 문제가 야기될 수 있다. 따라서 후처리장치를 통과하면서 입자상 물질과 같은 오염 물질이 정화된 배출가스를 재순환시키고, EGR 냉각기(cooler)를 거치면서 엔진 냉각수에 의해 재순환되는 배기의 온도를 낮춘다. 그리고 과급기 및 연소실 부품의 부식 방지를 위해 탈황처리된 저유황 경유를 사용하여야 한다.

아울러 EGR은 기관이 정상적으로 가동될 때에만 실행되고 기관 시동시와 같이 냉각수 온도가 너무 낮거나 공회전 시에는 연소속도가 낮아 기관이 정지될 수 있으므로 EGR 작동을 정지한다. 그리고 EGR을 시행하면 기관 출력이 저하되므로 연료 분사량이 일정 수준 이상이 되면 출력 증강을 위해 EGR를 멈춘다. 아울러 공기 유량 센서(AFS)나 연료 압력 제한 밸브, EGR 밸브 등이 고장일 때도 EGR은 실행되지 않는다.

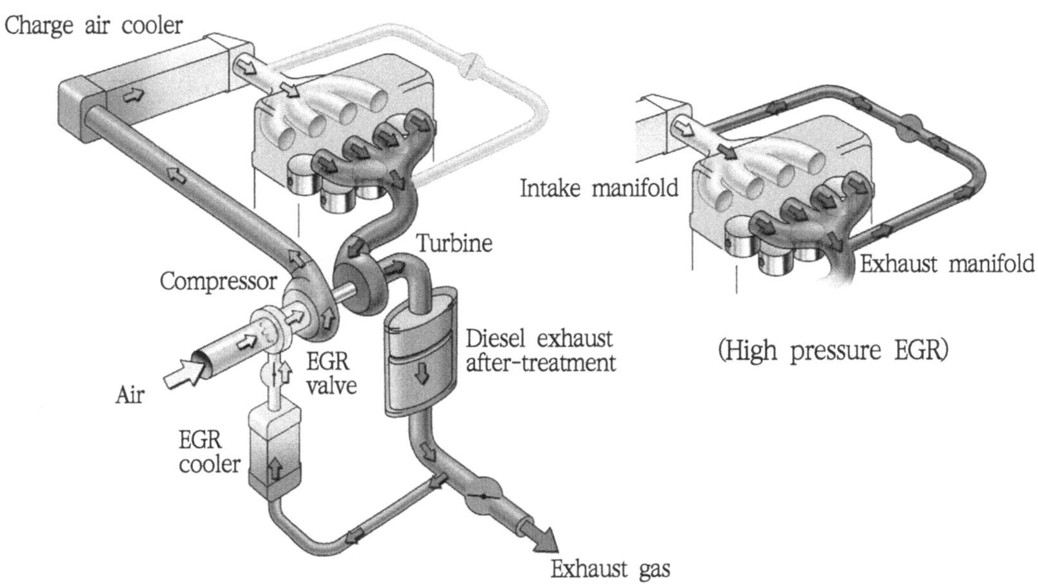

그림 12.14 커먼레일 디젤기관의 배출가스 재순환

12.3.4 흡입공기 예열

기관의 온도가 낮은 상태에서 시동을 원활히 하기 위하여 흡입공기의 예열이 필요하며, 난기(warm-up) 운전 시간을 줄여서 유해가스 배출을 감소시킬 수 있다. 흡기의 예열은 제9장에서 설명한 예열플러그(glow plug)를 주로 사용하는데, 기관 냉각수 온도와 회전속도에 의해 제어된다. 그러나 축전지(battery) 전압이 약 7.5 V보다 낮으면 예열플러그는 작동되지 않으며, 수온 센서가 고장일 경우에는 -25℃로 대체되어 제어된다.

(1) 예비 예열(pre-glow)

기관을 시동할 때 ECU에 전원이 공급되면 예비 예열은 동시에 개시되고, 지속 시간은 냉각수 온도에 따라 달라지지만 최대 16초간 제어된다. 그리고 기관 회전속도 450 rpm 이상에서 480 ms를 초과하면 예비 예열은 중지된다.

(2) 시동 예열(start-glow)

시동 예열은 냉각수 온도가 60℃ 이하인 경우 매번 실시되며, 회전속도 45 rpm과 시간 480 ms를 초과할 때 실시한다. 동시에 시동 예열 상태와 관련된 타이머가 작동하며, 작동 시간이 약 15초를 경과하거나 냉각수 온도가 60℃ 이상인 경우에는 작동을 종료한다.

(3) 사후 예열(post-glow)

사후 예열은 ECU에 전원 공급 후 단 1회만 최대 10초간 실시되며, 작동 시간은 냉각수 온도에 따라 결정된다. 하지만 연료 분사량이 75 mm^3를 초과하거나 기관 회전속도가 3500 rpm 이상인 경우에는 작동을 종료한다.

(4) 중간 예열(intermediate glow)

사후 예열을 완료한 후에 냉각수 온도가 21℃ 이하이고, 연료 분사량이 100 mm^3 미만이면서, 기관 회전속도가 1000 rpm 이하이면 중간 예열을 실행한다. 하지만 3가지 조건 중 어느 하나라도 초과하면 즉시 예열을 중지한다.

연습문제 12

12.1 커먼레일 디젤기관의 장점은 무엇인가?

12.2 커먼레일 디젤기관의 연료장치 구성에 대하여 기술하라.

12.3 커먼레일 디젤기관이 기존의 디젤기관보다 연료 중의 수분 및 이물질에 보다 민감한 이유는 무엇인가?

12.4 디젤기관에서 연료 온도 센서(Fuel Temperature Sensor)의 역할은 무엇인가?

12.5 CRDI 디젤기관에서 예비 분사(pilot injection)의 목적은 무엇인가?

12.6 CRDI 디젤기관에서 압력 제한 밸브의 역할에 대하여 기술하라.

13

디젤 배출가스 후처리

13.1 디젤 배출물의 개요

디젤기관은 비출력이 낮고 진동이나 소음도 크지만, 내구성이 뛰어나고 열효율이 높아서 승합차나 중·대형 상용차에 널리 탑재되고 있다. 하지만 상용 차량의 유해 배출물 규제는 기술적으로 곤란한 면들이 있었고, 물류비 상승과 같은 문제로 이어질 수 있어서 승용차에 비하여 유해 배출물 규제가 관대하였다. 현재 운송업에 사용되는 디젤 트럭의 경우 주유, 윤활유, 타이어 등의 교체 및 정비 등을 포함한 제반 운행비용에서 연료비가 80% 정도를 차지하는 것으로 알려져 있다.

일례로 적재능력 10톤의 대형 트럭이 생산되어 폐차될 때까지 100만km를 주행한 경우를 살펴보자. 이 차량에 기계식 디젤기관이 탑재되었지만 매연 여과장치나 산화촉매장치와 같은 후처리 장치는 부착되지 않은 경우, 1차 수명동안 소비되고 배출한 물질들을 그림 13.1에 나타낸 바와 같이 요약할 수 있다.

연료(경유)는 대략 230톤을 사용하고 10 TN·m의 일을 하며, 이 경우 배출가스의 주요 성분인 이산화탄소(CO_2)는 730톤 정도를 배출한다. 석유계 연료를 사용하는 이상 열에너지의 근원은 거의 탄화수소의 산화에 의한 것이므로 이산화탄소의 발생은 피할 수 없다. 이산화탄소는 그 자체가 유독한 가스는 아니나 지구온난화의 주된 요인으로 알려진 온실가스이므로, 지구환경 보호차원에서 이산화탄소 배출량의 저감이 절실히 요구되고 있다.

그림 13.1 디젤기관이 장착된 대형 트럭의 소비 및 배출 물질

차량기관으로부터 배출되는 이산화탄소를 줄이기 위해서는 열효율을 향상시켜 연료 소비량을 줄이는 방법 이외는 달리 길이 없다. 이와 같은 의미에서 디젤기관은 본질적으로 가솔린기관보다 연료소비율이 낮은 특성을 가지고 있고, 더구나 전자제어장치가 도입되어 효율이 향상되면서, 일부 승용차나 하이브리드 자동차에서도 디젤기관이 탑재되고 있다.

그러나 디젤기관의 배출가스 중에는 가스 상태의 유해 배출물과 입자상 물질이 혼합되어 있으며 가솔린기관의 배출량보다 많다. 그림 13.1에서도 보여주듯이 질소산화물(NO_x)의 배출은 이산화탄소 다음으로 많으며 6.3톤이다. 현재는 가솔린기관의 삼원촉매장치와 같은 후처리 장치들이 개발되어 디젤기관의 질소산화물 배출량이 충분히 저감될 것으로 전망된다. 그러나 질소산화물의 배출 비율을 근원별로 비교하면 전체 배출량에서 차량기관에 의한 것이 대략 절반을 차지하고, 다시 그 절반이 디젤차로부터 배출된 것으로 추정된다. 따라서 질소산화물의 배출저감이 여전히 디젤기관의 가장 중요한 과제중 하나이다.

황산화물(SO_x)의 배출량도 많은데, 이는 연료 중에 함유되어 있는 유황 성분이 연소할 때 생성되는 것이다. 따라서 황산화물의 발생은 연료의 정제 단계에서 탈황처리하는 것이 가장 효과적이며, 현재는 저유황 경유의 사용으로 황산화물의 발생은 크게 저감되고 있다.

한편 과거에는 디젤기관으로부터 배출되는 입자상 물질을 디젤 스모크(diesel smoke)로 칭하여 배출가스의 농도 또는 빛의 투과도로 그 정도를 규제하여 왔으며, 연소 기술이 발전하면서 육안으로 볼 수 있는 매연은 획기적으로 줄어들었다. 근래에는 배출가스 중에 함유된 모든 입자상 물질(PM ; Particulate Matters)을 질량 기준으로 규제하고 있으나, 앞으로는 입자 개수(PN ; Particle Number)도 제한하게 된다.

13.2 가솔린기관과의 배출물 비교

도시에서 발생되는 일산화탄소(CO)의 90%는 자동차로부터 배출되는 것으로 알려져 있다. 가솔린기관에서 배출되는 일산화탄소(CO)와 탄화수소(HC)는 디젤기관의 경우보다 많지만, 배기관에 정화장치를 부착하여 대부분의 유해 성분을 화학적으로 후처리하여 대기 중에 방출되는 실질적인 양은 지극히 적다. 그리고 가솔린기관의 경우 질소산화물(NO_x)의 생성을 저감시키기 위하여 배출가스 재순환(EGR) 장치를 부착하고 있다. 주로 고부하에서 배출가스의 일부를 연소실로 순환시켜 연소온도를 낮추어 질소산화물의 생성을 억제하고, 배출되는 약간의 질소산화물도 배기계통의 삼원촉매장치에 의해 충분히 산소와 질소로 분리 환원시킨다.

하지만 많은 디젤 차량들에는 가솔린 차량처럼 후처리장치가 장착되어 있지 않으며, 질소산화물의 배출은 디젤기관인 편이 많다. 물론 최근의 디젤기관에서는 가솔린기관과 같이 EGR 장치를 사용하는 경우도 있다. 그러나 디젤기관의 경우 EGR을 하게 되면 배출가스 중의 입자상 물질이나 황산화물 등이 기관 부품의 마모 및 부식 촉진 등의 좋지 못한 영향을 주어 기관 자체의 내구성에 문제가 될 수 있다. 또한 가솔린기관에서 사용되는 삼원 촉매장치는 이론공연비 운전조건에서만 효율적으로 작용하고, 배출가스의 온도가 어느 정도로 높아지지 않으면 활성화되지 않는다. 그런데 디젤기관의 경우는 대부분 공기과잉 상태에서 연소가 이루어지고 또한 배출가스의 온도도 낮기 때문에 지금까지는 촉매장치의 활용이 용이하지 않았다. 하지만 최근에는 디젤기관의 배출가스 후처리장치도 많이 개발되어 장착되고 있다.

입자상 물질의 배출은 가솔린기관과 비교하는 것보다 디젤기관 자체의 문제이다. 가솔린기관의 경우는 연료와 공기가 비교적 고르게 혼합된 균질 연소이므로 이의 배출이 미미하지만, 디젤기관의 경우는 연료 성상도 다르고 불균질 연소에 의하여 입자상 물질의 배출이 많게 된다. 따라서 이런 디젤 배출물의 후처리에 관한 많은 연구가 진행되고 있다.

13.3 디젤 유해물질의 생성 과정

디젤기관의 연소는 균질 연소가 아니므로, 유해 물질의 생성과정은 주로 분사된 연료의 분포 양상 및 기화된 연료 증기와 공기의 혼합 과정에 따라 달라진다. 그림 13.2는 직접 분사식 연소실에서 수평 선회운동(swirl)을 하는 공기 중에 연료를 분사시킨 연소 과정에서 유해 물질이 생성되는 형태를 나타낸 것이다.

연소 초기에는 연료 분사가 지속되므로 노즐 출구에서 분무 중심축 주위로 농후 혼합기(rich mixture)가 형성되고, 예혼합 연소(pre-mixed combustion)가 진행된 고온 부위에서는 질소산화물이 생성된다. 그리고 분무 앞부분에서는 희박 화염(lean flame)이 소멸되면서 탄화수소물이 발생된다. 이어서 연료 분사가 완료되고 화염이 확산되는데 연소실 내의 온도 및 공연비 분포는 매우 불균일한 상태가 된다. 이 같은 확산연소(diffusion combustion)에서는 이론공연비에 가까운 영역에서 질소산화물이 많이 생성된다. 그리고 연료 분무의 중심부에서는 산소 부족으로 인하여 불완전연소된 그을음(soot)이 발생되나,

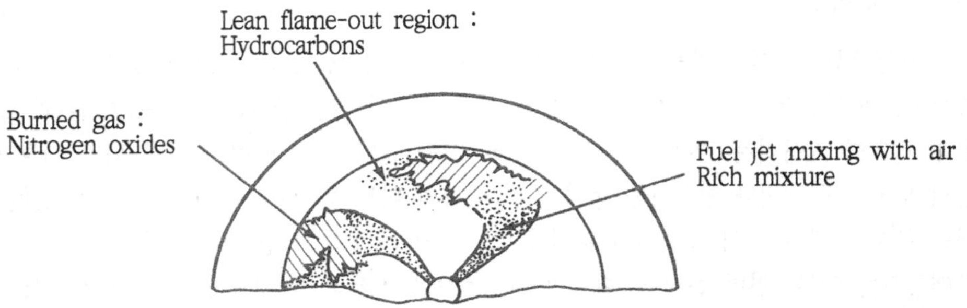

(a) Pre-mixed combustion phase

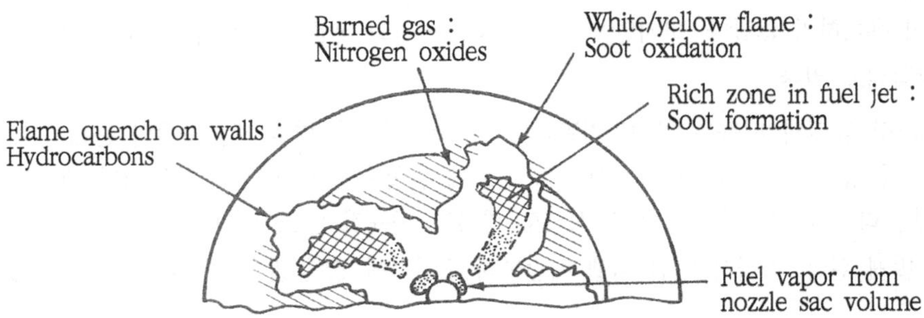

(b) Diffusion combustion phase

그림 13.2 직접분사식 디젤기관에서 유해 물질의 형성

주변의 반응하지 않은 공기와 접촉하면서 백황색 휘염(luminous flame)을 발산하면서 산화된다. 하지만 미연혼합기가 연소실 벽면과 접하여 온도가 저하되든가 연소 한계를 벗어나게 희박해지면 연소 반응이 멈추면서 탄화수소물이 생성된다. 또한 노즐과 니들 끝단에 형성한 공간(sac volume)으로부터 기화된 연료 증기는 산소 부족으로 불완전 연소되므로 탄화수소물 또는 그을음으로 배출된다.

13.3.1 질소산화물의 생성

디젤기관에서 생성되는 질소산화물은 흡입공기 중의 질소 분자가 연소과정에서 변화된 열적 일산화질소(thermal NO)와 연료 중에 포함된 질소 성분이 산화되어 발생된 연료 일산화질소(fuel NO)로 나눌 수 있다.

열적 질소산화물은 제7장에서 설명한 가솔린기관의 경우와 같이 공기과잉 상태의 연소 과정에서 흡기의 질소(N_2)와 산소(O_2) 분자들이 높은 화염온도에 의해 열해리(thermal dissociation)되어 서로 반응하고 결합하면서 생성된 것이다. 그리고 경유에는 질량 기준으로 약 0.07% (중유는 1.4%) 정도 질소 성분이 함유되어 있으며 이것이 질소산화물 생성에 기여할 수 있다. 하지만 그 발생 원리도 상세히 알려지지 않았고, 연료 중의 질소 성분도 연소과정을 거치므로 여기에서는 열적 질소산화물만 고려한다.

디젤기관에서 배출되는 질소산화물의 농도는 50~1000 ppm이며, 대부분이 일산화질소(NO)이다. 하지만 이는 매우 불안정하여 대기로 방출되는 과정에서 일부는 산화반응을 하여 이산화질소(NO_2)가 되는데, 이것들을 총칭하여 NO_x라 부른다.

질소산화물은 연소실 형상이 단실인 직접분사식 기관에서 발생하기 쉬운데, 부실식 기관에 비해 열 발생률이 높아서 화염 온도도 높기 때문이다. 그러므로 연소실에서의 공기 와류를 적절하게 하여 연료와 공기의 균일한 혼합을 촉진시키고, 화염 온도를 낮게 유지하면서 최적의 연소가 이루어지도록 하는 것이 질소산화물의 발생량을 줄이는 방법이다.

13.3.2 입자상 물질의 생성

입자상 물질(PM)은 연소에 의해 생성되는 여러 가지 성분으로 이루어지는 혼합물인데 유기용제에 용해가 되는지의 여부에 따라 불용 성분과 가용 성분으로 나누어진다. 가용 성분은 연료와 연소실 내에 혼입된 윤활유가 불완전 연소된 액상의 탄화수소물이고, 대부분은 불용 성분으로 검은 그을음(soot)이다.

입자상 물질은 그림 13.2에 나타낸 것과 같이 공연비의 조성이 균일하지 않고 공기(산소)가 부족한 상태에서 연소할 때, 복잡한 반응을 동반하면서 생성된다. 생성 과정을 요약하면 그림 13.3에 나타낸 바와 같이 연료 분자들이 공기 중의 산소 분자들과 반응하면서 열분해에 의해 탈수소반응을 일으킨다. 이 때 불완전 연소된 중간생성 분자(free radical)들이 그을음의 핵으로 생성되며, 이들 입자들은 매우 작은 구체(spherule)이고 직경은 약 15~30 nm이다. 이런 소구들이 다시 표면 성장(surface growth)하면서 4,000여개 정도 서로 응집(agglomeration) 및 합체(coalescence)되어 송이(cluster) 모양의 입자상 물질로 생성된다.

500℃ 이상의 고온에서는 이런 입자들은 주로 탄소 구체와 소량의 수소 입자들로 이루어진 송이(cluster)들이지만, 이보다 낮은 온도에서는 미연 탄화수소 입자들이 이들 표면에

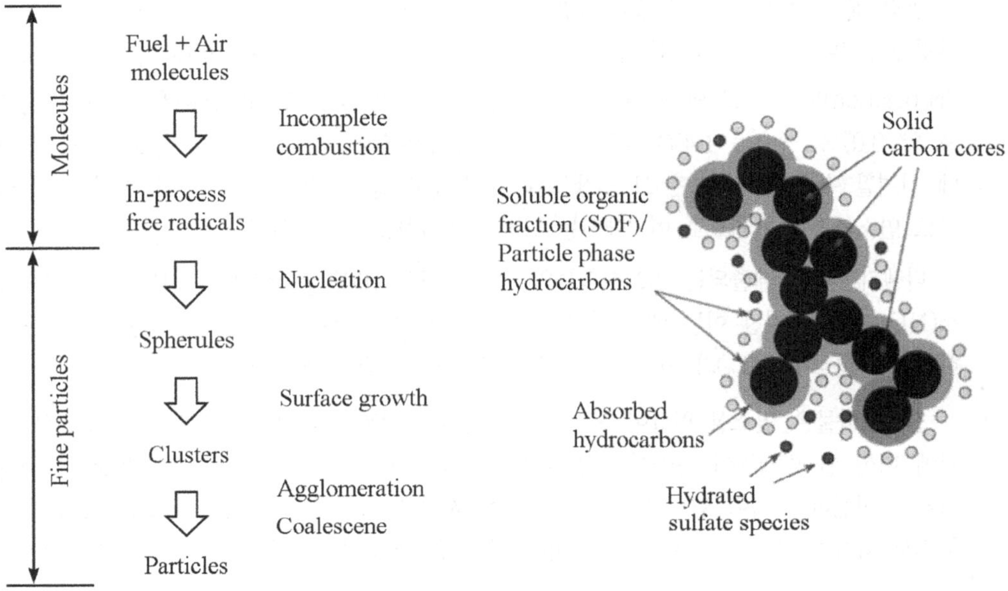

그림 13.3 입자상 물질의 생성 과정 및 구성

부착되어 막을 형성한다. 디젤기관에서는 확산연소 중에 많은 양의 입자상 물질이 생성되나, 연소 후반기의 화염 중에 미반응 공기가 도입되면서 재연소가 일어나면 입자상 물질은 급속하게 감소된다.

13.3.3 일산화탄소 및 탄화수소의 생성

일산화탄소(CO) 및 탄화수소(HC)의 생성 과정은 가솔린기관의 경우와 같다. 하지만 디젤기관의 경우 가솔린기관에 비해 공기과잉률이 높고 일반적인 운전 상태에서는 공기가 충분하여 연소반응이 이산화탄소(CO_2) 및 물(H_2O) 분자까지 완결되기 때문에 일산화탄소 및 탄화수소의 발생농도는 극히 낮다.

그러나 특별히 국부적으로 공기 부족상태에서 연소가 이루어지는 경우 일산화탄소가 소량 생성될 수 있다. 그렇지만 디젤기관의 일산화탄소 배출량은 가솔린기관의 약 1/10 정도이다.

탄화수소는 고속 혹은 저부하 상태에서 운전될 때 흡입공기량에 비하여 분사되는 연료량이 매우 적어서 공연비가 지나치게 희박한 경우 실화(mis-fire)가 발생하거나 연료 증기와 공기의 혼합이 충분히 이루어지지 않은 연소상태에서 생성되며, 이외에 외기온도가 대단히 낮거나 또는 착화지연이 긴 연료를 사용한 경우에서도 발생된다. 아울러 디젤기관의 경우는 앞에서 언급한 유해 물질에 더하여 미량의 성분이지만 알데히드(aldehyde) 등 고분자의 화합물이 배출되어 디젤 배출가스 특유의 냄새를 내는 경우가 있다.

13.4 디젤 유해 배출물의 저감

세계보건기구(WHO) 산하 국제암연구소(IARC)는 2012년 디젤기관의 배출가스 중의 유해 성분을 발암 추정 물질에서 1등급 발암 물질로 상향 조정하였다. 유해 성분은 주로 질소산화물(NO_x)과 입자상 물질(PM)이며, 이들의 저감 대책에 대한 많은 연구가 이루어지고 있다.

질소산화물(NO_x)의 저감에는 앞에서도 설명하였듯이 연소 온도를 낮추는 것이 절대적인 요소이다. 그러나 연소 온도의 저하는 불완전연소로 이어지기 쉽고, 입자상 물질과 같은 유해 성분의 생성이 많아지고 연소 효율이 저하되어 연료소비율이 상승하는 결과를 가져오게 된다. 이와 같이 질소산화물과 입자상 물질의 특성에는 서로 상반되는 관계가 있다. 따라서 배출가스 재순환(EGR)을 통해 NO_x의 생성은 억제하면서, 공기 유동을 강화하여 생성된 PM을 연소 후기에 다시 연소시키는 방법 등이 모색되고 있다.

그림 13.4에서는 무과급 및 과급 디젤기관에서 연료분사 시기의 변화에 따른 질소산화물과 입자상 물질의 배출 관계를 보여주고 있다. 모든 경우에서 연료 분사시기를 지연시키면 연소 온도가 낮아지면서 NO_x 배출은 줄어들지만, 연소 상태는 악화되면서 PM 배출량이 증가한다.

무과급 기관에 비하여 과급 기관의 유해물질 배출이 적고, 특히 급기 냉각을 하는 과급기관이 NO_x 및 PM 모두 배출이 적다. 급기 냉각을 하는 과급기관에서는 흡기 온도 및 연소 온도의 상승을 낮추어 NO_x 발생이 억제되었고, 공기 공급량이 충분히 많아 PM 배출량도 감소하였다.

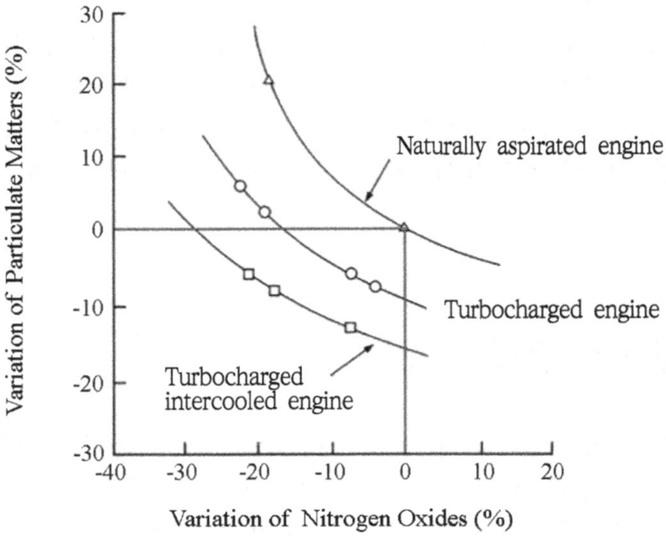

그림 13.4 질소산화물과 입자상 물질의 상관관계

최근 커먼레일 분사방식에서는 연료의 고압분사를 통해 연료소비량 및 PM 배출량의 문제는 많이 개선되었으나, NO_x 발생량은 오히려 증가하여 이를 저감시키기 위하여 EGR을 시행하게 된다. 하지만 EGR을 시행하면 연료소비율이 증가하게 된다. 2015년 세계적인 자동차 그룹의 디젤 차량 배출가스 조작 사건인 디젤게이트(diesel gate)가 발생한 것을 보더라도 디젤기관의 유해 배출물을 저감시키는 것은 매우 어려운 과제이다.

아울러 디젤기관의 유해 배출물 저감과 더불어 연료소비율, 소음 및 진동 문제 등도 함께 고려되어야 하고, 따라서 각 요인들의 형평성 있는 저감 대책이 강구되어야 한다. 디젤 후처리장치에는 그림 13.5에서 보여주듯이 일산화탄소 및 탄화수소의 산화촉매장치(DOC), 입자상물질 여과장치(DPF), 질소산화물 환원장치(SCR 및 LNT) 등이 있다.

13.4.1 질소산화물의 촉매

질소산화물의 후처리에는 환원시키는 방법과 산화시키는 방법이 사용되고 있다. 하지만 질소산화물을 산화시키면 고체가 되기 때문에 산화 방법은 차량기관에 적용하기에는 적합하지 않다. 따라서 차량기관에서는 촉매 작용을 통해 NO_x를 분해 또는 환원시켜 후처리

후에 질소가스(N_2)와 수증기(H_2O)가 생성되는 환원 방법만이 이용되고 있다. 디젤기관의 NO_x 후처리에 추가적인 환원 물질을 사용하지 않는 분해 촉매기를 사용하는 것이 이상적이나, 현재는 환원 물질을 추가해야만 가능하다.

(1) 흡장 환원 방식

질소산화물 저장 촉매(NO_x Storage Catalyst)를 사용하는 것으로, 먼저 배출가스 중의 질소산화물을 저장재(Lean NO_x Trap)에 질산염(NO_3^-) 상태로 흡수 저장시킨다. 그리고 주기적으로 후분사를 실시하여 농후 연소 상태를 만들어 탄화수소(HC) 및 일산화탄소(CO)가 배출되도록 한 후, 촉매장치를 사용하여 이들 배출가스와 흡장된 NO_x와 반응시키면 식 (13.1) 및 (13.2)와 같이 이산화탄소(CO_2)와 질소(N_2) 분자로 정화된다.

$$HC + NO_x + O_2 \rightarrow N_2 + H_2O + CO_2 \tag{13.1}$$

$$CO + NO_x \rightarrow N_2 + CO_2 \tag{13.2}$$

하지만 디젤기관은 HC 및 CO의 배출농도가 지극히 낮아서 이 방법으로는 만족할만한 효과를 기대하기가 어렵다. 따라서 주기적으로 배출가스를 농후 상태로 제어하여 촉매장치를 활성화시키더라도 질소산화물을 최대 70% 정도만 저감시킬 수 있는 것으로 알려져 있다. 현재 국내에 출시되는 소형 디젤 차량들은 EGR 장치와 더불어 흡장 환원 장치를 주로 부착하고 있다.

(2) 선택적 환원 방식

선택적 촉매 환원(SCR ; Selective Catalytic Reduction) 방식에서는 환원재가 배출가스에 비교적 많이 포함되어 있는 산소(O_2)와 산화 반응을 일으키는 것은 최소화하고, NO_x와 우선적으로 반응이 이루어지게 한다. 그런 의미에서 선택적(selective)이라는 용어를 사용하며, SCR 방식은 수십 년간 산업용 및 선박용 대형 디젤기관에 적용되었으며, 질소산화물에 작용할 환원제로는 암모니아(NH_3)를 사용하였다. 이 SCR 방식은 흡장 환원 방식보다 고가이며, 주로 트럭과 버스 등의 대형 차량에 적용되고 있다. 하지만 환원재인 암모니아를 차량에 탑재하는데 안전 문제가 있어 요소수($CO(NH_2)_2$+ H_2O, urea

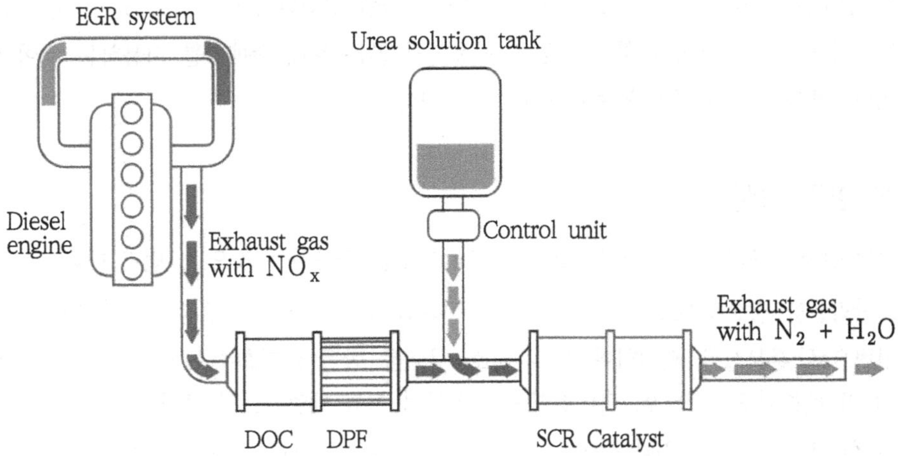

그림 13.5 디젤기관의 선택적 촉매 환원(SCR) 장치

solution)로 대체하여 사용하고 있으며, 그림 13.5에서와 같이 촉매 장치의 전방에 분사시켜준다.

배출가스 중의 질소산화물이 요소수와 반응하여 인체에 무해한 질소(N_2) 분자와 수증기(H_2O)로 정화되는 화학반응은 다음과 같다.

$$
\begin{aligned}
CO(NH_2)_2 + H_2O &\rightarrow CO_2 + 2NH_3 \\
4NO + 4NH_3 + O_2 &\rightarrow 4N_2 + 6H_2O \\
2NO_2 + 4NH_3 + O_2 &\rightarrow 3N_2 + 6H_2O
\end{aligned}
\tag{13.3}
$$

고온의 배기 계통에 분사된 요소수($CO(NH_2)_2 + H_2O$)는 암모니아(NH_3)와 이산화탄소(CO_2)로 열분해되고, 암모니아 가스는 촉매 장치를 통과하면서 배출가스 중의 일산화질소(NO), 이산화질소(NO_2) 및 산소(O_2) 분자들과 반응하여 질소(N_2) 가스와 수증기(H_2O)로 배출된다.

SCR 촉매장치는 질소산화물의 배출을 75~90%까지 저감시킬 수 있지만, 과도운전상태일 때 암모니아가 과다 생성되어 배출되지 않도록 정밀한 제어가 필요하다. 현재 국내에

출시된 일부 차량들은 SCR 장치를 부착하고 있으며, 보다 강화된 배출가스 기준을 만족시키기 위하여 흡장 환원 방식과 복합으로 이루어진 장치들도 개발되어 적용되고 있다.

하지만 이와 같은 질소산화물 후처리 장치들은 배출가스 중의 NO_x 성분만의 정화를 위한 것이고, 입자상 물질(PM)이나 CO 및 HC에는 적용되지 못하므로 또 다른 정화장치가 추가적으로 필요하다.

13.4.2 디젤 산화 촉매

디젤 산화 촉매(DOC ; Diesel Oxidation Catalyst) 장치는 그림 7.7의 가솔린기관용 삼원 촉매 장치와 유사하며, 벌집 모양의 세라믹 또는 금속의 담체에 촉매 물질이 코팅(coating) 처리된 구조이다. 담체의 재료로는 산화알루미늄(Al_2O_3), 산화세슘(Ceroxide : CeO_2) 및 산화 지르코니아(ZrO_2)가 사용되고, 촉매 물질로는 백금(Pt), 팔라듐(Pd) 및 로듐(Rh) 등이 사용된다.

디젤기관에서는 CO 및 HC의 배출은 크게 문제되지 않으나, 가솔린기관보다 배출가스의 온도가 낮아서 촉매장치의 활성화에 어려움이 있다. 일반적으로 촉매기 온도가 170~200℃에 이르면 촉매 반응이 시작되고, 약 250℃에서 촉매기의 효율은 90% 정도까지 가능하다. 또한 CO와 HC가 배출가스 중의 산소(O_2)와 반응할 때 발생하는 열이 촉매장치를 통과하는 배기 온도를 상승시키고, 이에 따라 입자상 물질(PM) 중의 가용성 유기성분(SOF)의 연소가 가능해지고 PM을 15~30% 저감시키는 효과가 있다. 그러나 경유에 포함된 유황 성분에 대해서도 산화작용을 하여 SO_3(sulfate)를 배출시키므로 탈황처리된 연료의 사용이 필수적이다.

그리고 DOC 장치 뒤편에 질소산화물 후처리장치(SCR)나 입자상물질 여과장치(DPF)가 설치된 경우에는 배출가스 중의 NO를 산화시켜 NO_2의 비율을 높이는 기능도 매우 중요하다. 대부분의 운전 조건에서 연소실로부터 배출된 후처리 이전의 NO_2는 전체 배출되는 질소산화물에서 차지하는 비율이 약 1/10 정도이다. SCR 방식의 경우 300℃ 이하에서 NO와 NO_2의 비율이 1 : 1로 유지될 경우 질소산화물의 환원 효율이 높으며, DPF에서는 NO_2를 그을음의 산화에 이용된다. 따라서 DOC 촉매 장치에서는 코팅층 및 배기 조성 성분에 따라 180~230℃에서 NO_2의 농도를 높이는 기능도 수행하며, 대체적으로 촉매기 체적은 기관 배기량의 60~80% 정도이다.

13.4.3 입자상 물질의 정화

디젤기관에서 배출되는 그을음 등의 입자상 물질(PM)을 근원적으로 가장 확실하게 포집하여 제거할 수 있는 정화 장치는 DPF(Diesel Particulate Filter)이다. 현재 DPF의 주종은 세라믹을 이용한 여과기인데, 배기 중의 입자상 물질이 얇은 세라믹 벽을 통과하면서 그 안이나 표면에 쌓이게 되고, 그대로 방치할 경우 배기계통의 압력(back pressure)이 증가하게 된다. 배압이 상승하면 기관의 열효율이 저하되고 연료소비율은 증가한다. 따라서 필터 엘리먼트에 퇴적된 입자상 물질을 연소 등에 의해 정기적으로 제거하여 필터를 재생하여야 하며, DPF에는 다음과 같은 특성이 요구된다.

- 미세 입자들의 포집 능력이 우수할 것.
- 압력손실이 기관 성능의 저하를 허용하는 범위에 있을 것.
- 배출가스나 연소 재생 시의 온도 변화에 대해 충분한 내구성을 가질 것.
- 차량 탑재에 적합한 가격으로 대량 생산이 가능할 것.

한편 커먼레일 분사장치의 도입으로 초고압 연료분사가 이루어지면서 연료 입자들이 획기적으로 작아지고 연소 상태도 향상되었지만, 평균 입경이 2.5μm(PM 2.5) 이하인 미세 입자들의 배출은 더욱 증가한 것으로 알려져 있다. 이런 미세 입자들은 전체 PM의 질량 증대에는 큰 영향을 미치지 않지만 인체 및 대기에 미치는 유해성이 거론되어 입자 개수(PN)도 함께 규제된다. 하지만 미세 입자수를 줄이기 위하여 연소 양상을 개선하는 것은 매우 제한적이므로, 현재로서는 유해 배출가스 규제에 대응하기 위해서 DPF의 적용이 필수적인 것으로 인식되고 있다.

국내에서 생산되는 디젤 차량에는 2000년대 후반부터 DPF를 장착하기 시작하였으나, 아직 완숙단계에 이르지 못하여 앞에서 열거한 요구조건을 모두 완벽히 만족하는 것은 없다. 따라서 현재도 필터의 재료, 포집방법, 재생방법 등에 대한 많은 연구 개발이 이루어지고 있다.

(1) 필터 재료와 구조

① Cordierite filter

가장 일반적인 PM 필터로 촉매장치에도 사용되는 세라믹 재료인 코디어라이트(cordierite)를 압출하여 만든다. 필터의 외형은 그림 13.6과 같이 원형 또는 타원형 단면

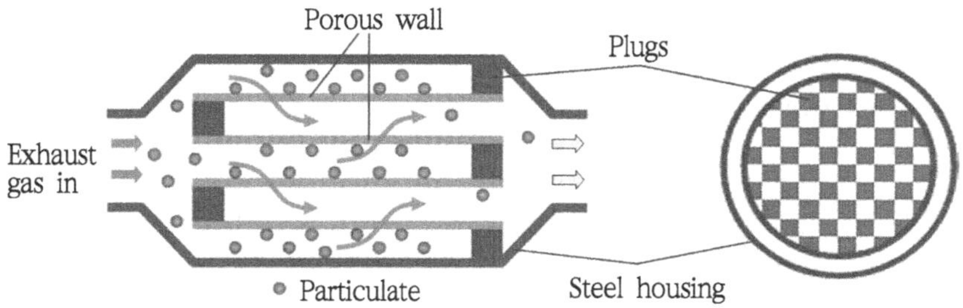

그림 13.6 Cordierite DPF의 구조 및 원리

의 단일 구조(monolith)의 원주 형상이고, 삼각형 또는 사각형 모양의 벌집(honeycomb) 형태로 가스 통로가 배열되어 있다. 그리고 가스 통로 입구와 출구를 교대로 서로 엇갈리게 막아, 배기가 관통하여 흐르지 못하고 다공질 벽을 통과하면서 입자상 물질이 여과되어 그 안이나 표면에 쌓이게 된다. 코디어라이트 필터는 비교적 저렴하면서 차량 장착에 필요한 기계적 강도도 높으며, 포집 효율도 우수하고 압력손실이 낮다.

하지만 코디에라이트 재료는 열팽창률이 낮고 열전도성이 떨어져서 열응력이 발생하기 쉽다. 아울러 융점(1200℃)도 낮아서 연소 재생 시에 변형 또는 파손될 수 있는 문제가 있다.

② Silicon Carbide filter

탄화규소(SiC)를 필터 소재로 사용하고, 그림 13.6의 코디어라이트 필터와 같은 모노리스 벌집 구조로 벽 유동(wall-flow)형 필터이다. SiC 재료는 코디어라이트보다 고가이지만, 융점이 2700℃로 내열성이 아주 우수하다. 그리고 SiC 필터는 입경 0.2~150 μm의 미세 입자들도 여과 가능하며, 동일한 크기의 코디어라이트 필터와 비교하여 여과효율이 최대 95% 정도로 높고 압력손실은 낮다.

SiC 재료는 열전도율이 높아 열응력에 대해서는 유리하지만, 열팽창율도 높아 필터 재생 시에 균열이 발생되기 쉬운 결점이 있다. 따라서 소형 필터의 경우는 단일 구조이지만, 대형의 경우는 수십 개의 입방체를 조합하는 구조로 만들어 균열 문제를 해결하고 있다.

③ 세라믹 섬유 필터

세라믹 섬유(ceramics fiber)를 사용하여 여러 가지 형태의 다공질 물체를 만들 수 있는데, 대체적으로 스테인리스강재의 다공관 외주에 세라믹 섬유를 여러 층으로 직접 감거나 천 형태로 짠 다음에 감아서 여과통(filter cartridge)를 만들다. 그리고 다시 사용조건에 맞춰 다수개의 여과통들을 한 조로 조합하여 원통 모양의 필터를 만든다. 세라믹 섬유 필터는 압력손실이 작으며, 필요한 배기 유량이나 포집 효율에 따라 기공률을 조절할 수 있다.

세라믹 섬유 필터는 100 μm 이하의 미세 입자들을 95% 이상 포집할 수 있어서 많은 운행차량들에 장착되고 있다. 하지만 정기적으로 세라믹 섬유 사이에 포집된 입자상 물질을 연소시켜 필터 소재를 재생 처리해야 하므로, 세라믹 섬유의 열적 내구성을 향상시켜야 하고 필터를 차량에 보다 원활히 탑재시키기 위한 소형화 과제가 남아 있다.

④ 기타 필터

그 외에도 금속 섬유(metal fiber)를 사용하여 중공 원통형으로 성형한 것이나, 융점이 높은 유리 섬유(glass fiber)로 1 mm 두께의 패드를 만들어 조립한 것들이 있다. 대부분 포집효율은 높고 압력손실은 작은 것으로 알려져 있으나, 아직 실용화 단계에는 이르지 못하고 있다.

(2) 필터의 재생방법

필터를 장시간 사용하면 입자상 물질들이 쌓이면서 배압이 증가하여 기관 효율이 저하되므로, 필터 소재의 주기적인 재생 과정이 필요하다. 대체적으로 필터에 퇴적된 PM의 착화온도는 550℃ 정도이므로, 고부하 운전의 빈도가 높은 상용차량의 경우는 배출가스의 열을 이용한 필터의 자연 재생을 기대할 수 있다. 하지만 도시버스와 같이 정지와 주행을 반복하는 경우에는 배출가스 온도가 300℃ 이하이므로 자연 재생은 곤란하며 다른 보조 착화수단이 필요하다.

① 촉매 재생

모노리스 벌집형 필터 표면에 백금 촉매처리를 하여 사용하면 입자상 물질의 재생온도를 300~400℃ 정도로 낮출 수 있으며, 따라서 자연 재생을 보다 원활히 할 수 있다. 또한 산화계열의 촉매를 이용하므로 필터의 재생과 일산화탄소와 탄화수소의 저감에도 우수한 성능을 보인다.

하지만 배출가스의 온도가 필터 재생에 필요한 온도보다 충분히 높지 않으면, 연료를 연소실에 후분사하거나 배기관에 분사시켜 배기 온도를 높여야 한다.

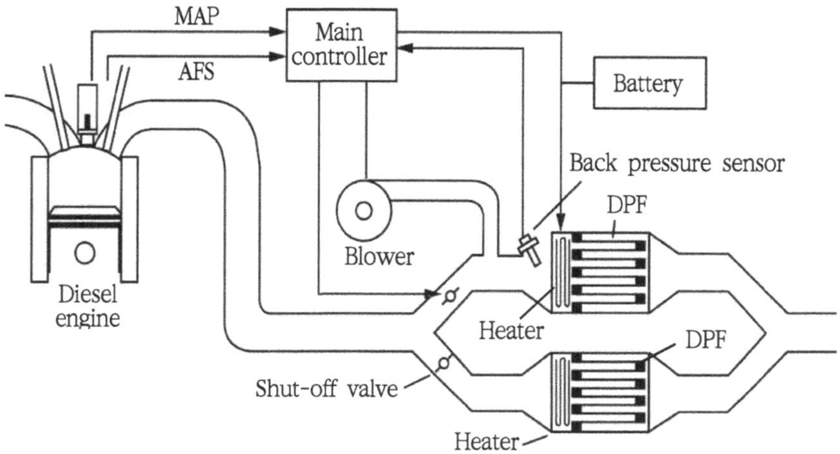

그림 13.7 전기 히터를 이용한 DPF의 재생

② 전기 히터 재생

차량 운행이 완료된 후에 1일 사이에 포집된 PM을 200~220 V 상업용 전원을 사용하여 연소시키는 방법이 있는데, 이 방식은 재생에 오랜 시간이 소요되고 별도 전원 및 보조 공기를 공급해야하는 번거로움이 있다.

그리고 그림 13.7과 같이 전기 히터가 장착된 DPF 2대를 병렬로 설치하고, 전환 밸브를 사용하여 순차적으로 재생시키는 장치도 있다. 하지만 이 장치는 500℃ 이상의 고온에서 작동되기 때문에 순간적으로 많은 부하가 걸리면 필터의 손상 가능성이 높다. 따라서 융점이 높고 내열성이 높은 탄화규소(SiC) 소재의 필터에 적용된다.

④ 버너 재생

전기 히터 대신에 필터 재생용 버너를 설치하는 방법으로, 연료인 경유를 연소시켜 배출가스의 온도를 높인다. 배기관에 1대의 DPF를 설치하여 전체 배출가스를 여과하는 전류(full-flow) 방식은 보조 공기를 필요로 하지 않으며 배출가스 중의 산소를 이용한다. 따라서 도심 버스와 같이 저·중부하 영역에서 주로 운전되는 기관에 적용된다. 그러나 배출가스 중의 잔류산소 농도가 PM을 연소시키는데 충분하지 않는 경우에는 2대의 DPF를 병렬로 설치하고, PM의 포집과 필터 재생을 교대로 시행한다. 하지만 차량의 탑재성과 전환 밸브의 내구성 및 신뢰성의 면에서 불리하여 최근에는 전류(full-flow) 방식이 주로 사용된다.

⑤ 플라즈마-촉매 재생

코로나 방전 플라즈마(Corona Discharge Plasma)와 촉매장치를 결합하여 연속적으로 재생하는 기술도 개발되고 있는데, 플라스마 반응을 통해 배출가스 중의 NO를 80% 이상 NO_2로 변환시키고 이를 이용하여 저온에서 입자상 물질을 산화시키는 방법이다. NO_2를 이용하여 필터를 재생하기 위해서는 후처리 이전의 배출가스 중에 NO_x가 필요한 질량보다 8~25배 함유되어 있어야 원활한 재생이 가능하고, 배출가스의 온도는 250℃ 이상 유지되어야 한다.

하지만 플라즈마를 이용하는 방법은 구조가 복잡하고 전기에너지가 추가로 필요하므로 전기 부하용량이 증가한다는 단점을 가지고 있다.

(3) PM 포집량 계측

필터의 내부에 포집되는 입자상 물질의 양이 증가하면 배압의 상승을 초래하여 기관의 연료소비율을 증가시킨다. 그리고 포집된 PM을 연소시킬 때 열발생량이 과다하게 되면 필터 모재의 균열이나 변형의 문제가 발생된다. 그러므로 기관 성능 저하에 최소의 영향을 주는 배압의 한계와 필터의 안전한 재생을 위하여 포집량을 감지할 필요가 있는데, 다음과 방법들이 사용되고 있다.

① 압력차에 의한 방식

필터 내부의 압력손실 증가량은 퇴적량 및 배출가스의 유량과 함수 관계에 있고, 배출가스의 유량은 기관의 회전속도, 부하 및 급기 압력 등에 의해 변화된다. 따라서 필터 전후의 압력, 기관 회전속도 및 필터 입구에서의 배기온도 등을 측정하여 사전에 실험을 통해 구한 실험식이나 혹은 데이터 맵(data map)에 의해 포집량을 추정하는 방법이 일반적이다. 그리고 필터 전후의 압력 차이 및 벤투리(venturi) 전후의 차압을 측정하여 이들의 관계로부터 포집량의 한계를 구하는 경우도 있다.

② 운전조건에 따른 산출방식

연소 과정에서 발생되는 PM의 배출량은 기관의 운전조건에 따라 변화하므로, 기관의 회전속도와 부하, 연료분사량 등을 감지하여 필터에 포집된 PM의 양을 추정할 수 있다. PM 배출량은 기관 자체의 상태나 차량 운행에 따른 외부 조건 등에 영향을 받으므로 정확도는 떨어지지만, 계측을 위한 기초 자료로 사용될 수 있다. 그리고 PM 배출량은 기관 운전 시간에 비례하므로 보다 간편한 방법으로 차량 운행 시간 또는 주행 거리를 기준으로 필터 재생을 결정하는 경우도 있다.

③ 마이크로웨이브 방식

캐나다 원자력 에너지 공사(ACCL)의 연구소가 개발한 방법으로 퇴적된 그을음이 마이크로웨이브(microwave)를 흡수하는 성질을 응용한 것이다. 필터 내부에 마이크로웨이브의 송신과 수신에 필요한 2개의 안테나를 삽입하고, 수신측의 전압에 의해 입자상 물질의 포집량을 계측하는 방식이다.

이 방식은 코디에라이트와 같은 비전도성(non-conductive) 필터에는 효과가 있지만, 전도성이 좋은 SiC나 금속성 필터에는 사용할 수 없는 것으로 알려져 있다.

13.5 유해 배출물의 계측

13.5.1 배출가스의 시료 채취

배출가스 중의 유해 성분을 정확히 측정하기 위하여 대부분 차대 동력계(chassis dynamometer)를 사용하고, 실제 도로 주행과 유사한 조건(제15장 차량기관의 성능에서 설명)으로 차량을 운전하여 일정 시간 동안 운전한다. 그리고 시험기간에 계속적으로 포집된 유해 물질량을 분석기를 사용하여 측정한다. 배출가스의 포집방법 및 유해성분 분석기법은 세계적으로 거의 유사하며, 시료를 채취하는 방법은 일정 용량의 배출가스를 추출하여 청정 공기와 희석시켜서 분석하는 정용적 채취(CVS ; Constant Volume Sampling) 방법이 주로 사용되고 있다.

유해 물질인 CO, HC, NO_x와 같은 가스의 질량유량을 계측하려면 배출가스의 유량과 각 성분의 농도가 필요하다. 그런데 과도운전 시에는 배출가스 시료 채취 라인의 길이나 분석에 요하는 시간 지연 등의 영향으로 가스 농도와 배출가스의 유량을 동시에 정확하게 측정하는 것이 대단히 어렵다. 그러므로 배출가스를 공기로 희석시킨 후에 정유량 펌프 장치로 흡인하는 정용적 채취법(CVS)이 사용되는데, 공기와 희석시킴으로써 배출가

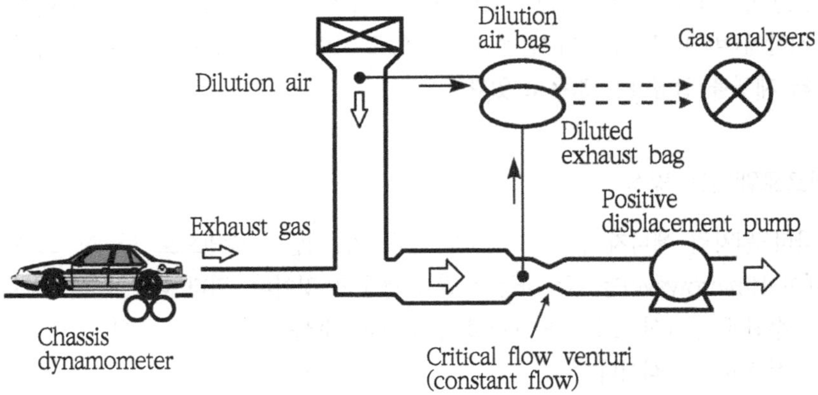

그림 13.8 정용적 채취법의 개요도

스 중의 수증기(H_2O)가 응축되거나 탄화수소 화합물과 같은 구성 성분 간의 반응을 억제할 수 있다는 장점이 있다.

배출가스의 성분 및 농도는 희석된 배출가스를 일정 비율로 채취하여 연속적으로 분석되거나, 1~3개의 포집낭(sampling bag)에 포집한 후에 측정 분석된다.

13.5.2 유해 배출가스의 계측 방법

(1) 비분산 적외선 분석법

특정 성분이 혼합된 가스에 적외선을 쪼여주면, 특정 성분의 농도에 비례하여 적외선이 흡수되어 변화된다. 이러한 성질을 이용하여 일산화탄소(CO) 및 이산화탄소(CO_2)의 농도를 측정하는 방식이 비분산 적외선(NDIR ; Non-Dispersive Infra-Red) 분석법이고, 이러한 원리로 작동되는 장치는 그림 13.9에서 보여주는 것과 같다.

NDIR 분석장치는 적외선을 흡수하지 않는 N_2, Ar 등의 불활성 기체가 충전된 기준 셀(reference cell)과 분석하려는 가스가 흐르는 시료 셀(sample cell)로 이루어져 있다. 동일한 밝기의 광원(infrared source)으로부터 광학 필터를 거쳐 나오는 적외선을 기준 셀과 시료 셀을 통과시키면, 기준 셀에서는 적외선이 모두 통과되고 시료 셀에서는 CO 또는 CO_2에 의해 일부 흡수된 다음에 검출기(detector)로 유입된다. 검출기는 금속 막

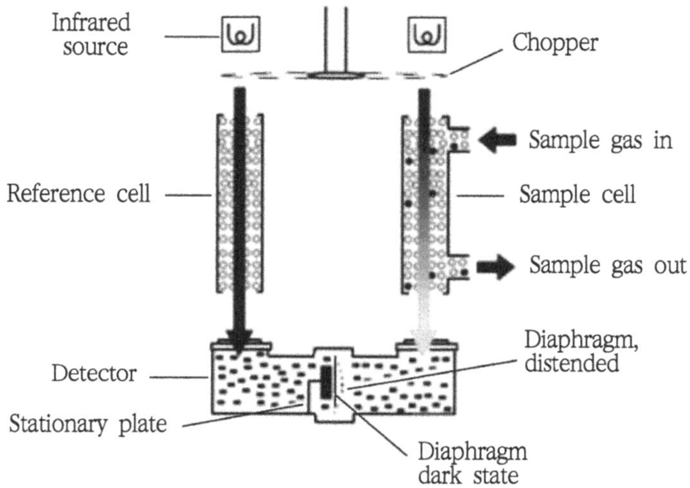

그림 13.9 비분산형 적외선분석법의 원리

(diaphragm)에 의해 2개의 방으로 분리되어 있고 성분이 알려진 가스로 채워져 있으며, 유입되는 적외선을 각각 선택적으로 흡수하게 된다. 그리고 흡수 에너지의 차이에 의해 양쪽 방 사이에 온도와 압력 차이가 발생하게 되며, 이 온도차와 압력차는 전압으로 증폭 변환되어 측정 가스의 농도를 지시하게 된다.

아울러 시료 가스 중에 흡수파장역의 겹치는 간섭가스 성분이 있는 경우는 광학 필터를 사용하여 간섭가스의 영향을 배제하고 있다.

(2) 화염 이온화 검출법

화염 이온화 검출(FID ; Flame Ionization Detection) 방법은 시료를 태워 이온을 만들어 내기 위하여 수소(H_2)를 이용하며, 수소염 이온화 분석법이라고도 한다. 순수 수소-공기 화염에서는 이온이 거의 발생되지 않지만, 그림 13.10에서 보여 주듯이 수소와 함께 공급된 시료 가스 중에 탄화수소 분자가 존재하면 많은 이온이 발생되는 원리를 이용하여 탄화수소 화합물을 검출하는 방법이다. 수소 화염과 수집기(collector) 사이에 직류 전압을 가하면 이온 수에 비례하는 미소 전류가 흐르게 되며, 그 전류를 변환 증폭시켜 기록장치에 표시되도록 하여 배출가스 중의 총 탄화수소(THC ; Total Hydro-Carbon)를 검출하게 된다.

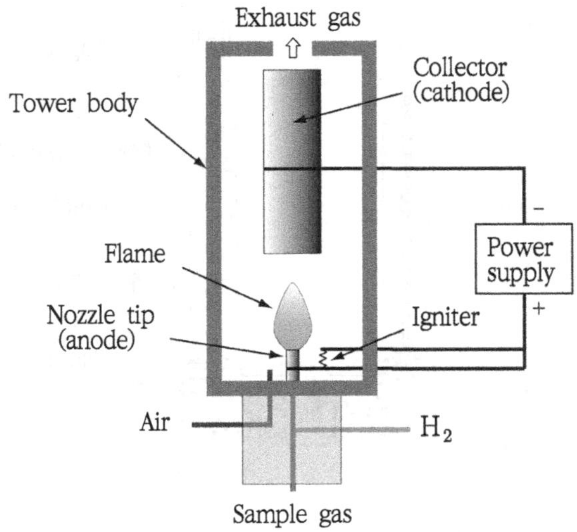

그림 13.10 화염 이온화 분석법의 원리

시료 가스의 유량이 변화하면 이온의 발생량도 그에 상응하여 변화되기 때문에 유량이 안정적으로 유지되어야 한다. 탄화수소 화합물은 흡·탈착 현상을 일으키기 쉽기 때문에 시료 채취부를 포함하여 분석부 전체를 고온으로 보온하여야 한다.

그리고 화염 이온화 검출법(FID)은 외부에서 연료(H_2)를 공급해야 하는 문제점과 장소 이동에 따른 운반이 번거롭기 때문에 고정밀 또는 고정식 분석기에서 사용되고, 비분산 적외선(NDIR) 검출법은 탄화수소물의 경우 정밀도가 다소 떨어지지만 이동식 분석기에 주로 사용되고 있다.

(3) 화학 발광 검출법

화학 발광 검출(CLD ; Chemi-Luminescent Detection) 방법은 NO와 오존(O_3)이 반응하는 과정에서 발생하는 화학 발광 현상을 이용한다. 연소실에서 배출되는 배기 중에는 NO 뿐만 아니라 잔여 산소와 결합하여 생성된 NO_2, N_2O 등도 포함되어 있다. 물론 다른 질소산화물에 비해 NO가 차지하는 비율이 매우 높지만, NO_2의 농도도 무시할 수 없다. 그러므로 그림 13.11에서 보여주듯이 시료 가스는 함유된 NO_2를 촉매변환장치를 통해 NO로 환원시킨 후에 반응관(photo multiplier tube)으로 공급되고, 오존(O_3)은 공기 중의 산소(O_2)로부터 오존 발생기를 통해 공급된다.

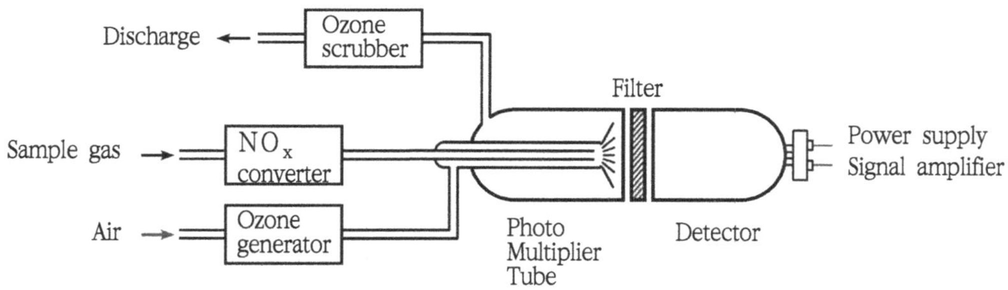

그림 13.11 화학 발광 검출법의 원리

시료 가스 중의 NO와 O_3이 반응관에서 혼합되어 식 (13.4)와 같은 반응이 발생하게 되고, 여기서 생성된 NO_2 일부(약 10%)가 여기 상태(excited state)로 존재하게 된다. 이 여기 상태의 NO_2^*가 기저 상태(ground state)의 NO_2로 되돌아 갈 때 발광에너지를 빛으로 방출하게 된다. 이 화학 발광은 반응전의 NO_2 분자량에 비례하므로, 발광의 검출량에 따라 시료 가스 중의 NO 농도를 측정할 수 있다. 그리고 시료 가스 중의 다른 분자들에 의해 발생되는 교란 발광(disturbing luminescence)를 제거하기 위하여 광 필터(optical filter)를 사용한다.

$$\begin{aligned} NO + O_3 &\rightarrow NO_2^* + O_2 \\ NO_2^* &\rightarrow NO_2 + (\text{light}) \end{aligned} \tag{13.14}$$

그리고 휴대용 NO_x 검출기에서는 광음향 분광법(photo-acoustic spectroscopy)이나 전기화학 센서(electrochemical sensor)를 이용하여 NO와 NO_2 농도값을 각각 측정하기도 한다.

13.5.3 입자상 물질의 측정

입자상 물질(PM)을 포함한 배출가스가 대기 중으로 방출되는 조건을 형성하여 PM을 포집하려면 사전에 배기 온도를 규정치까지 낮추어야 하는데, 포화온도(이슬점) 이하로 온도가 내려가면 배기 중의 수분이 응결하므로 수용성 성분의 측정 오차가 커지게 된다. 그러

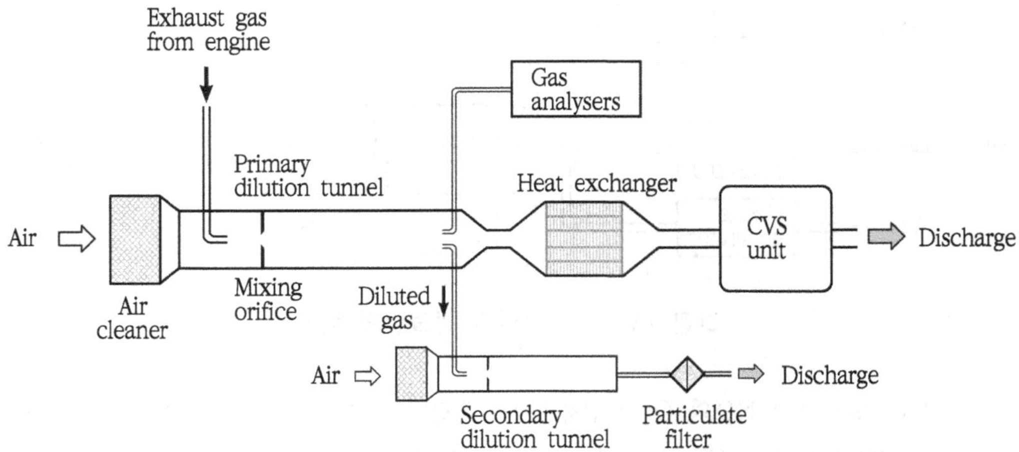

그림 13.12 PM 측정을 위한 희석 터널 장치의 구성

므로 배출가스를 공기로 희석시켜 수분(H_2O) 농도를 낮게 하여 결로현상을 방지할 수 있는 희석터널을 사용하여 PM을 포집한다.

희석 터널(dilution tunnel) 내에서 배출가스를 공기와 연속적으로 혼합하여 희석시킨 다음에 그 일부를 정유량(constant flow rate)으로 포집장치로 빨아들여 PM을 포집한다. 그리고 시험 전·후의 필터 질량을 측정하여 PM 질량을 구한다.

PM 측정에는 배출가스의 전량을 희석시키는 전량 희석 터널 장치(full tunnel system)과 일정 비율의 배출가스만을 희석시키는 분류 희석 터널 장치(secondary tunnel system)가 사용되고 있다. 그림 13.12에서 보여 주는 것과 같이 전량 희석 터널법은 기관 배출가스 전량을 주 터널(primary tunnel) 하나만 사용하여 희석시키는 방법이고, 분류 희석 터널법은 주 터널에서 희석시킨 배출가스의 일부를 2차 터널(secondary tunnel)로 유도하여 재차 희석시키는 방법이다.

기본 장치는 배출가스의 희석 터널, 희석 가스의 온도를 일정 온도로 유지시키기 위한 열교환기, 정용적 채취(CVS) 장치 및 PM 포집 장치로 구성되고, 주변장치로서 희석 공기용 필터, 공조장치 및 제어장치 등으로 구성되어 있다. 그리고 PM과 더불어 가스 상태의 유해 물질도 측정하는 가스분석기들도 추가될 수 있다.

전량 희석 터널법의 경우에는 기관으로부터 배출되는 가스의 전량을 희석 터널로 유입시켜 다량의 공기로 희석시키므로, 계측 설비가 비교적 대형이고 고가이다. 그러므로 대형

기관을 시험하기에는 곤란하므로, 배출가스의 일부를 분류하여 소형의 터널에서 희석하는 분류 희석 터널 방식이 국내외에서 여러 가지 고안되어 이용되고 있다.

공기와 배출가스의 희석비는 8～10 : 1 정도이고, 희석 가스의 온도는 325 K 이하이며 희석 가스의 유량은 일정하게 유지되어야 한다. PM 계측의 정확도는 시험전의 기관 상태 및 계측장비의 난기상태, 정용적 시료 채취(CVS)나 PM 포집 시의 유량변동, PM 포집량, 포집 시간 등에 영향을 받으므로, 이들 조건이 시험법에서 상세히 정해져 있다.

연습문제 13

13.1 가솔린기관과 비교하여 디젤기관에서 주로 배출되는 유해 성분들은 무엇이며, 그 이유를 기술하라.

13.2 전자제어 가솔린기관에서 사용하고 있는 삼원촉매장치를 디젤기관에 적용하기 어려운 이유는 무엇인가?

13.3 디젤기관에서 질소산화물(NO_x)과 입자상 물질(PM)을 동시에 저감시키기 어려운 이유를 기술하라.

13.4 디젤기관의 후처리장치에서 DPF(Diesel Particluate Filter)의 요구되는 특성과 아직 보편화되지 못한 이유는 무엇인가?

13.5 디젤기관의 질소산화물 후처리장치에 사용되는 디젤 배기 정화액(DEF ; Diesel Exhaust Fluid)인 AdBlue는 무엇인가?

13.6 디젤기관에서 배출되는 입자상 물질(PM)을 측정하기 위한 전량 희석 터널법과 분류 희석 터널법의 장단점을 비교하라.

13.7 자동차기관의 배출가스 중에 함유된 유해 성분을 측정하는 방법에서 정용적 채취 방법(Constant Volume Sampling Method)과 연속 채취 방법(Continuous Sampling method)의 차이는 무엇인가?

14

디젤기관의 과급

14.1 기관 과급의 개요

14.1.1 기관의 출력 증대

기관 출력은 실린더 내에서 효과적으로 연소되는 연료량에 따라 달라지고, 연료량은 한 사이클 동안에 연소실로 흡입된 공기량에 의해 제한된다. 따라서 기관 출력을 향상시키기 위해서는 기관 배기량 및 회전속도, 체적효율 및 평균유효압력 등을 높이는 방안을 생각할 수 있다.

(1) 기관 배기량 증대

배기량을 증대시키기 위해서는 행정체적을 크게 하거나 실린더 수를 늘려야 한다. 하지만 행정(stroke)을 크게 하면 기관 높이도 높아져서 차량 탑재에 제약을 받을 수 있다. 그리고 피스톤 직경(bore)을 늘리면 크랭크기구의 관성력이 증대되고 흡입행정 시에 흡기의 교축손실이 커지고 체적효율이 저하된다. 그러므로 배기량 증대를 위해서는 실린더수를 늘리는 것이 일반적이다.

(2) 기관 회전속도 증가

회전속도의 증가도 크랭크기구의 관성력을 증대시키고 흡기 유속도 높아지면서 체적효율이 저하된다. 일반적으로 차량용 가솔린기관의 최대 회전속도는 7500 rpm 정도이고, 디젤기관의 경우는 5000 rpm 정도이다.

(3) 평균유효압력의 증대

평균유효압력을 증대시키는 방안으로 압축비를 높이는 것을 고려할 수 있는데, 이는 부품의 강도 및 중량 증가 문제 등으로 제한적이다. 그리고 연료 공급량을 늘리는 방안이 이상적인데, 그렇게 하기 위해서는 보다 많은 양의 공기가 필요하다. 이에 관한 많은 연구개발을 통해 흡기 포트의 형상을 개선하고 DOHC 밸브 방식을 채용하였으며, 배기 과급을 도입하고 있다.

항공기용 가솔린기관에서는 고공에서 공기 밀도 감소로 인한 출력 저하를 줄이기 위하여 과급장치를 사용하고 있지만, 일반적으로 가솔린기관에서는 노킹이 발생하므로 그 과급도가 제한된다. 디젤기관에서는 출력 증대 및 열효율의 향상을 위하여 과급이 보편화되었으며, 근래에는 과급압력도 점차 높아지고 있다.

14.1.2 차량기관의 과급

과급 방식에는 일반적으로 기관의 크랭크축으로부터 증속 기어를 통해 압축기를 구동하는 기계식 과급(mechanical supercharging)과 배출가스의 에너지로 터빈을 구동시켜 얻은 출력으로 압축기를 구동하는 배기 과급 (exhaust gas turbocharging)이 있다. 기계식 과급은 과급기의 구동에 필요한 기관 출력이 소요되지만, 배기 과급은 터빈을 구동하는데 배기 에너지를 이용하기 때문에 약간의 배압 상승은 있어도 축동력의 저하는 없으므로 열효율 측면에서 유리하다.

그림 14.1은 배기량 2.4 ℓ의 자연흡기방식과 과급기를 장착한 디젤기관의 성능을 비교한 그림이다. 실선으로 나타낸 과급 기관의 제동 평균유효압력(BMEP)은 점선의 무과급 기관에 비하여 중속에서 30% 이상 향상되었다. 그리고 제동 연료소비율(brake specific fuel consumption)의 경우는 다소 저하되었지만, 최저점은 근소한 차이를 보이고 있다. 일반적인 차량기관에서 배기 과급기를 장착하면 무과급 기관에 비하여 중량은 10~15% 증가되며, 출력은 35~45% 정도 향상된다.

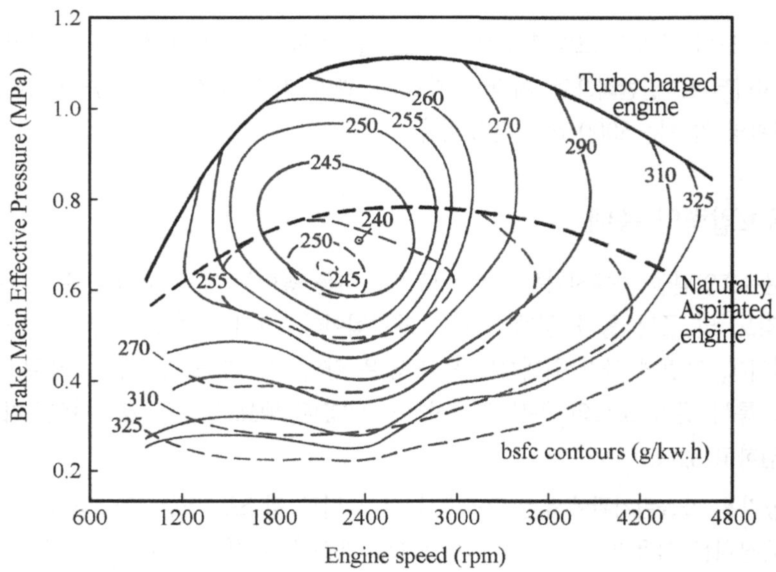

그림 14.1 무과급 기관과 과급 기관의 성능 곡선 비교

14.2 기계식 과급

14.2.1 기계식 과급기의 구조

기계식 과급기인 수퍼차저(supercharger)에는 원심식(centrifugal), 루츠식(roots), 스크루(screw) 형식 등이 있으며, 사용 목적에 따라 다른 크기로 사용되고 있다. 일반적으로 루츠 블로워(roots blower)는 자동차용 과급기 또는 2행정 기관의 소기 압축기로 널리 사용되어 왔다. 수퍼차저는 기관 회전수의 1.4~2.0배로 회전하며, 작동원리는 용적형인 기어 펌프와 동일하다. 그림 14.2에 나타낸 바와 같이 2~3개의 날개 또는 나사(screw) 모양의 홈이 경사지게 가공된 로터(rotor) 한 쌍을 케이싱(casing)안에 서로 대칭으로 설치하고 반대방향으로 회전시켜 공기를 흡입구에서 송출구로 압송하는 원리로 작동된다.

그림 14.2의 루츠형 수퍼차저는 송풍 압력 및 효율이 낮은 단점이 있지만, 구조가 간단하고 내구성이 좋고 상대적으로 저속회전에서 좋은 성능을 가지고 있다. 그리고 스크루형은 루츠형에 비하여 로터 간극이 일정하므로 과급 압력이 높고 열 및 소음 발생이 적으며 효율은 약 10% 정도 높은 장점이 있다.

하지만 수퍼차저는 기관 동력을 사용하기 때문에 기관 열효율의 상승효과는 없다. 오히려 기관 작동압력이 높아져서 마찰손실이 증대되고, 고속에서는 흡입공기 온도의 상승으로 과급효과가 떨어진다. 그러므로 저속 성능을 개선하기 위한 목적으로 주로 저속 영역에서 사용하고, 고속에서는 구동동력을 차단하여 정지시키다.

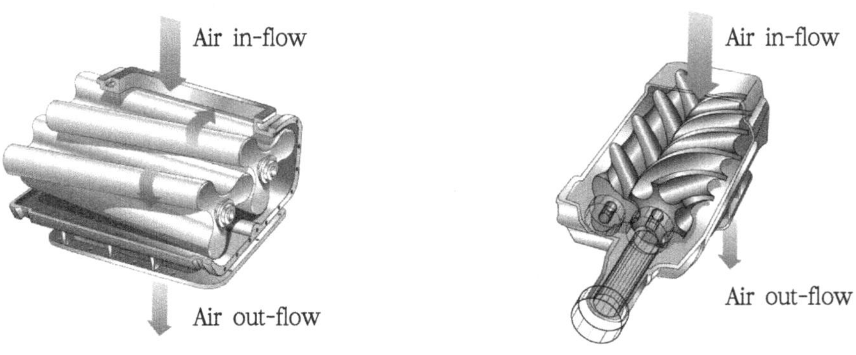

(a) Roots supercharger (b) Screw supercharger

그림 14.2 기계식 과급기의 종류 및 구조

14.2.2 수퍼차저의 작동

수퍼차저는 크랭크축 풀리와 벨트로 연결되고, 클러치 작동에 의해 구동된다. 전자제어식에서는 기관 부하에 따라 ECU가 전자 클러치를 작동시키고, 기관 동력에 의해 구동되는 수퍼차저는 공기를 흡기다기관으로 송풍하게 된다.

수퍼차저가 작동하여 급기 압력이 규정값 이상으로 상승하면, 바이패스 밸브(by-pass valve)가 열려서 가압된 공기의 일부가 수퍼차저의 흡입측으로 우회되어 급기 압력이 일정하게 유지된다. 그리고 기관 부하가 적을 때는 구동 동력을 차단시켜 수퍼차저의 가동을 정지시키고, 공기는 우회 관로로 공급되도록 하여 동력 손실을 방지한다.

최근에는 수퍼차저를 전동장치와 결합시켜 기관 부하에 관계없이 독립적으로 구동시키거나, 배기 과급기(터보차저)와 2단으로 함께 사용하여 저속 영역 및 과도 상태의 응답성에서 보다 뚜렷한 성능 향상 효과를 나타내기도 한다.

14.3 배기 과급

14.3.1 배기 과급의 원리

배기 과급 장치(exhaust gas turbocharging system)에서 과급기(turbocharger)와 기관은 기어나 체인 등의 기계적인 동력전달장치가 없이 흡기관 및 배기관으로 연결된다. 따라서 과급기와 기관 연소실은 별개의 독립된 장치이지만, 흡기와 배기를 서로 주고받으며 열역학적 균형을 이루는 시스템이다.

과급기의 터빈(turbine)은 기관 연소실에서 배출되는 배기 에너지로 구동되고, 압축기(compressor)는 터빈과 동일 축으로 연결되어 같은 속도로 회전하게 된다. 압축기는 터빈의 구동력으로 공기를 압축시켜 공급한다. 하지만 압축된 공기의 온도가 높기 때문에 급기 냉각기(intercooler)를 통과시켜 온도를 낮추고 밀도를 높인 다음 연소실로 유입되도록 한다. 그리고 저속에서는 과급기의 성능이 낮으므로 이를 보완하기 위하여 배기 관로에 바이패스 밸브와 유사한 웨이스트 게이트(waste gate)를 설치하거나, 터빈 입구에 가변 노즐을 장착한 과급기를 사용한다.

기관 회전속도가 높아지면 배출가스의 유량 및 압력이 상승하고 과급기의 회전수 및 터빈 동력도 증가한다. 따라서 실린더에 공급되는 공기량이 많아지기 때문에 충전 효율이 향상되어 기관 출력이 증가하게 된다.

14.3.2 과급기 터빈과 압축기의 관계

그림 14.3은 일반적인 과급장치의 개념도를 보여주는데, 과급기의 압축기와 터빈의 열역학적 관계를 살펴보기 위하여 에너지 보존 법칙으로부터 관계식을 유도한다. 여기서 하첨자의 숫자는 그림 14.3에서 표시한 각부의 위치를 의미하며, 하첨자 영(0)은 정체(stagnation) 상태를 나타낸다. 그리고 압축기 입구의 공기 속도는 영(0)으로 가정하므로 입구에서 정체압력과 정체온도는 각각 정압과 정온과 같다($P_{01} = P_1$, $T_{01} = T_1$)고 유도한다. 하지만 터빈 출구에서 배기는 일정 속도를 가지고 배출되므로 정체 조건의 압력과 온도가 높다($P_{05} > P_5$, $T_{05} > T_5$).

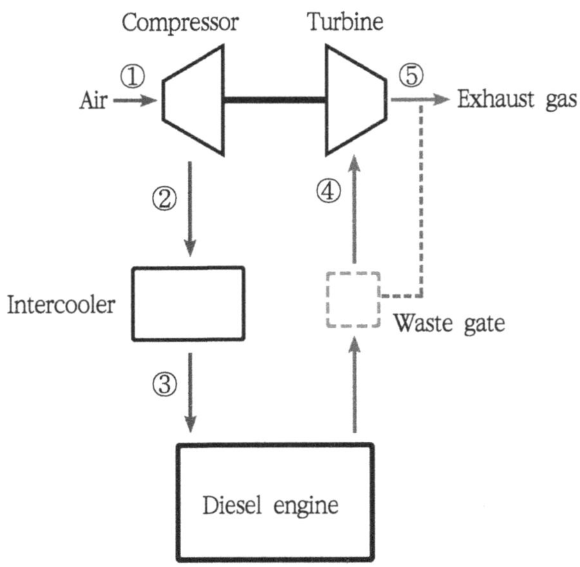

그림 14.3 배기 과급 장치의 구성

(1) 압축기의 효율 및 동력

압축기를 통한 공기의 흐름이 정상 유동으로 가정하면, 열역학 제1법칙으로부터 압축기의 일(work)를 구할 수 있다.

$$u_1 + \frac{P_1}{\rho_1} + \frac{V_1^2}{2} + z_1 g + q - w_a = u_2 + \frac{P_2}{\rho_2} + \frac{V_2^2}{2} + z_2 g \quad (14.1)$$

만약 위치에너지의 차이는 무시할 만큼 적고, 외부로의 열손실이 없다면 ($q = 0$), 공기의 단위 질량당 한 일은 식 (14.2)와 같이 정리할 수 있다.

$$-w_a = h_2 + \frac{V_2^2}{2} - h_1 - \frac{V_1^2}{2} = h_{02} - h_{01} \quad (14.2)$$

압축기와 공기는 일을 주고받는 관계이므로 부호가 서로 반대이고, 실제 가스에서 엔탈피는 온도에 밀접한 함수이고 압력에는 크게 영향을 받지 않는다. 그러므로 압축기의 일(w_c)은 식 (14.3)과 같이 공기 비열(C_{pa})과 압축기 전후의 온도 차이로 나타낼 수 있다.

$$w_c = C_{pa}(T_{02} - T_{01}) \quad (14.3)$$

한편 압축기의 효율(η_c)은 그림 14.4에 나타낸 바와 같이 실제 압축일($h_{02} - h_1$)과 이상일($h_{02s} - h_1$)을 비교하는 등엔트로피 효율(isentropic efficiency)로 식 (14.4)와 같이 정의한다. 여기서 실제일과 이상일의 차이($h_{02} - h_{02s}$)는 비가역 압축 손실이다.

$$\eta_c = \frac{h_{02s} - h_{01}}{h_{02} - h_{01}} = \frac{C_{pa}(T_{02s} - T_{01})}{C_{pa}(T_{02} - T_{01})} = \frac{(P_{02}/P_{01})^{(k-1)/k} - 1}{T_{02}/T_{01} - 1} \quad (14.4)$$

압축기의 등엔트로피 효율 식 (14.4)로부터 실제 압축일은 식 (14.5)와 같이 유도할 수 있으며, 압축기의 구동 동력은 여기에 공기 질량유량($\dot{m}_a$)을 곱하여 구한다.

$$w_c = \frac{C_{pa}}{\eta_c}(T_{02s} - T_{01}) = \frac{C_{pa} T_{01}}{\eta_c}\left(\frac{T_{02s}}{T_{01}} - 1\right) \quad (14.5)$$

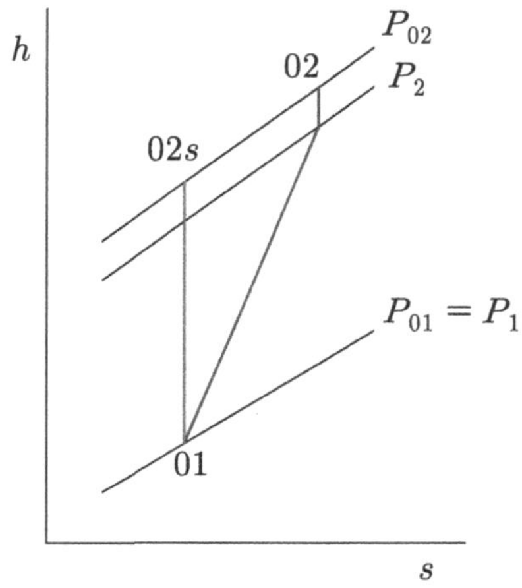

그림 14.4 압축기 엔탈피 변화

$$L_c = \dot{m}_a w_c = \frac{\dot{m}_a C_{pa} T_{01}}{\eta_c}\left(\left(\frac{P_{02}}{P_{01}}\right)^{\frac{k-1}{k}} - 1\right) \tag{14.6}$$

(2) 터빈의 효율 및 동력

터빈의 경우는 압축기와 반대 방향의 개념으로 해석하며, 열역학 제1법칙으로부터

$$h_4 + \frac{V_4^2}{2} + q + w_g = h_5 + \frac{V_5^2}{2} \tag{14.7}$$

그리고 열손실이 없고($q=0$), 터빈과 배기의 일은 부호가 서로 반대이므로 터빈에서 배기의 단위 질량당 팽창일은 식 (14.8)과 같이 정리할 수 있다.

$$w_t = h_{04} - h_{05} = C_{pg}(T_{04} - T_{05}) \tag{14.8}$$

터빈 효율(η_t)도 그림 14.5에 나타낸 바와 같이 이상일($h_{04}-h_{05s}$)과 실제 팽창일($h_{04}-h_{05}$)을 비교하는 등엔트로피 효율(isentropic efficiency)로 식 (14.9)와 같이 정의한다. 그리고 실제일과 이상일의 차이($h_{05}-h_{05s}$)는 비가역 팽창 손실이다.

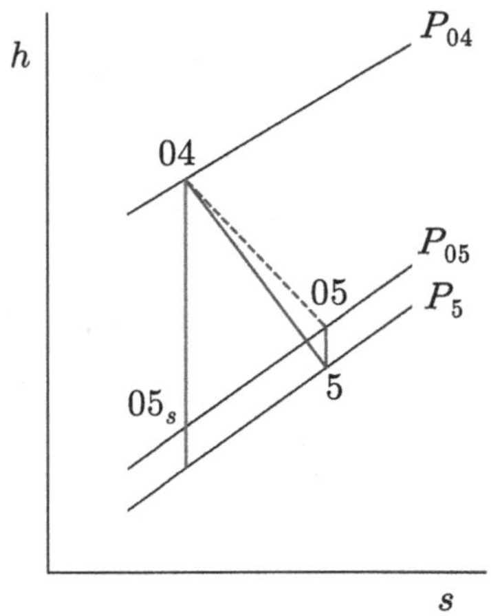

그림 14.5 터빈 엔탈피 변화

$$\eta_t = \frac{h_{04} - h_{05}}{h_{04} - h_{05s}} = \frac{C_{pg}(T_{04} - T_{05})}{C_{pg}(T_{04} - T_{05s})} = \frac{1 - T_{05}/T_{04}}{1 - (P_{05}/P_{04})^{(k-1)/k}} \tag{14.9}$$

터빈의 실제일은 식 (14.9)로부터 식 (14.10)과 같이 유도하며, 터빈의 구동 동력은 여기에 배기 질량유량($\dot{m}_g$)을 곱하여 식 (14.11)과 같이 구한다.

$$w_t = \eta_t C_{pg}(T_{04} - T_{05s}) = \eta_t C_{pg} T_{04}\left(1 - \frac{T_{05s}}{T_{04}}\right) \tag{14.10}$$

$$L_t = \dot{m}_g w_t = \dot{m}_g \eta_t C_{pg} T_{04}\left(1 - \left(\frac{P_{05}}{P_{04}}\right)^{\frac{k-1}{k}}\right) \tag{14.11}$$

(3) 과급기의 총 효율

압축기의 구동 동력(L_c)은 터빈 동력(L_t)에서 기계적 마찰손실을 제외한 것과 같다. 따라서 과급기의 기계효율(η_m)을 터빈 동력에 대한 압축기 동력의 비로 정의하면, 식 (14.6) 및 (14.11)로부터 다음과 같이 유도할 수 있다.

$$\eta_m = \frac{L_c}{L_t} = \frac{\dfrac{\dot{m}_a C_{pa} T_{01}}{\eta_c}\left(\left(\dfrac{P_{02}}{P_{01}}\right)^{\frac{k-1}{k}} - 1\right)}{\dot{m}_g \eta_t C_{pg} T_{04}\left(1 - \left(\dfrac{P_{05}}{P_{04}}\right)^{\frac{k-1}{k}}\right)} \tag{14.12}$$

그리고 과급기의 총 효율을 기계효율, 압축기 효율 및 터빈 효율의 곱으로 정의하면, 다음과 같이 정리할 수 있다.

$$\eta_{tc} = \eta_m \eta_c \eta_t = \left(\frac{\dot{m}_a}{\dot{m}_g}\right)\left(\frac{C_{pa}}{C_{pg}}\right)\left(\frac{T_{01}}{T_{04}}\right)\left(\frac{\left(\dfrac{P_{02}}{P_{01}}\right)^{\frac{k-1}{k}} - 1}{1 - \left(\dfrac{P_{05}}{P_{04}}\right)^{\frac{k-1}{k}}}\right) \tag{14.13}$$

만약 흡기와 배기의 질량유량 및 비열비가 같다면($\dot{m}_a = \dot{m}_g$, $C_{pa} = C_{pg}$), 식 (14.13)을 과급 압력비의 관계식으로 간략히 정리할 수 있다.

$$\frac{P_{02}}{P_{01}} = \left[1 + \eta_{tc}\left(\frac{T_{04}}{T_{01}}\right)\left(1 - \left(\frac{P_{05}}{P_{04}}\right)^{\frac{k-1}{k}}\right)\right]^{\frac{k}{k-1}} \tag{14.14}$$

여기서 과급기 총 효율(η_{tc}), 배기온도(T_{04}) 및 터빈의 팽창비(P_{04}/P_{05})가 올라지면 과급 압력비(P_{02}/P_{01})도 상승한다. 하지만 배기온도를 높이면 기관의 열효율이 저하되므로 바람직하지 못하며, 배기계통의 열부하(thermal load) 때문에 온도를 일정치 이하로 제한하게 된다. 그리고 터빈의 입구 압력(P_{04})도 급기 압력(P_{02}) 이하로 유지되어야 한다. 그 이유는 배압(back pressure)이 상승하면 4행정 기관에서는 펌프손실이 증가하고 2행정 기관은 소기효율이 저하되기 때문이다. 따라서 과급 압력을 높이기 위해서는 과급기의 기계효율, 압축기 효율 및 터빈 효율을 극대화시키는 것이 최선의 방법이다.

14.3.3 배출가스의 압력 변화

실린더에서 배출되는 배기 에너지는 연소로 발생된 열에너지의 30~40%에 이르며, 이론적으로 최대 회수 가능한 에너지는 배출가스를 대기압 및 대기온도까지 팽창시켜 얻을 수 있는 터빈 구동에너지이다. 하지만 배기밸브를 통과하여 배기다기관으로 배출되는 가스의 압력 및 유속이 일정하지 않으며 터빈 출구의 배압도 존재하여 배기에너지를 100% 회수하는 것은 불가능하다.

배출가스의 압력은 배기다기관에 연결된 실린더 수에 따라 반복적으로 변화되며, 과급기 터빈을 구동하는 배기 압력의 양상에 따라 정압 과급(constant pressure turbo-charging)과 동압 과급(pulse turbocharging) 방식이 있다. 그림 14.6 및 14.7은 배출가스가 실린더에서 터빈 입구까지 유동하는 과정을 도식화한 것이고, 각각 정압 과급과 동압 과급에서 크랭크각도에 따른 실린더 및 배기다기관에서의 가스 압력변화를 보여준다.

배기밸브가 열리는 시점(EVO)에는 실린더 내의 연소과정이 완료되고 피스톤이 팽창행정을 수행하는 과정 중이므로 실린더 내의 가스압력(P_{cyl})이 배기다기관에서의 압력(P_e)보다 매우 높다. 배기밸브가 개방되어 연소가스가 배기다기관으로 배출되면서 실린더내의 압력은 하강하고 배기다기관의 압력은 상승하게 된다. 배기관의 압력변화는 배기다기관의 체적과 밀접한 관계가 있으며, 행정체적에 비하여 충분히 크다면 그림 14.6과 같이 거의 일정한 수준의 압력을 유지한다. 하지만 배기관 체적이 적으면 그림 14.7과 같이 배기밸브 개폐에 따라 변화하게 된다.

배기 초기(a 시점)에는 배기밸브의 유효 양정이 매우 작고, 밸브 상류와 하류의 압력비가 커서 초킹(choking) 상태이다. 따라서 배기의 팽창속도가 음속에 가까우며, 급격한 팽창에 따른 충격파도 발생하게 된다. 이어서 피스톤이 하사점을 지나고 실린더 압력이 하강하면서 밸브 상·하류의 압력비가 임계조건(c 시점)에 이르게 된다. 이 시점부터 배기 속도는 아음속으로 낮아지고, 연소가스는 외부일 없이 배기다기관으로 팽창하게 된다.

14.3.4 배기 정압 과급

정압 과급은 그림 14.6에서 보여주듯이 배출가스가 항상 거의 일정한 압력으로 배기터빈을 구동하는 방식을 말하며, 모든 실린더는 비교적 용적이 큰 하나의 배기관에 연결되어있다. 따라서 각 실린더의 연소가스가 배기밸브를 지나 배기관으로 방출되어 집합되면

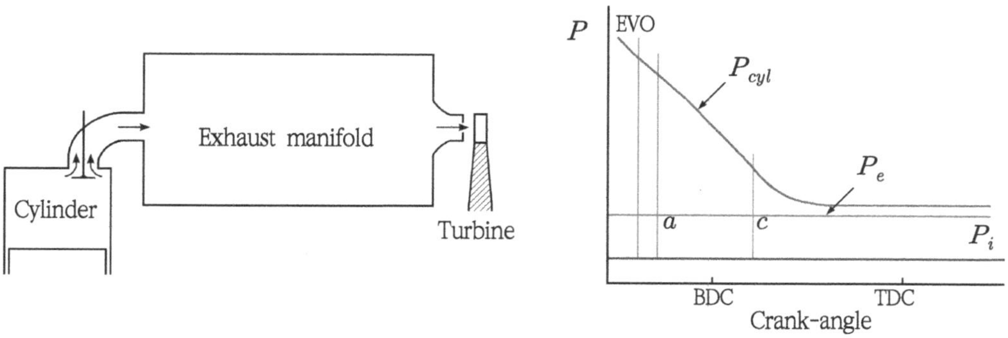

그림 14.6 정압 과급의 원리 및 압력 변화

서 배기의 속도에너지가 압력에너지로 변환되었다가, 터빈 입구의 노즐에 의해 다시 속도에너지로 변환되어 터빈을 구동하는 과정을 거친다.

정압 과급을 채택한 기관의 배기다기관 체적은 기관 배기량의 1.4~6배 정도이며, 실린더 수가 적을수록 배기량에 비하여 배기관 체적이 크다. 만약 배기관 체적이 실린더에서 배출되는 배기의 압력 파동을 감쇄시키기에 충분하지 않으면, 배기다기관의 압력이 다소 상승할 수 있다. 이러한 경우 3기통 이상의 기관에서는 이웃한 실린더의 소기과정에 영향을 줄 수 있고, 2행정 기관에서는 배기압력이 흡기압력보다 높아져서 기관 작동이 불가능할 수 있다. 하지만 배기관이 지나치게 크면 표면적도 증가하므로 열손실이 많아지고 그만큼 터빈의 가용에너지는 감소하게 된다.

정압 과급의 경우 연소가스가 밸브를 통과하여 배기관으로 합류될 때 발생하는 교축작용과 난류 혼합에 의해 운동에너지의 일부가 손실되지만, 배기다기관의 구성이 간단하여 유동에너지의 손실은 적다. 그리고 1사이클 동안 배기다기관에서의 압력은 크게 변화하지 않고 일정하게 유지되므로 과급기가 높은 효율 영역에서 운전되도록 할 수 있다. 하지만 배기다기관의 체적이 커서 부하 또는 속도 변동에 따른 배기관 압력의 반응시간이 길어서, 정압 과급방식은 속도 및 부하 변동이 적은 선박용 및 산업 발전기용의 대형 저속 디젤기관에 주로 채택된다.

그리고 기관이 고속으로 운전될 때 부하가 적어지면 흡입공기량은 크게 변화하지 않으나 연료분사량이 줄어들고 따라서 배기온도가 낮아진다. 이런 경우 과급기의 작동점이 설계점에서 멀어지고 과급기 효율이 낮아져서, 기관의 소기작용이 원활하지 못하게 되어 출력이 저하되는 문제가 발생된다. 아울러 저속의 전부하 상태에서는 배기 유량에 비하여 터빈 입구 면적이 과다하여 과급 효율이 낮은 단점이 있다. 그리고 차량기관에서는 과도

응답(transient response) 성능 및 넓은 운전 범위가 요구되므로 동압 과급방식을 채택하고 있다.

14.3.5 배기 동압 과급

동압 과급은 배기 압력파(blow-down pulse)의 에너지를 최대로 활용하는 방식으로, 터빈을 구동하는 배기 압력이 일정하지 않고 실린더 수에 따라 주기적으로 변화한다. 그러므로 그림 14.7에 도식화하여 보여주듯이 정압 과급에 비하여 상당히 적은 체적의 배기관을 사용하여 블로-다운(blow-down) 기간에 배기 압력이 빠르게 상승되어 터빈 입구에 작용하도록 한다.

배기밸브가 열리는 시점(EVO)에 실린더 내의 가스압력은 대기압보다 6~10배 정도 높고, 배기다기관의 압력은 대기압과 비슷한 수준이다. 배기 초기(a 시점)에는 배기가 음속으로 급격히 팽창하면서 충격파를 발생하게 되고, 난류 혼합 및 교축작용에 의해 압력 회복은 거의 일어나지 않으며 터빈 입구에서 배기 압력이 정압 과급의 경우보다 낮다. 배기과정이 조금 경과하면(b 시점) 배기밸브의 유효 단면적이 커지면서 배기량도 많아지고 교축손실도 감소하면서 터빈 입구의 배기 압력이 상승한다. 그리고 a 시점보다 터빈의 팽창비가 매우 상승하여 터빈 동력이 증가하게 된다.

이어서 배기 과정이 초기 블로-다운 시기를 지나면(c 시점) 실린더 및 배기관 가스 압력이 모두 하강하고, 배기 유속은 아음속으로 터빈 입구에서의 운동에너지는 밸브 출구에서와 동일한 수준이 된다. 그러므로 배기 행정이 진행되면서 정압 과급과 유사한 양상을 보이게 된다.

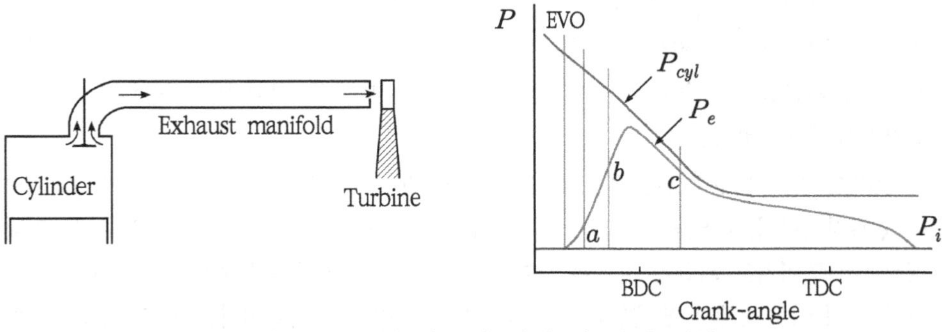

그림 14.7 동압 과급의 원리 및 압력 변화

동압 과급에서 중요한 사항은 배기밸브를 보다 신속하게 열고 배기관의 단면적을 줄여서 교축손실을 최소화하고, 배기과정의 초기(blow-down period)에는 배기관에서 빠른 압력 상승을 유도하고 후기에는 빠른 압력 하강을 유도하여 소기효율을 높이고 펌프 손실을 줄이는 것이다. 작은 직경의 배기관을 사용하면 배기관의 단면적에 대한 밸브 유효 면적의 비가 커서 교축손실이 적어지고, 배기밸브 출구에서 높은 속도의 배기를 터빈 입구까지 유도하여 블로-다운 에너지를 효과적으로 활용할 수 있다. 하지만 지나치게 배기관의 단면적을 줄이고 길이를 길게 하면 점성마찰에 의한 관로손실이 증대되고, 배출가스의 가속에 필요한 시간을 소요하여 배기밸브의 출구와 터빈 입구에서 압력차가 존재하게 된다.

일반적으로 배기관의 단면적은 배기밸브가 완전 개방되었을 때 유효면적보다 약간 크게 하고, 배기관은 지나친 굴곡을 피해 부차손실이 발생하지 않도록 설계한다.

(1) 4기통 기관의 과급

이웃하는 실린더의 배기과정에 영향을 주지 않으면서 블로-다운 에너지를 효율적으로 이용하기 위하여 배출가스는 각각 또는 그룹별로 짧고 가는 관을 통해 터빈에 유입되도록 한다.

4기통 기관에서는 대부분 그림 14.8과 같이 배기관을 2개씩 그룹으로 나누거나, 3개 및 1개 실린더 그룹으로 나누어 연결한다. 착화순서가 1-3-4-2인 4행정 기관의 경우 위상각은 180°이고 배기밸브의 열림각은 256~315° 정도이므로, 1과 4번 실린더 및 2와 3번 실린더의 배기관을 2개 그룹으로 연결하면 원활한 소기가 이루어진다. 1번과 4번의

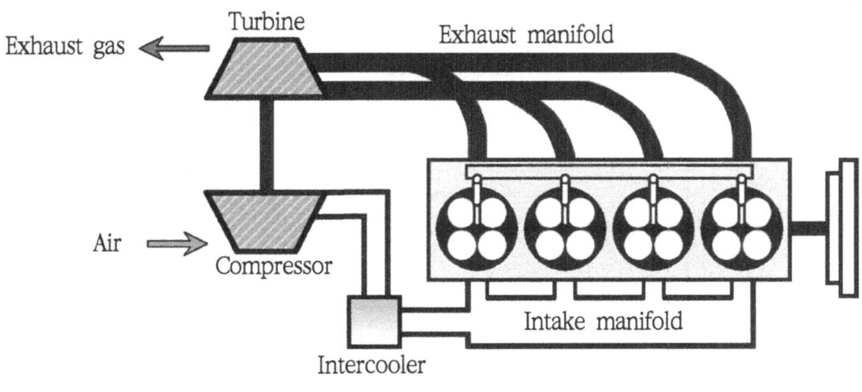

그림 14.8 4기통 기관의 흡기다기관 및 배기다기관

경우를 보면 서로의 위상차가 배기밸브의 열림각보다 크므로, 1번 실린더의 배기밸브가 완전히 닫힌 후에 4번 실린더의 배기밸브가 열리게 되어 서로 영향을 미치지 않는다.

하지만 터빈의 평균 효율은 정압 과급의 경우보다 다소 낮다. 그리고 대형 기관의 경우 배기관 길이가 길면 고속에서 압력파의 반사가 일어날 수 있으므로, 관 길이가 가능한 짧도록 과급기를 기관 중간에 설치한다.

(2) 6기통 기관의 과급

그림 14.9에서 보여주듯이 4행정 기관의 경우 배기과정에서 간섭을 피하기 위하여 6기통 이상의 기관에서도 2 또는 3개의 배기관을 하나로 묶어 터빈하우징에 연결한다. 가장 이상적인 배기관 배열은 최대 3개 실린더의 배기관을 1개의 터빈 입구에 연결하는 것이다. 2개 실린더의 연결은 각종 손실이 증가하여 효율이 떨어지는 것으로 알려져 있고, 실린더 수가 많아질수록 배기관 연결이 매우 복잡해지게 된다.

터빈 입구가 복수인 경우 3기통 단일 입구와 비교하여 분기점의 부차손실이 존재하여 터빈 효율은 다소 떨어진다. 그리고 만약 3번 실린더의 블로-다운 압력파가 1번 실린더의 소기행정이 완료되기 이전에 1번 배기밸브 쪽으로 전파되면 소기에 악영향을 초래할 수 있다. 하지만 3개 실린더 그룹의 경우 배기밸브의 개방기간이 거의 겹치지 않아서 이어지는 블로-다운 압력파가 서로 간섭하지 않고 터빈 입구에 도달될 수 있다.

그림 14.10에서 1 사이클 동안의 압력 변화를 살펴보면, 모든 압력이 대기압보다 높으므로 기관 운전상태가 양호하다. 그리고 밸브중첩기간(빗금친 부분)에 흡기관의 압력이 실

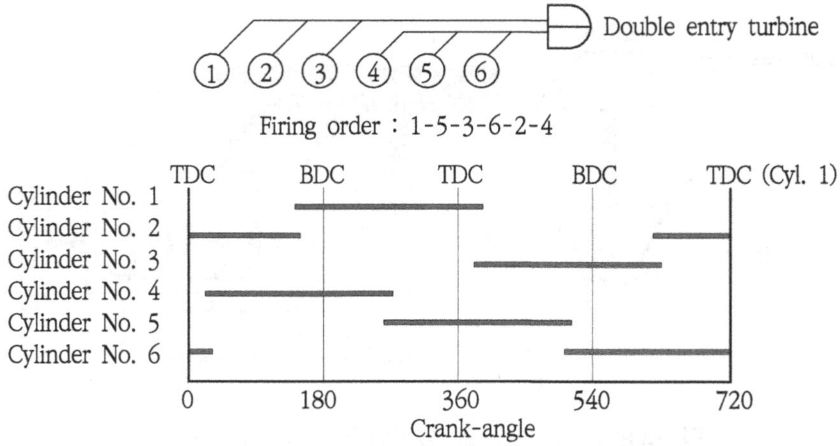

그림 14.9 6기통 기관의 배기다기관 및 배기밸브 개방

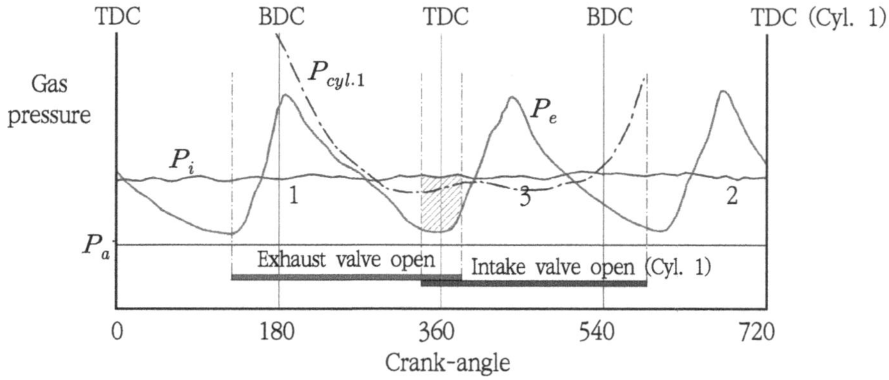

그림 14.10 3기통 연결 배기다기관에서의 압력 변화

린더 압력보다 높고, 배기관의 압력이 가장 낮아야 원활한 소기가 이루어진다. 1번 실린더의 배기밸브가 닫힌 직후에 3번 실린더의 압력파가 도달하고, 3번 실린더의 최대 압력파는 피스톤이 BDC에 도달할 때 발생하는 것이 이상적이다. 그 이유는 밸브중첩기간이 길어질 경우 1번 실린더의 배기 간섭이 발생할 가능성이 있기 때문이다.

2행정 기관의 동압 과급에서도 4행정 기관의 경우와 같이 3개 실린더의 1개 터빈 입구로의 연결이 가장 효과적이다. 과급비 3까지는 3개 실린더 그룹이 좋은 결과를 보여주는데, 1단의 낮은 반동터빈으로는 블로-다운 압력파를 효율적으로 이용하는데 한계가 있기 때문이다. 그러므로 특히 다기통 기관에서 과급비 3 이상의 고과급이 필요한 경우는 정압 과급이 유리하다. 또한 2행정 기관은 대부분 저속의 대형 디젤기관이고 효율, 가격, 간편성 등의 요인 때문에 대부분 정압 과급을 채택하고 있다.

14.4 급기 냉각

과급기의 압축기에 의해서 공기가 압축되면 압력뿐만 아니라 온도도 상승하게 된다. 과급 공기의 온도가 높아지면 공기의 밀도 증대 비율이 감소하여 체적효율이 저하되고, 연소실에서 화염온도도 상승하여 연소실 구성 부품의 열부하도 증대되고 질소산화물의 생성도 많아지게 된다. 그러므로 그림 14.3과 같이 압축기와 흡기다기관 사이에 급기 냉각기(charge air cooler, intercooler)를 설치하여 과급된 공기를 냉각시켜야 한다.

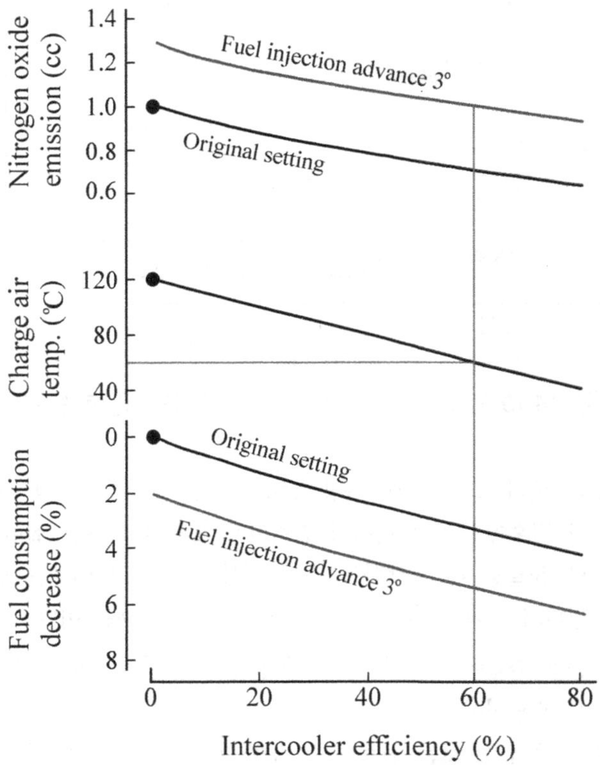

그림 14.11 과급 디젤엔진의 급기 냉각 효과

과급 디젤기관의 출력이 무과급 기관에 비하여 어느 정도까지 증가하여도 급기 냉각이 충분히 이루어지면 연소실의 온도는 크게 상승하지 않는다. 그림 14.11은 급기 냉각기의 효율에 따른 일산화질소 배출량, 급기 온도 및 열효율 변화를 나타낸 것이다. 급기 냉각기의 효율은 일반적으로 식 (14.15)와 같이 최대로 가능한 냉각 열량(급기 온도의 강하)에 실제 냉각 열량의 비로 정의한다.

$$\eta_{ic} = \frac{\text{Actual heat transfer}}{\text{Maximum possible heat transfer}} = \frac{T_c - T_i}{T_c - T_a} \times 100\,(\%) \qquad (14.15)$$

외부 공기 온도(T_a)가 20℃일 때, 압축기 후의 급기 온도(T_c)는 120℃이고 급기 냉각기를 통과한 급기 온도(T_i)는 60℃ 정도이면 급기 냉각기 효율(η_{ic})은 60%이다. 이 때 급기 냉각을 시행하지 않는 경우(η_{ic} = 0%)와 비교하면 연료 분사시기가 최초 설정된 상태에서는 일산화질소(NO)는 약 25% 감소하고 열효율은 3% 정도 향상된다. 그리고 연료분사시기를 3° 진각시키면 일산화질소 배출은 동일한 수준으로 유지하면서 열효율은 5.3%까지 향상시킬 수 있음을 알 수 있다.

한편 급기 냉각기는 라디에이터와 비슷한 구조로 설계되어 외부 공기로 냉각시키는 공랭식과 냉각수를 이용하여 냉각시키는 수냉식이 있다. 공랭식 냉각기는 주행 중에 받는 공기로 과급 공기를 냉각시키기 때문에 수냉식에 비해서 구조는 간단하지만 냉각 효율이 떨어진다.

반면에 수냉식 냉각기는 기관 냉각 계통과는 별개로 설치된 냉각 계통으로 냉각수를 순환시켜 고온의 급기를 냉각시키는 방식이다. 급기 온도가 200℃ 이상으로 높은 경우에는 80~90℃의 냉각수로 냉각시킴과 동시에 외부 공기를 이용하여 냉각시키기도 한다. 수냉식 냉각기는 공냉식과 비교하여 구조는 복잡하지만 저속에서도 냉각 효과가 좋은 특징이 있다.

14.5 배기 과급기

14.5.1 배기 과급기의 구조

배기 과급기(turbocharger)의 외부는 그림 14.12와 같이 중심부에 베어링 하우징(bearing housing)이 있고 양쪽에 터빈 하우징(turbine housing) 및 압축기 하우징(compressor housing)으로 구성되어있고, 하우징 내부에는 과급기 회전차(rotor)가 플로팅 베어링(floating bearing)으로 지지된다. 회전차는 과급기 축의 한 끝에 마찰용접된 터빈 휠(turbine)과 다른 끝에는 터빈과 날개각이 반대인 압축기 휠이 로킹 너트(locking nut)로 고정된 조립체이다.

그리고 과급 압력이 규정치 이상으로 상승되는 것을 방지하는 과급 압력 조절기, 배기 유량을 조절하는 웨이스트 게이트(waste gate) 밸브 또는 배기 유속을 제어하는 가변 노즐 등이 설치되기도 한다.

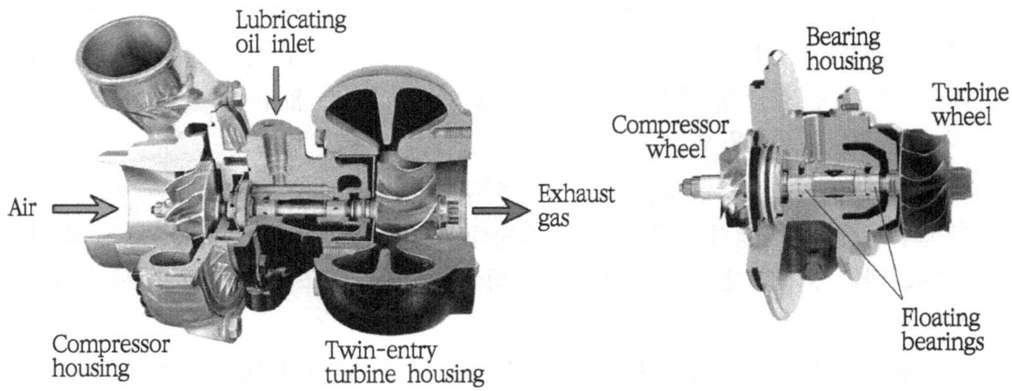

그림 14.12 배기 과급기 및 로터의 구조

(1) 압축기

과급기의 압축기(compressor)는 1단 원심식으로 날개 끝부분의 경사각이 20~50° 인 후향 날개의 회전차(impeller)를 주로 채택하며, 알루미늄 합금으로 주조 생산된다. 압축기는 그림 14.13에 나타낸 것과 같이 안내 날개가 장착 가능한 입구 케이싱(casing), 회전차, 디퓨저(diffusor) 및 출구 케이싱(collector or volute casing)으로 이루어져 있다.

공기는 하우징(housing) 내부에서 회전하는 임펠러에 의해 압축기 중심부로 유입되고, 원심력에 의해 원주 방향으로 가속되어 디퓨저 또는 나선형 케이싱 출구로 유출된다. 디

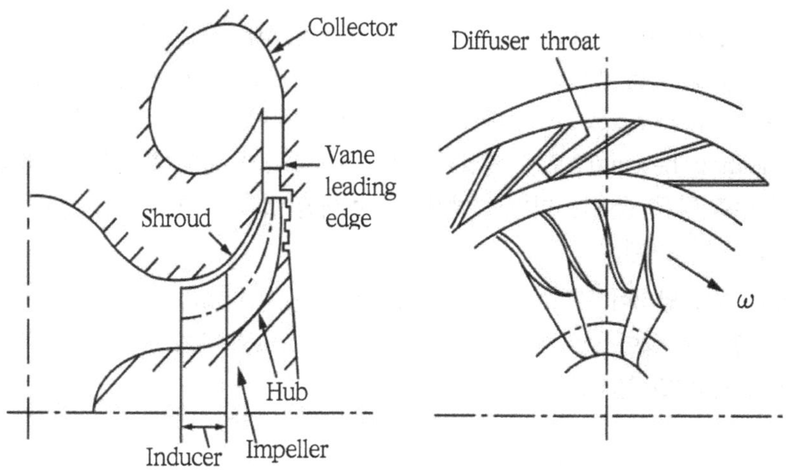

그림 14.13 원심식 압축기의 구조

퓨저는 속도에너지를 압력에너지를 변환시켜주는 부품인데, 디퓨저로 유입된 공기는 단면적이 점진적으로 커지는 통로를 거치면서 속도는 낮아지고 압력은 상승하게 된다.

아울러 디퓨저가 없이 유로 단면적이 변화하는 나선형 케이싱(spiral casing)만 사용하는 압축기도 많으며, 일부 대형 압축기에서는 흡입 유도 날개인 인듀서(inducer)를 회전차 전면에 별도로 조립하여 사용하기도 한다.

(2) 터빈

과급기 터빈(turbine)은 고온에 노출되므로 대부분 인코넬(Inconel)과 같은 내열 내식성 니켈합금으로 정밀 주조(investment casting)하며, 표면은 얇은 세라믹 층으로 코팅 처리하기도 한다. 그리고 터빈 하우징은 주로 구상흑연주철을 사용하여 주조한다. 일반적으로 터빈을 통과하는 배기온도의 한계값은 정격운전 시에는 약 600℃ 그리고 순간 최고온도는 약 650℃ 정도이다.

터빈의 종류에는 그림 14.14에서 보여주듯이 내향 반경류(radial inflow), 혼류(mixed flow) 및 축류(axial flow) 형식의 터빈들이 있다. 내향 반경류 터빈은 대부분 차량용 소형 과급기에 사용되는데, 휠 직경(wheel diameter)은 160 mm 이하이며 제작 단가도 저렴하면서 팽창비도 4 : 1 정도로 높다.

내향 반경류 터빈의 구조는 그림 14.15와 같이 원심식 압축기와 유사하며 디퓨저 대신에 터빈 케이싱 입구에 노즐 안내 날개(nozzle guide vane)가 있다. 내향 반경류 터빈에서 가스의 유동은 원심식 압축기와 반대 방향이므로, 배기는 터빈 하우징의 바깥 둘레로

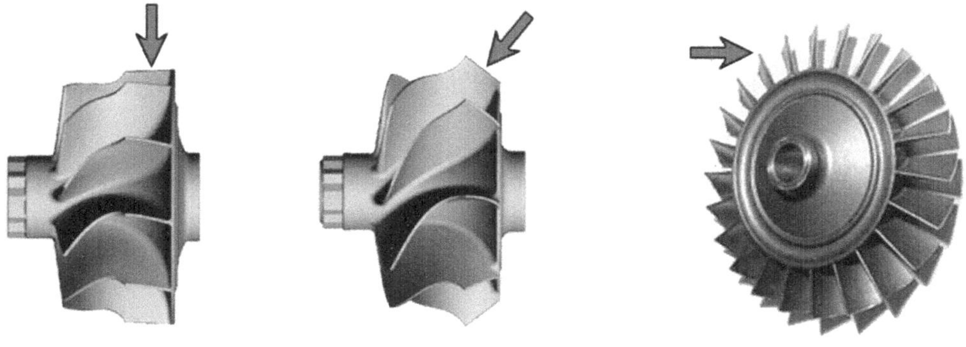

(a) Radial inflow (b) Mixed flow (c) Axial flow turbine

그림 14.14 배기 과급기 터빈의 종류

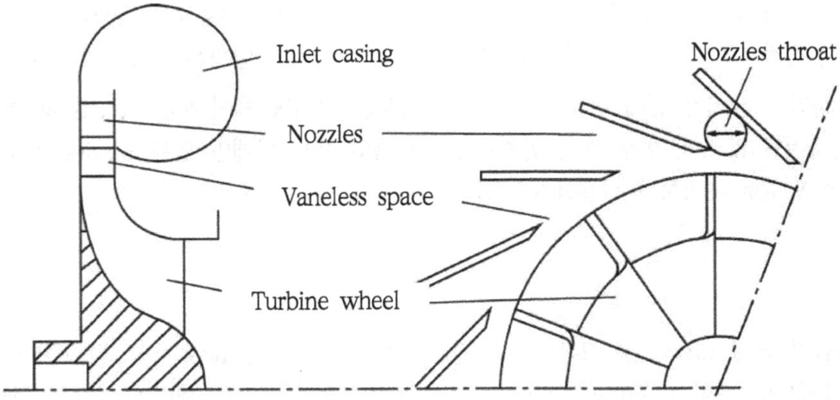

그림 14.15 내향 반경류 터빈의 구조

부터 유입되어 터빈 날개와 접촉하며 터빈을 회전시키고 중심부를 통하여 배기관으로 배출된다. 그러므로 터빈 입구의 노즐은 디퓨저와 반대로 배기의 압력은 낮추고 유속 및 운동에너지를 상승시키는 역할을 한다. 하지만 소형 과급기에서는 입구 노즐이 종종 생략되는 경우도 있는데, 이는 단가를 낮추기 위한 목적이며 최고 효율이 다소 저하된다.

터빈 하우징의 입구는 스크롤 케이싱(scroll casing)으로 만들며, 배기가 노즐 입구로 균일하게 유입되도록 유도한다. 그리고 터빈 휠은 터빈 출구에서 가스의 운동에너지가 최소가 되도록 설계한다.

한편 그림 14.14 (c)의 축류 터빈은 반경류 터빈에 비하여 효율이 높으며, 배기 유량이 큰 선박용 및 산업용 대형 기관의 과급기 터빈으로 사용된다. 일반적으로 터빈 휠의 직경은 300 mm 이상이며, 대형의 경우는 소형의 반경류 터빈 휠과 같이 일체형으로 주조하기 곤란하므로, 터빈 디스크(disc)에 각각 정밀 주조된 날개(blade)를 조립하여 만든다.

(3) 과급기 베어링

과급기 로터 축은 50,000~200,000 rpm 정도로 고속 회전하는데, 플로팅 베어링(floating bearing)은 하우징과 회전축 사이에서 자유롭게 회전하면서 로터 축을 지지한다. 플로팅 베어링은 주로 청동(bronze) 소재의 부싱(bushing)이며, 최근에는 저항이 적은 볼 베어링도 사용된다.

그림 14.12에서 보여주듯이 베어링 부위는 기관으로부터 공급되는 오일에 의해 윤활되므로, 시동 직후에는 베어링 부위의 윤활이 충분히 이루어지지 않을 수 있으므로 급출발

하면 베어링을 손상시킬 수 있다. 그리고 고속 주행 직후에 기관을 곧바로 정지시키면 베어링 부위에 윤활유가 공급되지 않아 국소적으로 과열되어 고착이 발생하거나 잔류 윤활유가 부분연소(coking)되는 현상이 발생할 수 있으므로 약 1분 정도 공회전하여 과급 장치를 냉각시키는 것이 좋다.

14.5.2 과급기의 성능 곡선

과급기의 기본적인 성능 변수로는 질량 유량, 엔탈피 변화, 효율 등이 있는데, 이로부터 무차원 성능 변수를 유도하여 과급기의 성능을 나타낸다. 대부분의 과급기 성능 곡선은 가로축에 유량 변수, 세로축에 압축기의 압축비, 터빈의 팽창비, 효율 그리고 평면에 회전수 등을 표시한다.

노즐에서 최대 유속은 음속에 가까우므로 질량 유량 변수는 기체 압력 및 온도 관계식으로 정리한다. 그리고 과급기 속도 변수의 경우 레이놀즈수는 크게 영향을 미치지 못하므로 기체의 음속 및 회전차의 원주 속도를 고려하면 기체 온도만의 관계식으로 정리된다. 따라서 압축기와 터빈의 성능은 각각 식 (14.16) 및 (14.17)와 같이 무차원 질량 유량, 무차원 속도 변수, 압축비 또는 팽창비 등으로 나타내며, 실험을 통해 얻은 자료를 사용하여 그림 14.16 및 14.17과 같은 성능 곡선(performance map)으로 표시한다.

$$\frac{\dot{m}_a\sqrt{T_{01}}}{P_{01}} \text{ and } \eta_c = f\left(\frac{P_{02}}{P_{01}}, \frac{N_{tc}}{\sqrt{T_{01}}}\right) \tag{14.16}$$

$$\frac{\dot{m}_g\sqrt{T_{04}}}{P_{04}} \text{ and } \eta_t = f\left(\frac{P_{04}}{P_{05}}, \frac{N_{tc}}{\sqrt{T_{04}}}\right) \tag{14.17}$$

(1) 압축기의 성능 곡선

그림 14.16은 원심식 압축기의 전형적인 성능 곡선을 보여주는데, 압축기의 안정적인 운전 영역은 서지선(surge line)의 우측에서부터 압력비(P_{02}/P_{01})가 상승하여도 유량($\dot{m}_a\sqrt{T_{01}}/P_{01}$) 증가가 없는 초킹(choking) 상태까지의 범위이다. 서지선의 좌측 영역에서는 회전수($N_{tc}/\sqrt{T_{01}}$)가 일정할 때 압력비의 상승과 유량 증가가 조화를 이루지 못하

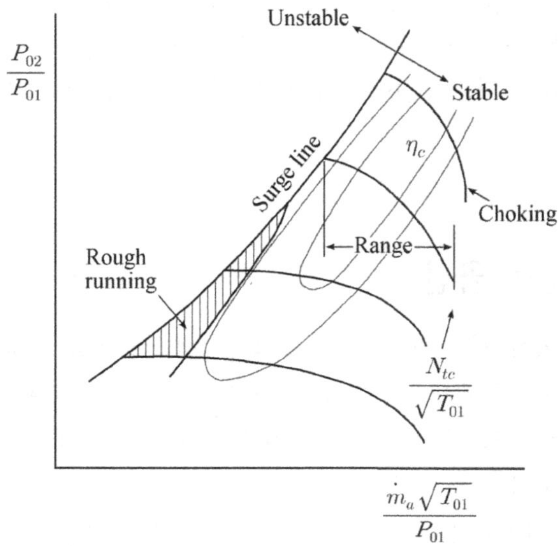

그림 14.16 원심식 압축기의 성능 곡선

여 압축기의 작동이 불안정하게 된다. 또한 그림에서 빗금 친 부분은 거친 운전 영역(rough running region)으로 일정 속도에서 유량이 변화하여도 압력비 변화가 없어서 운전 상태가 부드럽지 못하는 영역이다.

그리고 점선으로 나타낸 압축기의 등엔트로피 효율선은 서지선을 따라 존재하며, 압축기의 운전은 가능한 최대 효율점을 따라 이루어지도록 기관 및 터빈과의 매칭(matching)이 요구된다.

(2) 터빈의 성능 곡선

차량용 과급기로 주로 사용되는 반경류 터빈에서 유동 특성은 단열 노즐과 유사하지만 터빈 휠의 회전에 의한 구심력이 작용하므로 회전속도에 많은 영향을 받는다. 그리고 초킹은 단순 노즐 유동의 경우에 비하여 훨씬 높은 팽창비에서 발생하는데, 이는 배기가 노즐과 터빈 날개 사이를 통과하면서 두 차례의 팽창이 연속적으로 이루어지기 때문이다.

그림 14.17은 내향 반경류 터빈의 성능 곡선을 보여준다. 질량 유량은 팽창비가 커지면 노즐 목(nozzle throat) 또는 터빈 휠의 출구에서 발생하는 초킹에 의해 제한되지만, 압축기와 같은 개념으로 작동하므로 명확한 하한 한계는 없다.

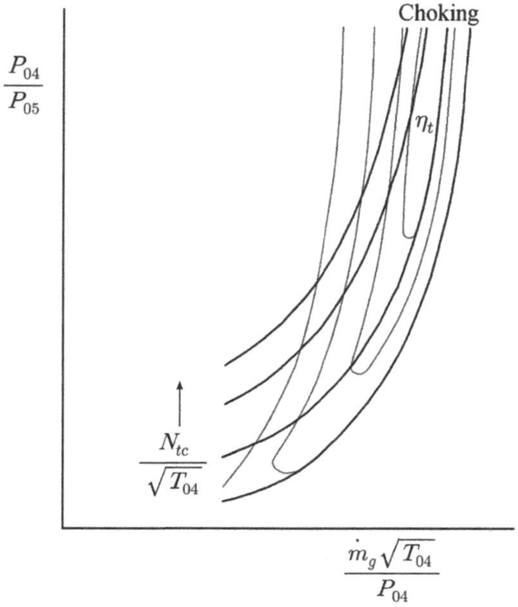

그림 14.17 반경류 터빈의 성능 곡선

터빈의 최대 효율은 등엔트로피 팽창속도에 대한 터빈 날개 끝에서 원주 속도의 비(날개 속도비)가 0.7 정도일 때 나타나며, 동압 과급에서는 터빈의 운전상태가 비정상(unsteady)이므로 평균 운전 효율은 정상상태에서 얻은 효율보다 낮다.

중대형 과급기에 사용되는 축류식 터빈의 효율은 반경류 터빈보다 높다. 이는 터빈 휠이 커질수록 휠의 날개 간극이 상대적으로 작아져서 효율이 향상되기 때문이다. 터빈에서 총 엔탈피 변화에 대한 회전 날개에서 엔탈피 변화의 비율을 반동도(degree of reaction)라고 하는데, 반동도 5%인 충동 터빈의 경우 날개 속도비가 0.4 주변에서 최대 효율을 보인다. 하지만 반동도 50%인 터빈에서는 반경류 터빈과 같이 날개 속도비 0.7 주변에서 효율이 가장 높다.

14.6 터보 래그

차량기관에서는 속도 변화가 심하고 저속에서 가속할 경우 큰 토크를 필요로 하지만, 디젤기관의 경우 가속 초기에는 배기온도가 낮고 가스 유량도 적어 가속 응답성이 떨어진다. 특히 과급기가 부착된 디젤기관의 경우 과급기의 관성 때문에 과급 압력의 형성이 지연되어 저속에서 이런 경향이 두드러진다.

터보 래그(turbo lag)는 운전자가 가속 페달을 밟는 순간부터 기관 출력이 기대치에 도달할 때까지의 시간을 의미한다. 디젤기관은 연료량 제어방식이므로, 부하 상승에 따라 연료분사량이 많아지고 이어서 배기 유량, 배기 온도 및 압력이 상승하여 터빈을 가속시켜서 압축기가 공기 유량 및 급기 압력을 목표치까지 올리는데 시간이 필요하게 된다.

그러므로 과급기관에서 터보 래그를 줄이기 위해서 많은 연구가 이루어지고 있다. 과급기 자체에서는 보다 가벼운 회전차를 사용하여 관성모멘트를 낮추면서 베어링의 마찰손실을 줄이기 위한 방안들이 모색되고 있다. 그리고 저속에서 과급기의 회전속도가 높도록 웨이스트 게이트(waste-gate)나 가변 노즐을 사용하거나, 2대 이상의 과급기가 장착되는 기관에서는 순차과급 방법들이 시도되고 있다.

14.6.1 웨이스트 게이트

저속에서는 배출가스의 양이 적어 과급기 터빈의 동력 발생이 충분하지 못하여 무과급 기관과 유사한 상태가 되므로, 저속 영역에서 토크 특성의 개선이 필요하다. 그러나 저속 성능을 개선하는 방향으로 압축기의 회전속도를 높여 과급기를 매칭(matching)시키면 압축기의 저속 성능은 향상되지만, 고속에서는 과급기 회전속도가 더욱 높아지게 되고 과급 압력 및 온도도 지나치게 상승하여, 기관의 열부하가 증대되고 배압도 상승하므로 연료소비율이 증가한다. 그러므로 과급 압력을 일정 수준으로 제한시키기 위하여 기관 회전속도와 부하에 따라 터빈으로 유입되는 배기 일부를 웨이스트 게이트를 사용하여 방출(by-pass)시켜서 터빈 구동력을 감소시킨다. 그림 14.18은 기계식 웨이스트 게이트의 구조를 보여주는데, 흡기관의 급기 압력이 다이어프램(diaphragm)과 스프링에 작용하여 바이패스 밸브를 개폐시킨다.

일반적으로 저·중속의 운전 조건에서 과급기의 효율이 높은 영역과 매칭이 되도록 함으로써 저속 운전대의 토크 부족 형상을 경감시킬 수 있고, 사용빈도가 높은 저·중속의 성능을 개선할 수 있다. 하지만 고속 운전 조건에서는 배기 에너지의 일부를 활용하지 못하고 배출시키기 때문에 효율측면에서 불리하다.

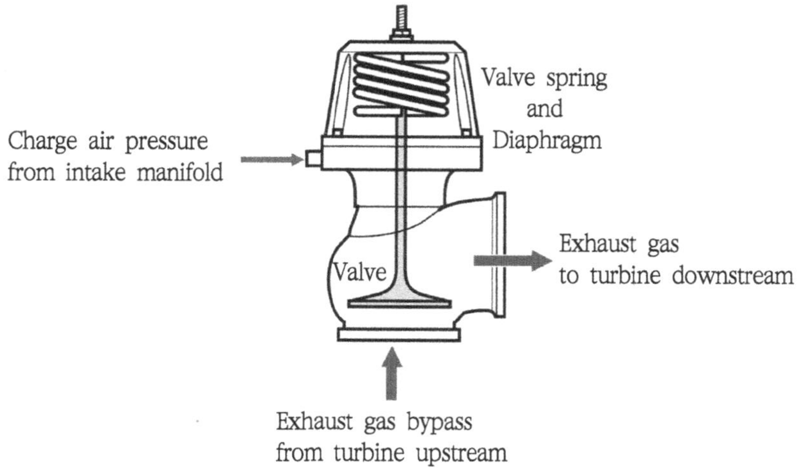

그림 14.18 웨이스트 게이트의 작동

14.6.2 가변 형상 과급

가변 형상 과급(VGT or VNT ; Variable Geometry or Nozzle Turbocharging)은 저속 성능을 개선하기 위하여 터빈 입구 면적을 가변으로 제어하는 방식인데, 그림 14.19에서 보여주듯이 터빈 하우징 내부에 가변식 날개(vane)를 설치하여 기관 속도 및 부하에 따라 날개의 열림각을 제어한다.

기관의 저속 운전시에는 배기 유량이 적으므로 가변 날개 사이의 간격을 좁혀서 노즐 입구면적을 줄여서 유속을 높이고, 고속에서는 배기 유량이 충분하므로 노즐 면적을 최대로 유지시키면서 터빈 응답성을 향상시킨다.

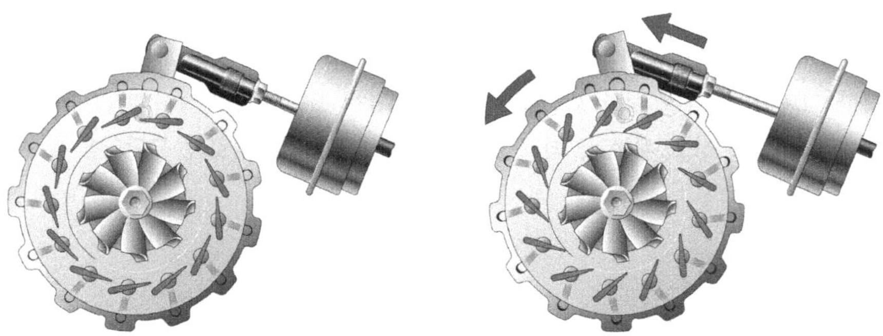

(a) 저속 운전 (b) 고속 운전

그림 14.19 가변 형상 과급기의 구조 및 작동

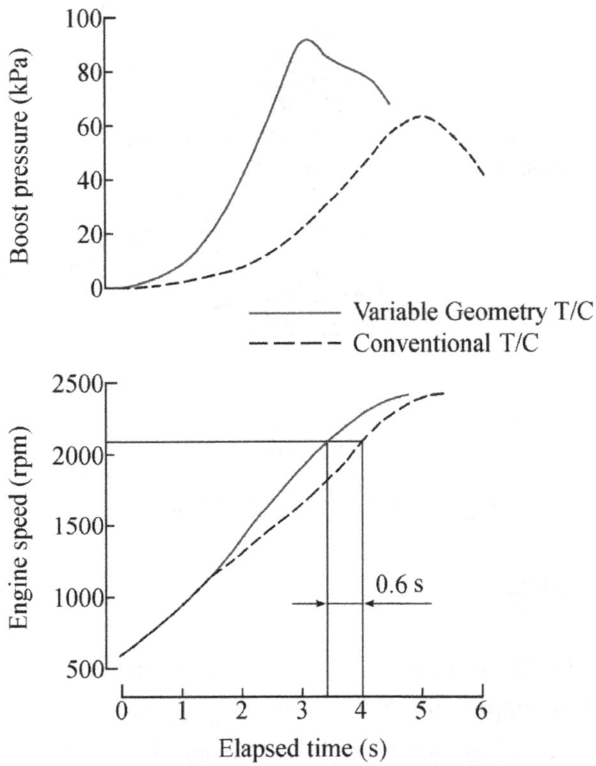

그림 14.20 가변 형상 과급 기관의 가속 성능

가변 형상 과급은 웨이스트 게이트를 사용하여 저속 성능을 개선하는 방법에 비하여 고속 운전시에 배기 유량의 손실이 없어 효과적이다. 따라서 근래의 차량용 디젤기관에서 주로 채택하고 있으며 모터를 사용하여 전자식으로 날개 각도를 제어한다.

그림 14.20은 배기량 11 ℓ의 일반적인 과급기관과 가변 형상 과급기관의 가속 성능을 비교한 그림이다. 가변 형상 과급을 채택한 경우가 공회전 상태에서 2100 rpm까지 상승하는데 약 0.6초 정도 빠르고, 최고 압력비도 약 2초 정도 빠르게 도달함을 알 수 있다.

14.7 복합 과급 장치

디젤기관의 열효율, 비출력 및 저속 성능을 향상시키기 위하여 배기 에너지를 회수하여 활용할 수 있는 다양한 방법들이 꾸준히 모색되고 있다. 앞에서 설명한 웨이스트 게이트나 가변 노즐을 사용하는 방법 외에도, 저속 성능을 향상시키기 위하여 기계식 과급기와 배기 과급기를 직렬로 설치하여 복합 과급하는 방식도 있다. 그리고 2대 이상의 과급기를 장착한 디젤기관에서는 과급기들을 병렬 또는 직렬로 배치하여 과급 성능을 개선하는 순차 과급(sequential turbocharging) 또는 2단 과급(two-stage turbocharging) 방식 등이 있다.

14.7.1 순차 과급

기관에서 배출되는 배기 유량에 따라 가동되는 과급기의 대수를 달리하는 과급 방식으로, 2대 이상의 과급기가 병렬로 장착된다. 그림 14.21에서와 같이 배기 유량이 적은 저속 운전 시에는 배기 플랩 밸브(exhaust flap valve) 및 흡기 플랩 밸브를 사용하여 1대의 과급기만 가동되도록 하고, 고속에서는 2대의 과급기 모두를 병렬 운전한다.

이와 같은 병렬 운전은 전환(switch over)시에 정지 상태의 과급기를 급격히 가동시키게 되므로 운전성 및 내구성을 고려하여야 한다. 또한 그림에서 보여 주듯이 흡기관 및 배기관의 배열이 매우 복잡하고 기관 중량도 증가하게 된다. 따라서 동압 과급을 채택하는 차량기관에서는 적용하기 어려운 요소들이 많다.

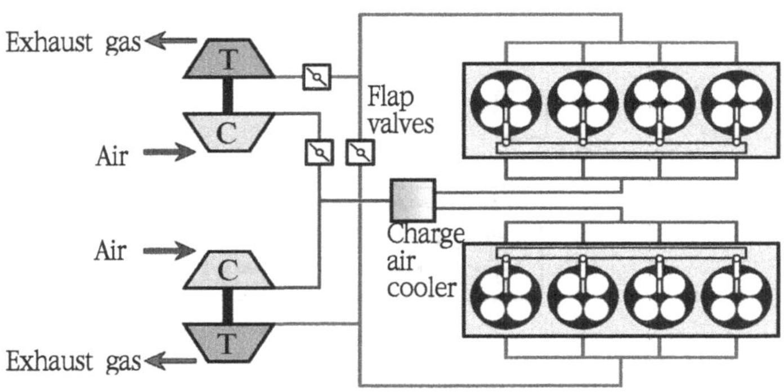

그림 14.21 순차 과급장치의 구성

14.7.2 2단 과급

순차 과급과 유사한 개념이지만, 그림 14.22와 같이 크기가 다른 2대의 과급기를 직렬로 배치시켜 배기 유량에 따라 과급기의 가동을 달리하는 방식이다. 고압 과급기(HP turbocharger)는 크기가 작고 기관에서 배출되는 고온의 가스에 의해 1차 구동되기 때문에 동압 과급이 가능하다. 그리고 저압 과급기(LP turbocharger)는 고압 과급기보다 크기가 크며 2차 정압 과급 운전된다.

저속 운전 영역에서는 플랩 밸브(flap valve)를 닫아서 전량의 배기가 고압 터빈을 1차 구동하고, 이어서 2차적으로 저압 터빈을 구동한다. 하지만 고압 터빈을 구동한 배기의 에너지는 충분하지 못하여 저압 터빈을 그냥 통과하게 되고, 흡입 공기도 압력 상승이 없이 저압 압축기를 통과하여 고압 압축기에서 압축된다.

고속에서는 플랩 밸브를 열어서 많은 배기량이 저압 터빈을 직접 구동하고, 일부는 고압 터빈을 거쳐 저압 터빈을 2차 구동한다. 그러므로 2단 과급장치에서는 2개의 급기 냉각기(charge air cooler)가 필요하며, 저압 압축기와 고압 압축기 사이의 냉각기는 Intercooler 그리고 고압 압축기 출구측은 After-cooler라고도 부른다.

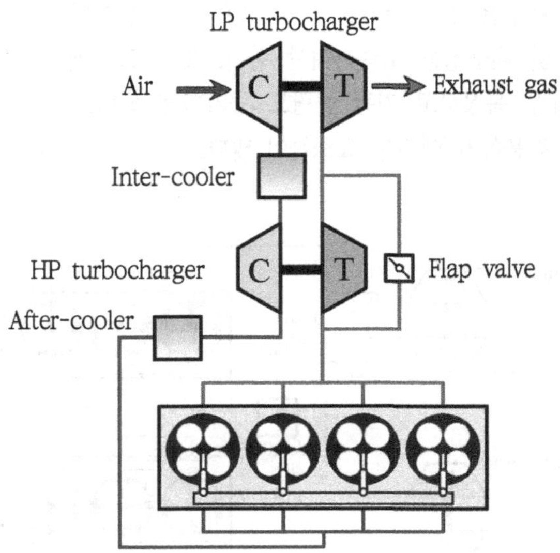

그림 14.22 2단 과급장치의 구성

14.7.3 하이브리드 과급 장치

앞에서 설명한 가변 형상 과급을 도입하여 터보 래그 문제는 어느 정도 해소되었지만 아직도 극복할 수 없는 지연시간 및 운전 영역이 존재한다. 그리고 2단 과급이나 순차 과급은 차량용 소형 기관에서는 과급장치가 지나치게 복잡해지는 문제점이 있다. 그러므로 과급기의 터빈과 압축기를 서로 분리하여 독립적으로 제어하는 방식도 시도되고 있다

하이브리드 복합 과급(hybrid turbocharging) 방식은 그림 14.23에 나타낸 바와 같이 분리된 과급장치에 모터와 발전기 그리고 축전지(battery)를 추가하여, 터빈 출력으로 축전지를 충전시키고 전기 모터로 압축기를 구동하는 방식이다. 따라서 하이브리드 방식은 저속 영역을 포함한 모든 운전 영역에서 정교한 제어가 가능하고, 터빈과 압축기를 최적의 조건에서 효율적으로 구동할 수 있다.

기관을 저속에서 가속할 때는 배기 유량이 충분하지 못하기 때문에 배압을 최소화하여 빠르게 흡입 공기량이 증대되도록 터빈 가동을 정지시키고, 축전지 전력을 사용하여 전기 모터로 압축기를 구동한다.

반대로 기관 속도를 감속시킬 때는 연료분사량을 감량하거나 차단하므로 많은 공기량이 필요하지 않게 된다. 따라서 압축기의 가동을 정지시켜 축전지의 전력 소모를 방지하면서, 대신에 터빈 동력으로 축전지를 충전하게 된다. 또한 기관 각부에서 방출되는 폐열을 회수할 수 있는 별도의 소형 터빈을 설치하여 추가적으로 축전지를 충전할 수도 있다.

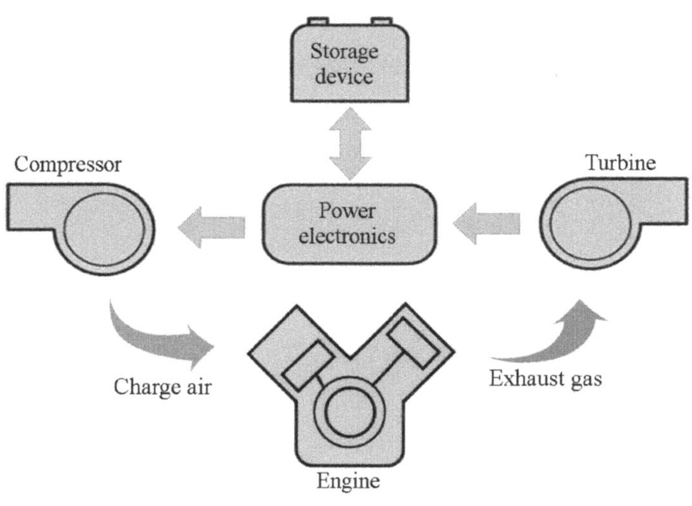

그림 14.23 하이브리드 복합 과급장치의 구성

연습문제 14

14.1 자동차기관의 출력을 높이는 방법에 대하여 기술하라.

14.2 왕복형 피스톤기관에서 배기 과급의 원리를 설명하라.

14.3 과급기관에서 급기 냉각(charge air cooling)의 목적은 무엇인가?

14.4 과급기관에서 과급 압력을 높이기 위한 방법에 대하여 기술하라.

14.5 과급기관의 터보 래그(turbo lag)에 대하여 기술하라.

14.6 차량기관의 과급에 동압 과급방식이 주로 채택되는 이유를 설명하라.

14.7 동압 과급방식에서 가장 이상적인 배기관 배열에 대하여 설명하라.

14.8 차량기관의 과급기로 주로 사용되는 압축기와 터빈의 종류는 각각 무엇인가?

14.9 가변 형상 과급(VGT)의 원리와 웨이스트 게이트(waste gate) 방식과의 차이점에 대하여 기술하라.

15

차량기관의 성능

15.1 기관의 기본 사이클

15.1.1 이론 공기 사이클

차량기관으로 주로 사용되는 왕복형 피스톤 기관의 이론적 사이클은 여러 가지들이 제안되고 있으나, 실용되고 있는 것은 대표적으로 정적 사이클, 정압 사이클 및 복합 사이클이 있다. 이러한 열역학적 사이클은 피스톤 기관의 성능과 열효율 개선에 매우 중요한 기본 이론이며, 동작 유체(working fluid)를 단순하게 공기로 가정한 이상적인 사이클로 공기 사이클 또는 공기 표준 사이클(air standard cycle)이라고 한다. 이 공기 사이클은 실제 기관에서는 얻기 어려운 매우 높은 효율을 나타내며, 최고 압력, 최고 온도, 평균유효압력 등도 실제 사이클보다 훨씬 높다. 하지만 기관의 열효율, 작동 압력 및 온도 등에 대한 여러 인자들의 영향을 정성적으로 이해하는데 도움이 된다.

공기 사이클에서는 동작 유체(가스)의 흡입 및 배출에는 저항이 없고, 비열이 온도에 따라 변화하지 않고 일정한 것으로 가정한다. 또한 압축 및 팽창 행정 중에 동작 가스에 열의 출입이 없으므로 압축 및 팽창 과정은 단열 과정으로 처리한다. 그리고 흡기 및 배기 과정은 대기압 조건에서 이루어지며, 연소 과정은 동작 가스가 외부에서 열을 흡수하고 배기 과정은 그 일부를 외부로 방출하는 것으로 가정한다.

(1) 오토 사이클 (Otto cycle)

공기 표준 오토 사이클은 전기 점화식 가솔린 및 LPG 기관의 기본이 되는 이론 사이클로, 그림 15.1과 같이 2개의 단열 과정과 2개의 정적 과정으로 이루어진다. 이 사이클은 Beau de Rochas(프)에 의하여 최초로 제안되었으나, 이 원리에 따른 실제 기관을 만든 사람이 Nicholaus Otto(독)이므로 오토 사이클로 알려져 있다. 또한 동작 유체가 체적이 일정한 상태에서 외부로부터 열을 공급받으므로 정적 사이클(constant volume cycle)이라고도 부른다. 상사점(TDC)과 하사점(BDC) 사이를 반복하는 이 사이클의 동작 과정을 요약하면 다음과 같다.

- 흡입 과정 (0→1) : 일정 압력(대기압)으로 TDC에서 BDC까지 공기를 흡입.
- 단열 압축 과정 (1→2) : 열전달이 없이 BDC에서 TDC까지 공기를 압축하는 과정으로 $P_1 v_1^k = P_2 v_2^k$의 관계식에 완전기체 상태방정식 $Pv = RT$를 대입하여 정리하면 식 (15.1)과 같다.

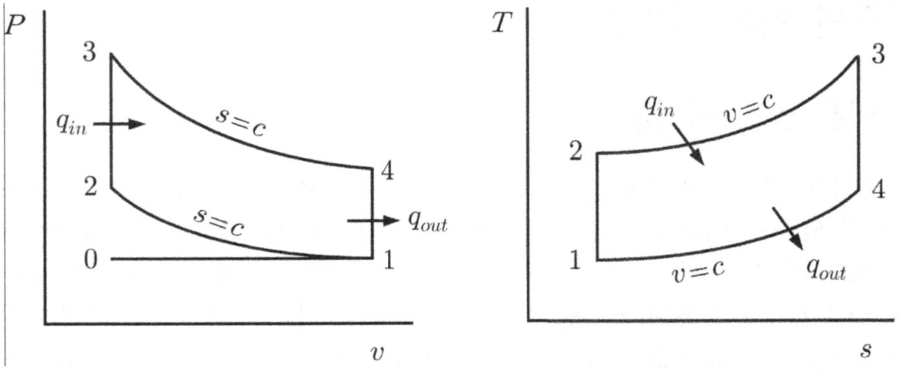

그림 15.1 정적 사이클의 P-v 선도 및 T-s 선도

$$T_1 = T_2\left(\frac{v_2}{v_1}\right)^{k-1} = T_2\left(\frac{1}{\epsilon}\right)^{k-1} \tag{15.1}$$

한편, 압축비 $\epsilon = \dfrac{v_{BDC}}{v_{TDC}} = \dfrac{v_1}{v_2} = \dfrac{v_4}{v_3}$이다.

- 정적 가열 과정 (2→3) : 피스톤이 상사점에 있는 순간에 전기점화에 의해 순간적인 연소가 발생되는 것으로 가정하여, 작동가스의 단위 질량당 정적 가열량은 식 (15.2)와 같이 정적 비열(C_v)과 온도 차이로 나타낸다.

$$q_{in} = C_v\,(T_3 - T_2) \tag{15.2}$$

- 단열 팽창 과정 (3→4) : 단열 압축 과정과 마찬가지로 열전달이 없이 TDC에서 BDC까지 팽창하는 과정으로 정리하면 식 (15.3)과 같다.

$$T_4 = T_3\left(\frac{v_3}{v_4}\right)^{k-1} = T_3\left(\frac{1}{\epsilon}\right)^{k-1} \tag{15.3}$$

- 정적 방열 과정 (4→1) : 피스톤이 하사점에 있는 순간에 열이 배출되는 것으로 가정하여, 작동가스의 단위 질량당 정적 방열량은 식 (15.4)와 같이 구한다.

$$q_{out} = C_v\,(T_4 - T_1) \tag{15.4}$$

- 배출 과정 (1→0) : 흡입 과정과 같이 일정 압력으로 가스를 방출하며, 흡입 과정과 방향이 반대이므로 서로 상쇄된다.

따라서 오토 사이클은 그림 15.1에서 면적 1-2-3-4-1의 일 또는 열만으로 해석하며, 유효일은 가열량에서 방열량을 제외한 것이므로 이론 열효율은 식 (15.5)와 같이 가열량에 대한 유효일의 비로 정리된다.

$$\eta_O = \frac{w}{q_{in}} = \frac{q_{in} - q_{out}}{q_{in}} \tag{15.5}$$

식 (15.5)에 가열량 및 방열량의 식 (15.2)와 (15.4)를 대입하면

$$\eta_O = \frac{C_v\,(T_3 - T_2) - C_v\,(T_4 - T_1)}{C_v\,(T_3 - T_2)} = 1 - \frac{T_4 - T_1}{T_3 - T_2} \tag{15.6}$$

그리고 여기에 다시 식 (15.1)과 (15.3)을 대입하면 식 (15.7)과 같이 정리된다.

$$\eta_O = 1 - \frac{T_3\left(\frac{1}{\epsilon}\right)^{k-1} - T_2\left(\frac{1}{\epsilon}\right)^{k-1}}{T_3 - T_2} = 1 - \left(\frac{1}{\epsilon}\right)^{k-1} \tag{15.7}$$

오토 사이클의 이론 열효율은 식 (15.7)과 같이 기관의 크기나 연소량과는 관계가 없고, 단순히 압축비(ϵ)와 작동가스의 비열비(k)의 함수이다. 압축비가 클수록 열효율은 상승하지만, 압축 온도(T_2)도 높아지므로 혼합기가 자연발화(self ignition)되어 노킹 등 이상연소현상이 발생할 수 있다. 그러므로 전기 점화기관의 압축비는 일반적으로 6~14 정도이다.

예제 15.1

이론 공기 사이클인 정적 사이클(그림 15.1 참조)에서 흡입 온도(T_1)가 15℃, 최고 온도(T_3)가 1800℃이고, 압축비(ϵ)가 8이다. 공기의 비열비 $k = 1.4$이고, 기체상수 $R = 287$ J/kg·K일 때, 공급열량, 방출열량 그리고 이론 열효율을 계산하라.

❖ **풀이**

$T_1 = 273 + 15 = 288\text{ K},\ T_3 = 273 + 1800 = 2073\text{ K}$

- 단열 압축 과정 (1→2) : 식 (15.1)을 이용하여 압축 온도(T_2)를 계산

$$T_2 = T_1\,\epsilon^{k-1} = 288 \times 8^{(1.4-1)} = 661.65\text{ K}$$

- 정적 가열 과정 (2→3) : 식 (15.2)로 1kg의 작동가스에 대한 가열량을 계산

$$q_{in} = C_v\,(T_3 - T_2) = \frac{R}{k-1}(T_3 - T_2)$$

$$= \frac{287}{1.4-1} \times (2073 - 661.65) = 1012.64\text{ kJ/kg}$$

- 단열 팽창 과정 (3→4) : 식 (15.3)을 이용하여 배기 온도(T_4)를 계산

$$T_4 = T_3\left(\frac{1}{\epsilon}\right)^{k-1} = 2073 \times \left(\frac{1}{8}\right)^{(1.4-1)} = 902.33\text{ K}$$

- 정적 방열 과정 (4→1) : 식 (15.4)로 1kg의 작동가스에 대한 방열량을 계산

$$q_{out} = C_v\,(T_4 - T_1) = \frac{R}{k-1}(T_4 - T_1)$$

$$= \frac{287}{1.4-1} \times (902.33 - 288) = 440.78\text{ kJ/kg}$$

• 이론 열효율 : 식 (15.5), (15.6) 또는 (15.7)을 이용하여 계산

$$\eta_O = \frac{q_{in} - q_{out}}{q_{in}} = \frac{1012.64 - 440.78}{1012.64} = 56.47\%$$

$$\eta_O = 1 - \frac{T_4 - T_1}{T_3 - T_2} = 1 - \frac{902.33 - 288}{2073 - 661.65} = 56.47\%$$

$$\eta_O = 1 - \left(\frac{1}{\epsilon}\right)^{k-1} = 1 - \left(\frac{1}{8}\right)^{(1.4-1)} = 56.47\%$$

(2) 디젤 사이클 (Diesel cycle)

디젤 사이클은 Rudolf Diesel(독)이 처음 창안한 공기 사이클로 그림 15.2와 같이 2개의 단열 과정, 1개의 정압 과정 그리고 1개의 정적 과정으로 이루어지며, 대형 저속 디젤 기관의 기본 사이클이다. Diesel이 처음 등온 연소(constant temperature combustion)를 의도하며 기관을 만들었는데 정압 연소로 작동되었다. 따라서 디젤기관의 사이클을 정압 사이클(constant pressure cycle)이라고도 한다.

디젤기관은 가솔린기관과 달리 공기만을 실린더 내부로 흡입하여 높은 압축비로 단열압축하고, 고온의 압축공기 중에 연료를 고압으로 분사하여 자연발화시키는 압축착화방식이다. 따라서 공기의 압축열에 의해 연료의 착화온도에 이르면 폭발적인 연소가 일어나므로, 연료 공급을 적당히 조절하여 정압 연소가 이루어지도록 한다.

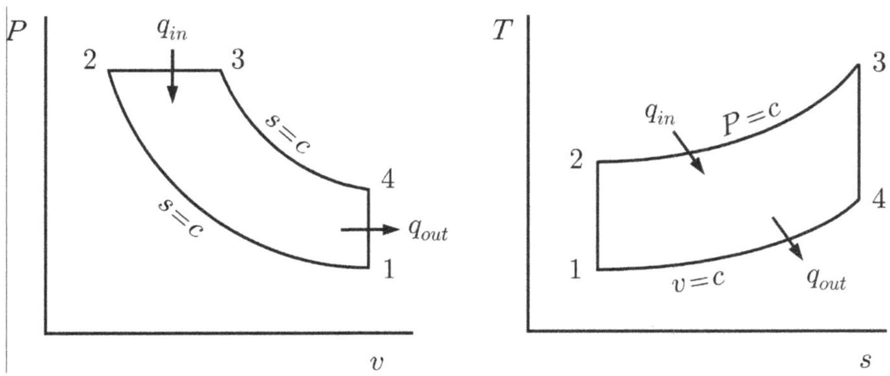

그림 15.2 정압 사이클의 P-v 선도 및 T-s 선도

디젤 사이클의 흡입 및 배출 과정도 오토 사이클과 같이 일정 압력 조건에서 이루어지고 방향이 반대이므로 서로 상쇄된다. 그러므로 사이클의 동작 과정을 요약하면 다음과 같다.

- 단열 압축 과정 (1→2) : 열손실이 없이 BDC에서 TDC까지 공기를 압축.

$$T_2 = T_1 \left(\frac{v_1}{v_2} \right)^{k-1} = T_1 \, \epsilon^{k-1} \tag{15.8}$$

- 정압 가열 과정 (2→3) : 피스톤이 상사점에서 팽창하는 순간부터 압력이 일정한 조건에서 가열이 이루어진 것으로 가정한다. 그러므로 작동가스 단위 질량당의 정압 가열량은 식 (15.9)와 같이 정압 비열(C_p)과 온도 차이로 나타낸다.

$$q_{in} = C_p \, (T_3 - T_2) \tag{15.9}$$

그리고 정압 연소가 완료되는 시점의 연소실 비체적(v_3)을 간극 체적(v_2)으로 나눈 값을 단절비(cut-off ratio)라고 한다. 그러므로 최고 온도는 다음과 같이 계산할 수 있다.

$$T_3 = T_2 \left(\frac{v_3}{v_2} \right) = T_2 \, \sigma = T_1 \, \sigma \, \epsilon^{k-1} \tag{15.10}$$

- 단열 팽창 과정 (3→4) : 연소가 완료되는 시점부터 BDC까지 단열 팽창 과정을 압축비와 단절비로 정리하면 식 (15.11)과 같다.

$$T_4 = T_3 \left(\frac{v_3}{v_4} \right)^{k-1} = T_3 \left(\frac{v_3}{v_2} \cdot \frac{v_2}{v_4} \right)^{k-1} = T_3 \left(\sigma \cdot \frac{1}{\epsilon} \right)^{k-1} = T_1 \, \sigma^k \tag{15.11}$$

- 정적 방열 과정 (4→1) : 작동가스의 단위 질량당 정적 방열량은 다음과 같이 구한다.

$$q_{out} = C_v \, (T_4 - T_1) \tag{15.12}$$

디젤 사이클의 이론 열효율도 오토 사이클과 같이 가열량에 대한 유효일의 비이며, 가

열량 및 방열량의 식 (15.9)와 (15.12)를 대입하여 정리하면

$$\eta_D = \frac{w}{q_{in}} = \frac{q_{in} - q_{out}}{q_{in}} = 1 - \frac{C_v\,(T_4 - T_1)}{C_p\,(T_3 - T_2)} \qquad (15.13)$$

그리고 여기에 식 (15.8), (15.10)과 (15.11)을 대입하여 정리하면 식 (15.14)와 같다.

$$\eta_D = 1 - \frac{T_4 - T_1}{k\,(T_3 - T_2)} \qquad (15.14)$$

$$= 1 - \left(\frac{1}{\epsilon}\right)^{k-1} \cdot \left[\frac{\sigma^k - 1}{k\,(\sigma - 1)}\right]$$

디젤 사이클의 이론 열효율은 오토 사이클과 같이 압축비가 커지면 증가하지만, 압축비 외에 단절비(σ)의 영향도 받는다. 단절비가 1에 가까울수록 디젤 사이클의 이론 열효율은 오토사이클의 열효율에 근접하고, 단절비가 커지면 연소기간이 길어지므로 열효율은 저하된다. 식 (15.14)의 $\left[\sigma^k - 1 / k\,(\sigma - 1)\right]$은 항상 1보다 크므로, 만약 압축비가 서로 같다면 디젤 사이클의 열효율은 오토 사이클의 열효율보다 작아진다. 하지만 디젤기관에서는 압축 온도가 아무리 높아져도 노킹 발생의 염려가 없으므로 가솔린기관보다 압축비를 훨씬 더 높일 수 있다. 그러나 압축비를 지나치게 높이면 최고 압력 또한 높아지므로 구조적인 강도를 위하여 기관 중량이 커지는 불리한 점이 있다. 그러므로 디젤기관과 같은 압축 착화(compression ignition) 기관의 압축비는 12~22 정도에서 사용된다.

예제 15.2

정압 사이클(그림 15.2 참조)에서 흡입 온도(T_1)가 300 K, 최고 온도(T_3)가 2500 K, 흡입 압력(P_1)이 300 kPa(절대압), 압축 압력(P_2)이 12.5 MPa(절대압)이다. 공기 비열비 $k = 1.4$ 그리고 기체상수 $R = 287$ J/kg·K일 때, 공급열량, 방출열량 및 이론 열효율을 계산하라.

❖ 풀이

압축비가 주어지지 않았으므로 압력과 온도의 관계식으로부터 압축비를 계산.

- 단열 압축 과정 (1→2) : $P_1 v_1^k = P_2 v_2^k$ 및 $Pv = RT$의 관계식을 이용

$$T_2 = T_1 \left(\frac{P_1}{P_2}\right)^{\frac{1-k}{k}} = 300 \times \left(\frac{3}{125}\right)^{\frac{1-1.4}{1.4}} = 870.8\ \mathrm{K}$$

$$\epsilon = \frac{v_1}{v_2} = \left(\frac{T_2}{T_1}\right)^{\frac{1}{k-1}} = \left(\frac{870.8}{300}\right)^{\frac{1}{1.4-1}} = 14.355$$

- 정압 가열 과정 (2→3) : 식 (15.9)로 1kg의 작동가스에 대한 가열량 계산

$$q_{in} = C_p (T_3 - T_2) = \frac{kR}{k-1}(T_3 - T_2)$$

$$= \frac{1.4 \times 287}{1.4 - 1} \times (2500 - 870.8) = 1636.53\ \mathrm{kJ/kg}$$

그리고 단절비(cut-off ratio)는 정압과정의 관계식으로부터 계산

$$\sigma = \frac{v_3}{v_2} = \frac{T_3}{T_2} = \frac{2500}{870.8} = 2.871$$

- 단열 팽창 과정 (3→4) : 식 (15.11)을 이용하여 계산

$$T_4 = T_1 \sigma^k = 300 \times 2.871^{1.4} = 1313.31\ \mathrm{K}$$

- 정적 방열 과정 (4→1) : 식 (15.12)로 1 kg의 작동가스에 대한 방열량 계산

$$q_{out} = C_v (T_4 - T_1) = \frac{R}{k-1}(T_4 - T_1)$$

$$= \frac{287}{1.4 - 1} \times (1313.31 - 300) = 727.05\ \mathrm{kJ/kg}$$

- 이론 열효율 : 식 (15.13) 또는 (15.14)를 이용하여 계산

$$\eta_D = \frac{q_{in} - q_{out}}{q_{in}} = \frac{1636.53 - 727.05}{1636.53} = 55.57\%$$

$$\eta_D = 1 - \frac{T_4 - T_1}{k\,(T_3 - T_2)} = 1 - \frac{1313.31 - 300}{1.4 \times (2500 - 870.8)} = 55.57\%$$

$$\eta_D = 1 - \left(\frac{1}{\epsilon}\right)^{k-1} \cdot \left[\frac{\sigma^k - 1}{k(\sigma - 1)}\right]$$

$$= 1 - \left(\frac{1}{14.355}\right)^{1.4-1} \times \left[\frac{2.871^{1.4} - 1}{1.4 \times (2.871 - 1)}\right] = 55.57\%$$

(3) 복합 사이클 (Combined cycle)

디젤 사이클은 고속 디젤기관의 기본 사이클로 사바테 사이클(Sabathe cycle)이라고도 한다. 이 사이클은 정적 사이클과 정압 사이클을 혼합한 것으로, 가열(연소) 과정이 그림 15.3과 같이 정적 및 정압 상태의 두 부분에서 이루어진다.

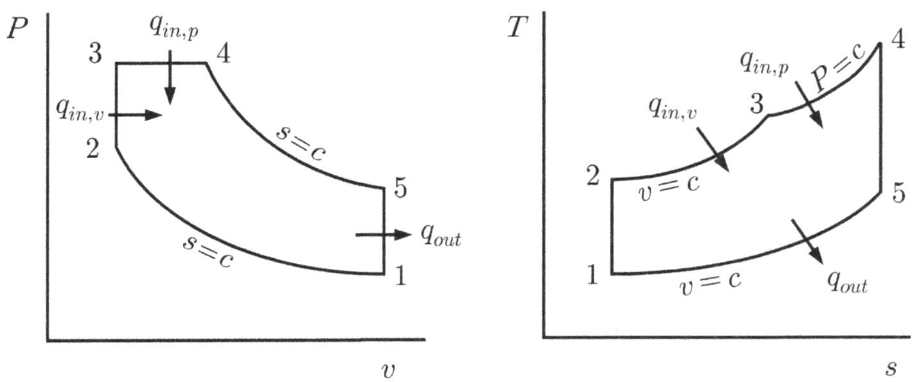

그림 15.3 복합 사이클의 P-v 선도 및 T-s 선도

차량기관과 같은 고속 디젤기관에서는 단시간 내에 연료(경유)를 연소시킬 필요가 있으므로 압축 행정이 끝나기 전에 연료분사를 시작하여 압축 말기에 착화되도록 한다. 착화 이전에 분사되어 기화된 연료는 거의 정적 상태에서 연소되고, 그 후에 분사된 연료는 거의 정압 상태에서 연소하게 된다. 그러므로 복합 사이클의 동작 과정을 요약하면 다음과 같다.

- 단열 압축 과정 (1→2) : 오토 사이클이나 디젤 사이클과 동일하다.

$$T_2 = f(T_1, \epsilon) \tag{15.15}$$

- 정적 가열 과정 (2→3) : 오토 사이클과 같이 작동가스의 단위 질량당 정적 가열량을 식 (15.16)과 같이 정적 비열과 온도차로 계산하며, 정적 가열 후의 온도(T_3)는 압력비($\alpha = P_3/P_2$)에 비례한다.

$$q_{in,v} = C_v (T_3 - T_2) \tag{15.16}$$

$$T_3 = f(T_2, \alpha) \tag{15.17}$$

- 정압 가열 과정 (3→4) : 디젤 사이클과 같이 작동가스 단위 질량의 정압 가열량을 정압 비열과 온도차로 계산하며, 정압 가열 후의 온도(T_4)는 단절비(σ)에 비례한다.

$$q_{in,p} = C_p (T_4 - T_3) \tag{15.18}$$

$$T_4 = f(T_3, \sigma) \tag{15.19}$$

- 단열 팽창 과정 (4→5) : 디젤 사이클과 같이 단열 팽창 후의 온도(T_5)는 압축비와 단절비의 함수로 정리된다.

$$T_5 = f(T_3, \epsilon, \sigma) \tag{15.20}$$

- 정적 방열 과정 (5→1) : 오토 사이클이나 디젤 사이클과 동일하다.

$$q_{out} = C_v (T_5 - T_1) \tag{15.21}$$

따라서 복합 사이클의 이론열효율은 식 (5.16), (5.18) 및 (5.21)로부터 다음과 같이 구한다.

$$\eta_S = \frac{w}{q_{in}} = \frac{q_{in} - q_{out}}{q_{in}} = 1 - \frac{q_{out}}{q_{in,v} + q_{in,p}} \tag{15.22}$$

$$= 1 - \frac{(T_5 - T_1)}{(T_3 - T_2) + k(T_4 - T_3)}$$

그리고 식 (15.15), (5.17), (5.19) 및 (5.20)과 같이 각 점에서 온도에 관한 식들을 식 (15.22)에 대입하여 정리하면 다음과 같다.

$$\eta_S = 1 - \left(\frac{1}{\epsilon}\right)^{k-1} \cdot \left[\frac{\alpha\sigma^k - 1}{(\alpha - 1) + k\alpha(\sigma - 1)}\right] \tag{15.23}$$

복합사이클의 이론 열효율은 압축비(ϵ), 단절비(σ), 압력상승비(α) 및 비열비(k)에 의해 결정되며, 비열비가 동일할 때는 압축비와 압력상승비가 클수록 그리고 단절비가 작을수록 열효율이 높아진다.

아울러 복합사이클 이론 열효율의 식 (15.23)은 오토 사이클과 디젤 사이클의 열효율을 모두 내포하고 있다. 즉, 단절비 $\sigma = 1$이면 $v_3 = v_4$이고, $\eta_S = \eta_O$로 오토 사이클과 동일하게 된다. 또한 압력상승비 $\alpha = 1$이면 $P_2 = P_3$이고, $\eta_S = \eta_D$로 디젤 사이클과 같아지게 된다.

예제 15.3

복합 사이클(그림 15.3 참조)에서 압축비(ϵ)는 15, 압력상승비(α)는 1.3, 단절비(σ)는 1.8이다. 공기 비열비 $k = 1.4$일 때, 이론 열효율을 구하라.

❖ **풀이**

$$\eta_S = 1 - \left(\frac{1}{\epsilon}\right)^{k-1} \cdot \left[\frac{\alpha\sigma^k - 1}{(\alpha - 1) + k\alpha(\sigma - 1)}\right]$$

$$= 1 - \left(\frac{1}{15}\right)^{1.4-1} \times \left[\frac{1.3 \times 1.8^{1.4} - 1}{(1.3 - 1) + 1.4 \times 1.3 \times (1.8 - 1)}\right] = 62.2\%$$

15.1.2 공기 사이클의 비교

이론 공기 사이클인 오토 사이클, 디젤 사이클 및 복합 사이클을 비교할 때, 조건에 따라 결과가 다르므로 다음과 같이 나누어 고려한다.

(1) 압축비가 동일한 경우

흡입 압력과 온도가 동일한 조건에서 시작하여 압축비와 가열량이 같을 경우, 3개 사이클의 $P-v$ 및 $T-s$ 선도를 그림 15.4에 비교하여 나타내었다. 오토 사이클, 디젤 사이클, 사바테 사이클의 첨자를 각각 O, D, S로 하고, $T-s$ 선도에서 엔트로피(s)축상의 최소치를 A, 최대치를 B로 한다.

초기 조건과 압축비가 동일하므로 압축 압력(P_2)과 압축 온도(T_2)도 모두 같지만, 가열(연소) 과정이 다르게 된다. 오토 사이클과 디젤 사이클의 경우만을 비교해 보면, 가열량이 같으므로 $T-s$ 선도에서 정적선의 변화(오토 사이클)는 정압선의 변화(디젤 사이클)보다 가파르기 때문에 가열과정 종료시의 엔트로피 값은 정적인 상태가 적다. 따라서 사이클의 열효율을 고려하면 가열량이 동일하기 때문에 방출되는 열량이 적은 오토 사이클이 유리하다.

오토 사이클과 디젤 사이클의 가열량은 모두 같으므로, $T-s$ 선도에서 두 사이클의 폐곡선의 면적은 같다.

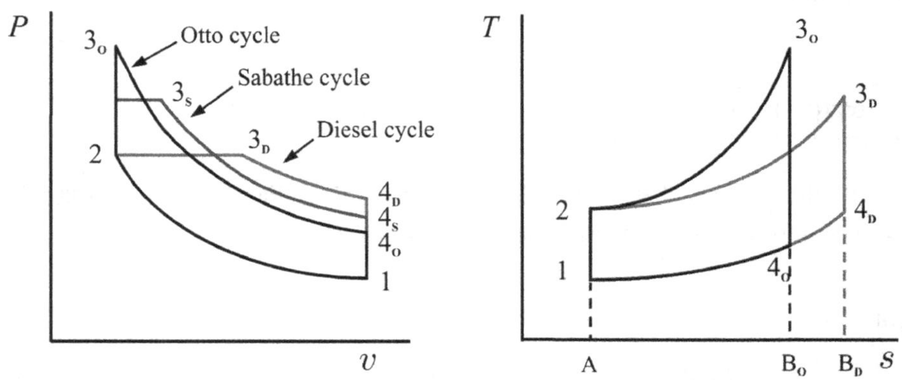

그림 15.4 압축비가 같은 조건에서 이론 공기 사이클 비교

$$[q_{in,O} = \text{면적}\,A-2-3_O-B_O-A] = [q_{in,D} = \text{면적}\,A-2-3_D-B_D-A]$$

그리고 오토 사이클의 방열량을 나타내는 폐곡선 면적은 다음과 같이 디젤 사이클의 면적보다 적다.

$$[q_{out,O} = \text{면적}\,A-1-4_O-B_O-A] < [q_{out,D} = \text{면적}\,A-1-4_D-B_D-A]$$

즉, 오토 사이클은 디젤 사이클에 비하여 [면적 $B_O-4_O-4_D-B_D-B_O$]만큼의 열량을 적게 방출하므로, 오토 사이클의 효율이 디젤 사이클보다 더 높다. 그리고 사바테 사이클은 오토 사이클과 디젤 사이클의 중간이므로 다음의 열효율 관계가 된다.

$$\left[\eta_O = 1 - \frac{q_{out,O}}{q_{in}}\right] > \eta_s > \left[\eta_D = 1 - \frac{q_{out,D}}{q_{in}}\right] \quad (15.24)$$

초기 조건과 압축비가 동일한 경우에 오토 사이클이 디젤 사이클보다 효율이 더 높으나, 실제 기관에서는 압축비가 동일할 수가 없다. 전기 점화를 하는 오토 사이클 기관에서는 압축비를 높이는데 연료와 공기의 혼합기체가 자연발화를 일으키지 않는 노킹 한도의 제한을 받는다. 그러나 압축 착화를 하는 디젤 사이클 기관에서는 전기 점화기관의 압축비로는 압축온도가 낮아 자연발화가 불가능하다. 따라서 실제의 디젤 사이클 기관은 오토 사이클 기관의 압축비보다 훨씬 높은 압축비를 갖는다.

(2) 최고 압력이 동일한 경우

흡입 압력, 흡입 온도 및 가열량이 동일하면서 최고 압력이 같은 경우에, 3개 사이클의 P-v 및 T-s 선도를 그림 15.5에 비교하여 나타내었다. 여기서 오토 사이클과 디젤 사이클의 경우만 비교하면, 가열량이 모두 동일하므로 다음과 같다.

$$[q_{in,O} = \text{면적}\,A-2_O-3_O-B_O-A] = [q_{in,D} = \text{면적}\,A-2_D-3_D-B_D-A]$$

그리고 오토 사이클의 방열량은 다음과 같이 디젤 사이클의 방열량보다 크다.

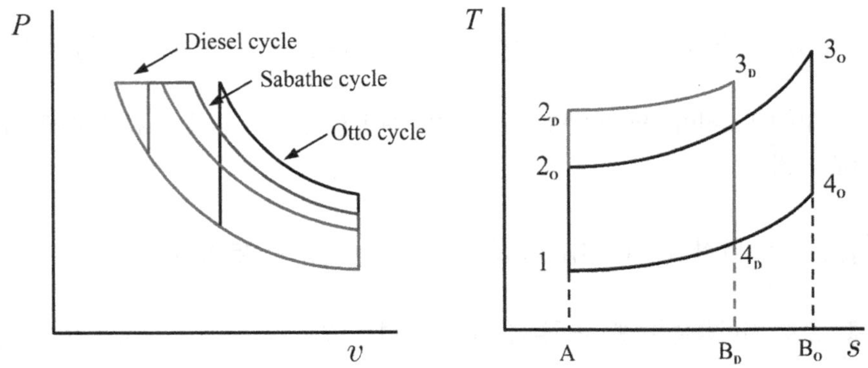

그림 15.5 최고압력이 같은 조건에서 이론 공기 사이클 비교

$$[q_{out,O} = \text{면적}\, A-1-4_O-B_O-A] > [q_{out,D} = \text{면적}\, A-1-4_D-B_D-A]$$

오토 사이클은 디젤 사이클에 비하여 [면적 $B_D-4_D-4_O-B_O-B_D$]만큼의 열량을 더 방출하므로, 오토사이클의 효율이 디젤 사이클보다 낮아진다. 그리고 사바테 사이클은 두 사이클의 중간이므로 열효율 관계는 다음과 같다.

$$\left[\eta_O = 1 - \frac{q_{out,O}}{q_{in}}\right] < \eta_s < \left[\eta_D = 1 - \frac{q_{out,D}}{q_{in}}\right] \tag{15.25}$$

이상에서와 같이 3개의 기본 사이클을 비교해 볼 때, 압축비가 같을 때는 오토 사이클의 효율이 가장 좋으며, 최고 압력이 동일할 때는 디젤 사이클의 효율이 가장 높음을 알 수 있다. 하지만 실제 기관의 연소 가스는 그 성분이 매우 복잡하며 비열도 온도에 따라 변화하고 고온에서는 열해리 현상을 일으킨다. 또한 압축과 팽창 과정이 완전한 단열조건이 아니며, 작동 유체는 가솔린기관의 경우 연료와 공기의 혼합기이고 연소 후에는 연소 가스이다. 그리고 디젤기관의 경우 압축 과정에서는 작동 유체가 공기이지만, 팽창 과정에서는 연료분사에 의한 연소 가스로 작동 유체의 성질이 복잡하다. 따라서 실제 기관에서 일어나는 사이클의 열효율은 이론 사이클보다 매우 낮다.

15.1.3 연료-공기 사이클

이론 공기 사이클은 작동가스로 비열이 일정한 공기를 사용하여 실제 기관의 사이클과 많은 차이가 있으므로, 이것을 실제 사이클과 보다 가깝게 하기 위하여 작동유체를 공기와 연료의 혼합기체로 수정한 것이 연료-공기 사이클이다.

연료-공기 사이클에서는 연소실 내 가스의 실제 조성 및 비열, 연소시 고온에서 발생하는 열해리 현상 등을 고려하므로, 연소실에서 발생하는 압력과 온도는 실제로 얻은 값과 근사하게 할 수 있다. 그러나 연료-공기 사이클에서도 공기 사이클과 마찬가지로 압축과 팽창 과정은 마찰손실이나 열손실이 없는 가역 단열변화이고, 연료는 완전히 증발하여 공기와 혼합되고, 혼합기체는 상사점에서 순간적으로 연소되는 것으로 가정하였다. 따라서 연료-공기 사이클은 그림 15.6과 같이 실제 기관의 사이클보다 어느 정도 높은 효율을 나타낸다.

그러므로 실제 기관의 사이클과 연료-공기 사이클은 다음과 같은 각종 손실들에서 차이가 존재한다.

- 마찰 손실 : 피스톤과 실린더 벽, 크랭크축과 메인 베어링 등에서 손실.
- 시간 손실 : 연소 중의 피스톤 하강에 의한 손실.
- 연소 손실 : 공급된 연료의 불완전연소.
- 열 손실 : 고온 가스로부터 냉각수로의 열손실.
- 배기 손실 : 하사점 전에 배기밸브를 열기 위한 손실 및 유동손실.

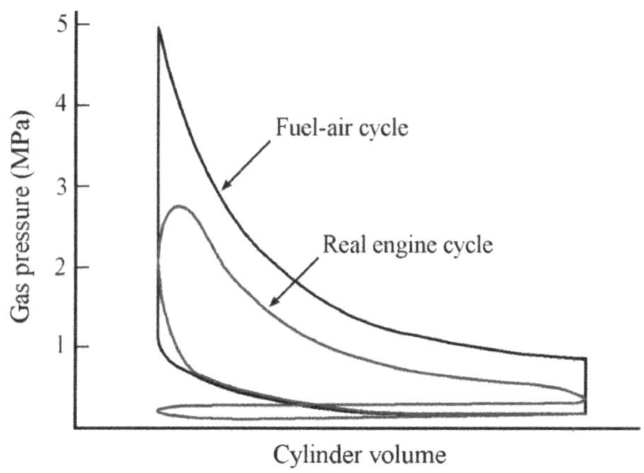

그림 15.6 연료-공기 사이클과 실제 사이클의 비교

15.2 기관 출력 성능

기관의 출력을 표현하는 데는 보통 두 가지 방법이 있다. 하나는 출력축의 회전력인 토크로 표시하는 방법과 출력축이 발생시키는 제동 마력(동력)으로 표시하는 방법이 있다.

15.2.1 토크 (Torque)

토크 T는 출력축의 회전력을 나타내며, 축의 반지름이 r [m]이고 축의 가장자리에 수직으로 작용하는 힘을 F [N]이라 하면 토크는 식 (15.26)과 같이 표시한다.

$$T = F \times r \ [\mathrm{N \cdot m}] \tag{15.26}$$

15.2.2 동력 (Power)

출력축이 1회전당 한 일은 회전거리에 비례하므로 식 (15.27)과 같다.

$$W = 2\pi r \times F = 2\pi T \ [\mathrm{N \cdot m,\ J}] \tag{15.27}$$

따라서 1분 동안에 기관이 N [rpm] 회전하면, 단위 시간당 일률인 동력과 토크의 관계는 식 (15.28)과 같다.

$$L = \frac{2\pi NT}{60} \ [\mathrm{J/s,\ W}] \tag{15.28}$$

그리고 토크 T의 공학단위는 [$\mathrm{kg_f \cdot m}$]이므로, 다음과 같이 마력(PS)을 구한다.

$$L = \frac{2\pi NT}{75 \times 60} \ [\mathrm{PS}] \tag{15.29}$$

동력은 정해진 운전조건에서 일정시간의 운전을 보증하는 출력으로 정하여 그것을 정격 출력(rated power)이라 하고, 정격 출력 이상의 출력을 과부하 출력(overload power)

이라 한다. 기관이 낼 수 있는 최대 출력(maximum power)도 시간에 따라 변화하며, 연속운전을 보증하는 최대 출력을 연속 최대 출력(continuous maximum power)이라 한다. 참고로 동력을 나타내는 단위인 마력은 정의에 따라 그 기준이 달라지므로 SI 단위인 [kW]를 쓰거나 병기하는 것이 바람직하다. 영미권에서는 영국 마력(HP)을 쓰고 유럽과 미터법 기반 국가들은 주로 프랑스 마력(PS)을 사용한다. [1)]

15.2.3 평균유효압력

피스톤 기관의 출력을 나타내는 방법의 하나로 평균유효압력(mean effective pressure)이 있다. 실제 사이클에서는 피스톤이 움직이면 실린더 체적 및 압력이 변화하지만, 그림 15.7에 나타낸 바와 같이 일정한 압력(P_m)이 피스톤에 작용한다고 가정하고 그에 의해서 한 일(work)이 원래 사이클의 한 일과 같을 경우, 그 일정 압력을 평균유효압력이라 한다. 이는 기관의 배기량에 관계없이 출력 성능을 비교하는 지표 중의 하나이다.

그림 15.7의 $P-V$ 선도에 나타낸 사이클의 내부 면적은 일을 나타내며, 이 면적이 크면 클수록 일이 큰 것을 의미한다. 그림에서 연소가스의 팽창일 W_1으로부터 가스교환에 필요한 펌프 일(손실) W_2를 뺀 것이 유효일(effective work)로 빗금친 면적에 해당한다.

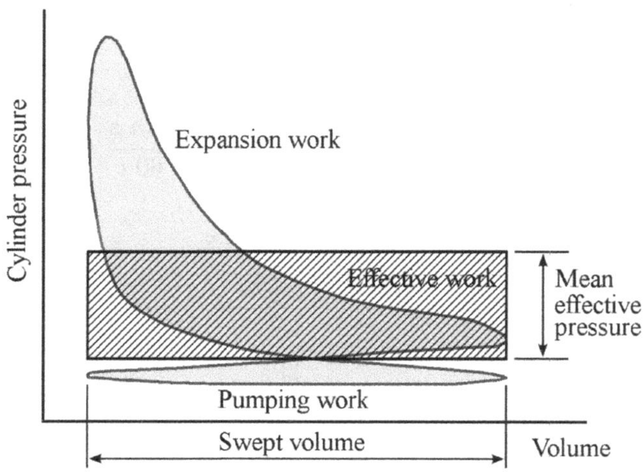

그림 15.7 평균유효압력의 정의

1) 1 HP = 76 $kg_f \cdot m/s$ = 745 W, 1 PS = 75 $kg_f \cdot m/s$ = 735 W

평균유효압력은 식 (15.30)과 같이 유효일을 행정체적 V_s로 나눈 값으로, 1사이클 동안의 연소실 평균압력이다.

$$P_m = \frac{\int PV}{V_s} = \frac{W_1 - W_2}{V_s} \tag{15.30}$$

평균유효압력에는 이론 사이클에 해당하는 이론 평균유효압력, 연소실에서 가스가 실제로 한 일 W_i로부터 구한 도시 평균유효압력(Indicated Mean Effective Pressure) 및 크랭크축이 한 제동일 W_b(도시일에서 마찰손실에 해당하는 일 W_f을 제외한 일)로 구한 제동 평균유효압력(Brake Mean Effective Pressure)이 있다.

$$P_{mb} = \frac{W_b}{V_s} = \frac{W_i - W_f}{V_s} \tag{15.31}$$

15.2.4 평균유효압력과 동력의 관계

기관 동력은 평균유효압력, 배기량 및 회전수에 비례하며, 식 (15.32)와 같이 압력의 단위에 따라 동력 단위도 달라진다. 각 변수들의 사용 단위는 표 15.1과 같다.

$$L = \frac{P_m \, l \, A \, n \, z}{60 \, i} \, [\mathrm{kW}] = \frac{P_m \, l \, A \, n \, z}{75 \times 60 \, i} \, [\mathrm{PS}] \tag{15.32}$$

표 15.1 기관 동력의 변수 및 단위

변 수	SI 단위	공학 단위
L (기관 동력)	kW	PS
P_m (평균유효압력)	kPa	kg_f/m^2
l (피스톤 행정)	m	m
A (실린더 단면적)	m^2	m^2
n (기관 회전수)	rpm	rpm
z (실린더 수)	-	-
i (기관 상수)	2 (4행정 기관) 1 (2행정 기관)	

15.3 기관의 각종 효율

15.3.1 열효율

기관의 열효율은 공급된 연료의 열량에 대하여 각종 일에 상당한 열량의 비로 정의한다. 여기서 공급 열량은 연료의 완전연소에 의한 저위발열량(H_l)을 의미한다. 그리고 일은 측정 위치에 따라 달라지므로, 열효율도 그에 따라 이론 열효율, 도시 열효율 및 제동 열효율로 구분한다.

이론 열효율은 이론 공기 사이클로부터 계산한 이론일로 그리고 도시 열효율(η_i)은 식 (15.33)과 같이 실제 사이클에서 구한 도시일로 계산한다. 도시일(W_i)은 피스톤 운동에 의한 체적변화와 이에 따른 압력변화를 측정하는 지압계(indicator)에 의하여 측정되며, 이것으로 작성된 지압 선도(indicated diagram) 즉, $P-V$ 선도에 그려진 사이클의 면적을 구함으로써 산출된다.

$$\eta_i = \frac{W_i}{Q_{in}} = \frac{W_i}{m_f H_l} \tag{15.33}$$

제동(정미) 열효율(η_b)은 식 (15.34)와 같이 크랭크축이 실제로 한 제동일(W_b)로 계산하는데, 제동일은 동력계(dynamometer)로 측정할 수 있다.

$$\eta_b = \frac{W_b}{Q_{in}} = \frac{W_b}{m_f H_l} \tag{15.34}$$

15.3.2 기계 효율

도시일에 대한 제동일의 비율을 기계 효율(η_m, mechanical efficiency) 또는 기관 효율이라고 하며, 식 (15.35)와 같이 나타낸다.

$$\eta_m = \frac{W_b}{W_i} = \frac{\eta_b}{\eta_i} \tag{15.35}$$

기계 효율이 1보다 작은 이유는 연소 가스가 한 도시일로부터 많은 손실이 있기 때문이다. 즉, 피스톤과 실린더 사이의 마찰손실, 크랭크기구에 있어서 각 저널부의 마찰손실, 기관 가동에 필요한 점화장치, 윤활유 순환 펌프, 냉각수 펌프, 연료 공급장치 등의 보조 기구를 구동하는데 손실이 존재한다.

15.3.3 연료 소비율

일반적으로 기관의 연료소비율은 단위 동력(1kW 또는 1PS)으로 1시간 동안 운전하는데 몇 g 또는 kg의 연료를 소비하는가를 나타내는데, 기관 성능을 나타내는 중요한 항목이다. 만약 제동 출력 L_b에서 단위 시간당 연료소비량을 B[g/h]라고 하면 제동 연료소비율(brake specific fuel consumption)은 식 (15.36)과 같다.

$$bsfc = \frac{B}{L_b}\ [\mathrm{g/kW \cdot h},\ \mathrm{g/PS \cdot h}] \tag{15.36}$$

그리고 제동 열효율을 η_b, 연료의 저위발열량을 H_l [MJ/kg]이라고 하면, 제동 연료소비율 및 저위발열량과의 관계는 식 (15.37)과 같다.

$$\eta_b = \frac{W_b}{Q_{in}} = \frac{c \times L_b}{B \times H_l} = \frac{c}{bsfc \cdot H_l} \tag{15.37}$$

15.3.4 열평형

연료의 발열량이 모두 유효한 일로 변환되는 것은 불가능하고 여러 가지 형태의 손실이 발생한다. 그러므로 연소열로부터 효율적으로 이용된 에너지 및 각종 손실 열량의 비율을 상세하게 분석하여 그 분포 상태를 산출한 것을 열평형(heat balance) 또는 열정산이라고 하며, 열 출입의 상태를 파악하고 효율을 높이기 위하여 개선점을 찾는데 유용하다.

열평형의 비율은 기관의 종류, 회전수, 부하상태 등에 따라서 달라지지만, 전부하시 최량 상태에서의 가솔린기관 및 디젤기관의 일반적인 값은 표 15.2와 같다.

표 15.2 자동차기관의 열평형

	유효일	배기손실	냉각손실	기계손실	복사손실
가솔린기관	25~28%	30~35%	25~30%	5~10%	1~5%
디젤기관	30~34%	25~32%	30~31%	5~7%	1~5%

15.4 기관의 성능 평가

15.4.1 기관의 평가 항목

기관의 평가 항목은 사용 목적에 따라 달라지지만, 일반적으로 기관의 출력 성능, 연료 소비율 등을 평가하고 정상상태 및 과도상태로 시험이 행해진다. 과거에는 성능평가에 있어서 기관 출력에 중점을 두었지만, 근래에는 그림 15.8에 나타낸 것과 같이 출력, 효율(또는 연료소비율) 및 유해물질 배출의 세 가지가 가장 중요한 평가 항목이다.

지구 온난화 방지를 위해 이산화탄소의 배출량을 국제적으로 규제하기 시작했고, 이를 위해서는 열효율을 향상시키고 연료소비율을 낮추어야 한다. 그리고 기관의 배출가스 중에는 대기오염의 원인이 되는 일산화탄소, 질소산화물, 탄화수소 및 입자상 물질이 포함되어 있다. 따라서 유해물질의 배출 규제는 매우 엄격해지고 있으며, 자동차업계에서는 출력이

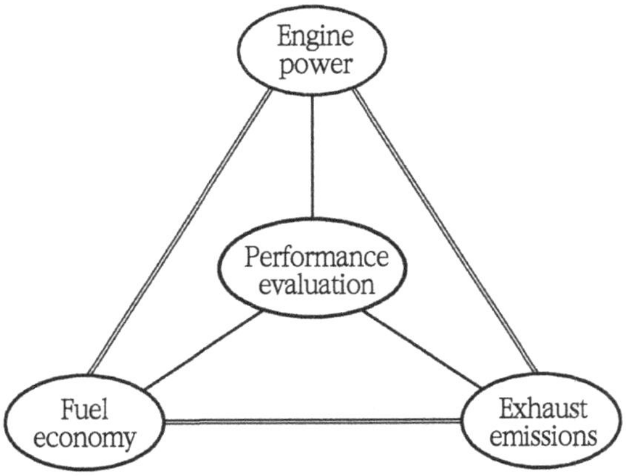

그림 15.8 기관의 성능 평가

나 연료소비율을 현재 수준으로 유지하면서 유해물질의 배출을 저감시키기 위하여 많은 노력을 기울이고 있다.

기관 자체의 시험 및 대형 차량기관의 시험 평가에는 기관 동력계(dynamometer)를 사용하고, 기관이 탑재된 차량을 도로 주행과 유사하게 가속 또는 감속 운전하여 시험 평가하는 경우에는 차대 동력계(chassis dynamometer)를 사용한다. 동력계 시험에서는 그 목적에 맞추어 부하 및 회전속도를 제어하여 다음과 같은 항목들을 측정한다.

- 기관 회전수, 동력 및 토크
- 연료 및 공기 소비량
- 배출가스 중의 유해 성분
- 윤활유 온도 및 냉각수 온도
- 기관 각부의 압력 및 온도 등.

15.4.2 출력 성능시험

(1) 기관 동력계

기관의 크랭크축을 동력계에 연결하고 동력계에 제동력을 걸어 기관의 축동력을 측정하는데, 동력계의 주된 기능은 토크 및 회전속도 측정, 동력 흡수와 구동, 출력 제어 등이다. 동력계는 토크 측정 방법과 동력 흡수 원리에 의해 분류되는데, 수력 동력계, 전기 동력계, 와전류 동력계 등이 주로 사용되고 있다.

① 수력 동력계

수력 동력계(hydraulic dynamometer)에는 물의 마찰 저항을 이용하거나 교반력을 이용한 것도 있다. 전자는 회전자와 고정자 사이의 유체 결성력을 결합체에 사용한 것이며, 후자는 회전자의 날개로부터 고정자의 날개로 유체가 이동하는 힘을 결합력으로 사용하고 있는 것이다. 물은 제동과 동시에 냉각도 하고 있으며, 이러한 수동력계는 취급도 간단하면서 고출력까지 측정이 가능하다.

수력 동력계의 단점은 부하 변동에 따라 물의 수위를 일정하게 조절하여야 하므로 장치의 안정화에 비교적 긴 시간이 필요하며, 물을 일정하게 공급하기 위한 대형 수조가 별도로 설치되어야 한다.

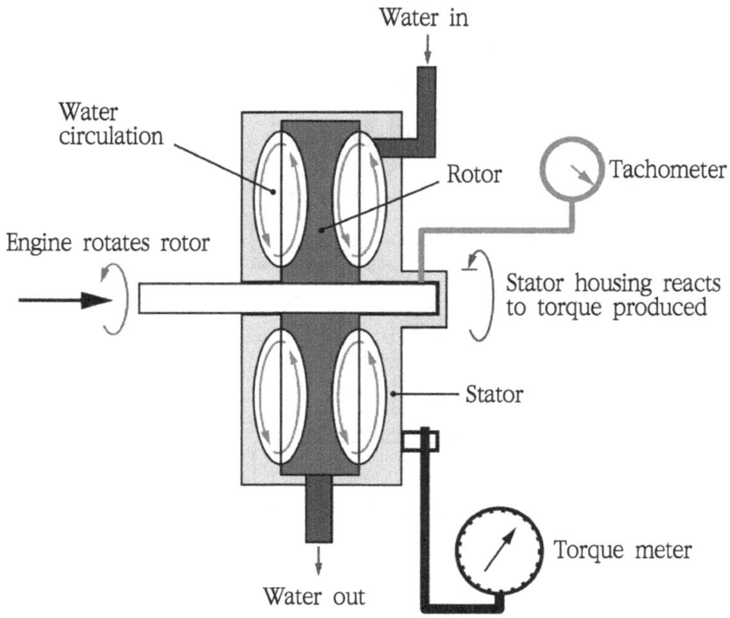

그림 15.9 수력 동력계의 구성 및 원리

② 전기 동력계

전기 동력계는 발전기를 회전하여 전기적 출력으로 변환시켜 제동하는 것으로, 직류형과 교류형이 있다. 일반적으로 전기 동력계는 측정 정밀도가 높으며 부하의 조절이 광범위하고 세밀하게 할 수 있으며, 또한 여러 가지 기기를 임의의 속도로서 구동하여 그 저항 또는 소요출력을 측정할 수 있다.

전기 동력계는 기관 동력을 회수하여 활용할 수도 있지만, 다른 동력계에 비하여 고가이고 복잡하며 회전자의 관성질량이 크기 때문에 급정지가 곤란한 단점이 있다.

③ 와전류 동력계

와전류 동력계는 전기 동력계의 일종으로 발전식에 비해 비교적 저가이기 때문에 널리 사용된다. 이 동력계의 구조는 그림 15.10과 같으며, 케이싱 내에 여자 코일(exiting coil)이 설치되고 치차형의 전기 전도성 디스크 로터(disc rotor)는 기관 회전축에 연결된다.

이 동력계의 작동원리는 플레밍의 왼손법칙(Fleming's left hand rule)을 이용하는데,

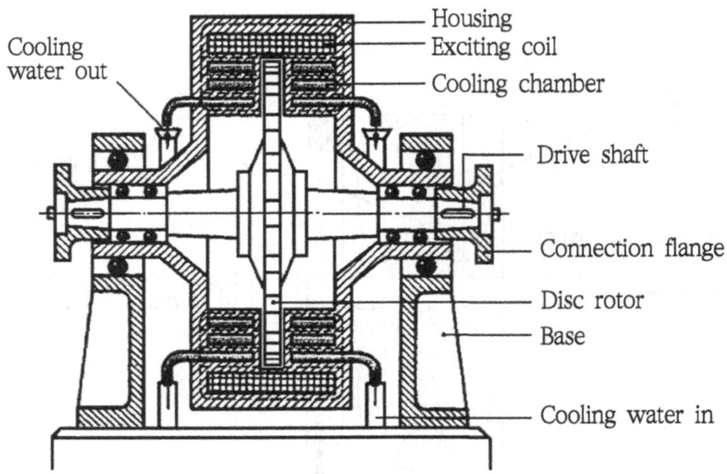

그림 15.10 와전류 동력계의 구조

코일에 전류를 공급하여 폐회로 자속을 형성시키고, 이 자속 내에서 디스크가 회전하면 와전류(eddy current)가 발생되고, 이 와전류에 의해 디스크 로터 및 구동 기관에 제동력이 걸리게 된다. 동력계의 제동 효과는 코일의 여자 정도에 달려 있고, 여자 전류는 기관의 회전속도와 상관없이 조절이 가능하다. 동력계 내부에서 발생한 열은 냉각실(cooling chamber)로 냉각수를 순환시켜 외부로 방열되도록 한다.

와전류 동력계는 전동기로서 사용할 수는 없지만 비교적 적은 전력으로 빠른 제동 효과를 얻을 수 있다. 그리고 회전자의 구조가 간단하여 고속 운전에 적합하며, 제어 기구의 조립이 용이하여 상당히 고속 및 고출력 기관의 시험용으로 사용되고 있다.

(2) 출력 성능 시험의 종류

기관 출력 성능으로는 동력과 토크 항목이 중요하고, 용도에 따라 최대 토크와 동력이 발생하는 회전수, 토크와 회전수의 변동률, 출력의 응답성이 평가항목이다. 시험은 기관 동력계를 사용하고, 연소실 내의 가스압력을 측정하여 연산하는 방법 등이 많이 사용된다.

출력 성능은 토크를 측정하고 계산으로 동력(마력)을 구하며, 일반적으로 다음과 같은 부하 조건에서 성능 시험을 시행한다.

전부하 시험의 경우 가솔린기관에서는 스로틀 밸브를 전개 상태로 하고, 디젤기관에서는 연료분사펌프의 제어 레버를 전부하 상태로 설정하여 기관 회전속도가 안정된 운전이 유지되도록 한다. 그리고 최저 속도로부터 최고 속도까지 또는 반대로 운전하여, 명확한 성능곡선을 얻을 수 있도록 다수의 회전속도에서 시험을 한다.

그리고 부분부하 시험의 경우 가솔린기관에서는 스로틀 밸브를 조절하여 흡기관의 공기 압력을 일정하게 하고 회전속도를 변화시켜 시험을 하고, 디젤기관에서는 기관 회전속도는 일정하게 하고 부하를 변화시켜 시험을 한다.

(3) 출력 성능의 보정

기관 출력은 대기의 압력, 온도 및 습도 조건에 따라 달라질 수 있으므로, 시험에서 측정한 결과들을 표준 대기 조건에 맞추어 환산할 필요가 있다. 또한 출력 성능은 장비 조건에 따라 변화하므로, 기관의 출력 측정방법을 규정하고 있는 규격에 따라 시험하고 일정한 대기조건 하에서의 출력으로 수정하여야 한다.

출력 성능에 관한 시험 규격으로는 SAE J 1349, KS R ISO 1585, ISO 3046 등이 있으며, 시험조건 및 표준 출력으로 환산하는 조건에 서로 차이가 있어서 수정 출력이 달라질 수 있다. SAE J 1349의 경우 표준 대기상태는 100 kPa, 25℃(298 K)이며, 가솔린기관과 디젤기관에 대하여 다음과 같이 각각 수정 출력을 구한다.

① 가솔린기관

다음의 수정 출력에 관한 식은 스로틀 전개 상태(WOT)에서만 적용되고, 마찰손실을 측정하지 않는 경우에는 기계 효율을 85%로 가정하여 계산한다.

$$L_c = (1.176 \times C_A - 0.176) \times L_a \tag{15.38}$$

여기서

$$C_A = \left(\frac{99}{P_o}\right)\left(\frac{T_o + 273}{298}\right)^{0.5}$$

L_c : 수정 출력 (kW 또는 PS)

L_a : 실제 출력 (kW 또는 PS)

P_o : 건조 대기압력 (kPa)

T_o : 대기온도 (℃)이다.

② 디젤기관

디젤기관의 경우는 모든 속도 및 부하 영역에서 출력 수정식을 적용할 수 있다.

$$L_c = C_A \times C_F \times L_a \tag{15.39}$$

여기서 대기 수정계수 C_A는 식 (15.40)과 같이 구하고, 승수 α, β 및 f_m의 값은 표 15.3 및 15.4에 주어진 바와 같이 조건에 따라 정해진다.

$$C_A = \left[\left(\frac{99}{P_o}\right)^{\alpha}\left(\frac{T_o + 273}{298}\right)^{\beta}\right]_m^f \tag{15.40}$$

그리고 연료 수정계수 C_F는 식 (15.41)과 같이 연료 밀도 수정계수(f_d)와 점도 수정계수(f_v)로 구한다.

$$C_F = f_d \times f_v \tag{15.41}$$

$$f_d = 1 + 0.70 \times \left(\frac{0.85 - \rho_f}{\rho_f}\right) \tag{15.42}$$

$$f_v = \frac{1 + S/\nu_o}{1 + S/2.6} \tag{15.43}$$

표 15.3 디젤기관의 대기 수정계수의 승수 (α 및 β)

Pressure charging system	Charge air cooling system	α	β
Naturally Aspirated	None	1.0	0.7
Supercharged	All	1.0	0.7
Turbocharged	None	0.7	1.2
	Air-to-Air	0.7	1.2
	Jacket water	0.7	0.7

표 15.4 디젤기관의 대기 수정계수의 승수 (f_m)

Condition	f_m
$\frac{Q}{R} < 37.2$	0.2
$37.2 < \frac{Q}{R} < 65$	$\left(0.036 \times \frac{Q}{R}\right) - 1.14$
$\frac{Q}{R} > 65$	1.2

where $Q = 120{,}000 \frac{F_c}{V_d N}$ for 4-stroke engines

$Q = 60{,}000 \frac{F_c}{V_d N}$ for 2-stroke engines

F Fuel consumption rate (g/s)

V_d Engine displacement (ℓ)

N Engine speed (rpm)

R Pressure ratio $\left(= \frac{\text{Intake manifold pressure}}{\text{Ambient air pressure}}\right)$

$R = 1$ for naturally aspirated engine.

여기서 ρ_f : 연료 밀도 (kg/ℓ)

ν_o : 연료 동점성계수 (cSt)

$S = 0.0$: 유닛 인젝터 연료장치

$S = 0.15$: 기타 연료 공급장치의 경우이다.

수정 연료 소비율은 식 (15.44)와 같이 25℃와 시험 조건에서의 연료 밀도비와 점도 수정계수로 구한다.

$$F_c = \left(\frac{\rho_{f\ at\ 25℃}}{\rho_{f\ at\ T_o}} \times f_v\right) \times F_a \qquad (15.44)$$

15.4.3 기관의 성능 곡선

기관의 출력, 토크, 회전수 및 여러 가지 성능의 관계를 나타내는 것을 기관의 성능 곡선이라고 하며, 일반적으로 가로축에 회전수, 세로축에 각종 성능을 나타낸다. 성능 곡선은 기관 운전조건에 따라서 여러 가지가 있지만, 가장 기본적인 전부하 상태에서의 성능 곡선은 다음과 같다.

그림 15.11은 자동차기관의 전부하 성능 곡선을 보여주는데, 선도상에서는 각각의 회전속도에서 얻은 최대 출력과 토크를 나타낸다. 그리고 전부하 조건을 기준으로 하여 기관의 일반적 성능 특성은 다음과 같다.

- 출력은 기관 회전수에 거의 비례한다. 이것은 토크의 변화가 회전수에 비례하지 않고 거의 일정하기 때문이다.
- 최대 토크는 대부분 중속 영역에서 나타낸다. 저속에서는 가스의 누설손실과 냉각손실의 증가 및 체적효율의 감소에 의하여 토크가 저하된다. 그리고 고속에서는 가스의 압력 및 유속이 높아지므로 펌프손실의 증가, 마찰손실의 증가, 체적효율의 감소

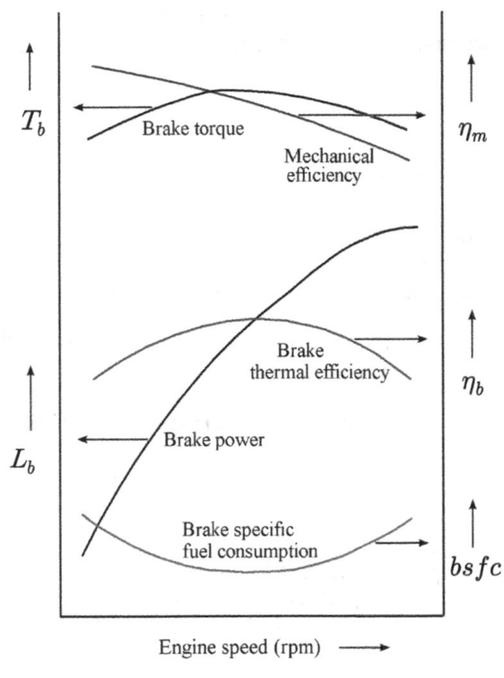

그림 15.11 자동차기관의 성능 곡선

현상 등이 나타나고 따라서 토크도 저하된다. 연료소비율은 최대 토크의 회전속도 부근에서 최소로 된다. 따라서 최대 토크일 때 가장 열효율이 높으므로, 그 때 회전속도를 경제 회전속도라고 한다.

- 기계효율은 회전속도의 증가와 더불어 마찰손실이 증가하므로 감소한다.
- 제동 열효율은 그림 15.11에서 보여 주듯이 연료소비율과 완전히 반대의 모양으로 나타나며, 열효율이 가장 높을 때 연료소비율은 가장 낮다.

15.5 차량 탑재 시험

15.5.1 차대 동력계 (Chassis dynamometer)

자동차와 같은 수송기계의 성능 측정은 도로 위에서 직접 주행하면서 측정하거나 그림 15.12와 같은 차대 동력계를 사용한다. 차대 동력계에서는 차량 중량, 가속 저항, 도로의 구배저항, 공기저항 등의 다양한 요소들을 정밀하게 모사하여 시험할 수 있으므로, 복잡한 각종 시험기를 연결하고 도로를 주행하지 않고도 신뢰할 수 있는 자료를 얻을 수 있다.

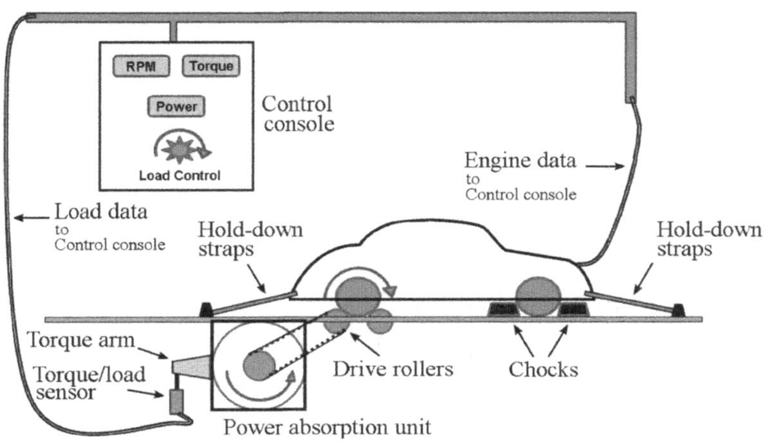

그림 15.12 차대동력계의 구성

그리고 도로를 주행할 때와 거의 같은 조건으로 시험차량을 운전하여 차량기관의 출력, 연료소비율 및 배출가스 중의 유해물질을 정확히 측정할 수 있다.

차대 동력계 시험에서는 차량의 바퀴를 큰 구동륜(drive rollers) 위에 올려놓고 회전시키고, 이 구동륜에 실제 도로의 주행상태와 같이 부하를 가해간다. 구동륜의 저항은 대부분 와전류 동력계를 사용하여 제어하고 기관 동력을 흡수한다. 또한 동력계를 주위 상태의 변화가 가능한 시험실(test cell)에 설치하고, 즉 주위 온도 및 압력을 변화시키기도 하고 또는 습도를 변화시켜서 그때의 기관 성능 또는 차량 전체의 성능변화를 측정하는 데 사용한다. 주로 이 차대 동력계는 자동차의 유해 배출물 측정에 사용하며, 가격이 고가이다.

15.5.2 차량 검사 모드

차대 동력계를 사용하여 시험하는 방법은 세계 각국의 규정, 신규 제작차와 운행 자동차, 연료소비율과 각종 유해 배출물 측정 등에 따라 다르다. 현재 각국에서 자동차의 배출가스 인증은 실제 주행시험 없이 실내에서 차대 동력계를 사용해 정해진 주행모드에서 이뤄진다.

우리나라의 경우 신규 제작차는 도심 주행(FTP-75)과 고속도로 주행(HWFET) 모드에 따라 시험하고, 공인 연비를 산출하고 유해 배출가스를 측정한다. 참고로 복합연비(km/ℓ)는 도심 연비와 고속도로 연비에 각각 55%와 45%의 가중치를 적용하여 산출한 연비로, 복합연비를 기준으로 자동차의 연비 등급을 부여한다. 배기량에 관계없이 복합연비가 가장 높은 차량은 1등급(16 km/ℓ 이상) 그리고 가장 낮은 차량에는 5등급(9.3 km/ℓ 이하)을 부여한다.

한편 국내 운행 자동차에 있어서는 휘발유 또는 가스 연료 차량은 저속 공회전 및 정속(ASM2525) 모드 그리고 경유 차량은 한국형 경유147(KD147) 모드에 따라 시험한다.

유럽의 경우는 신유럽 주행 사이클인 NEDC(New European Driving Cycle)에서 EURO-6 배출가스 기준을 적용하면서 WLTC(Worldwide Light Duty Test Cycle) 모드에 따라 시험하고 있다.

(1) 도심 주행(FTP-75) 모드

미국 LA의 아침 출근길, 혼잡한 교통상태에서 실제로 측정한 주행곡선으로 구성한 FTP((Federal Test Procedure)-75 모드에 10분 동안의 정지 기간을 추가하여 반복 시험한다. 도심 주행 모드는 그림 15.13에서 보여주듯이 냉간 과도기간(0~505초), 안정 기간(506~1372초), 정지 기간(1372~1972초) 및 고온 과도기간(1972~2477초)으로 구성되며, 주행거리는 17.85 km, 평균속도 34.1 km/h, 최고속도 91.2 km/h, 정지횟수 23회이며, 공회전 시간은 총 시험시간의 18%이다.

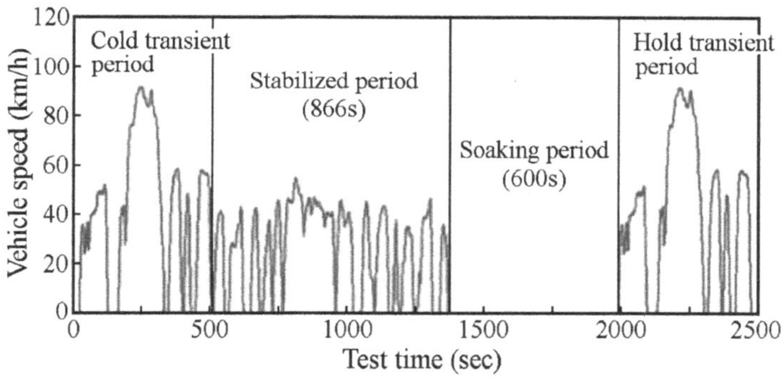

그림 15.13 도심 주행 모드의 시험 사이클

(2) 고속도로 주행(HWFET) 모드

HWFET(High-Way Fuel Economy Test) 모드는 미국 환경보호청(EPA)이 고속도로 주행을 산정하여 정한 모드이며, 그림 15.14에서 보여주듯이 주행거리 16.4 km, 평균속도 78.2 km/h, 최고속도 96.5 km/h이고, 시험시간 765초로 이루어져 있다.

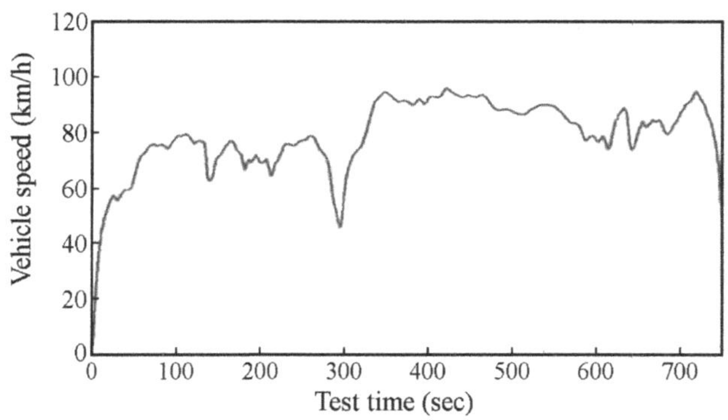

그림 15.14 고속도로 주행 모드의 시험 사이클

(3) 저속 공회전 및 정속(ASM2525) 모드

현재 국내에서 운행 중인 휘발유 및 가스 연료차량의 시험에서는 배출가스 후처리장치의 촉매 활성을 위해 그림 15.15와 같이 40초간 예열 운전하고, 저속 공회전 상태에서 60초간 시험 운전하며, 일산화탄소(CO), 탄화수소(HC) 및 공기과잉비(λ)를 측정한다. 그리고 시험 차량의 중량에 따라 설정된 도로부하 조건에서 40 ± 2.0 km/h의 정속 주행상태에서 90초간 운전하여 CO, HC 및 질소산화물(NO_x)을 10초간 측정하여 산출평균값을 구하여 기준치 만족여부를 판정한다.

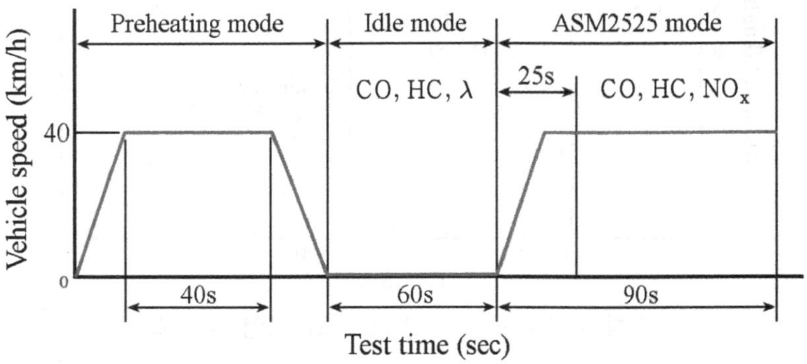

그림 15.15 국내 운행 휘발유 및 가스 자동차의 검사 모드

(4) 한국형 경유147(KD147) 모드

대형 차량을 제외한 경유 연료 차량에 적용되는 KD147 모드는 캐나다의 D147 모드를 국내 실정에 맞게 변형한 것으로 신규 제작차의 검사 방법과 가장 유사하고, 가속, 감속 및 정속의 도로주행 패턴을 반영하고 있다.

시간에 따른 차속 변화는 그림 15.16과 같으며, 기관 정격 출력의 40% 부하에서 50 ± 6.2 km/h의 속도로 40초간 주행하면서 예열한다. 그리고 도로부하 조건에서 최고 83.5 km/h까지 적정한 변속기어를 선택하면서 총 147초간 주행하는 동안 유해 배출물을 측정한다.

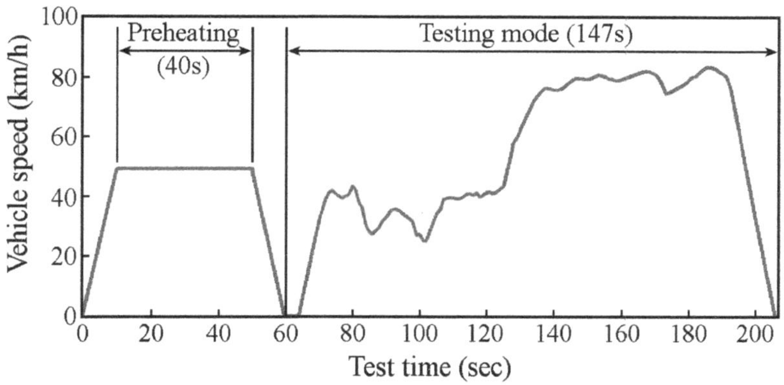

그림 15.16 국내 운행 경유 자동차의 검사 모드

(5) WLTC(Worldwide harmonized Light vehicles Test Cycle)

세계 여러 나라의 전형적인 주행 상황을 반영하기 위여 유럽연합, 일본, 인도의 전문가들이 개발하였고, 승용차(passenger cars) 및 경상용차(light commercial vans)에 대하여 유해 배출물, 이산화탄소 배출량, 연료소비량 등을 측정하는데 사용되는 시험 모드이다.

WLTC는 유럽 기준의 공차 중량(kerb weight)에 대한 기관 출력의 비인 비출력(kW/ton, Power-Weight ratio)에 따라 3개의 등급으로 나누어 적용한다. 여기서 공차 중량은 차량 탱크의 연료, 각종 윤활유 및 냉각수를 가득 채운 상태에서 체중 75 kg의

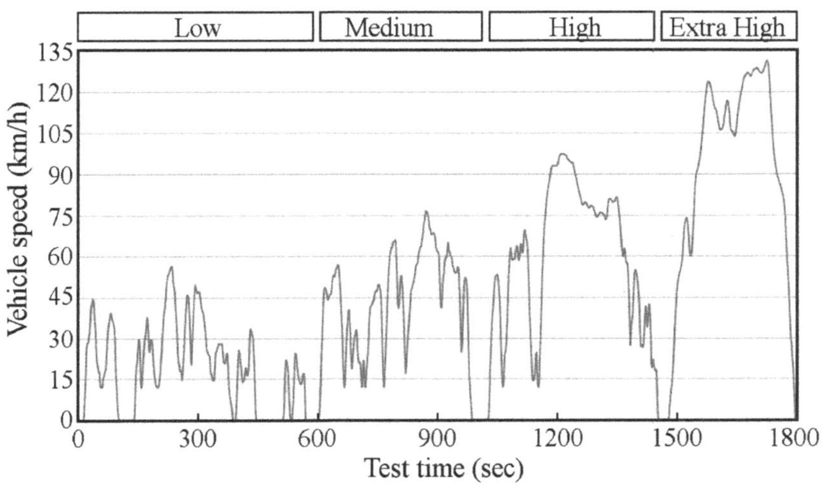

그림 15.17 Worldwide harmonized Light vehicles Test Cycle

운전자 1명이 탑승한 조건의 중량을 의미한다. 각각의 등급은 차량 최고속도가 제한되며, 가속 및 감속 패턴에도 차이가 있다.

1등급(Class 1)은 비출력(PWr)이 22 kW/ton 이하이고, 2등급은 22~34 kW/ton 이며 밴(van)이나 버스는 이에 해당된다. 그리고 3등급은 34 kW/ton 이상인데, 요즈음 운행되는 대부분의 차량들에 있어서 비출력은 40~70 kW/ton 이다.

3등급(Class 3)의 주행 사이클은 그림 15.17과 같이 589초 동안의 저속(low), 433초의 중속(medium), 455초의 고속(high) 및 323초의 초고속(extra high) 4구간으로 총 1800초가 소요된다. 최고 시험 속도는 131.3 km/h로 제한된다. 그리고 시험차량의 최고속도가 135 km/h 미만인 경우는 초고속 구간을 저속 구간으로 대체된다.

15.5.3 유해 배출물의 허용 기준

현재 국내 운행 중인 차량의 배출 허용 기준은 차종, 제작일자 등에 따라 달리 적용되고 있다. 모든 차량은 체적 기준의 일산화탄소, 탄화수소 및 질소산화물을 기준치 이하로 배출하여야 하고, 경유 차량은 추가로 매연 농도를 일정 농도 이하로 유지하여야 한다. 반면에 신규 제작차의 경우는 별도 규정을 갖고 있으며, 질량 기준으로 유해 물질의 배출량을 규제한다. 그리고 자동차산업의 발전을 고려하여 휘발유와 가스 연료 차량은 미국 기준을 그리고 경유 차량은 유럽연합(EU)의 기준을 준용하고 있다.

유럽연합은 1993년 EURO 1의 유해물 배출기준을 적용하기 시작하여, 2014년 EURO 6까지 지속적으로 배출 기준을 강화하고 있으며, EURO 6 기준에 의하면 WLTC 모드로 시험하여 질량 기준(g/km)으로 유해물질을 규제한다. 가솔린 차량은 일산화탄소(CO), 총 탄화수소(THC), 비메탄 탄화수소(NMHC), 질소산화물(NO_x), 입자상물질(PM) 및 입자 개수(PN)을 규제한다. 그리고 디젤 차량은 탄소수소 물질을 별도로 규제하지 않고 탄화수소와 질소산화물의 총량으로 규제한다.

하지만 차대 동력계를 사용한 시험은 에어컨 정지 상태, 20~30℃의 온도 조건과 0~120 km/h의 차량속도 범위 등 제한된 조건에서 이루어지므로, 여전히 시험 모드와 실제 주행간의 주행 연비 및 유해물질 배출에서 차이가 존재하게 된다. 따라서 앞으로는 실도로 주행 시험인 RDE(Real Drive Emission) 모드를 적용할 예정이고, 자동차 제작사는 현행 실내 인증시험뿐만 아니라, 실제 도로 주행 기준을 만족시켜야 한다.

연습문제 15

15.1. 실린더의 간극 체적이 행정 체적의 15%일 때, 이론 공기 사이클인 정적 사이클의 열효율은 얼마인가? 작동가스의 비열비는 1.33으로 한다.

15.2 이론 공기 사이클인 디젤 사이클에서 압축비가 18, 체절비가 2.3, 흡기 압력이 300 kPa(절대압), 흡기 온도가 60℃일 때 다음을 계산하라. 작동가스의 비열비는 1.4이고, 기체상수는 278 J/kg·K로 한다.

① 사이클 각 점의 압력 및 온도
② 공급열량 및 방출열량
③ 이론열효율

15.3 이론 공기 사이클인 복합 사이클에서 압축비가 15, 흡기 온도가 60℃, 흡기 압력이 250 kPa(절대압)이고, 최고압력 14.4 MPa(절대압), 최고 온도가 1800℃일 때, 다음을 계산하라. 작동가스의 비열비는 1.4이고, 기체상수는 287 J/kg·K로 한다.

① 사이클 각 점의 압력 및 온도
② 체절비 및 압력상승비
③ 공급열량 및 방출열량
④ 이론열효율

15.4 복합 사이클(Sabathe cycle)의 이론 열효율식을 유도하고, 오토 사이클 및 디젤 사이클의 열효율식과 비교하라.

15.5 이론 공기 사이클로서 계산한 열효율은 실제 엔진에서 얻은 열효율보다 매우 높다. 그 이유를 설명하라.

15.6 초기 조건, 압축비 및 공급열량이 동일한 경우, 오토 사이클, 디젤 사이클 및 사바테 사이클의 이론 열효율을 비교하라. 또한 실제 엔진과 비교하였을 때 차이는 무엇인가?

15.7 초기 조건, 최고압력과 공급열량이 동일한 경우, 오토 사이클, 디젤 사이클, 사바테 사이클의 이론 열효율을 비교하라. 그리고 실제 엔진과 비교하였을 때 차이는 무엇인가?

15.8 자동차기관의 성능평가에서 고려하여야 할 3가지 주요 항목은 무엇인가?

15.9 차량기관의 수정 출력에 대하여 간단히 설명하라.

15.10 어느 기관의 토크가 30 $kg_f \cdot m$(294 $N \cdot m$)이고 회전수가 3000 rpm인 경우 출력은 얼마인가?

15.11 실린더 내경은 85 mm이고 행정은 88 mm인 4실린더 4행정 가솔린기관이 있다. 제동 평균유효압력이 15 kg_f/cm^2(1.47 MPa)이고 회전속도가 5000 rpm일 때, 이 기관의 제동 출력은 얼마인가?

15.12 어느 기관의 열손실을 측정하였더니 냉각수로의 손실이 30%, 배기 및 복사손실이 30%였다. 이 기관의 기계 효율이 80%이면, 제동 열효율은 얼마인가?

15.13 제동 열효율이 34%이고 기계 효율이 86%인 기관을 3시간동안 부하 운전하여 63 kg의 연료를 소비하였다. 이 기관의 축출력(제동 출력), 도시 출력 및 제동 연료소비율을 구하라. 단, 사용 연료의 저위발열량은 44 MJ/kg이다.

참고문헌

[1] 국토교통부, 교통안전공단, '자동차검사 업무 매뉴얼', 2016
[2] 교통안전공단, '배출가스 검사 개선 기술인력 교육 - 배출가스 검사방법 및 기준', 2010
[3] 김재휘, '자동차용 디젤기관', 골든벨, 2009
[4] 김재휘, '자동차용 가솔린기관', 골든벨, 2006
[5] 김철수, '자동차 저탄소 공학', GS인터비젼, 2015
[6] 김철수, 이원섭, '자동차기관', 사이텍미디어, 1999
[7] 김형섭, 윤천한, '자동차 디젤엔진', 일진사, 1996
[8] 김향우, 문성수, 이상호, '자동차용 디젤기관', 동진, 1997
[9] 박재림, 백태실, 안영명, 최두석, '자동차기관', 골든벨, 2003
[10] 송기홍, 황성일, 문학훈, '자동차기관', 기한재, 2011
[11] 이봉우, 최상수, '자동차 배출가스 고장 정비사례', 경영사, 2012
[12] 이승재, 박재림, '자동차 전자제어 엔진공학, 미광, 2015
[13] 정구섭, 정용욱, '자동차 디젤엔진의 구조', GS인터비젼, 2014
[14] 조진호, '자동차 엔진', 학연사, 2002
[15] 조진호, '자동차용 디젤엔진', 학연사, 2004
[16] 한국자동차공학회, 'KSAE 자동차공학대사전', 자동차용어편찬위원회, 2005.
[17] 한영출, 김동진, '신편 내연기관', 문운당, 2012
[18] 환경부, 'EURO-6 규제 대응 대형 경유차 후처리장치 개발', 2011
[19] 환경부, 국립환경과학원, 교통환경연구소, '자동차 배출가스 환경인증 교육용 자료집', 2011
[20] Benson, R. S. and Whitehouse, N. D., 'Internal Combustion Engines', Pergamon Press, 1979
[21] Crouse, W. H. and Anglin, D. L., 'Automotive mechanics', 10th edition, McGraw-Hill, 2008
[22] Dixon, S. L., 'Fluid Mechanics and Thermodynamics of Turbo- machinery', Butterworth-Heinemann, 2010
[23] Ferguson, C. R. and Kirkpatrick, A. T., 'Internal Combustion Engines: Applied Thermosciences', 2nd Edition, John Wiley & Sons, 2001

[24] Halderman, J. D., 'Automotive Engine Performance', Prentice Hall, 2009
[25] Halderman, J. D., 'Automotive Engines: Theory and Servicing', 7th edition, Prentice Hall, 2010.
[26] Heywood, J. B., 'Internal Combustion Engine Fundamentals', McGraw-Hill, 1988
[27] Kiencke, U. and Nielsen, L., 'Automotive control systems for engine, driveline, and vehicle', 2nd edition, Springer, 2005.
[28] Martyr, A. J. and Plint, M. A., 'Engine testing : the design, building, modification and use of powertrain test facilities', Butterworth-Heinemann, 2012
[29] Milton, B. E., 'Thermodynamics, Combustion and Engines', Chapman & Hall, 1995
[30] Robert Bosch GmbH, 'Diesel Engine Management: Systems and Components', 4th Edition, John Wiley & Sons, 2006
[31] Robert Bosch GmbH, 'Gasoline Engine Management: Systems and Components', 3rd Edition, John Wiley & Sons, 2006
[32] SAE, 'In-Cylinder Diesel Particulate and Nox Control, 2008', Society of Automotive Engineers, 2010
[33] Sher, E., 'Handbook of air pollution from internal combustion engines : pollutant formation and control'Academic Press, 1998
[34] Stone, R., 'Introduction to Internal Combustion Engines', The Macmillan Press, 1992
[35] Taylor, C. F., 'The Internal Combustion Engine in Theory and Practice', The MIT Press, 1985
[36] Watson, N. and Janota, M. S., 'Turbocharging the Internal Combustion Engine', The Macmillan Press, 1982
[37] Woodyard, D., 'Pounder's Marine Diesel Engines and Gas Turbines', Butterworth-Heinemann, 2004
[38] Internet site, 'http://blog.hyundai.co.kr'
[39] Internet site, 'http://delphi.com'
[40] Internet site, 'http://terms.naver.com'
[41] Internet site, 'http://turbobygarrett.com'
[42] Internet site, 'http://woodward.com'
[43] Internet site, 'http://www.aeristech.co.uk'
[44] Internet site, 'http://www.autoexpress.co.uk'

[45] Internet site, 'https://www.boschautoparts.com'
[46] Internet site, 'http://www.bosch-mobility-solutions.com'
[47] Internet site, 'http://www.cumminseuro6.com'
[48] Internet site, 'http://www.dieselnet.com'
[49] Internet site, 'http://www.dieselduck.net'
[50] Internet site, 'http://www.eaton.com'
[51] Internet site, 'http://www.gm.com'
[52] Internet site, 'http://www.ksae.org'
[53] Internet site, 'http://www.law.go.kr'
[54] Internet site, 'http://www.materic.or.kr'
[55] Internet site, 'http://www.me.go.kr'
[56] Internet site, 'http://www.mitsubishi-motors.com'
[57] Internet site, 'http://www.nissan-global.com'
[58] Internet site, 'http://www.sae.org'
[59] Internet site, 'http://www.technology.matthey.com'
[60] Internet site, 'http://www.toyota-global.com/
[61] Internet site, 'http://www.wikipedia.org'

찾아보기

【ㄱ】

【ㅅ】

【ㅇ】

【ㅈ】

저자 소개

최인수

· The University of New South Wales (공학박사)

· (현) 경북대학교 자동차공학부 교수

자동차기관(Automotive Engines)

2017년 3월 1일 초판 인쇄

2018년 9월 6일 2쇄 발행

저 자	최인수
발 행 인	송기수
발 행 처	도서출판 GS인터비전
편 집 처	도서출판 GS인터비전
인 쇄 처	대명프린팅
등록번호	제 25100-2016-000050 호
I S B N	979-11-5576-144-1(93550)

주 소	서울 은평구 증산로 15길 69 2층
전 화	02-976-7898, 02-3272-7898.
팩 스	02-6468-7898
홈 페 이 지	gsintervision.co.kr
E - M a i l	gsinter7@gmail.com

정 가 35,000원